水利水电工程生态环境效应与多维调控技术及应用

戴会超　毛劲乔　蒋定国　王　煜　戴凌全　著

科学出版社

北　京

内 容 简 介

　　水利水电工程在发挥巨大综合效益的同时，也会使上下游水文情势发生改变，引起库区支流富营养化、重要水生生物生境胁迫、通江湖泊江湖关系变化等生态环境问题，成为水利水电工程发展的瓶颈。本书紧密结合重大工程实践，通过多学科交叉研究，形成了水利水电工程生态环境效应与多维调控技术，研究成果包括：河道型水库富营养化及水华的模拟与调控、水利水电工程对重要水生生物的胁迫与调控、水利水电工程对通江湖泊生态环境的影响与调控。本书旨在阐述水利水电工程影响下典型水域生态环境变化机理，探讨适应于多时空维、多层次、多目标的多维调控技术，为水利工程影响下的流域生态环境保护提供科技支撑。

　　本书可作为水利工程、环境工程等学科的研究生教材，也可供科研人员、设计人员、工程管理人员和高等院校的师生参考。

图书在版编目 (CIP) 数据

水利水电工程生态环境效应与多维调控技术及应用/戴会超等著. —北京：科学出版社，2016.11
　ISBN 978–7–03–050418–0

Ⅰ. ①水…　Ⅱ. ①戴…　Ⅲ. ①水利水电工程–区域生态环境–环境效应–研究–中国　Ⅳ. ①X321.2

中国版本图书馆 CIP 数据核字 (2016) 第 262803 号

责任编辑：胡　凯　李涪汁　曾佳佳 ／责任校对：张怡君
责任印制：徐晓晨 ／封面设计：许　瑞

科 学 出 版 社 出版
北京东黄城根北街 16 号
邮政编码：100717
http://www.sciencep.com

北京厚诚则铭印刷科技有限公司 印刷
科学出版社发行　各地新华书店经销
＊

2016 年 11 月第 一 版　　开本：787×1092　1/16
2018 年 5 月第二次印刷　　印张：19 1/4　插页：2
字数：456 000
定价：99. 00 元
（如有印装质量问题，我社负责调换）

序
FOREWORD

作为洪涝灾害频繁、水资源短缺的国家，加快具有水资源调配、防洪抗旱、能源保障、航运等综合效益的大型水利水电工程建设的步伐，是我国经济社会可持续发展的必然需求。水电作为技术最成熟、供应最稳定的可再生清洁能源，在改善电力结构、减少温室气体排放、应对气候变化等方面起到举足轻重的作用。水利水电工程在发挥巨大效益的同时，在生态环境保护等方面还存在一些亟须解决的问题。由于水利水电工程直接改变了河流水文、水动力、泥沙、水温条件，对地形地貌、水单元交互、水环境容量、栖息生境等不同方面产生深远影响。近年来，我国将生态环境保护放在十分重要的位置，加强生态文明建设成为"十三五"规划的重点议题，经济社会进入全新的发展阶段。生态文明建设正全面融入我国经济社会建设的各方面和全过程，人类不断反思水电开发给生态环境带来的不利影响，提出了减缓影响的多种改善措施。关注的焦点包括水库富营养化与水华问题、水库对重要水生生物栖息和繁殖的影响、江湖关系变化与通江湖泊生态环境问题、河口生态环境保护等。由于水利水电工程自身具有生态调控功能，在水利水电工程调度运行中融入生态因素，通过优化水库调度，最大限度地维护河流水文特征，有助于减轻水利水电工程对生态环境的不利影响。面对生态文明建设的新要求，在大规模水利建设的新局面下，如何保障流域水生态环境安全、维护河湖基本功能和健康，正面临巨大挑战。生态调控技术是今后很长一段时期水利水电工程发展的热点问题。

国外开展水利工程影响下的生态环境问题研究较早，欧美在 20 世纪 90 年代之前引领着这一技术领域的发展，以美国科罗拉多、田纳西、哥伦比亚等流域为代表开展了系列水库运行调控研究。西方发达国家在实施水库调度时，一般对河流的生态需求考虑较为充分，涉及河流形态、鱼类繁殖、水环境保护、湿地改良等许多方面，但在面对复杂多维约束和多效益目标耦合的水库群协同安全与调控方面仍存在不足。我国是世界水利水电工程建设的中心，在长江干流上建成的三峡、向家坝、溪洛渡等工程，在规模、难度、运行复杂程度上不断刷新着世界纪录，世界上无成熟经验可供遵循。我国近年来也开始结合重大工程，开展面向生态环境的优化调度研究与实践，但整体而言，尚缺乏针对水利工程影响下的河流水生态环境监测与调控技术储备。我国水电开发有其自身的特点和难度，在庞大人口与高速经济发展的多重压力下，水库生态调控必须从河流系统整体出发，充分考虑多类敏感水域、多时空尺度、多种生态环境效应的安全监测与优化调控需求，依靠自主创新突破技术瓶颈。

该书作者在 973 计划、国家杰出青年科学基金、教育部"长江学者和创新团队发展计划"、重大工程研究计划等项目的支持下，紧密结合重大工程实践，针对当前水利学科中的热点问题和制约水电开发的关键科学问题开展了多学科交叉研究。该书成果主要针对水利水电工程影响下库区支流富营养化及水华、重要水生生物生境、江湖关系变化及调控等重要科学问题,形成了一整套水利水电工程生态环境效应与多维调控技术。书中介绍的水利水电工程影响下流域水文水质监控系统、大型水库多维多场耦合富营养化模拟系统、抑制支流库湾水华暴发调控方法等创新成果,解决了本领域若干关键技术难题。作者引入河流生态学、生态水文学的最新研究进展,借助大量第一手资料深入研究了重要水生生物生境对大坝建设运行的响应过程,提出的重要水生生物产卵场适合度模型及水库优化调度模型,丰富了基于水库生态调度改善水生生物产卵繁殖的理论与方法。传统水库生态调度研究范围大多限于单个水库的库区或坝下河段,而该书针对类似长江中游江湖河交汇复杂系统开展的工程优化调控研究,具有鲜明的特色,提出的有利于改善江湖关系的重大水利水电工程优化调度的原理与途径,对加深水库生态环境调控理论与方法研究起到了推动作用。该书作者在国内外高水平期刊发表了一批学术论文,受到国内外同行的广泛关注与引用评价。

大力实施创新驱动发展战略,推动转型升级,更加需要科技力量的支撑。该书是作者在水利水电工程生态环境效应与调控领域长期研究的成果结晶,在充分认识水利工程典型生态效应表征现象及其内在机理的基础上,建立了兼顾河流生态环境改善的多维调控理论与方法。这些原创成果服务于国家重大需求,全书内容涵盖了当前水利水电工程、水文学与水资源、水环境、水生态领域的主要研究热点。该书面向国家需求,基于过往的应用基础研究与技术攻关,较系统地介绍了自主研发的水利水电工程生态环境效应与多维调控技术,以期为相关水电工程管理提供一些技术性参考。相信该成果对目前较为关注的生态文明及长江经济带的建设也能起到一定的支撑作用。

中国水利水电科学研究院

中国工程院院士

2016 年 8 月

前 言
PREFACE

我国水能资源丰富，但也面临着洪涝灾害频发、水资源短缺等问题。大型水利水电工程具有能源保障、水资源调配、防洪抗旱、交通运输等巨大的综合效益，是我国经济社会可持续发展的基础支撑。我国水电装机容量已突破 3 亿 kW，建成和在建的有多座世界级大型水利水电工程，如三峡、溪洛渡、向家坝等。大型水利水电工程会显著改变自然河流的水文节律与水动力条件，易造成库区富营养化及水华、重要水生生物生境胁迫、通江湖泊江湖关系变化等生态环境问题，是当前国际水资源与水生态领域的热点问题，已引起全社会的广泛关注。在过往的很长一段时间里，我国水利水电工程建设运行主要侧重于防洪、发电、供水、航运等功能，对生态环境问题关注不够，成为制约水利水电工程可持续发展与流域水生态环境安全机制建设的瓶颈。

十八大提出了"五位一体"建设的总体布局，形成了"将生态文明建设全面融入经济建设、政治建设、文化建设、社会建设各方面和全过程"的发展新理念。推动长江经济带发展已成为国家重大发展战略，长江流域生态环境和调控备受关注。如何在"创新、协调、绿色、开放、共享"的理念指导下，提升长江防洪、发电、供水、航运及生态效益，是推动长江经济带发展的关键，事关经济社会发展全局。因此，如何充分认知水利水电工程对流域生态环境的影响，对流域生境现状与演变趋势做出科学评价和预测，形成科学可行的生态调控方法和技术，既兼顾工程综合效益发挥，又满足多类敏感水域、多时空尺度、多种生态环境效应的安全监测与优化调控需求，将对当前生态文明建设以及未来水利事业发展具有重要意义。近年来，国家高度重视水利水电工程生态环境效应与多维调控技术，在国家中长期科学和技术发展规划纲要、国家"十二五"科学和技术发展规划以及水污染防治行动计划中，均将相关问题列入重点研究领域。

作者面向上述国家需求，围绕水利水电工程开发过程中的水库富营养化及水华、重要水生生物生境胁迫、通江湖泊生态环境变化等制约水利水电发展的瓶颈问题，通过多学科交叉，运用原型观测、理论分析、模型开发、系统集成等手段，开展了多年研究。本书旨在结合上述创新研究成果，阐述水利水电工程影响下不同水域生态环境变化机理，探讨适应于多时间维、多空间维、多层次、多目标的多维调控技术，以期为我国水利工程影响下的河流生态环境保护提供科技支撑和参考。

水体富营养化与水华灾害是当今世界面临的重大环境问题，国内外围绕湖泊水体开展了大量理论与应用研究，但针对河道型水库的研究成果相对较少。在强人为干扰下，水库富营养化与水华问题具有复杂性与随机性等特征。本书较系统地介绍了水利工程影响下流域水文水质监控系统，阐述了适宜于河道型水库的水生态环境监测与预警方法；主要以三峡水库典型支流库湾为实例，详述了大型河道型水库多维、多场耦合富营养化模拟系统的建立与应用；在上述基础上，探讨了水库调度运行对库区支流库湾水华的可调控性与适宜方法。

　　水利水电工程会阻隔鱼类洄游通道，改变河流水文及水动力环境，胁迫生物栖息地生境，对重要水生生物的生存和繁殖造成直接影响。我国多个流域面临着生物资源更替与衰退的严峻形势。本书主要聚焦长江等大型河流，评述了重大水电工程影响下四大家鱼、中华鲟等重要水生生物的生存现状与变化趋势；在阐述重大水利水电工程建设与运行对重要水生生物生境胁迫效应的基础上，借助产卵场适合度模型及水库优化调度模型，探讨了重要水生生物自然繁殖的可调控性与实现途径；结合重大水利水电工程生态调控实践，系统论述了促进重要水生生物自然繁殖的水利工程优化调控关键技术及其适用性。

　　江湖交汇复杂水系具有多维度耦合、强人为干扰的特点，长江中游江湖关系特指长江与通江湖泊洞庭、鄱阳两湖的交互关系。上游水库群的建设运行改变了江湖交汇水系的水文情势，对江湖关系产生巨大影响，引起一系列水环境和水生态效应。本书系统论述了两湖水情变化的主要驱动因素和两湖生态需水适宜范围的研究成果；基于江湖一体化水情动态模拟分析研究，介绍了三峡水库及两湖流域水库群特定时段联合优化调度研究成果，重点论述了满足通江湖泊最小生态需水、维护湖泊生态健康的水库群优化调控方法，为制定重大水利水电工程综合调度方案提供参考。

　　本研究得到国家科技支撑计划、国家重点基础研究发展计划（973 计划）、教育部“长江学者和创新团队发展计划”、国家杰出青年科学基金、国家自然科学基金面上项目的资助。相关的水利水电工程生态环境效应与调控研究成果，已应用于长江中游、金沙江下游、雅砻江等流域，以及三峡、向家坝、溪洛渡、乌东德、白鹤滩等重大工程中，产生了显著的经济、社会和生态效益。

　　全书共分为三篇，第 1 篇为河道型水库富营养化及水华的模拟与调控，第 2 篇为水利水电工程对重要水生生物的胁迫与调控，第 3 篇为水利水电工程对通江湖泊生态环境的影响与调控。本书在研究与撰写过程中，得到多家单位相关专家的帮助与指导，在此一并致谢。

　　由于本书涉及内容广泛，涵盖本领域诸多前沿问题，限于作者水平，书中难免存在疏漏或不当之处，敬请广大读者指正。

作　者

2016 年 8 月

目 录
CONTENTS

第 2 篇　水利水电工程对重要水生生物的胁迫与调控

第 3 篇　水利水电工程对通江湖泊生态环境的影响与调控

彩图

Part 1

第1篇

河道型水库富营养化及水华的模拟与调控

第1章 引　言

我国水资源较为短缺，洪涝灾害又十分频繁，加快具有防洪、发电、供水、航运等综合效益的水利水电工程建设步伐是社会经济可持续发展的必然需求。经过多年大规模建设，我国各大流域已建成多座水利水电工程，发挥了巨大的综合效益。但与此同时，水电工程建设和运行过程中潜在的生态环境效应还有争论，成为我国水利事业进一步发展的瓶颈。水库建成运行后上下游水文情势及水动力条件发生改变，可能引发诸如库区富营养化及水华灾害等生态环境问题。水库水体一旦接受过量的营养物质，在适宜的水文、水动力和气象条件下易暴发水华，导致水生态系统的破坏，对流域水环境和水质造成威胁。如三峡水库蓄水后，在库区香溪河、大宁河、小江等支流库湾出现的水华问题，引起广泛关注[1,2]。

国内外开展了大量的湖泊水体富营养化和水华问题研究，如太湖、巢湖、滇池、华盛顿湖（Lake Washington）等，但针对人为影响强烈、水位变幅大、水动力特征多变的河流及水库的相关机理研究较为有限，北美的圣劳伦斯河（Saint Lawrance River）与澳大利亚达令河（Darling River）是其中比较典型的研究案例。在河道型水库富营养化及水华治理方面，常见方法主要借鉴了湖泊的相关水环境治理经验，如污染源控制、化学方法、生物控藻等技术。水利工程影响下水库水域的水文、水动力过程有其自身的规律，上述处置方法在实际应用时，可能会出现适用性不强、处理效果不佳、运营成本过高等实际问题。水利工程对河流敏感水域生态环境的影响具有两面性，既有生态环境效应，也有生态调控功能。因此，重大水利工程的建设运行对流域系统水生态环境的影响及调控机制，是当前国际水文学、水环境和水资源管理领域的研究热点。

水库生态调度是较有应用前景的工程改善手段，但目前国内外研究水平尚不能满足我国的实际需求[3]：长期以来，我国水电开发和水库调度应用是以"技术经济优先"为导向，对水利工程生态环境效益及调控还缺少系统性的认识。分析国际上田纳西河流域（Tennessee River）、中央河谷工程（Central Valley Project）、科罗拉多河流域（Colorado River）等水库生态调度研究现状表明：一些发达国家在水利水电开发的过程中对生态环境问题关注较早，但多局限于水电工程下游生物栖息环境、水源地水质保护、生态流量等方面，对我国实施针对库区富营养化及水华调控管理的可借鉴性不足。因此，如何通过水库生态调控改善河道型水库库区内富营养化并进而抑制水华，是当前水库水环境管理所面临的一个重要课题。

1.1　河道型水库富营养化及水华调控方法

河道型水库富营养化及水华问题是水利水电工程生态环境效应在库区的直观体现，其本质原因是自然河流水文情势及水动力特征被人为改变后所引发的环境胁迫。在水利工程调度的影响下，河道型水库形成了较为独特的地理环境、水文情势及水动力变化特征：由于河道型水库的深宽尺寸远小于纵向长度，在上游来流流量与坝前蓄水位的周期性变化影响下，兼具河流与水库的双重特性，在不同时段会呈现出以湖泊形态或河流流态为主的周期性变化；同时，库区支流的子流域上游来水量通常较小，在大坝蓄水后受到库区主流高水位顶托的作用，所形成的半封闭式支流库湾是出现富营养化及水华灾害的主要区域[4]。

针对河道型水库水华开展水利工程生态调控，需在机理研究的基础上建立一体化调控方法。作者经过长期的机理与工程相结合研究，提出了水利水电工程影响下的河道型水库富营养化及水华调控系统，包括"监测与评估"、"模拟方法"、"调控方法"三部分，分别对应监测评估、模拟预测、优化调控三个目标（图 1.1）。其中，针对河道型水库的水环境监测与评估技术研究，是在地理信息、水下地形、气象水文、污染源、调度工况等基础数据与背景资料的支撑下，用于分析水库富营养化演变及水华生消机理，为后续所建模型提供依据；针对河道型水库的富营养化及水华模拟技术研究，有助于加深理解河道型水库水生态系统的非线性与复杂性，也为优化调控提供预测分析手段；通过有机整合上述方法，在阐明水利工程影响下水动力、水温环境变化对支流库湾水华作用的基础上，进一步借助水库生态调度模型方法，可提出有利于抑制河道型水华暴发的针对性调控准则。

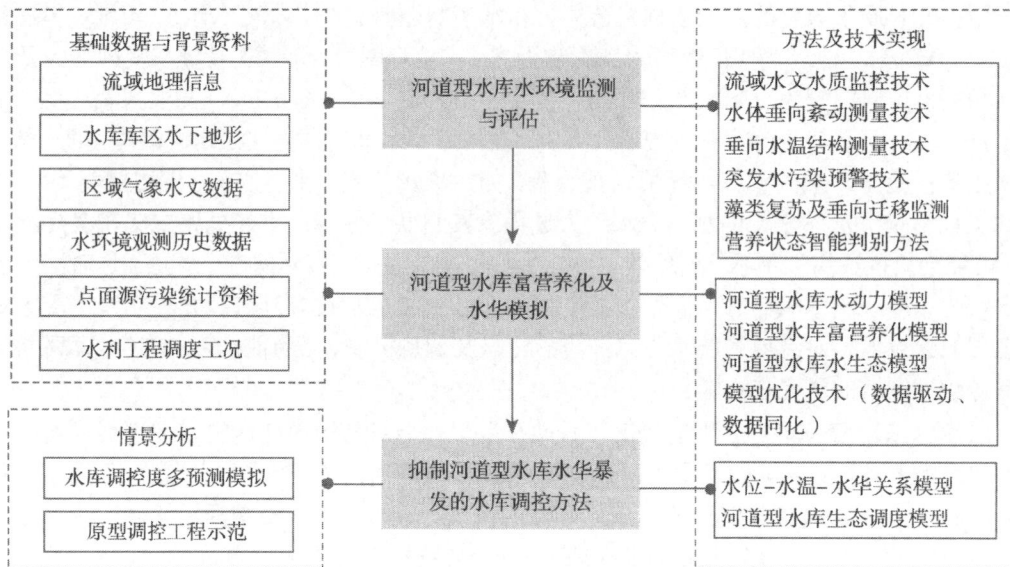

图 1.1　河道型水库富营养化及水华调控系统及研究方法

1.2　河道型水库富营养化及水华调控新技术

1.2.1　水利工程影响下河道型水库水环境监测与评估

河道型水库水华暴发与分布受到水利水电工程的强烈影响[5]：一方面，水库水动力条件的周期性变化对藻类浓度施加对流作用，水流形态则通过影响营养盐浓度分布对藻类生长产生间接作用；另一方面，在频繁变化的水位涨落和水温垂向分布的背景作用下，水体微尺度垂向紊动强度也影响到藻类生长与沉降过程[6]。因而，全面掌握流域水文水质的动态变化，是开展库区水华暴发驱动机制研究的基础，在构建河道型水库水环境监测与评估方法时，需考虑水利工程影响下的多时空尺度和多技术手段融合。

针对水利工程影响下河道型水库富营养化及水华难以实时监测、准确识别与快速预警等难题，本书在大量原型、室内和仿真试验的基础上，提出了以下针对性关键技术：

（1）基于物联网技术的流域水文水质监控系统及方法，通过在子流域尺度上优化布设监测站点，集成了高效集成远程信息自动采集、多点数据交互传输、数据信息充分挖掘等功能，为水利工程影响下的大尺度水域提供高频水文、水动力、水质、水华暴发相关环境因子等实时数据集。

（2）适用于深水水库的低流速测量方法及垂向水温结构精细化测量等手段，是对常规水文及水动力原型观测常规技术的拓展，用于阐明区域尺度内河道型水库的营养盐、水温、流速分布等因素对水体富营养化演变及水华暴发的影响作用。

（3）适于水库支流库湾的水流垂向紊动测量技术、藻细胞复苏及垂向迁移的实时监测等测量技术，有助于在微观尺度上，从物理及生物学角度揭示河道型水库水华暴发时藻类繁殖策略及其繁殖过程。

（4）水利工程影响下水库营养状态的智能判别系统，通过有机结合地理自动定位、水质自动监测控制等技术对水库的营养状态进行智能判别，提高复杂条件下水体营养状态的判别准确性。

（5）基于云体系架构的河道型水库支流库湾水华预警技术，结合近年来迅速发展的云技术，通过研发适用于支流库湾水华预警的监测网络结构、节点优化布设方法和大数据云存储模式，提出基于主因动态测试、数据驱动风险预测与事件类比重现相耦合的水华预警新方法，能实现从监测、预警、决策到反馈的实时远程处理。

利用上述关键技术开展系列原型观测，如在三峡库区香溪河库湾的示范研究（图 1.2）

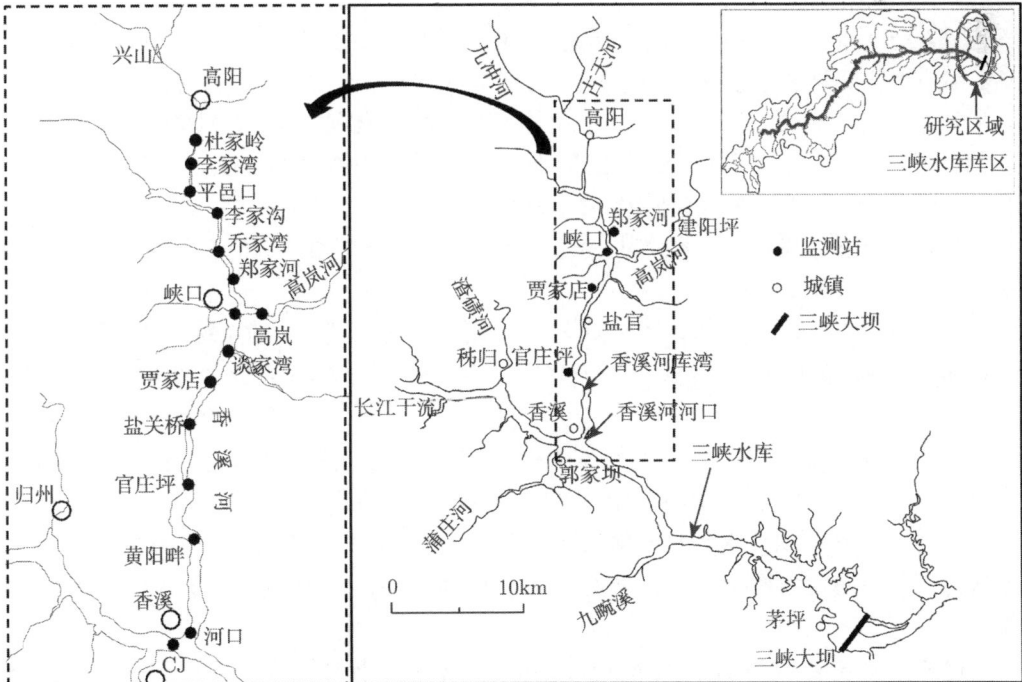

图 1.2 三峡库区香溪河支流库湾研究区域

中，可以全过程跟踪监测水文（水位、流量、泥沙、降雨等）和水质（水温、浊度、溶解氧、营养盐、叶绿素等）参数的动态变化[5,7]；进一步分析可以得到一些重要现象：三峡水库蓄水初期，香溪河库湾营养盐浓度水平超过了富营养化的临界值，具备水华暴发的基本条件；蓄水初期水动力条件变化对水华暴发的时空分布起到主导作用，蓄水后水流明显变缓，春季库湾水体出现明显水温分层，在环境适宜的情况下极易形成水华。

上述监测技术与评估系统方法为揭示水华动力学的非线性、复杂性和随机性特征提供了数据支撑和理论分析手段。例如，通过对典型河道型水库支流库湾的水文水质监测分析，阐明河道型水库支流库湾的纵向水动力特征变化，据此归纳出适用于河道型水库支流库湾的水动力分区评估方法（图 1.3）。

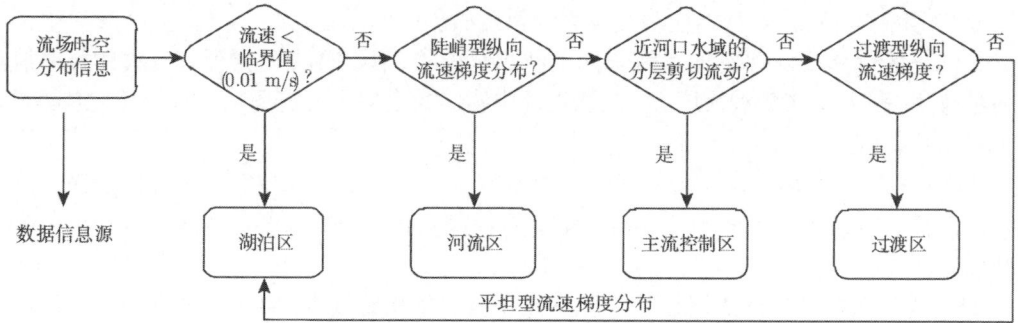

图 1.3　河道型水库支流库湾水动力分区评估方法

1.2.2　水利工程影响下河道型水库富营养化及水华模拟

在机理研究基础上，建立河道型水库富营养化及水华数学模型，是水利水电工程生态环境效应预测分析及调控效果评估的主要途径。相关模拟方法的发展趋势是构建非稳态、多因子、多维的水环境及水生态动力学模型，其原理是在水动力学基础上，通过数学方法描述变化环境作用下的营养盐、浮游动植物、有机物等介质间的响应关系。上述建模方法往往含有较多的待定参数，对观测资料的要求较高；同时，建模过程中常对系统动力学关系进行抽象简化，过程误差会不断积累，在适用性和计算精度方面有一定的局限性，需要借助多维、多场耦合模型来克服上述不足[4,8]。本书构建的水利工程影响下的河道型水库富营养化及水华模拟系统，包括以下三方面：

（1）通过界定复杂水动力环境下水华生长、发展和消亡过程中的系统内外交互作用，将营养盐循环、浮游植物生消、溶解氧平衡等生化响应过程函数化，建立大型水库多维、多场耦合的富营养化数学模型（表 1.1）。

（2）鉴于水华暴发在时间尺度上与富营养化演变存在差异，在确定性模型的基础上结合数据驱动与数据同化方法，有助于对库湾水华全过程进行精细化模拟。

（3）结合上述模拟技术与水库生态调度模型开展多情景仿真研究，可模拟预测水库不同来流量条件下关键水质指标的时空变化，定量评估水利工程调度影响下水华暴发的风险与强度[9,10]。

上述模拟系统输出的时间、空间连续数据集，是精细模拟和分析预测不同水利工程调度工况下敏感水域水环境（水动力、水质、水华）的多维、多场变化特征的基础。例如，运用所

表 1.1　河道型水库多维、多场耦合富营养化及水华模拟系统

模型	用途	关键技术要点	主要模拟要素
一维水动力模型	水利工程对流域干支流水情及水动力条件中长期效应分析	非恒定流、圣维南方程、水文情势、水工建筑物模拟	水位、流量、水质
立面二维水温模型	水利工程影响下库区水体垂向水温结构总体变化趋势及时空特征	非恒定流、沿宽度平均的立面二维模型、水面热交换、热对流	水位、水温
三维水动力模型	水利工程影响下敏感水域（支流库湾、坝前、交汇河段）水动力特性	非恒定流、水陆边界处理、糙率变化、水温分层	水位、流量、流速、水温
三维富营养化模型	水利工程影响下河道型水库水质时空变化及富营养化演变	非恒定流、营养盐、浮游植物、污染负荷、气象条件	营养盐、浮游植物、浮游动物
水华精细化模型	水利工程影响下敏感水域水华生消过程精细模拟及短期预报	非恒定流、水生态过程、气象条件、数据驱动、数据同化	浮游植物
水库生态调度模型	河道型水库支流库湾水华暴发及传播的针对性工程调控	调度目标、约束条件、优化算法	控制水位、流量过程

建的河道型水库支流库湾水动力分区评估方法（图 1.3），对三维水动力、富营养化模型给出的空间连续分布数据进行特征分析，结果表明：尽管在不同调度工况影响下河道型水库支流库湾的局部流场发生变化，但其总体纵向水动力特性分布仍呈现出较强的规律性；参照对比经典的河道型水库整体分区概念，库区支流库湾可依次分为"河流区"、"过渡区"、"湖泊区"与"干流控制区"四个区域（图 1.4）；对比现场观测资料结果表明，2003~2009 年，超过 70%的香溪河库湾水华事件首先出现在库湾中段的湖泊区与过渡区，该结论对识别水华高风险区并制定针对性生态调度措施有重要意义。

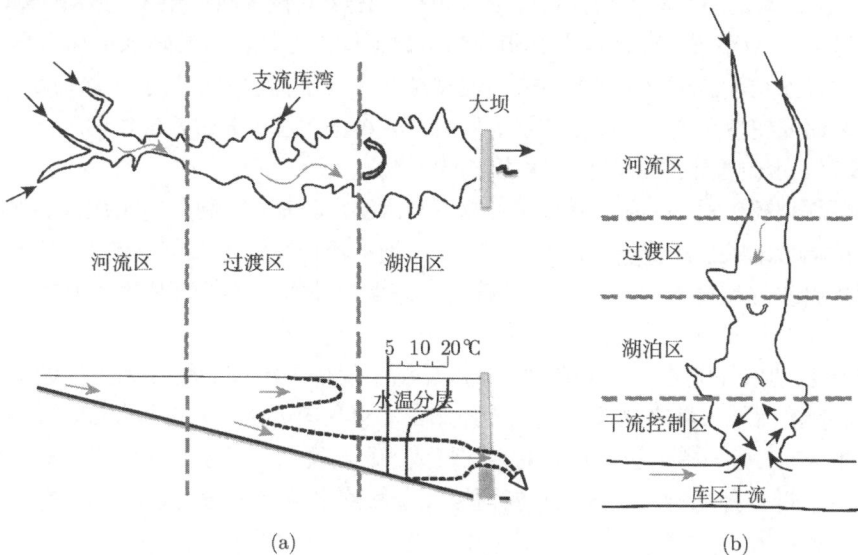

图 1.4　河道型水库库区干流（a）与支流库湾（b）概念性水动力分区比较

1.2.3　抑制河道型水库水华暴发的水库调控

针对河道型水库水华问题开展生态调度，需明确水库调度运行对库区支流富营养化演变及水华暴发的作用机制，量化调控目标要素对工程调控的响应关系。研究表明，水库调蓄会显著影响库区水动力要素的时空分布，使其污染物迁移转化、水体温度结构、藻类细胞生长消亡过程有别于典型湖泊或天然径流。因此，抑制水华暴发的水利水电工程优化调度研究的主要目标是，通过合理控制库区水位变化幅度与频率，使其在水华高风险区域形成不利于水华形成的环境。

以三峡水库为例，该工程建设运行通过改变坝前水位、局部流态、垂向紊动等水动力条件，对坝前水域、支流库湾等水域的水生态环境产生巨大影响。在此背景下，自 2003 年 6 月三峡水库初期蓄水后，如支流香溪河库湾的局部水域富营养化状态开始加剧，继而引发了支流库湾内的水华问题。本研究前期通过推求悬浮颗粒物沉速与水温分布的相关关系阐明[11,12]：水流在紊动条件极其微弱的情况下，水温分层将导致物质浓度在垂向上出现分层现象，增加水华暴发的频次与强度；库湾内营养物质浓度与水华暴发的时空变化对坝前水位日调节幅度有着定量响应关系[5]，证实了实施生态调度抑制水华的可行性。

原型观测与仿真模拟还表明，在水库调峰运行时，库湾河口出现的往复水流运动在库湾内波生成过程中起重要作用，而内波运动带动水体中物质输运过程，弱化分层，有利于抑制温跃层的产生与发展，对支流库湾水环境的改善有积极意义。据此，可采用针对性调控方法以改善河道型水库支流库湾水温层化进而抑制水华暴发：在水库支流库湾水温层化期间，利用枢纽运行调度，使坝前水位出现交替变化现象，引起河道型水库支流库湾河口形成类似潮汐现象的水位波动，加速库湾内波的形成与发展，使水库支流库湾与水库干流之间水体剧烈交换，形成吞吐流，加强库湾与干流水体间的物质交换；潮成内波沿温跃层的传输与破碎过程，使温跃层上下水体出现反向流动，带动密度跃层上下水体充分混合，起到改善水温分层的作用，有效减小常规调度方式对敏感水域水环境的影响，保障水库水生态系统健康。

综上，抑制河道型水库水华暴发的水库调控方法及其技术应用主要包括下述几方面：

（1）调控分析手段：综合运用监测评估与数值模拟方法，以明确水华动力学关键参数对控制性水库水位动态变化的响应关系，通过结合有利于抑制河道型水库水华暴发（调度目标）的生态调度模型研究，在满足防洪、发电、供水、航运基本运行条件的基础上（约束条件），形成有利于改善库湾水华的水库优化调度准则。

（2）短期调控模式：在河道型水库支流库湾水温层化期间，利用枢纽运行调度在河道型水库支流库湾形成类似潮汐现象的水位波动，加速库湾内波的形成与发展，实施改善河道型水库支流库湾水温层化进而抑制水华暴发的生态调控技术，对降低库湾水华暴发风险有着明显效果。

（3）中长期调控策略：库区敏感水域水环境不仅受下游控制性水利工程调度过程的影响，而且还受到流域上游来水调节的显著作用；随着我国诸如三峡、葛洲坝、溪洛渡、向家坝、白鹤滩、乌东德等梯级水电站群的逐渐形成，通过流域上下游水库水量的联调联控，实现既兼顾水库群多种功能的发挥，又能调控改善敏感水域水环境问题，已经具有相当的可行性。

1.3 结　　论

通过水库运行调度改善库区支流库湾富营养化并抑制水华，是较有应用前景的工程调控手段。河道型水库富营养化及水华调控的系列方法及其关键技术，主要包括水利工程影响下河道型水库水环境监测与评估、大型水库多维多场耦合富营养化模拟、基于内波改善河道型水库支流库湾水温层化进而抑制水华暴发三方面。在三峡水库及其他水利工程的生态环境监测与保护中的应用表明，相关技术能用于定量评估水利水电工程生态环境效应，也为实施兼顾防洪、发电、通航、生态的多目标水利工程调控提供了科学依据。

参 考 文 献

[1] 杨桂山, 马超德, 常思勇. 长江保护与发展报告 (2009)[M]. 武汉: 长江出版社, 2009.

[2] 纪道斌, 刘德富, 杨正健, 等. 三峡水库香溪河库湾水动力特性分析 [J]. 中国科学: 物理学力学天文学, 2010, 40(1): 101-112.

[3] 董哲仁, 孙东亚, 赵进勇. 水库多目标生态调度 [J]. 水利水电技术, 2007, 38(1): 28-32.

[4] 刘德富, 黄钰铃, 纪道斌, 等. 三峡水库支流水华与生态调度 [M]. 北京: 中国水利水电出版社, 2013.

[5] Zheng T G, Mao J Q, Dai H C, et al. Impacts of water release operations on algal blooms in a tributary bay of Three Gorges Reservoir [J]. Science in China Series E, 2011, 54(6): 1588-1598.

[6] 王玲玲, 戴会超, 蔡庆华. 香溪河水动力因子与叶绿素 a 分布的数值预测及相关性研究 [J]. 应用基础与工程科学学报, 2009, 17(5): 652-658.

[7] 蒋定国, 戴会超, 王冰伟, 等. 香溪河库湾春季营养盐空间差异性成因分析 [J]. 水利学报, 2013, (5): 562-569.

[8] 李锦秀, 禹雪中, 幸治国. 三峡库区支流富营养化模型开发研究 [J]. 水科学进展, 2005, 16(6): 777-783.

[9] 王玲玲, 戴会超, 蔡庆华. 香溪河生态调度方案的数值模拟 [J]. 华中科技大学学报 (自然科学版), 2009, 37(4): 111-114.

[10] 王玲玲, 戴会超, 蔡庆华. 河道型水库支流库湾富营养化数值模拟研究 [J]. 四川大学学报 (工程科学版), 2009, 41(2): 18-23.

[11] 蒋定国, 戴会超, 刘伟. 温度异重流作用下三峡香溪河库湾春季营养盐时空分布特征研究 [J]. 应用基础与工程科学学报, 2013, 21(1): 20-30.

[12] 余真真, 王玲玲, 戴会超, 等. 水温分层对水体中悬浮颗粒物垂向输运影响的研究 [J]. 四川大学学报 (工程科学版), 2010, 43(1): 64-69.

第 2 章　河道型水库水环境基本特征与富营养化问题

大坝修建后，天然河道变成了河道型水库，库区水流流态结构发生巨大改变，库区水体生态要素如水动力条件、水质因子等呈现出显著的时空变化特征[1-3]。以三峡水库为例，水库蓄水前，天然情况下长江干流不会发生富营养化问题；成库后，河流水位升高、水流减缓，多数次级河流河口将成为滞水区，为形成水体富营养化提供了有利条件[4,5]；大量泥沙沉积，使得水体浊度变小、透明度增大、光线的穿透率升高，都有利于浮游藻类的光合作用，促进藻类的生长繁殖，容易造成水华的发生[6-8]。经过水量、水质的跟踪监测分析，自 2003 年 6 月三峡水库初期蓄水以来，主库区水质总体良好，主要水质指标基本达到 II 类水标准；然而，支流水质状况呈现不同程度的下降，尤其是香溪河、大宁河、梅溪河等支流（图 2.1），由于污染严重，加之受到干流顶托影响，流速极为缓慢，导致这些支流"水华"频繁发生。三峡库区支流库湾面积达水库总面积近三分之一，支流库湾水体水质条件对库区整体水环境保护十分重要，河道型水库富营养化问题很大程度上转化为水库支流库湾水华问题。

图 2.1　三峡库区及主要支流示意图

2.1　河道型水库库湾水华的水环境特征监测分析

在三峡蓄水前，受平邑口至峡口附近黄磷厂的影响（图 1.2），香溪河的营养盐含量已经较高。但由于天然河流的物质输移能力强，香溪河并未出现明显水华现象。水库蓄水后，虽然氮磷的输入总量并无太大变化，但水位抬升后，香溪河自峡口镇以下各区域单位水体的总磷含量降低，总氮含量显著上升；其中香溪河口附近总氮含量增加 45%，总磷含量降低 68%。自 2004 年春季起，香溪河在盐关、峡口等地连续多年暴发水华[9]，并缓慢向下游扩散，生态条件逐渐恶化。蓄水抬高水位，导致香溪河水体流速降低，是香溪河水华产生的主要诱因。

随着蓄水过程的发展，香溪河水华暴发的程度与种类也随之改变。

　　在不考虑营养盐输入影响的情况下，水动力场与水温条件对水华时空分布均有较大的影响。对比 2005 年及 2007 年的监测资料可知，两个年份内春季水华的时空分布显然不同。受水动力条件及水位变动的共同作用，2007 年香溪河水华的分布范围大于 2005 年水华的分布范围，但其持续时间及暴发程度则略小于 2005 年。对比其水动力场可发现：2007 年的三峡坝前水位较高（148~153m），而 2005 年的坝前水位较低（138m 左右），2005 年坝前回水影响至距河口约 24km 的峡口镇上游，2007 年回水影响范围可至高阳附近，此时湖泊区及过渡区分布范围更广，水华产生的范围也相应增大。对比其流速大小可发现，在大致相同的流量下，2007 年水体流速要大于 2005 年的水体流速，原因在于：在 2007 年研究时段内，三峡坝前水位有比较明显的消落过程，导致水体流速会有所增加；但在 2005 年，坝前水位基本在 138m 左右波动，因此 2005 年水体的输移能力相对较弱，导致 2005 年水华暴发的持续时间较 2007 年长。由上述分析可以看出，水动力场及温度场的时空分布特征是影响典型支流库湾水华时空分布的重要因素。

　　基于观测与模拟分析，受上游来流、长江干流的共同影响，典型河道型水库支流库湾可大致分为四个具有不同水力特性的区域，即河流区、过渡区、湖泊区、河口区（图 2.2）。在不同水位下，各水力特性区的范围也会相应变化。由于水力特性差异较大，四个区域的水环境特征的表现形式明显不同：

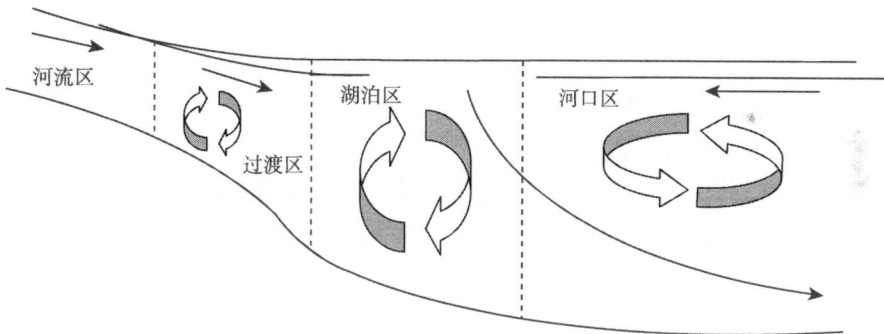

图 2.2　河道型水库支流水力特性分区示意图

　　（1）河流区的水体流动接近天然河流，营养盐及藻类的滞留时间短，在该区域内主要表现为河流的水力特征，相应其藻类含量较低，多数营养盐被输移至水力特性过渡区。

　　（2）过渡区的水深增加，流速降低，受上游营养输入影响，营养盐充分，光照充足，初级生产率高，是水华相对较易暴发的区域。

　　（3）在湖泊区，水深进一步增加，流速显著降低，悬浮物沉积增多，虽然水体深度大，但由于单位水体的光照强度小，水体深度大于真光层深度，再加之水体流速小，垂向紊动较弱，浮游植物死亡后易沉积至水底，不易再悬浮，营养盐的循环周期长，相应该区域内的藻类整体平均含量相对较少；但湖泊区的表层水体在可溶性营养盐比较充足的情况下也比较容易暴发水华，表现出较明显的水华现象。

　　（4）河口区的范围受支流上游来流与库区干流的双重影响，其水动力情况比较复杂；以香溪河库湾为例, 大致情况为长江干流水体温度较高, 从水体表面流向香溪河上游, 而香溪河上游来流由于温度较低, 基本在距河口十多千米左右区域潜入底层, 由底层流入长江。因此, 在河口区, 表层水体的营养盐含量主要由长江干流水体决定, 实际监测数据[10]也表明河口区营养盐组成及分布与长江干流也比较接近。由于该区域与长江干流交换明显, 营养盐比较容易得到补充, 水华现象也时常能够观测到。受长江干流作用, 靠近干流的水域水动力条件强, 其水华的产生和消亡与干流水体的水位波动关系密切。

2.2　影响河道型水库富营养化及水华的主因

作为水体中营养盐、藻类、悬浮沙输移与扩散的主要驱动因素, 水动力条件在水体富营养及水华问题中的作用至关重要, 直接决定了水体中的富营养化程度、溶解氧分布、水温分布、藻类组成、叶绿素含量等。水动力研究是三峡库区支流富营养化研究的一个关键环节, 需采用数值模拟方法, 以获取详细的水动力场, 作为现场量测数据的有益补充, 为三峡库区支流富营养化及水华研究提供水动力基础[11,12]。

温度是生化反应中的重要影响因子, 在藻类的生长及营养盐的转化与释放过程中起着决定性的作用, 其影响范围涉及水华暴发过程中的许多过程, 包括藻类生长速度、硝化反应速率、反硝化反应速率、营养盐矿化速率等, 因此在水华问题研究中温度的分析也有着举足轻重的地位[13−17]。

水体中悬浮物在富营养问题中的作用主要包括如下几个方面: ① 悬浮物拦截了进入水体的光线, 其含量的多少决定了水体的透光度高低, 进而影响了藻类对太阳能的吸收及糖分的合成; ② 悬浮物在水体中释放或者吸附营养物质可明显改变水体中营养盐的含量, 既有可能制约藻类的生长, 也有可能促进藻类的生长; ③ 悬浮物的沉积与再悬浮与其吸附作用相结合可显著影响水体中营养盐含量; ④ 悬浮物随水体输移可显著改变营养盐的空间分布。在库区富营养化及水华问题研究中, 悬浮物也是一个重要的影响因素[18,19]。

参 考 文 献

[1] 张敏, 徐耀阳, 邵美玲, 等. 三峡水库香溪河库湾底泥中总氮、总磷含量的时空分布 [J]. 应用生态学报, 2009, 11(2): 799-805.

[2] 纪道斌, 刘德富, 杨正健, 等. 三峡水库香溪河库湾水动力特性分析 [J]. 中国科学: 物理学力学天文学, 2010, 40(1): 101-112.

[3] 张晟, 李崇明, 付永川, 等. 三峡水库成库后支流库湾营养状态及营养盐输出 [J]. 环境科学, 2008, 28(1): 7-12.

[4] 吴挺峰, 高光, 晁建颖, 等. 基于流域富营养化模型的水库水华主要诱发因素及防治对策 [J]. 水利学报, 2009, 40(4): 391-397.

[5] 王华, 逄勇. 藻类生长的水动力学因素影响与数值仿真 [J]. 环境科学, 2008, 28(4): 884-889.

[6] 刘信安, 封丽, Charles Q. Jia. 三峡库区水华优势藻类生长动力学的普适性研究 [J]. 环境科学, 2008, 28(8): 2143-2148.

[7] James R T, Martin J, Wool T, et al. A sediment resuspension and water quality model of Lake Okeechobee [J]. Journal of the American Water Resources Association, 1997, 33(3): 661-680.

[8] 郑丙辉, 曹承进, 秦延文, 等. 三峡水库主要入库河流氮营养盐特征及其来源分析 [J]. 环境科学, 2008, 28(1): 1-6.

[9] Wu J, Huang J, Han X, et al. Three-Gorges Dam–Experiment in Habitat Fragmentation?[J]. Science, 2003, 300(5623): 1239-1240.

[10] 李锦秀, 廖文根, 黄真理. 三峡水库整体一维水质数学模拟研究 [J]. 水利学报, 2002, (12): 7-10.

[11] 王玲玲, 戴会超, 蔡庆华. 河道型水库支流库湾富营养化数值模拟研究 [J]. 四川大学学报 (工程科学版), 2009, 41(2): 18-23.

[12] 王玲玲, 戴会超, 蔡庆华. 香溪河水动力因子与叶绿素 a 分布的数值预测及相关性研究 [J]. 应用基础与工程科学学报, 2009, 17(5): 652-658.

[13] Nicholls K H. Effects of temperature and other factors on summer phosphorus in the inner bay of Quinte,Lake Ontario: implications for climate warming[J]. Journal of Great Lakes Research, 1999, 25(2): 250-262.

[14] 金相灿, 储昭升, 杨波, 等. 温度对水华微囊藻及孟氏浮游蓝丝藻生长、光合作用及浮力变化的影响 [J]. 环境科学学报, 2008, 28(1): 50-55

[15] 易仲强, 刘德富, 杨正健, 等. 三峡水库香溪河库湾水温结构及其对春季水华的影响 [J]. 水生态学杂志, 2009, (5): 6-11.

[16] 高月香, 张永春. 水文气象因子对藻华爆发的影响 [J]. 水科学与工程技术, 2006, (2): 10-12.

[17] Bormans M, Maier H, Burch M, et al. Temperature stratification in the lower River Murray, Australia: implication for cyanobacterial bloom development[J]. Marine and Freshwater Research, 1997, 48(7): 647.

[18] van Beusekom J E E, Loebl M, Martens P. Distant riverine nutrient supply and local temperature drive the long-term phytoplankton development in a temperate coastal basin[J]. Journal of Sea Research, 2009, 61(1-2): 26-33.

[19] Wang X Q, Guo J S, Wai W H. Effects of suspended particles on TP, TN, COD_{Mn} concentrations in the Three Gorges reservoir[J]. Journal of Central South University of Technology, 2007, 14(1): 439-446.

第 3 章　河道型水库库湾水华驱动因子的影响机制

三峡水库是典型的河道型水库，水库蓄水后，水库回水区的水文情势发生了显著变化，水深增加，流速减缓；近岸水域纳污能力减小，部分支流库湾受回水顶托，营养物质大量富集，成为富营养化的敏感水域[1~3]。在三峡库区的众多支流中，香溪河是三峡水库湖北库区最大的支流，同时也是最靠近三峡大坝的较大支流，蓄水后形成典型的河道型水库支流库湾。以香溪河库湾为对象开展针对性研究，对揭示河道型水库富营养化机理、探讨水体健康状况的变化趋势，以及预测和预防蓄水后三峡水库水质的恶化、合理利用库区流域自然资源具有重要意义[4~6]。

本部分主要以三峡水库北岸支流库湾 —— 香溪河为具体研究对象，以实际监测数据为基础，率定合理的数学模型参数，模拟三峡初期蓄水后香溪河部分河段的水动力场、温度场、营养盐分布及叶绿素分布，据此评述水库蓄水对香溪河的主要影响及范围，分析典型河道型水库库湾水华主要驱动因子的特性及其影响机制。

3.1　典型库区支流库湾水动力特性模拟及其对水华的影响

3.1.1　典型支流香溪河水动力场主要影响因素研究

香溪河水动力场主要影响因素研究主要考虑如下几个方面[7~9]：①香溪河流量确定的情况下，坝前水位变化对香溪河水动力场的影响；②坝前水位不变的情况下，香溪河流量改变对香溪河水动力场的影响；③水位及长江来流量对香溪河口水动力场的影响；④水位下落速度对香溪河水动力场的影响；⑤水位上涨速度对香溪河水动力场的影响。

1. 坝前水位对香溪河水动力场的影响研究

为研究坝前水位对香溪河水动力场的影响，分析了当三峡坝前水位分别为 85m、100m、135m、145m、155m、175m 时，香溪河上游来流为 160m³/s 的情况下香溪河的水动力场；自香溪河上游到下游选取高阳镇、平邑口、峡口、官庄坪及香溪河河口为典型代表点（图 1.2），分析了各地在上游来流流量不变的情况下，其流速大小与三峡坝前水位之间的关系；同时，选取河道深泓线上各点为研究对象，分析比较了在不同坝前水位下，河道深泓线上各点流速与水位的沿程变化。

由香溪河各典型点流速与坝前水位关系图（图 3.1）可知，香溪河各典型代表点的流速在上游来流量不变的情况下，流速随着坝前水位的下降而相应增加，但当下游水位下降到一定程度后，高阳、平邑口及峡口等地的流速会基本维持在一个定值（如高阳的流速稳定在 0.872m/s，平邑口的流速稳定在 1.00m/s，峡口的流速稳定在 2.35m/s）；峡口附近河道断面较小，因此该区域流速较大。官庄坪及香溪河河口两地的流速随着坝前水位的下降一直持续增大；典型点离河口越远，其流速随水位下降增加越快；分析可知，在高水位下，所有典型点都处在回水影响区，随水位下降，回水影响范围减少，上游各点流速缓慢增大，逐渐变至天然河道状态。

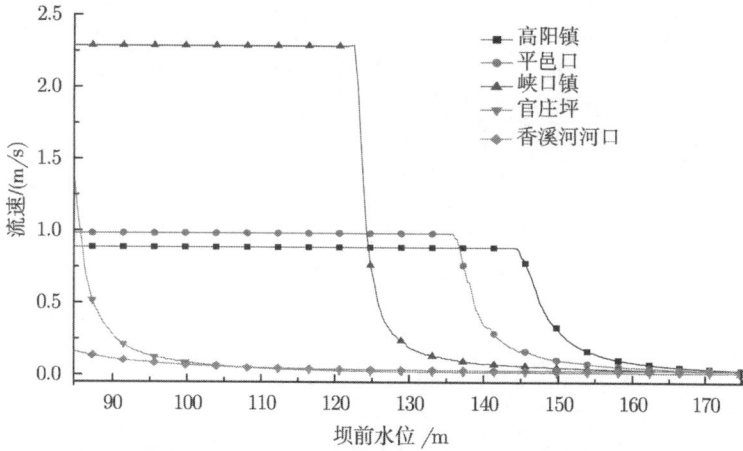

图 3.1 香溪河各典型点流速与坝前水位关系图

为探讨各点水位与三峡坝前水位关系，同时绘制出图 3.2。由图可知，在流量恒定的情况下，与各点流速变化情况类似，各点水位随着坝前水位下降逐渐下降，当水位下降至一定程度，高阳、平邑口及峡口等典型点水位保持不变，不再随坝前水位下降而下降（其中高阳水位稳定在 146.4m，平邑口水位稳定在 135.5m，峡口水位稳定在 124m）；官庄坪及香溪河河口两地的水位随着三峡坝前水位的下降一直下降，在三峡坝前水位降至 85m 左右时，官庄坪水位下降速度变缓；在坝前水位影响范围内，各点水位与坝前水位基本成线性关系。

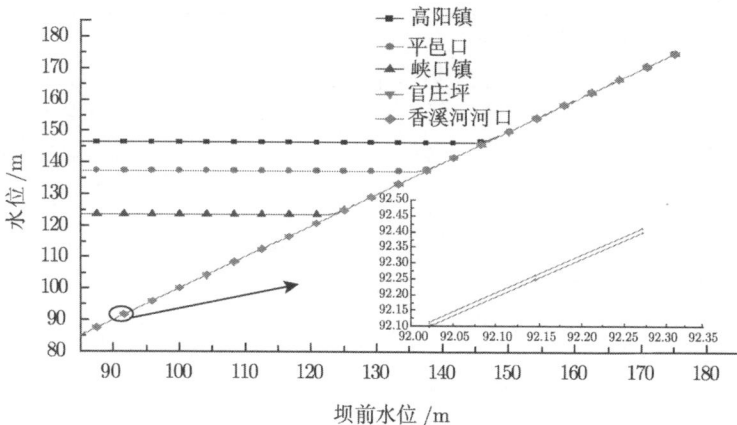

图 3.2 香溪河各典型点水位与坝前水位关系图

不同坝前水位下香溪河河道深泓线各点流速分布见图 3.3。由图可看出，在上游来流量恒定的情况下，坝前水位对回水影响范围内各点的流速影响较大，在同一点，坝前水位越低，流速越大；当坝前水位降低到一定程度，典型代表点处于回水影响范围外时，在流量不变时，其流速不再受坝前水位影响，基本稳定在一恒定值；当坝前水位高于 155m 时，计算区域内各点都受坝前水位影响，且坝前水位越高，流速越小，其流速沿程变化率也越小。

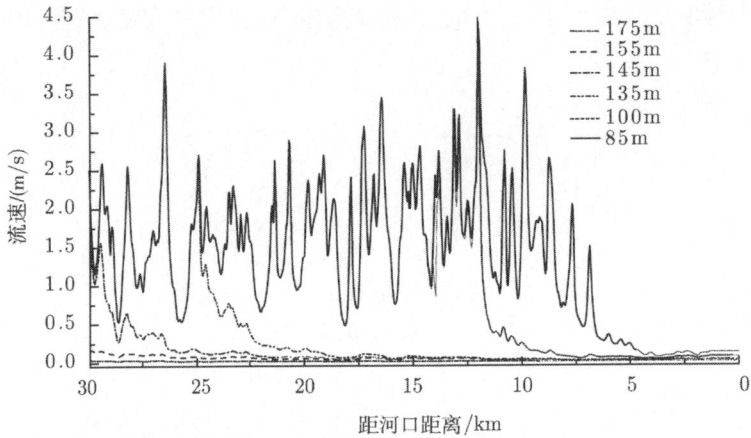

图 3.3 不同坝前水位下香溪河河道深泓线各点流速分布图

不同坝前水位下香溪河沿程水位分布如图 3.4 所示。由图可看出，不同坝前水位对香溪河影响范围也不相同，当上游来流量为 160m³/s，坝前水位为 85m 时，其影响范围距河口约 7km；在坝前水位为 100m 时，其影响范围距河口约 12km；坝前水位为 135m 时，其影响范围距河口约 24km；在坝前水位为 145m 时，其影响范围距河口约 29km；在坝前水位高于 155m 时，其影响范围涵盖整个计算区域；在流量恒定的情况下，香溪河受回水影响范围内各点水位随着三峡坝前水位的增高而增高。

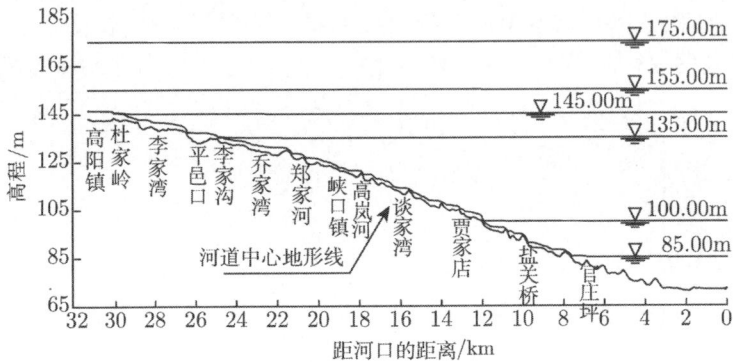

图 3.4 不同坝前水位下香溪河沿程水位分布图

2. 香溪河流量对水动力场的影响研究

为明确香溪河上游来流对库湾水动力场的影响，本节分析了当三峡坝前水位为 145m 不变时，香溪河上游来流为 160m³/s、130m³/s、100m³/s、70m³/s、40m³/s、10m³/s 时的香溪河的水动力场特征。

图 3.5 为不同流量下香溪河河道深泓线各点水位分布，由图可知，在坝前水位恒定为 145m 时，香溪河不同流量对香溪河各点的水位影响主要集中在距香溪河口 22km 以上区域，在距河口 0~22km 范围内，香溪河水位主要由坝前水位控制，在不同上游流量下基本没有变化；在距河口 22~26km 之间，香溪河水位在不同上游来流下有变化，但其变化幅度较小；在

距河口 26km 以上位置，其水位受上游来流影响较大，在不同的上游来流下，其水位最大变幅可达 2m 左右（即距河口约 31km 处，$10m^3/s$ 来流下的水位约为 145.1m，而 $160m^3/s$ 来流下的水位约为 147.1m）。

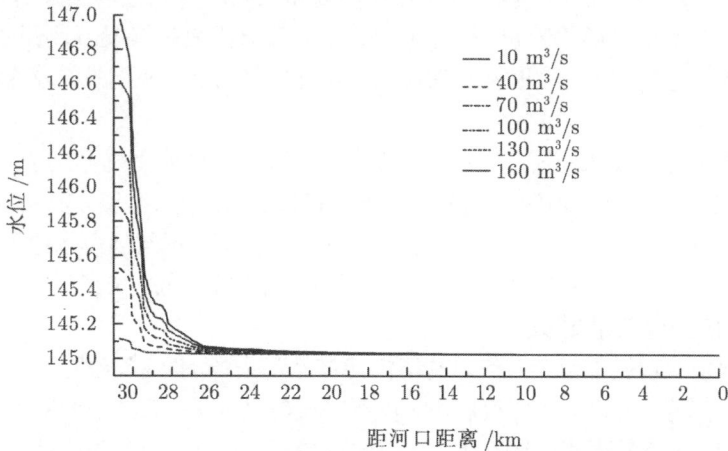

图 3.5　不同来流流量下香溪河河道深泓线沿程水位分布图

图 3.6 给出了不同上游来流流量下香溪河河道深泓线各点流速分布图，由图可以看出，随着香溪河流量的增加，中心线上各点流速都随之增大，其影响区域基本包括了整个计算区域，在距河口 0~10km 范围内，由于水深大，上游流量的增加引起的流速增加量不明显；在距河口 15~26km 范围内，水深相对较浅，流量增大引起的流速增加量有所提高；在距河口 26km 以上范围内，由于流量增加引起的流速增加量明显加大，香溪河的河道特征明显。

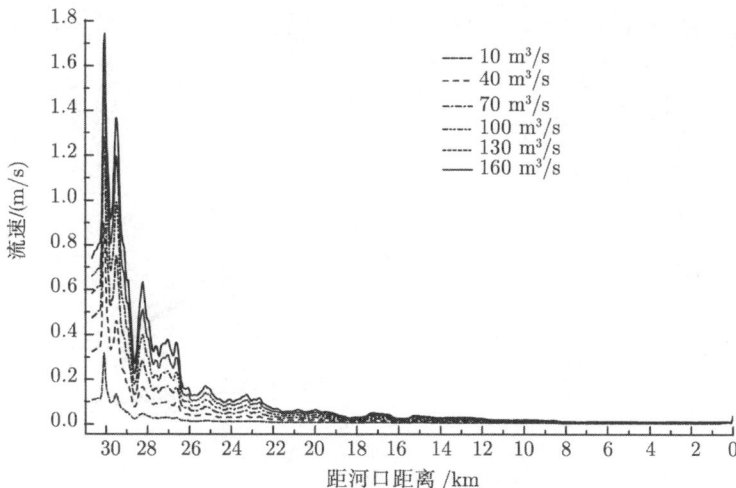

图 3.6　不同上游来流流量下香溪河河道深泓线各点流速分布图

对比图 3.6 及图 3.3 可知，香溪河的水力特性可由计算区域的流速及水位分布情况大致分为三个典型区域：湖泊型、过渡型及河道型，香溪河内的水动力场的特性及其影响范围主要由坝前水位决定，在不同的香溪河流量下，其影响范围会有所变动，但变动范围较小，坝前水位是各水力特性区域范围及大小的主要影响因素。

3. 长江对香溪河河口水动力场的影响研究

长江对香溪河水动力场的影响可分为长江流量和三峡坝前水位两个方面。因此，为分析长江对香溪河河口水动力场的影响，计算了当长江来流量不变的情况下，不同坝前水位条件下香溪河河口附近流场的分布；以及当坝前水位不变的情况下，不同长江流量对香溪河河口流速的影响。

图 3.7 列出了当长江来流量为 16 000m³/s 的情况下，坝前水位分别为 173m、165m、157m、151m、145m 时，香溪河河口的流速分布矢量图。由图可知，受长江上游来流的影响，在香溪河河口附近区域会产生一环流区。在长江来流不变时，不同坝前水位下环流区的影响范围变动不大，基本保持在距河口约 1.2km 范围内；但水位越低，长江主干道流速越大，长江来流对河口的影响程度也越大。

为明确不同坝前水位下长江来流对香溪河河口水动力场的影响，图 3.8 给出了河口附近河道深泓线上的流速分布图，由图可看出，在不同坝前水位下，长江来流对香溪河的影响范围有所改变，在长江流量不变的情况下，坝前水位越高，长江来流对香溪河河口的影响范围越大，但长江来流影响范围变动不大（约 150m），长江对香溪河河口的最大影响范围约至距香溪河河口 1.0km 处。

图 3.9 给出了当坝前水位为 145m 不变时，香溪河上游无来流的情况下，长江流量分别为 14 400m³/s、12 800m³/s、11 200m³/s、9600m³/s、8000m³/s 时，香溪河河口的流速分布矢量图。由图可以看出，在水位不变的情况下，长江来流在香溪河河口附近形成的环流区大小及位置基本维持不变，其影响范围约至距河口 1km 处。

图 3.10 给出了香溪河上游无来流，坝前水位为 145m 恒定，长江流量分别为 14 400m³/s、12 800m³/s、11 200m³/s、9600m³/s、8000m³/s 情况下，河口附近河道深泓线上的流速分布

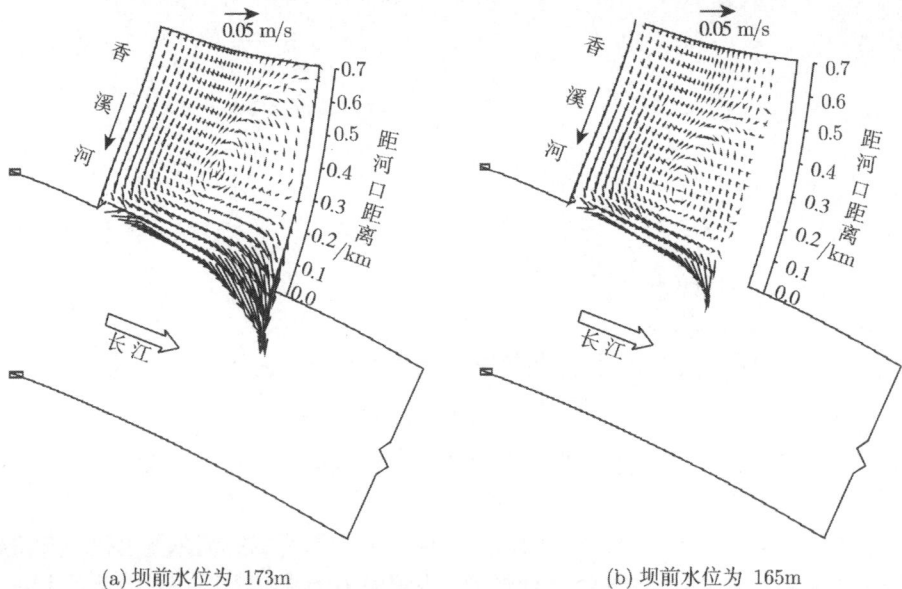

(a) 坝前水位为 173m　　　　　　　　　　　　(b) 坝前水位为 165m

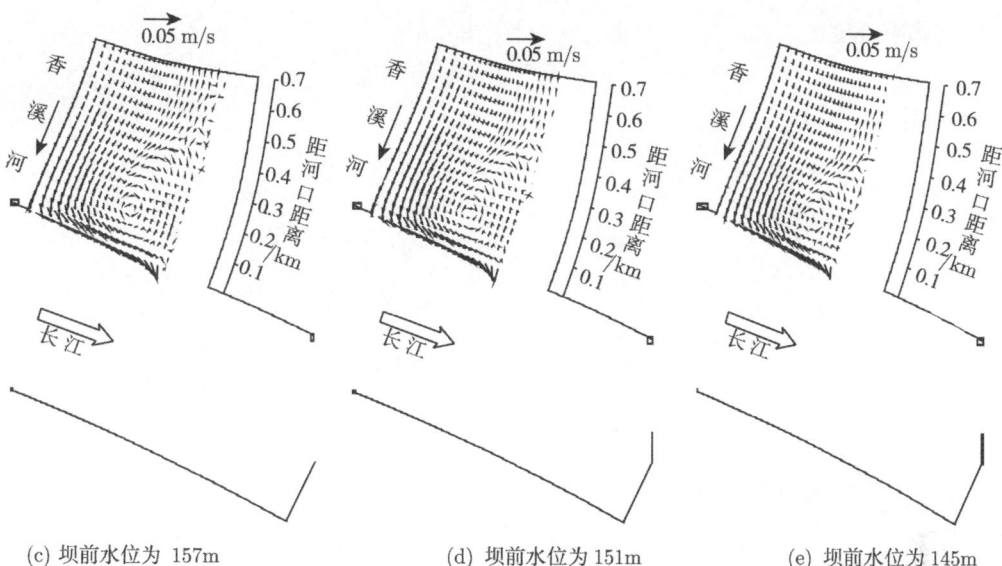

(c) 坝前水位为 157m   (d) 坝前水位为 151m   (e) 坝前水位为 145m

图 3.7 不同坝前水位下香溪河河口流速矢量图

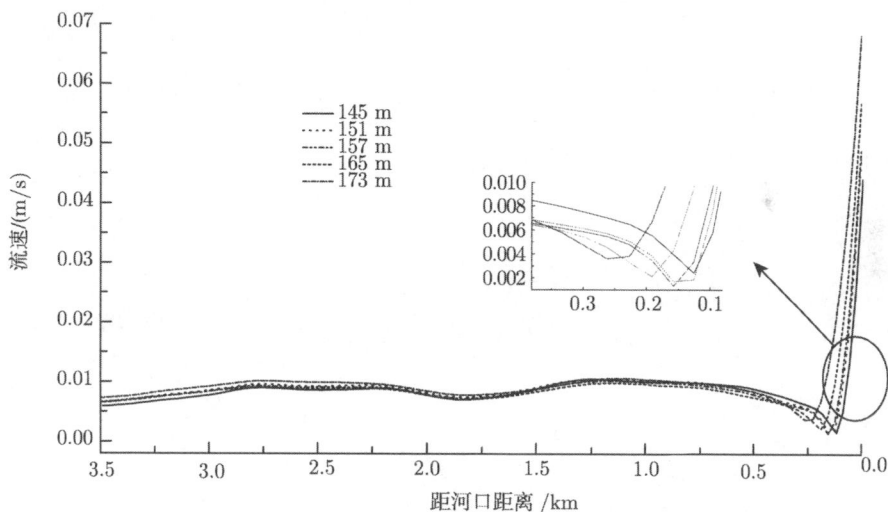

图 3.8 不同坝前水位下香溪河河口中心线附近流速分布图

图, 由图可明显看出, 在其影响范围内, 长江流量越大, 中心线上各点流速越大; 表明长江流量越大, 其对香溪河河口影响程度越大。

综合图 3.7～ 图 3.10 可以看出, 坝前水位决定了香溪河河口环流区的位置, 随着坝前水位的提高, 环流区的中心会稍向香溪河上游略偏移, 但在上述计算选择的几个水位下, 其最大变动范围不超过 200m; 在坝前水位不变的情况下, 长江来流在香溪河河口形成的环流区的位置基本不变, 但其影响程度会随着长江流量的增加而增强（长江流量为 14 400m³/s 时, 环流中心区域流速约为 0.01m/s, 长江流量为 8000m³/s 时, 环流中心区域流速约为 0.005m/s）。简述而言, 坝前水位决定了长江来流对香溪河的影响范围, 长江干流的流速决定了其对香溪河河口的影响程度。

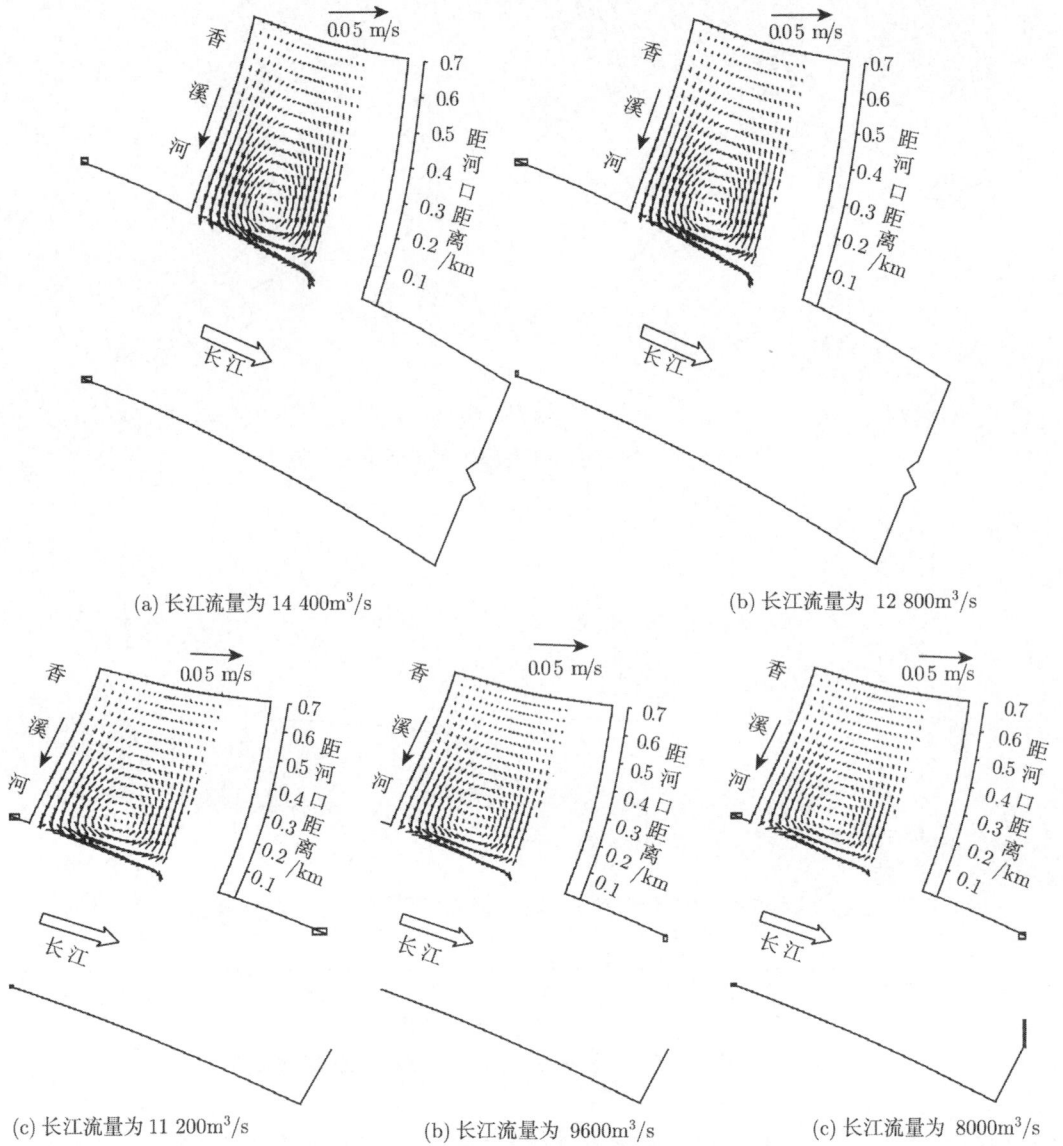

(a) 长江流量为 14 400m³/s　　　　　　　　　(b) 长江流量为 12 800m³/s

(c) 长江流量为 11 200m³/s　　　(b) 长江流量为 9600m³/s　　　(c) 长江流量为 8000m³/s

图 3.9　不同长江流量下香溪河河口流速矢量图

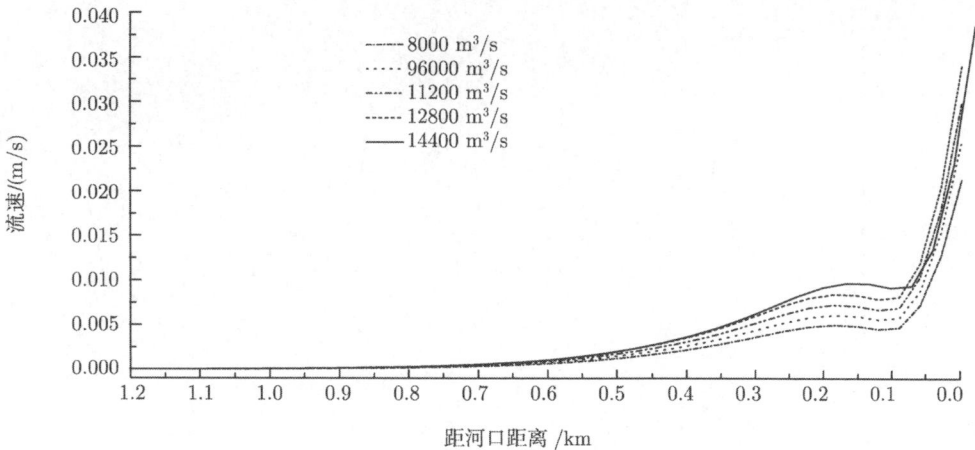

图 3.10　不同长江流量下香溪河河口附近河道深泓线上的流速分布图

4. 坝前水位下落速度对香溪河水动力场的影响研究

与天然河道不同，三峡坝前水位受到大坝调度的影响而变动频繁。本节比较了在香溪河上游无来流时，且坝前初始水位为 175m，坝前水位消落速度分别为 0.2m/d、0.5m/d、1.0m/d、1.5m/d 及 2.0m/d 情况下香溪河的水动力场分布。

由图 3.11 可知，香溪河各点流速随着水位消落速度的增加而增加，水位消落的影响范围可至整个计算区域。由于初始水位较高，沿程各点流速相对较低；当坝前水位消落速度为 0.2m/d 时，香溪河河道深泓线上平均流速约为 0.000 91m/s，最大流速 0.0016m/s，最小流速 0.0005m/s；而 0.5m/d 的坝前水位消落速度在香溪河深泓线上产生的平均流速约为 0.002 22m/s，最大流速 0.0039m/s，最小流速 0.001m/s；1.0m/d 的坝前水位消落速度在深泓线上产生的平均流速约为 0.0042m/s，最大流速 0.0073m/s，最小流速 0.001m/s；1.5m/d 的坝前水位消落速度在深泓线上产生的平均流速约为 0.005 95m/s，最大流速 0.01m/s，最小流速 0.0022m/s；2.0m/d 的坝前水位消落速度在深泓线上产生的平均流速约为 0.008m/s，最大流速 0.0134m/s，最小流速 0.0034m/s。在不同坝前水位消落速度下，沿河道深泓线各点流速分布规律及趋势基本不变。

为详细说明坝前水位消落速度对香溪河各点的影响程度，分别选取高阳镇、平邑口、峡口及官庄坪等点为典型代表点，表 3.1 列出了各典型点不同消落速度下流速与 0.2m/d 消落速度下基准流速的速度比，并给出了其拟合函数及相关性。由表 3.1 可看出，各点在不同坝前水位消落速度下其流速增长比与水位消落速度比间大致呈线性关系，其中高阳镇附近流速增长比与水位消落速度比间的线性相关性较差。在相同水位消落速度比下，各代表性位置处的流速增长比并不一致，峡口与平邑口的速度变化与水位变化间的相关关系趋势相近，在相同的坝前水位降落幅度变化率下，越接近河口，流速变化幅度越小；官庄坪附近的流速变化幅度较峡口及平邑口大，可能因其距河口较近，相应受水位消落影响也大；高阳位于香溪河上游，在坝前水位为 175m 时，虽然也处于回水范围内，但其水深与其他各点相比较小，因此其流速随着坝前水位降落速度增加的幅度较大。在相同的坝前水位降落幅度下，各点的流速大小由其所在位置的地形决定。

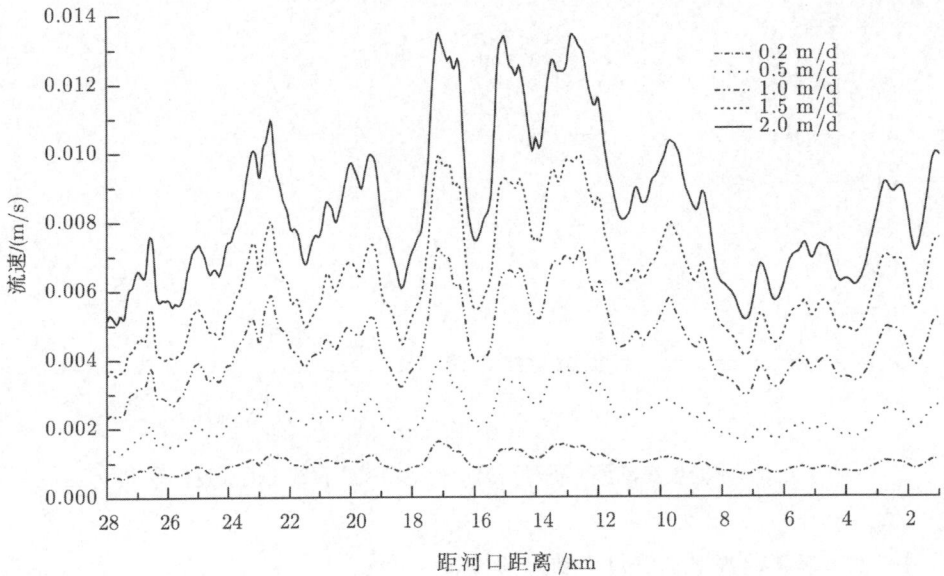

图 3.11　不同坝前水位消落速度下香溪河中心线上流速分布图

表 3.1　各典型代表点在不同水位消落速度下的流速比

坝前水位消落速度/(m/d)		0.2	0.5	1.0	1.5	2.0	拟合函数 $(y = ax + b)$		
水位消落速度比		1.0	2.50	5.00	7.50	10.00	a	b	相关性
典型点位置	高阳镇	1.0	2.11	4.00	6.44	9.74	0.9546	-0.3044	0.9846
	平邑口	1.0	2.22	4.10	5.73	8.07	0.7816	0.307	0.9988
	峡口	1.0	2.35	4.30	6.05	8.15	0.7636	0.4493	0.9948
	官庄坪	1.0	2.41	4.53	6.28	7.89	0.9106	0.1568	0.9996

5. 坝前水位上涨速度对香溪河水动力场的影响研究

与坝前水位消落速度类似，坝前水位的上涨速度对香溪河的水动力场也会有比较大的影响。坝前水位的最大上涨速度为 4.25m/d，其发生时段一般位于汛期过后；本书主要考虑春季及夏季香溪河水华可能多发的季节，此时段坝前水位最大上涨速度为 1.3m/d（2007 年 8月 1 日），一般上涨速度基本在 0.5m/d 左右浮动；因此，研究选定当坝前初始水位为 155m，坝前水位上涨速度分别为 0.2m/d、0.5m/d、1.0m/d、1.5m/d 情况，针对性分析不同条件下的香溪河水动力场分布。

由图 3.12 可知，与图 3.11 类似，香溪河库湾内流速随着水位上涨速度的增加而增加，水位上涨的影响范围可至整个计算区域。由于初始水位较高，计算得到的各代表站点流速较低；0.2m/d 的坝前水位上涨速度在香溪河深泓线上产生的平均流速约为 0.000 89m/s，最大流速 0.0015m/s，最小流速 0.0003m/s；0.5m/d 的坝前水位上涨速度在香溪河河道深泓线上产生的平均流速约为 0.002 21m/s，最大流速 0.0036m/s，最小流速 0.0006m/s；1.0m/d 的坝前水位上涨速度在深泓线上产生的平均流速约为 0.0043m/s，最大流速 0.0071m/s，最小流速 0.0011m/s；1.5m/d 的坝前水位上涨速度在深泓线上产生的平均流速约为 0.0066m/s，最大流速 0.011m/s，最小流速 0.0025m/s。与坝前水位下落速度的影响类似，在不同坝前水位上涨速度下，沿河道深泓线各点流速分布规律及趋势基本不变。

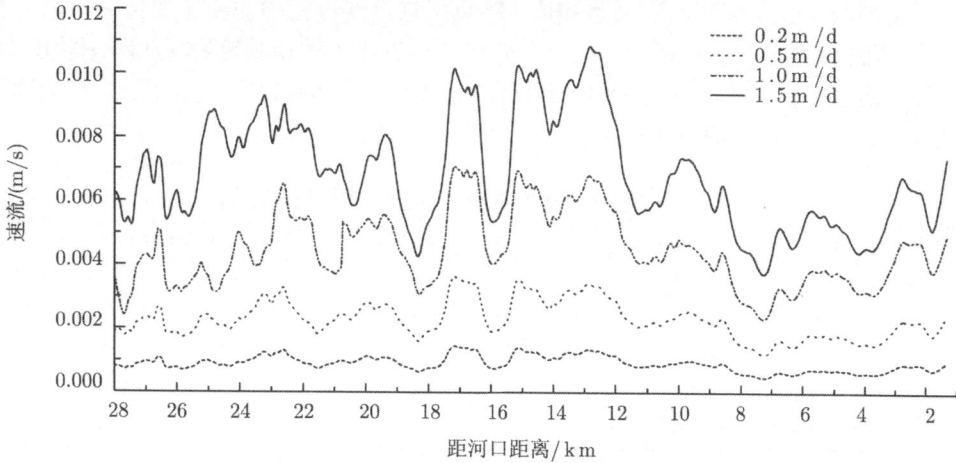

图 3.12　不同坝前水位上涨速度下香溪河中心线上流速分布图

图 3.13 给出了当水位变化幅度都为 1.0m/d 时，水位在上涨和消落两种情况下香溪河河道深泓线上的流速分布图。可看出，在相同水位变化幅度下，香溪河内的流场大小分布基本相同，受初始水位影响，水位上涨产生的流速大小略大于水位下降产生的流速大小，但其相差极小，基本可忽略。在相同的坝前水位降落幅度下，各点的流速大小由其所在位置的地形决定。

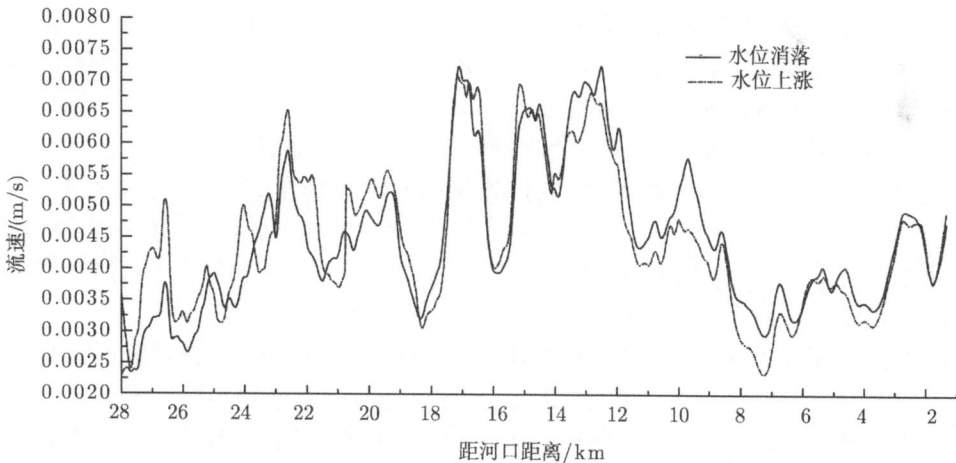

图 3.13　相同水位变化幅度（1m/d）下香溪河中心线上流速分布图

为详细说明坝前水位上涨速度对香溪河各点的影响程度，表 3.2 列出了各典型点（高阳镇、平邑口、峡口、官庄坪）不同上涨速度下的流速与 0.2m/d 上涨速度下的速度比，并给出了其拟合函数及相关性。由表 3.2 可以看出，各点在不同坝前水位上涨速度下其与水位上涨速度间的相关关系及流速增长幅度并不一致；各点流速增长幅度与水位上涨速度增加幅度间大致成线性关系，高阳镇及峡口镇附近点的流速增长幅度与水位上涨速度增加幅度间的线性相关性较差；平邑口与官庄坪的速度变化与水位变化间的相关关系趋势相近，在相同的坝前水位降落幅度变化率下,接近河口的官庄坪流速变化幅度较小;与水位消落过程中各点的流速变化率与水位变化率间的关系相比,各点水位上涨过程中的流速变化率与水位变化率间的线性相关性较差,仅在距河口较近的官庄坪附近相关性相对较好,但其线性相关性仍劣于水位消落过程的相关性;官庄坪附近的流速变化幅度较峡口小,究其原因,可能因其距河口较近,相应受水位上涨影响也大。

表 3.2　各典型代表点在不同水位上涨速度下的流速比

坝前水位上涨速度/(m/d)		0.2	0.5	1.0	1.5	2.0	拟合函数($y = ax + b$)		
水位上涨速度比		1.0	2.50	5.00	7.50	10.00	a	b	相关性
典型点位置	高阳镇	1.00	2.18	4.57	6.02	6.33	0.624	0.7756	0.9356
	平邑口	1.00	2.45	4.24	7.73	11.08	1.112	−0.4846	0.9839
	峡口	1.00	2.54	5.01	7.36	7.15	0.7352	0.7885	0.9149
	官庄坪	1.00	2.51	4.83	7.73	10.61	1.065	−0.2005	0.9977

6. 香溪河水力特性分区研究

香溪河受坝前水位变化的影响,其水力特性也会随之发生比较明显的变化。例如,在坝前水位抬高至 145m 时,受回水影响,香溪河库湾的部分区域平均流速降至毫米级,表现出明显的湖泊特征,上游来流的改变对区域内水动力场影响不大。相反,当坝前水位较低时,香溪河上游区域不受回水影响,其流速随上游来流改变极大,可由 0.1m/s 量级增至 1.0m/s 量级,水流流态改变迅速。在香溪河河口,受长江来流影响,会存在一个环流区,且坝前水位决定了环流区的大小,长江来流的流量和流速决定了环流强度。由此可以看出,在香溪河上游至下游存在明显的水力特性分区,其中回水区外为天然河道,在回水区内的支流库湾内,可分为库湾上段、库湾中段及库湾下段三段:其中,库湾下段位于香溪河入江口附近,水流特性受长江影响较大,可称为河口区;在库湾中段,水体平均流速极小,其上游来流对该区域内的水力特性影响不明显,表现出明显的湖泊特征,可称为湖泊区;在库湾上段,当上游来流较大时,库湾内水体流速大,出现河道特征,在上游来流较小时,流速小,区域内水力特性不再由上游来流决定,出现湖泊特征,可称为过渡区,其水力特性介于天然河道区与湖泊区之间(图 1.4)。

天然河道区处于回水区范围外,可由坝前水位决定其所在位置,若坝前水位小于河底高程,则说明该区域处于天然河道区,因此也可简称为河流区。河口区处于长江干流影响范围内,也可称为主流控制区或干流控制区。湖泊区水体平均流速极小,上游来流对其流速影响有限,该区域的具体范围可根据临界流速或水力坡降来划分。例如,一般而言,湖泊区水力坡降较小,鉴于本研究中长江重庆至宜昌段在三峡正常蓄水后的平均水力坡降为 0.000 002,可考虑将区域内水力坡降小于 0.000 002 作为湖泊区的判别标准。但受多种因素影响,水力坡降指标的沿程变化并非连续减小,尤其是在库湾上段及中段交界区域,水力坡降在 0.000 002 左右波动;此时,可在考察点前后各选相邻 5 个点对其水力坡降与选定值(0.000 002)进行比较,若某点水力坡降小于选定值则计数 1,若大于选定值则计数 0,将 10 个点所得数字求和,若大于 5 则认为该点处于湖泊区。

应用该方法对坝前水位为 145m 时香溪河沿程各点的水力特性进行分析,图 3.14 给出了香溪河上游来流分别为 $10m^3/s$ 及 $160m^3/s$ 时，沿程各点为湖泊区属性的计数值的分布。由图可知，尽管已经对各点的水力特性进行了均化，在分区的交汇处，各点水力特性仍然存在部分波动，因此在确定湖泊区分界处位置时，可选取在该点附近其水力特性表现出不同特征，但水力特性分布相对较为对称的点，作为湖泊区与水力特性过渡区的分界点。由图 3.14 可知，依提出的分区方法，当上游来流为 $10m^3/s$ 时，湖泊区至距河口约 28km 处；当上游来流为 $160m^3/s$ 时，湖泊区至距河口约 20km 处。由此也可得知，在支流库湾上游来流不同时，湖泊区的范围并非一成不变。

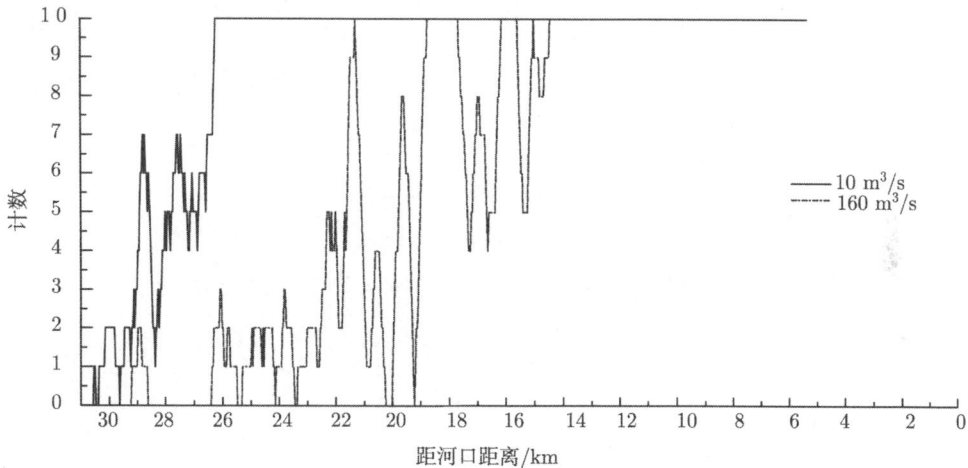

图 3.14 坝前水位为 145m 时不同流量下湖泊区度量值沿程分布图

与本书给出过渡区的水力特征相适应，本书以香溪河上游来流为 $160m^3/s$ 时得到湖泊区分界点作为水力特性过渡区与湖泊区的分界点。依此可知，在坝前水位为 145m 时，湖泊区与过渡区的交界面可确定在距河口 20km 处。对比图 3.5 及图 3.6 可知，在距河口约 20km 范围内，各点水位及流速随上游来流的变动极小，体现了湖泊区的部分特征，说明该分区方式可行，可以给出湖泊区与过渡区的合理分界点。

图 3.15 及图 3.16 给出了当香溪河上游来流为 $160m^3/s$ 时，不同坝前水位下，各点湖泊区特性度量值的沿程分布。依所述标准可知，当坝前水位分别为 100m、135m、145m、155m 时，湖泊区所处的位置分别位于距河口 5km、16km、20km、24km 处。当坝前水位为 85m，没有湖泊区存在，当坝前水位为 175m，整个计算区域都处于湖泊区。

综上可知，在各种因素的影响下，香溪河的水力特性分析可大致分为河口区、湖泊区、过渡区、天然河道区四个区域。其中河口区指受长江影响较大的区域，在理想条件下其范围比较固定；湖泊区水力坡降极小，水力特性受上游来流及坝前水位抬升影响不大；天然河道区指其流速仅由上游来流决定，通常流速较大，坝前水位变动对该区域内的流速没有影响；过渡区指介于湖泊区及天然河道之间，该区域内流速由坝前水位及上游来流量共同决定，上游来流较大时，过渡区上段水力特性与天然河道区接近；上游来流较小时，过渡区下段水力特性与湖泊区接近。除河口区外，其他区域的位置及大小主要由坝前水位决定，当坝前水位抬高时，过渡区下段会成为湖泊区，天然河道区下段的部分区域会成为过渡区；当坝前水位降低时，过渡区上段会成为天然河道区，湖泊区上段的部分区域会成为过渡区。若忽略水温影响因素，分析可知各水力特性区的大小及范围（表 3.3，图 3.17）。

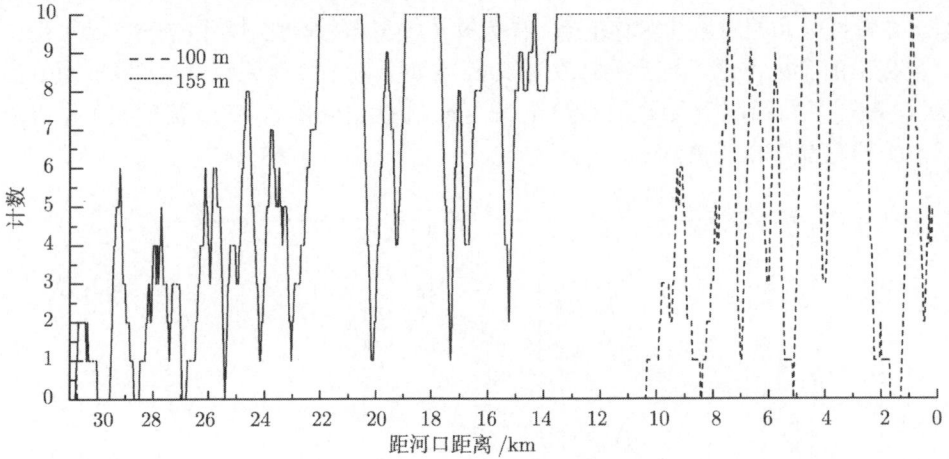

图 3.15　上游来流为 160m³/s 时不同坝前水位下湖泊区度量值沿程分布图 (坝前水位 100m、155m)

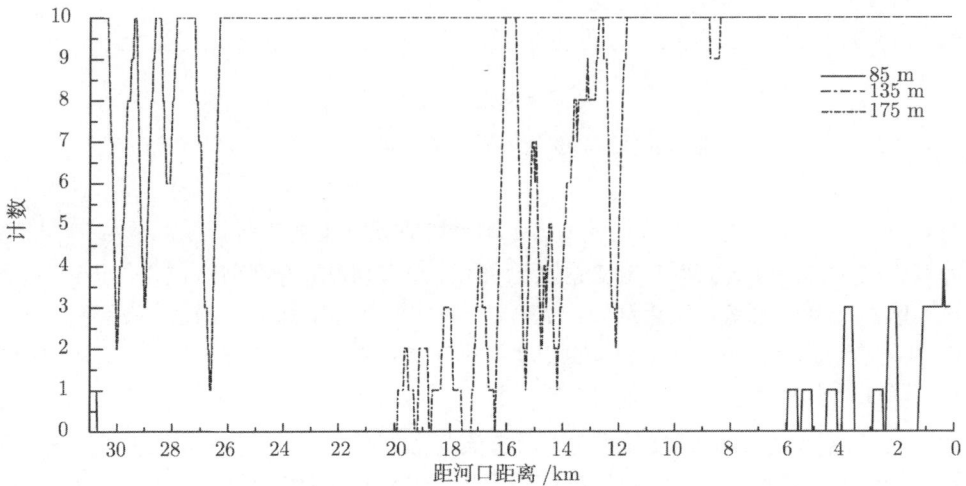

图 3.16　上游来流为 160m³/s 时不同坝前水位下湖泊区度量值沿程分布图 (坝前水位 85m、135m、175m)

表 3.3　不同坝前水位下香溪河各水力特性区范围（单位：km）

水力特性区	175m	155m	145m	135m	100m	85m
河口区	0~1	0~1	0~1	0~1	0~1	0~1
湖泊区	1~32	1~24	1~20	1~16	1~5	—
过渡区	—	24~32	20~30	16~25	5~12	1~7
天然河道区	—	—	> 30	> 25	> 12	> 7

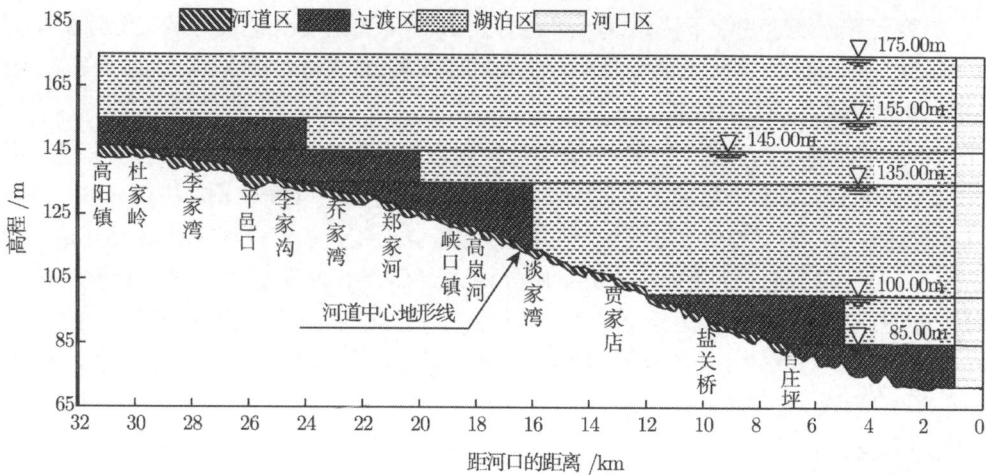

图 3.17 不同坝前水位下香溪河水力特性分区示意图

3.1.2 各典型时段库区支流二维水动力场数值模拟

1. 香溪河水华典型时段一: 水动力场分析

在 2005 年春季香溪河库湾水华暴发期间, 三峡坝前水位在 138.2m 左右波动, 最大水位日消落速度 0.41m/d, 最大水位日上涨速度 0.32m/d。在该水位条件下, 距河口 1~17.2km 范围内可视为湖泊区, 17.2~26km 范围内为过渡区, 在 26km 以上为河流区; 在湖泊区内, 由水位消落增加的水体平均流速约为 0.002m/s, 由水位上涨造成的水体逆流速度约为 0.0012m/s。

图 3.18 分别在香溪河水力特性过渡区自上段到下段选取平邑口、郑家河及峡口镇为典型代表点, 绘制 2005 年春季水华暴发期间过渡区典型点流速随时间变化图。可知, 库湾内的过渡区流速受来流条件的显著影响, 其流速变化趋势与香溪河来流流量变化趋势一致。在空间上, 自上游至下游, 流速下降迅速, 同时刻的平邑口附近流速可达峡口镇附近流速 10

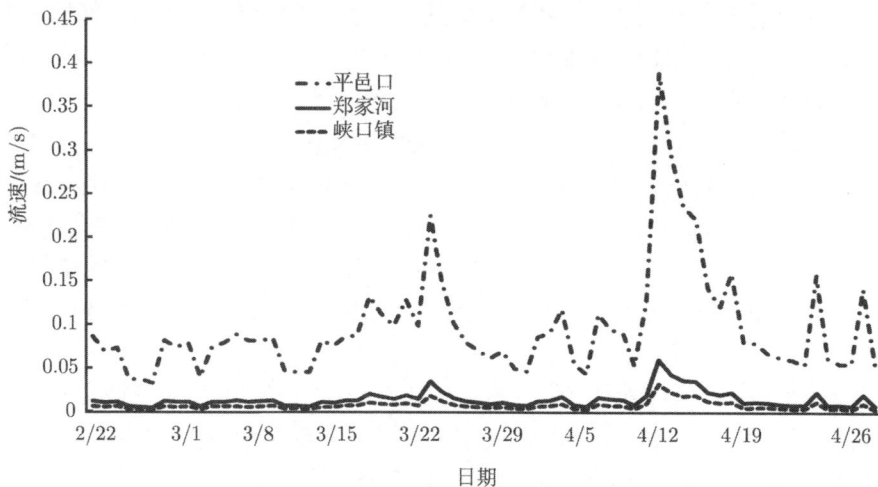

图 3.18 2005 年春季水华暴发期间过渡区典型点流速随时间变化图

倍；从上游至下游流速变幅下降迅速，平邑口附近流速变化幅度最大，最大流速变幅可达 0.35m/s，峡口镇附近流速变化幅度最小，最大流速变幅 0.02m/s，郑家河的流速变幅介于两者之间，最大流速变幅 0.04m/s。

图 3.19 在香溪河湖泊区自上游至下游选取谈家湾、贾家店、盐关桥及官庄坪为典型代表点，绘制 2005 年春季水华暴发期间湖泊区典型点流速随时间变化图。由图可知，在湖泊区各点流速随时间的变化趋势与流量随时间变化趋势一致，各点流速都比较小（最大流速 0.02m/s）。在同一时刻，各点流速除贾家店外均大致符合上游流速大而下游流速小的特征。上下游各点流速间的绝对差极小（0.003~0.015m/s），贾家店流速约为官庄坪流速 4 倍。相应地，由于流速绝对值较小，各点的流速变幅也不明显，其中以贾家店流速变幅最大（约为 0.02m/s），官庄坪流速变幅最小（约为 0.004m/s）。

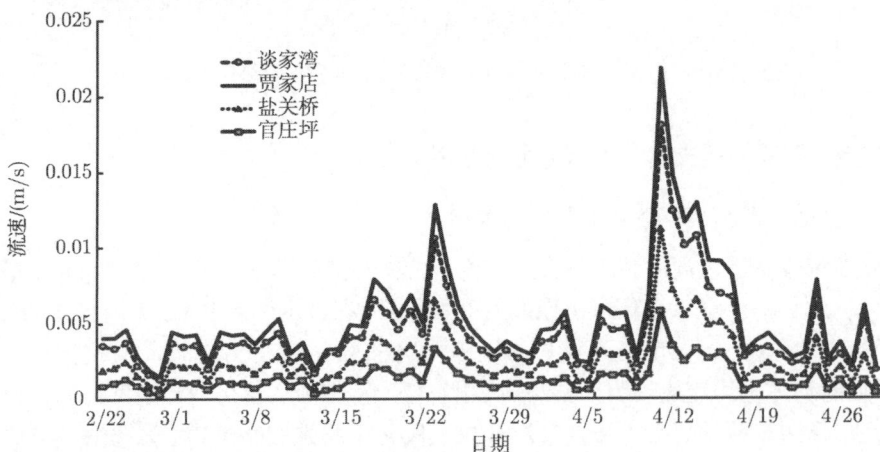

图 3.19　2005 年春季水华暴发期间湖泊区典型点流速随时间变化图

在水力特性过渡区，其上游点水力特性与天然河道区接近，主要表现在流速和流速变幅大，下游点水力特性与湖泊区接近，流速和流速变幅小。整体来看，在水力特性过渡区，同一时刻，流速从上游至下游由大至小急剧变化；在湖泊区，整体流速都比较低，各时刻流速变幅也不大，从上游至下游流速也有逐渐变小的趋势，但变化幅度较小。

图 3.20 及图 3.21 给出了 2005 年春季水华暴发期间过渡区及湖泊区典型点水深时间离均差（各点水深与统计时段内平均水深之差）变化图。由图可知，无论是过渡区还是湖泊区，坝前水位变化对各点水深状况都有较大的影响，各水位变化趋势与坝前水位变化基本一致，越接近下游，其相关性越密切。在过渡区，上游来流流量较大时，各点水深的变化受来流影响较大，其变化幅度比坝前水位的变化幅度大。在湖泊区，各点水位变动基本一致，在上游来流较大时有小幅变动。

图 3.22 给出了香溪河河道深泓线在不同时刻（3 月 10 日、3 月 22 日、4 月 2 日、4 月 10 日、4 月 20 日）各代表点的流速分布。在不同时刻，香溪河流量大小情况为 3 月 22 日 > 3 月 10 日 ≥ 4 月 2 日 > 4 月 10 日 > 4 月 20 日，各时刻坝前水位大小情况为 4 月 10 日 > 3 月 22 日 > 4 月 2 日 > 4 月 20 日 > 3 月 10 日；由图可知，河道深泓线上各点流速基本符合上游来流量越大、流速越大的规律。在过渡区（17~26km），由流量改变引起的流速变化比

较剧烈，在湖泊区的流速变动则较小，湖泊区上游（9~17km）流速有轻微变动，在湖泊区下游（1~9km）流速仅有细微变动。

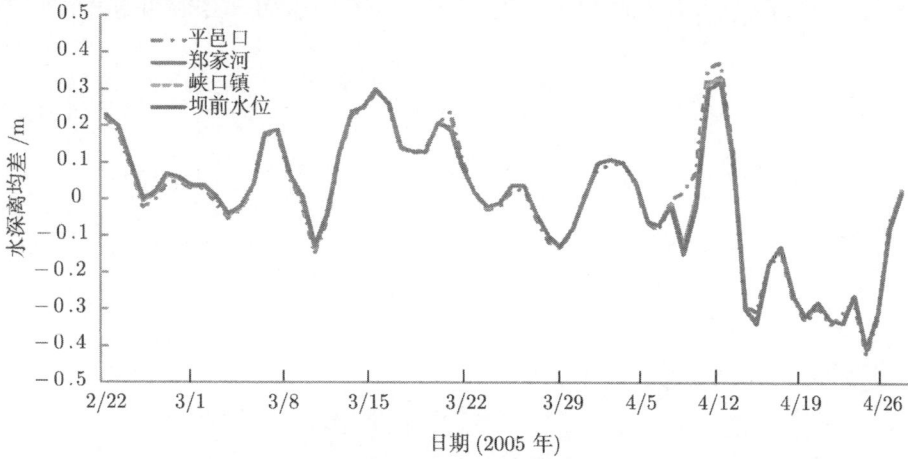

图 3.20 2005 年春季水华暴发期间过渡区典型点水深时间离均差变化图

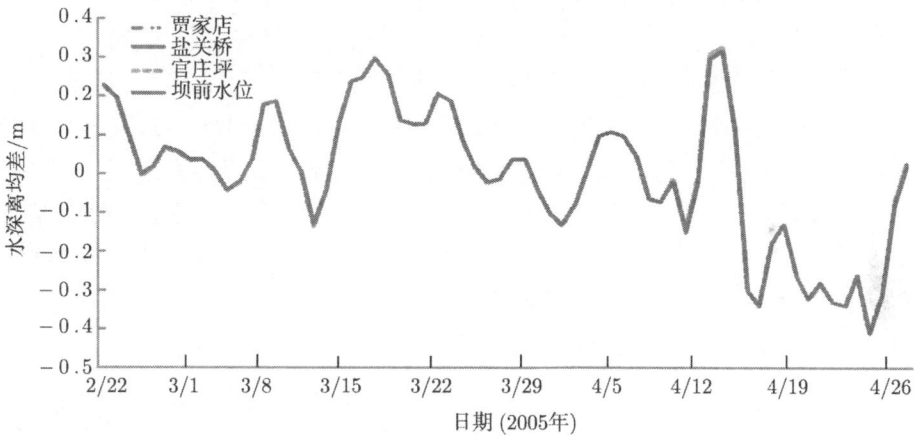

图 3.21 2005 年春季水华暴发期间湖泊区典型点水深时间离均差变化图

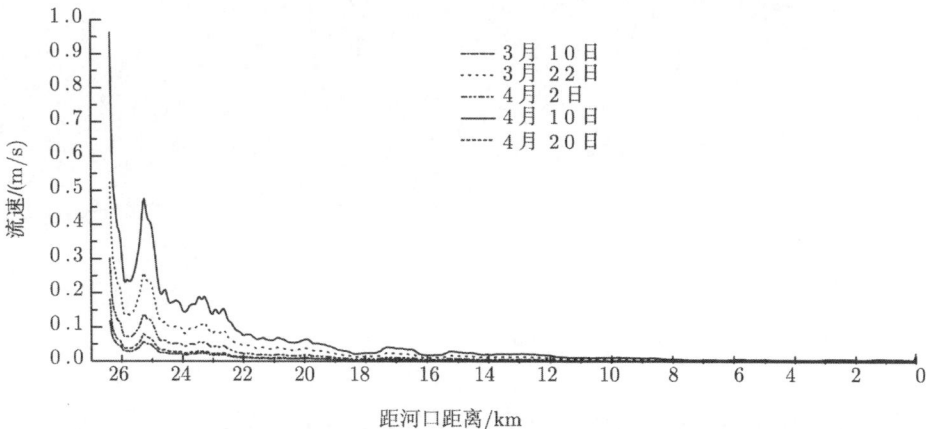

图 3.22 2005 年春季水华暴发期间不同时刻河道深泓线上流速沿程变化图

图 3.23 给出了 2 月 26 日河道深泓线上流速及水深沿程变化图，由图可知，在该日水深在上游约 1m，至距河口 20km 处为 10m，在河口处增至 65m 左右，相应其流速也由上游处的最大流速约 0.8m/s 迅速降至毫米级，坝前水位对香溪河水动力场的影响巨大。

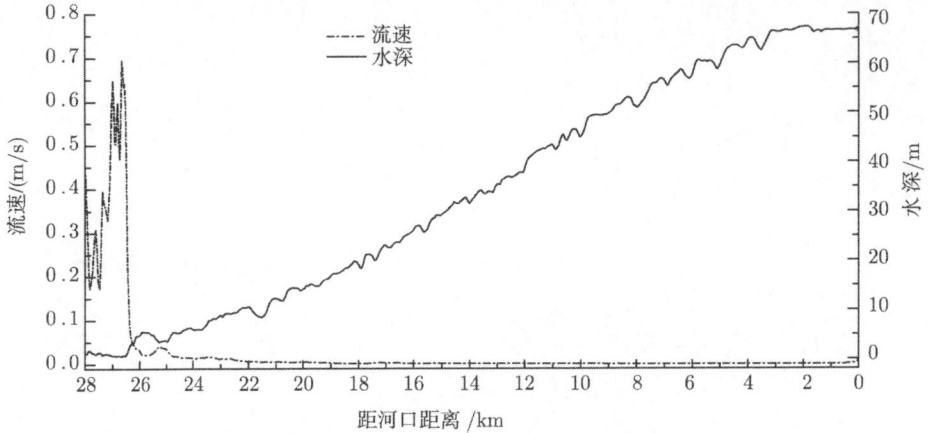

图 3.23　2005 年 2 月 26 日河道深泓线上流速及水深沿程变化图

2. 香溪河水华典型时段一: 水动力场对水华暴发的影响

图 3.24 给出了 2005 年春季香溪河叶绿素时空分布图。由图可知，湖泊区内出现藻类高浓度的时段略早于过渡区，但水华主要出现在湖泊区与过渡区分界线附近，且过渡区内水华暴发情况更为显著。自 2005 年 3 月 5 日起至 3 月 20 日止，有一次明显的水华暴发过程，随后整个库湾的叶绿素含量在 3 月 22 日明显降低；随后，自 3 月 30 日整个河段叶绿素含量逐渐增高，但其峰值不大，且在整个河段上分布均匀，湖泊区的叶绿素含量稍高于过渡区及

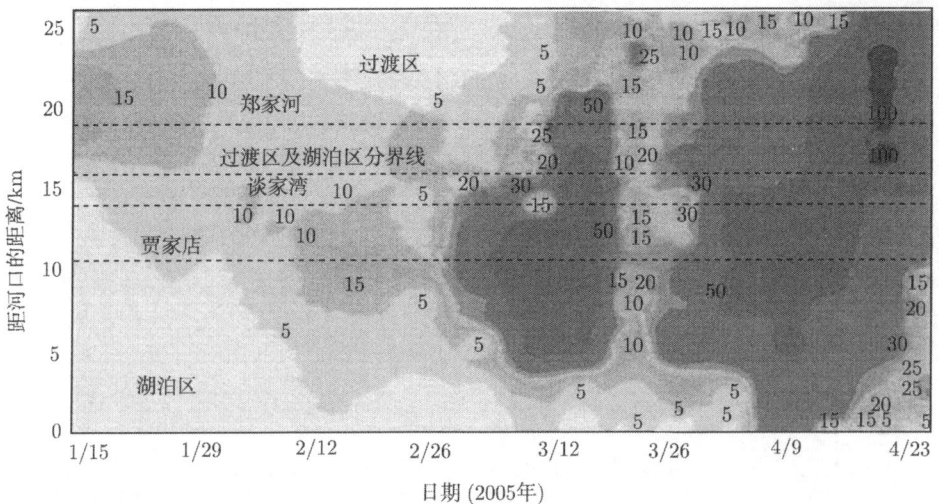

图 3.24　2005 年春季水华暴发期间香溪河叶绿素时空分布图 (单位: mg/m^3)(见彩图)

河口；至 4 月 23 日，过渡区及湖泊区分界点区域叶绿素含量显著增高。图 3.25 给出了 2005 年春季水华暴发期间香溪河湖泊区典型点流速随时间变化图。由图可知，自 2005 年 2 月 22 日起到 3 月 20 日，距河口 20km 以下范围内水体的流速都比较小，在 3 月 22 日左右计算区域内的流速有明显的改变，在峡口附近最大流速达 0.019m/s，约为流速较低时的 3 倍。与流速的增高相适应，在该时间段内，香溪河整体叶绿素含量都比较低，最大值约为 25μg/L，自 2005 年 3 月 27 日起到 4 月 10 日，水体平均流速较小，香溪河内水华也逐渐发展。

由图 3.24 及图 3.25 可知，在过渡区的郑家河附近，3 月 12 日之前的叶绿素含量没有大的改变，但在 3 月 12 日之后，叶绿素含量迅速升高，此时，其附近流速为 0.007m/s。在 3 月 17 日到 3 月 20 日，郑家河附近叶绿素含量没有明显改变，基本维持在 50μg/L 左右，相应对应时段内流速为 0.015m/s 左右。在 3 月 22 日，叶绿素含量显著降低，此时，流速为 0.035m/s。在 3 月 22 日到 3 月 26 日，叶绿素含量没有明显升高，与此对应郑家河附近水体平均流速均大于 0.01m/s。同样，在 3 月 30 日，郑家河附近叶绿素含量迅速升高，由 15μg/L 迅速增至 30μg/L，相应其流速为 0.0076m/s，在 4 月 1 日到 4 月 9 日，郑家河附近水体平均流速大于 0.01m/s，叶绿素含量没有明显增加。因此，在过渡区郑家河附近，水体中叶绿素浓度与水体流速间有较明显的相关性：当水体流速小于 0.008m/s 时，叶绿素含量表现为迅速增加；当水体流速大于 0.035m/s 时，叶绿素浓度表现为迅速下降；当水体流速介于 0.01～0.02m/s 时，水体中叶绿素浓度无明显的改变。湖泊区水体流速多数时段均小于 0.01m/s，叶绿素浓度与水体流速之间并未呈现明显相关性。

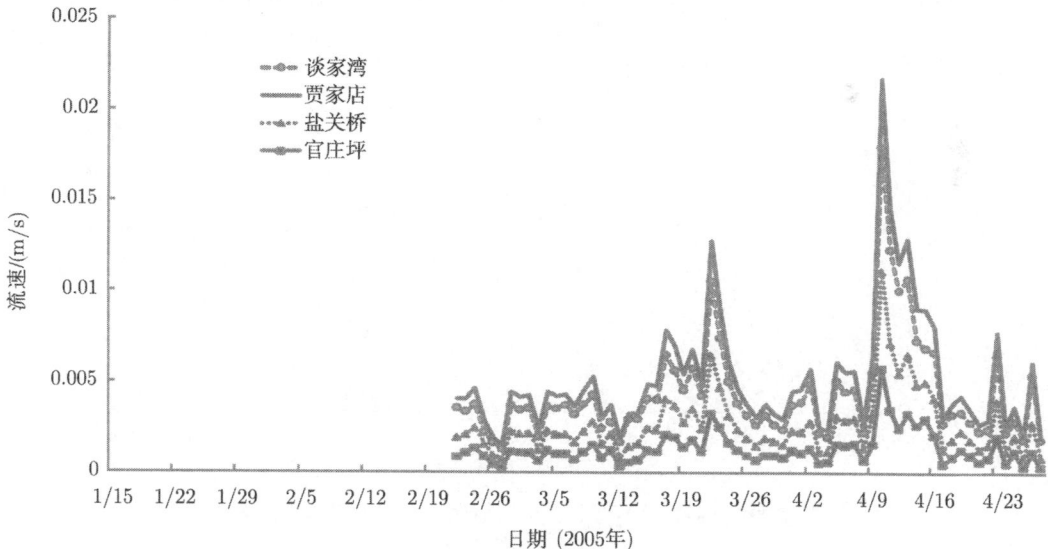

图 3.25　2005 年春季水华暴发期间湖泊区典型点平均流速随时间变化图

自 2005 年 4 月 10 日起至 4 月 15 日，香溪河平均流速迅速增大，但香溪河内水体叶绿素浓度在此时间段内一直维持在一个比较高的水准（多数区域在 50μg/L 以上），随后 4 月 15 日香溪河内水体平均流速逐渐降低，水华也迅速发展，在峡口附近其叶绿素含量增至 100μg/L 以上。

3. 香溪河水华典型时段二：水动力场分析

在 2007 年春季水华暴发期间，三峡坝前水位由 154m 缓慢降至 147m，最大水位日消落速度 0.38m，最大水位日上涨速度 0.46m。距河口 1~22km 范围内在本研究时间段内为湖泊区，当水位为 154m 时，湖泊区可达距河口 24km 处，随着水位下降至 147m，湖泊区逐渐减少至距河口 22km 处；过渡区的范围由距河口 24km 以上区域增加至距河口 22km 以上区域；在湖泊区内，由水位消落增加的最大水体平均流速约为 0.0018m/s，由水位上涨造成的水体向上的最大速度约为 0.002m/s，由水位变动幅度引起的水动力场的变化较小，其水位变动趋势与 2005 年春季有明显不同。

分别在香溪河水力特性过渡区自上游到下游选取杜家岭、李家湾、平邑口及祝溪墓（李家沟）为典型代表点，绘制 2007 年春季水华暴发期间过渡区典型点流速随时间变化过程（图 3.26）。由图可知，在水力特性的过渡区各点流速受流量变化影响很大，其流速变化趋势与香溪河流量变化趋势一致；自上游至下游流速下降迅速，如在 5 月 3 日各点流速分别为 0.33m/s、0.08m/s、0.036m/s 及 0.024m/s，同一时刻，杜家岭附近流速可达祝溪墓（李家沟）附近流速 13 倍，各点时均流速分别为 0.13m/s、0.05m/s、0.024m/s、0.018m/s；从上游至下游流速变幅下降迅速，杜家岭附近流速变化幅度最大，最大流速变幅可达 0.4m/s，祝溪墓（李家沟）附近流速变化幅度最小，最大流速变幅 0.05m/s，李家湾及平邑口的流速变幅介于两者之间，最大流速变幅分别为 0.15m/s 及 0.1m/s。

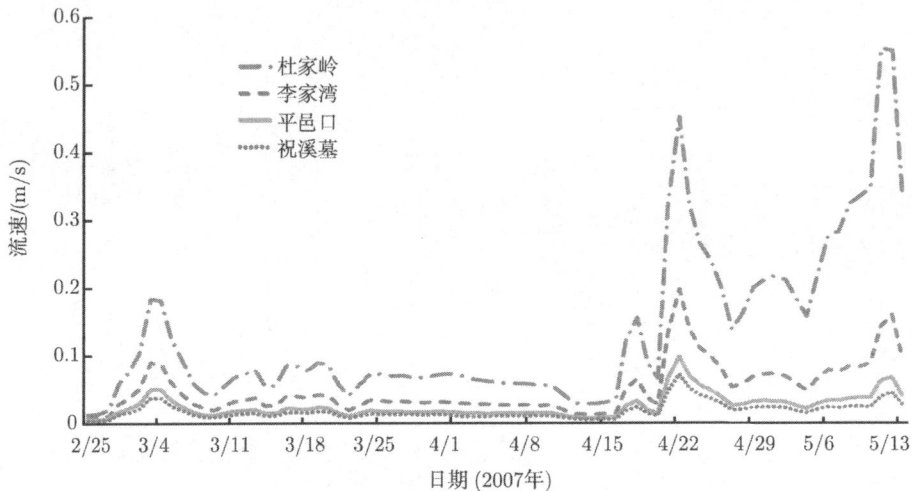

图 3.26　2007 年春季水华暴发期间过渡区典型点流速随时间变化图

图 3.27 则对比了峡口镇、谈家湾、贾家店、盐关桥及官庄坪各典型代表点在 2007 年春季水华暴发期间的流速随时间变化图。在湖泊区内，上述位置流速随时间的变化趋势与流量随时间变化趋势一致，流速均较小（最大流速 0.029m/s）；在同一时刻，除贾家店外各点流速大致符合上游流速大、下游流速小的规律，上下游各点流速间的绝对差极小（0.003~0.021m/s），贾家店流速约为官庄坪流速 4 倍；相应各点的流速变幅也较小，峡口镇流速变幅最大（约为 0.025m/s），官庄坪流速变幅最小（约为 0.004m/s）。

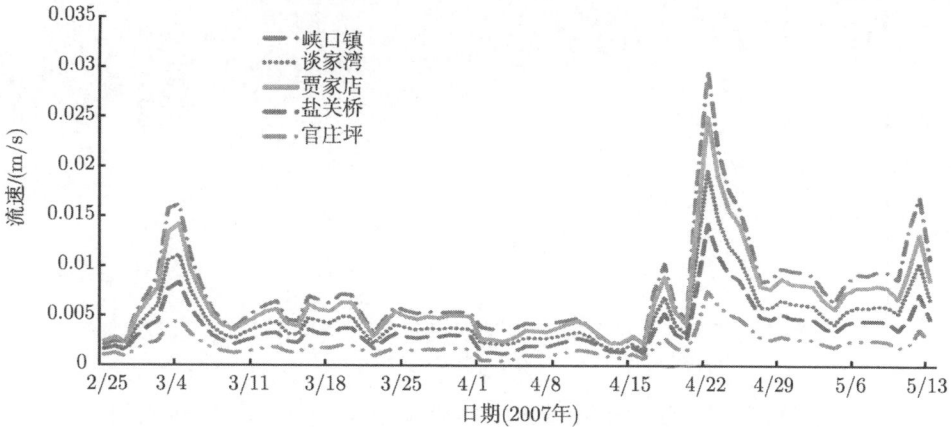

图 3.27 2007 年春季水华暴发期间湖泊区典型点流速随时间变化图

对比图 3.26 及图 3.27 可以发现,在水力特性过渡区,流速从上游至下游由大至小急剧变化。过渡区上游点水力特性与天然河道区接近,主要表现在流速大,流速变幅大;而下游点水力特性与湖泊区接近,流速绝对值小,流速变幅小。与水力特性过渡区不同,在湖泊区,整体流速都比较低,各时刻流速变幅也不大。与 2005 年春季相比,库湾流速受坝前水位下降及香溪流量较大的共同影响,其平均流速要大于 2005 年春季计算期间的平均流速。

图 3.28 及图 3.29 给出了 2007 年春季水华暴发期间,过渡区及湖泊区典型位置水深时间离均差变化图。由图可知,无论是过渡区还是湖泊区,坝前水位变化对各点水深的变化都有较大的影响,各点水位的变化趋势基本一致;在过渡区,上游来流流量较大时,各点水深的变化受来流影响较大。但与 2005 年春季相比,受坝前水位持续下降的影响,在坝前水位水深变动幅度有大的改变时,各点水深变动与坝前水位变动不完全一致,香溪河内各点的水位变动更为平顺,同等情况下,上游各点的水位变动趋势与坝前水位变动趋势间的差异要略大于下游各点。

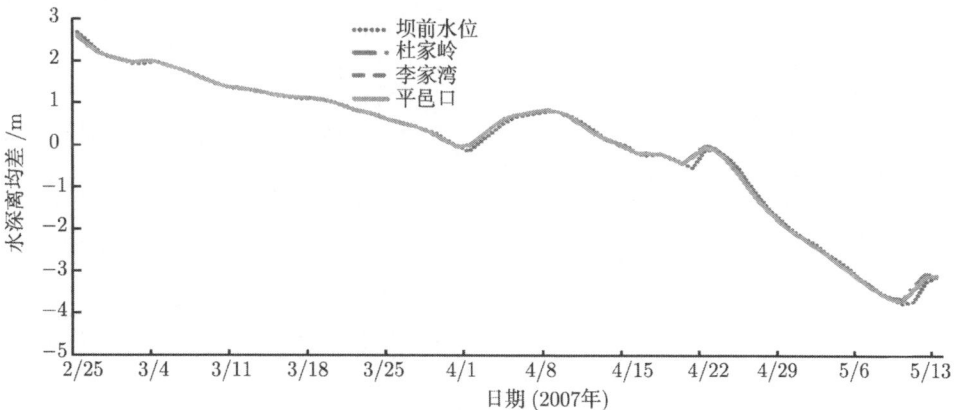

图 3.28 2007 年春季水华暴发期间过渡区典型点水深时间离均差变化图

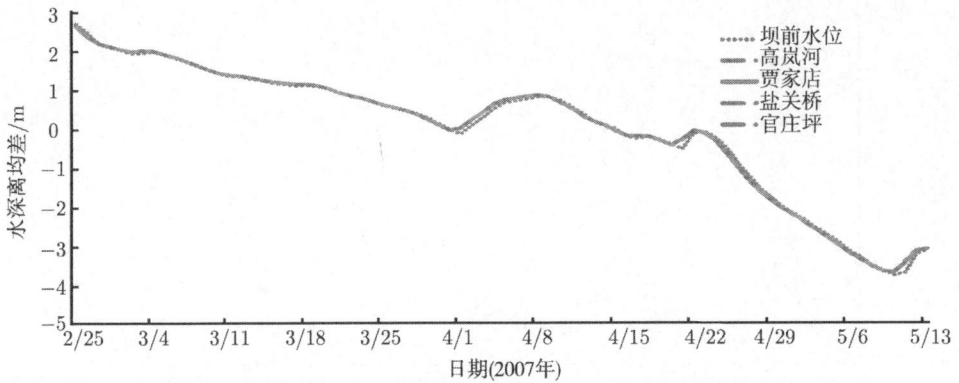

图 3.29　2007 年春季水华暴发期间湖泊区典型点水深时间离均差变化图

图 3.30 给出了香溪河河道深泓线在若干典型时刻（3 月 4 日、3 月 18 日、4 月 1 日、4 月 15 日、4 月 29 日、5 月 13 日）各点的流速分布，各时刻坝前水位 3 月 4 日 >3 月 18 日 > 4 月 15 日 >4 月 1 日 >4 月 29 日 >5 月 13 日，香溪河流量 3 月 4 日 >5 月 13 日 >4 月 29 日 >3 月 18 日 >4 月 1 日 >4 月 15 日，在距河口 27km 以上区域，中心线上流速 5 月 13 日 >3 月 4 日 >4 月 29 日 >3 月 18 日 >4 月 1 日 >4 月 15 日，在距河口 26km 以下区域，中心线上流速 3 月 4 日 >5 月 13 日 >4 月 29 日 >3 月 18 日 >4 月 1 日 >4 月 15 日，除 5 月 13 日外其余各时刻其流速基本符合香溪河流量越大、流速越大的规律。分析原因，由于在 5 月 13 日坝前水位较低，距长江口 26km 以上已处于水力特性过渡区上游，与天然河道的比较接近，而 3 月 4 日，坝前水位较高，该区域为水力特性过渡区下游，水深较深，因此受坝前水位影响，该区域内流速分布规律与湖泊区的流速分布规律并不一致；坝前水位日变幅均比较小，其对计算区域内的水动力场的影响并不明显。

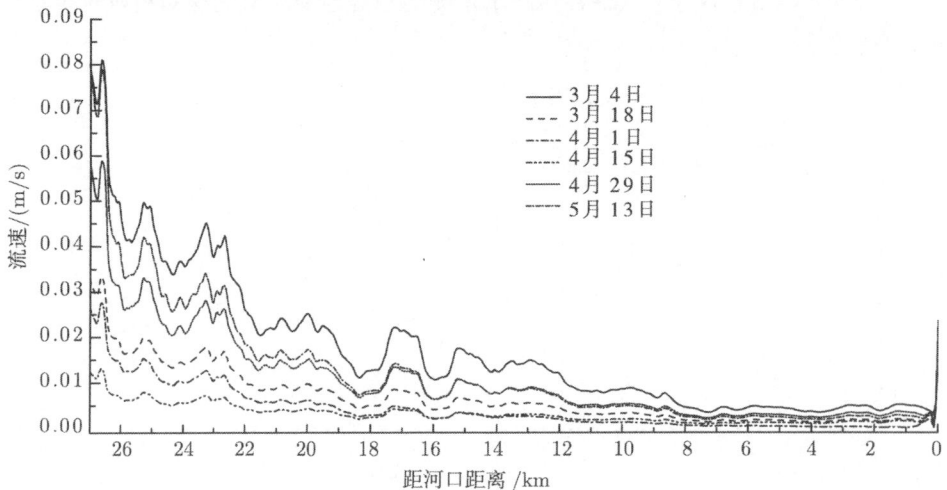

图 3.30　2007 年春季水华暴发期间不同时刻河道深泓线上流速沿程变化图

由图 3.26～图 3.30 可知，2007 年春季水华暴发期间，坝前水位持续下降，且其总下降幅度较大（水位降低近 7m）。受其影响，湖泊区的区域由距河口 1～24km 逐渐减至 1～22km，相应过渡区范围由 24~32km（计算区域上边界）增加到 22~32km；在湖泊区，香溪河流量的改变对该区域流速的影响不大；香溪河内水位变动与坝前水位变动密切相关，变化基本同步，越近下游，其同步性越强，但在坝前水位变动幅度有较大改变时，香溪河内各点水位变动与其同步性变差；由于研究时段内水位变动幅度较大，香溪河流量不再是影响各点流速的唯一因素，在过渡区上游，坝前水位对其流速分布也有较大的影响；由于坝前水位变动幅度较小，其对区域内的流速影响绝对值不大。

4. 香溪河水华典型时段二：水动力场对水华暴发的影响

2007 年香溪河春季水华的暴发（图 3.31，图 3.32）与 2005 年春季水华有比较明显的不同，主要表现为水华暴发持续时间较长，影响范围广。2007 年水华的发生与流速变化间有比较明显的相关性，大致符合流速小，水华产生；流速大，水华消亡的规律。以过渡区的祝溪墓（李家沟）为例，在 3 月 14 日后，叶绿素含量迅速增高，此时对应的流速为 0.01m/s；直到 4 月 17 日，叶绿素浓度一直维持在一个比较高的数值，相应在该时段内，水体流速最大值为 0.018m/s。自 4 月 21 日到 4 月 23 日，叶绿素浓度迅速下降，此时段水体流速最小值为 0.028m/s。在 5 月 4 日前后，叶绿素含量有所增加，此时段水体流速最大值为 0.018m/s。在其他时段，叶绿素浓度没有明显上升，相应水体流速均在 0.023m/s 以上。

峡口镇附近的叶绿素浓度与水体流速间也表现出比较明显的负相关关系。在 3 月 19 日，峡口镇流速降为 0.005m/s，水体中叶绿素含量升高。此后水体流速一直在 0.01m/s 以下，水体中叶绿素浓度一直维持比较高的数值，直到 4 月 20 日，水体流速突然增至 0.018m/s，叶绿素浓度迅速下降。在 4 月 23 日后，水体流速一直保持在 0.007m/s 以上，该位置附近无水华出现。

上述分析表明，2007 年春季，各点叶绿素浓度与流速间基本呈现负相关关系，但在不同的水力特性区，其叶绿素含量变化对应的流速阈值明显不同。在过渡区祝溪墓（李家沟）附近，水体流速小于 0.01m/s 时，叶绿素含量会迅速增加；当水体流速大于 0.028m/s 时，叶绿

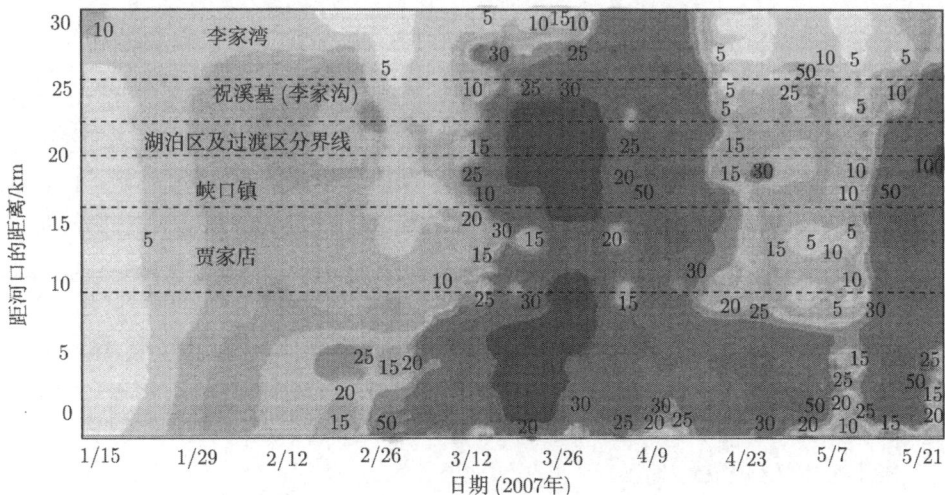

图 3.31 2007 年春季香溪河叶绿素时空分布图 (单位：mg/m³)(见彩图)

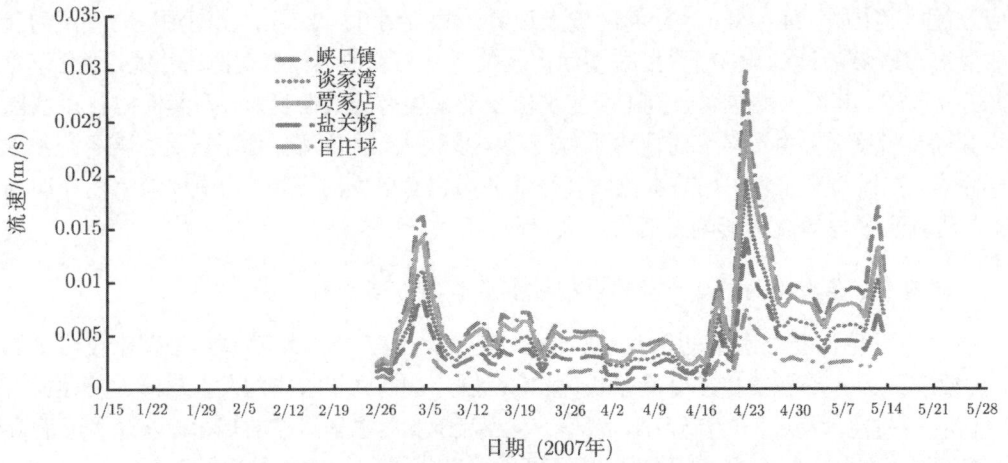

图 3.32　2007 年春季水华暴发期间湖泊区典型点平均流速随时间变化图

素含量会迅速减少；0.018m/s 以下时叶绿素含量会维持高的数值，而 0.023m/s 以上时，叶绿素含量会维持在一个低值。在湖泊区的峡口镇附近，流速低于 0.005m/s，水体中叶绿素含量升高。流速增至 0.018m/s，叶绿素含量迅速下降；流速保持在 0.007m/s 以上，叶绿素含量不会有明显增加；流速保持在 0.01m/s 以下，叶绿素浓度不会有明显降低。

3.1.3　库湾水华暴发期间典型区域三维水动力场数值模拟

现场监测资料表明，在香溪河春季水华暴发期间，无论是叶绿素分布还是温度场的分布，在水深方向上都有较明显的差异，仅靠水深平均的二维水动力学模型难以深入解释这种现象。此外，通过对香溪河水动力场与叶绿素含量间相关性的简要分析，仅用平均流速也无法深入阐明自 2005 年 4 月 10 日起到 4 月 15 日止该时段内叶绿素分布与水体流速间的响应关系。因此，需建立三维水动力数学模型，通过数值分析香溪河库湾的三维水动力场，进一步明确水动力场与水华间的相关关系。

1. 研究范围选择

在 2005 年春季水华暴发期间，香溪河库湾的湖泊区（1~17km）的流速极小，香溪河流量变化对该区域流速的影响有限，其水位变动与坝前水位变动则密切相关，两者变化基本同步，但坝前水位变动幅度对区域内流速影响的绝对值不大；香溪河库湾的过渡区（17~27km）流速变动受香溪河上游来流的影响相对较大，在过渡区上段表现出天然河道部分的特征；在过渡区下段，水力坡降小，湖泊特征较为明显，其水力特性较为复杂。因此，本书将过渡区视为重点研究区域，以距河口 21km 为中心，向上下游分别延伸 5km 为典型区域，研究其三维水动力学特性。在三维数值模拟研究中，将 21~26km 河段视为过渡区，将 16~21km 河段视为湖泊区。其中，过渡区的研究区域为自平邑口至郑家河长约 6km 的河段；湖泊区的研究区域为自高岚河入流上游约 1km 附近的峡口镇码头起，到高岚河入流下游约 3km 谈家湾附近止，共计约 4.5km 长的河段。

1）基本方程

所建三维水动力学模型，在垂向采用常规 σ 坐标下的水动力学方程进行求解。

曲线坐标系下的控制方程为:

连续性方程:

$$\frac{\partial \zeta}{\partial t} + \frac{1}{\sqrt{G_{\xi\xi}}\sqrt{G_{\eta\eta}}}\frac{\partial[(d+\zeta)U\sqrt{G_{\eta\eta}}]}{\partial \xi} + \frac{1}{\sqrt{G_{\xi\xi}}\sqrt{G_{\eta\eta}}}\frac{\partial[(d+\zeta)V\sqrt{G_{\eta\eta}}]}{\partial \eta} = Q \tag{3.1}$$

动量方程:

ξ 方向:

$$\frac{\partial u}{\partial t} + \frac{u}{\sqrt{G_{\xi\xi}}}\frac{\partial u}{\partial \xi} + \frac{v}{\sqrt{G_{\eta\eta}}}\frac{\partial u}{\partial \eta} + \frac{\omega}{d+\zeta}\frac{\partial u}{\partial \sigma} - \frac{v^2}{\sqrt{G_{\xi\xi}}\sqrt{G_{\eta\eta}}}\frac{\partial\sqrt{G_{\eta\eta}}}{\partial \xi}$$

$$+ \frac{uv}{\sqrt{G_{\xi\xi}}\sqrt{G_{\eta\eta}}}\frac{\partial\sqrt{G_{\xi\xi}}}{\partial \eta} - fv$$

$$= -\frac{1}{\rho_0\sqrt{G_{\xi\xi}}}P_\xi + F_\xi + \frac{1}{(d+\zeta)^2}\frac{\partial}{\partial \sigma}\left(v_V\frac{\partial u}{\partial \sigma}\right) + M_\xi \tag{3.2}$$

η 方向:

$$\frac{\partial v}{\partial t} + \frac{u}{\sqrt{G_{\xi\xi}}}\frac{\partial v}{\partial \xi} + \frac{v}{\sqrt{G_{\eta\eta}}}\frac{\partial v}{\partial \eta} + \frac{\omega}{d+\zeta}\frac{\partial v}{\partial \sigma} - \frac{u^2}{\sqrt{G_{\xi\xi}}\sqrt{G_{\eta\eta}}}\frac{\partial\sqrt{G_{\eta\eta}}}{\partial \eta}$$

$$+ \frac{uv}{\sqrt{G_{\xi\xi}}\sqrt{G_{\eta\eta}}}\frac{\partial\sqrt{G_{\eta\eta}}}{\partial \xi} + fu$$

$$= -\frac{1}{\rho_0\sqrt{G_{\eta\eta}}}P_\eta + F_\eta + \frac{1}{(d+\zeta)^2}\frac{\partial}{\partial \sigma}\left(v_V\frac{\partial v}{\partial \sigma}\right) + M_\eta \tag{3.3}$$

σ 方向动量方程根据浅水假定,简化为静压方程:

$$\frac{\partial P}{\partial \sigma} = -g\rho H \tag{3.4}$$

式中,Q 为源项,$G_{\xi\xi}$、$G_{\eta\eta}$ 为曲线坐标系和直角坐标系之间的转换系数(拉梅系数);f 为科里奥利力系数;P_ξ、P_η 为 ξ 及 η 方向的压强梯度;F_ξ、F_η 为 ξ 及 η 方向的紊动动量通量;M_ξ、M_η 为 ξ 及 η 方向上动量的源或汇。

$$\sigma = \frac{z-\zeta}{d+\zeta} = \frac{z-\zeta}{H} \tag{3.5}$$

垂向速度可由下式确定:

$$\frac{\partial \zeta}{\partial t} + \frac{1}{\sqrt{G_{\xi\xi}}\sqrt{G_{\eta\eta}}}\frac{\partial\left[(d+\zeta)u\sqrt{G_{\eta\eta}}\right]}{\partial \xi} + \frac{1}{\sqrt{G_{\xi\xi}}\sqrt{G_{\eta\eta}}}\frac{\partial\left[(d+\zeta)v\sqrt{G_{\xi\xi}}\right]}{\partial \eta} + \frac{\partial \omega}{\partial \sigma}$$

$$= H\left(q_{\text{in}} - q_{\text{out}}\right) \tag{3.6}$$

ω 是和 σ 平面相关的垂向速度,并不是物理意义上的垂向速度 w,w 由下式计算:

$$w = \omega + \frac{1}{\sqrt{G_{\xi\xi}}\sqrt{G_{\eta\eta}}}\left[u\sqrt{G_{\eta\eta}}\left(\sigma\frac{\partial H}{\partial \xi} + \frac{\partial \zeta}{\partial \xi}\right) + v\sqrt{G_{\xi\xi}}\left(\sigma\frac{\partial H}{\partial \eta} + \frac{\partial \zeta}{\partial \eta}\right)\right]$$

$$+ \left(\sigma\frac{\partial H}{\partial t} + \frac{\partial \zeta}{\partial t}\right) \tag{3.7}$$

对于湍流项，采用 k-ε 双方程模型进行封闭，其中：

k 输运方程：

$$\frac{\partial k}{\partial t} + \frac{u}{\sqrt{G_{\xi\xi}}}\frac{\partial k}{\partial \xi} + \frac{v}{\sqrt{G_{\eta\eta}}}\frac{\partial k}{\partial \eta} + \frac{\omega}{d+\zeta}\frac{\partial k}{\partial \sigma}$$
$$= \frac{1}{(d+\zeta)^2}\frac{\partial}{\partial \sigma}\left[\left(v_{\text{mol}} + \frac{v_{3D}}{\sigma_k}\right)\frac{\partial k}{\partial \sigma}\right] + P_k + P_{kw} + B_k - \varepsilon \tag{3.8}$$

ε 输运方程：

$$\frac{\partial \varepsilon}{\partial t} + \frac{u}{\sqrt{G_{\xi\xi}}}\frac{\partial \varepsilon}{\partial \xi} + \frac{v}{\sqrt{G_{\eta\eta}}}\frac{\partial \varepsilon}{\partial \eta} + \frac{\omega}{d+\zeta}\frac{\partial \varepsilon}{\partial \sigma}$$
$$= \frac{1}{(d+\zeta)^2}\frac{\partial}{\partial \sigma}\left[\left(v_{\text{mol}} + \frac{v_{3D}}{\sigma_k}\right)\frac{\partial \varepsilon}{\partial \sigma}\right] + P_\varepsilon + P_{\varepsilon w} + B_\varepsilon - c_{2\varepsilon}\frac{\varepsilon^2}{k} \tag{3.9}$$

式中，P_k 为湍动能；B_k 为浮力项，其计算式如下：

$$P_k = v_V \frac{1}{(d+\zeta)^2}\left[\left(\frac{\partial u}{\partial \sigma}\right)^2 + \left(\frac{\partial v}{\partial \sigma}\right)^2\right] \tag{3.10}$$

$$B_k = \frac{v_{3D}}{\rho\sigma_\rho}\frac{g}{H}\frac{\partial \rho}{\partial \sigma} \tag{3.11}$$

式中：

$$P_\varepsilon = c_{1\varepsilon}\frac{\varepsilon}{k}P_k$$
$$B_\varepsilon = c_{1\varepsilon}\frac{\varepsilon}{k}(1-c_{3\varepsilon})B_k$$
$$c_{1\varepsilon} = 1.44$$
$$c_{2\varepsilon} = 1.92$$
$$c_{3\varepsilon} = 1.0$$
$$v_V = c'_\mu L\sqrt{k} = c_\mu\frac{k^2}{\varepsilon}$$

2）网格划分

过渡区的网格如图 3.33 所示，划分为 170（纵向）×12（横向），最大网格尺寸 30m×42m，最小网格尺寸 30m×10m，垂直方向上分为 15 层。

湖泊区的网格如图 3.34 所示，划分为 141（纵向）×16（横向），最大网格尺寸 30m×42m，最小网格尺寸 30m×10m，垂直方向上分为 15 层。

对于选取的各时段典型区域，由于其计算范围较小，计算区域内的边界条件（主要在下游边界）不宜直接采用已知的水位数据。因此在实际建模时，在下游边界上的水位条件可通过二维模型计算得到的水位过程间接获得，在上游边界采用流量边界较为适宜。

过渡区上游入流边界采用流量边界给定香溪河流量，下游出流边界由二维水动力场计算得到的郑家河附近水位确定（图 3.35）。湖泊区上游入流边界采用流量边界给定香溪河流量，高岚河流量由源项给定，下游出流边界由二维水动力场计算得到的谈家湾水位确定（图 3.36）。

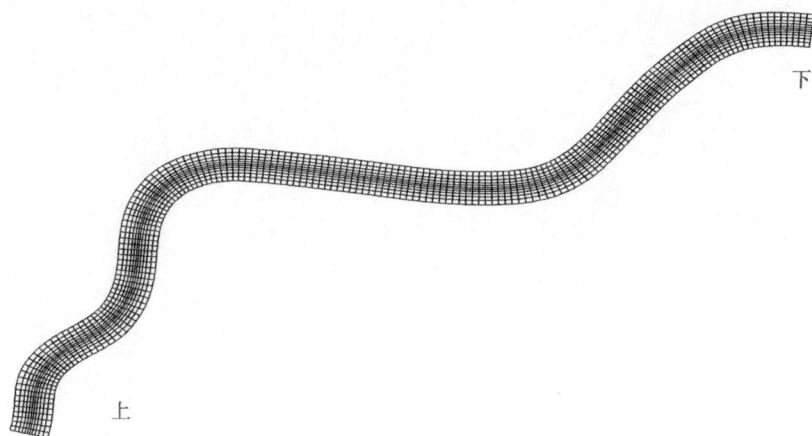

图 3.33 过渡区网格划分示意图

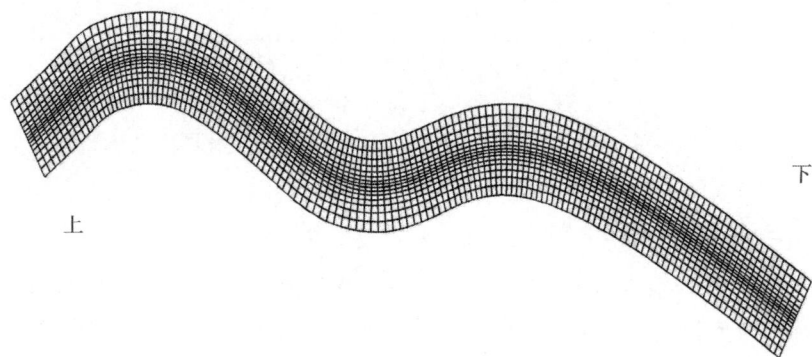

图 3.34 湖泊区网格划分示意图

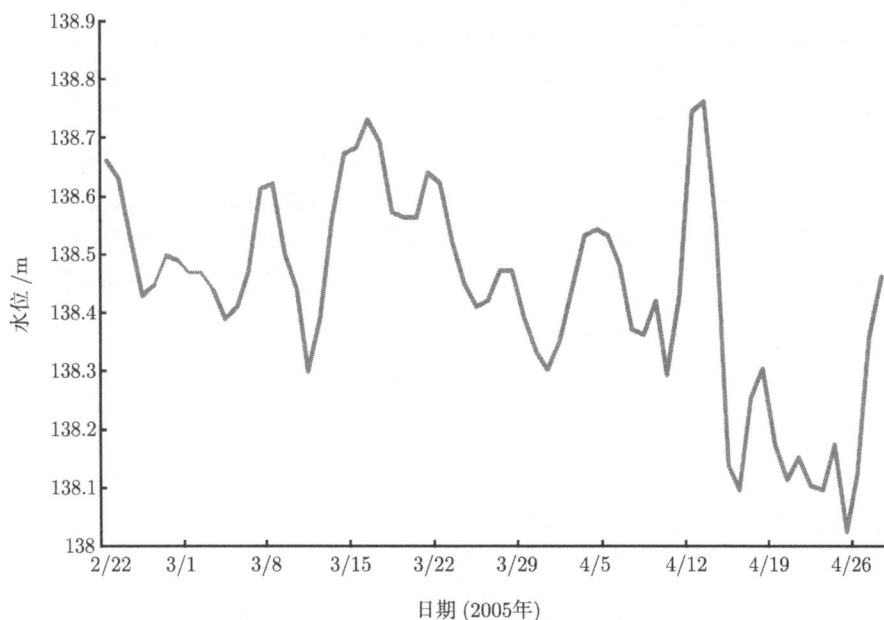

图 3.35 过渡区郑家河附近水位随时间变化图

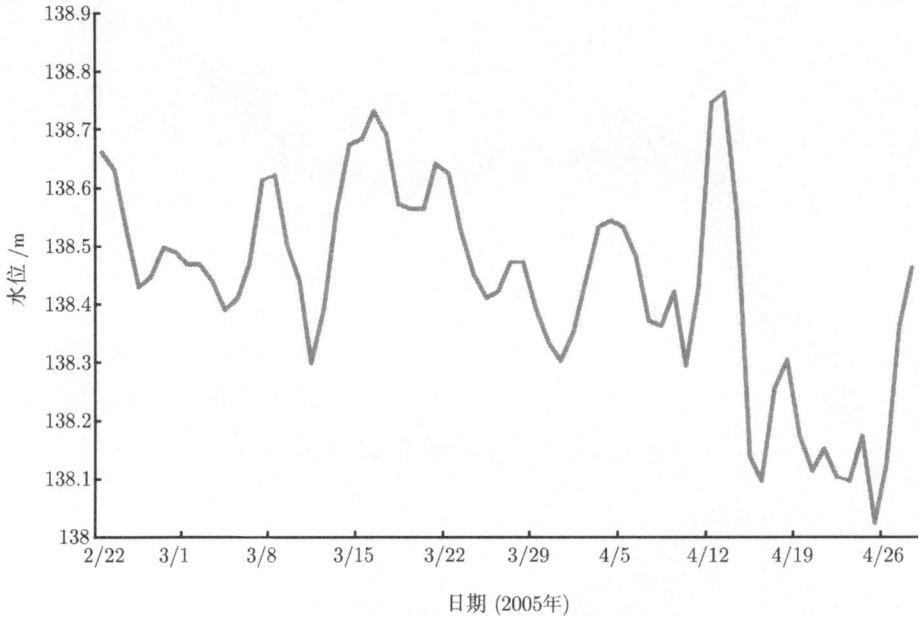

图 3.36　湖泊区谈家湾附近水位随时间变化图

2. 过渡区三维水动力场数值研究

图 3.37~ 图 3.39 分别给出了过渡区上游、中游及下游各点不同水深处的流速分布图（图中负值表示流速方向指向河道上游方向）。在过渡区，各点表层水体流速与香溪河流量相关性明显，各层水体流速大体符合表层流速大、下层流速小的分布规律；自上游到下游流速逐渐减小，受水深影响，越靠近过渡区下游，表层与下层流速的差异越大，相应各层流速间的相关性相对减弱，表层流速越大，底层流速也越大，但其流向相反。过渡区上游流速及下游流速大于过渡区中游流速，过渡区中游及下游下层水流的流速部分时段为负值，在底层水流向上游流动，对比可发现，香溪河上游来流量大，表面水体流速较大时，部分水流向上游流动；由图 3.37~ 图 3.39 可知，在各点的表层水体流速变动幅度远大于底层水体，在过渡区下游及中游，受下游边界上水位变动影响，当边界上水位抬升幅度较大时，表层水体会产生较大的向上游的流速，进而影响到中上层水体，但其对中下层水体及下层水体的影响较小；与上游边界上来流相比，下游边界上水位对计算区域内流速的影响要弱于上游来流的影响。

3. 湖泊区三维水动力场数值研究

图 3.40~ 图 3.42 分别给出了湖泊区上游、中游及下游各点不同水深处的流速分布图（图中负值表示流速方向指向河道上游方向）。湖泊区表层各点水体流速与香溪河及高岚河流量间的相关性不大，计算区域内表层及中上层水体流速在多数时间内主要由下游边界上的水位控制。当水位抬升幅度较大时，表层流体向上游流动，仅在香溪河及高岚河流量较大时，上游来流才会对表层水体的流速有所影响；中上层水体的流动趋势与表层一致，但变动幅度要小于表层。与过渡区下游的水体流动特性类似，湖泊区下层水体流动受水下地形影响较大，在表层水体流速较大时其与表层水体间的差异也越大，湖泊区整体流速自上游至下游逐

渐减小，但减小幅度不大。

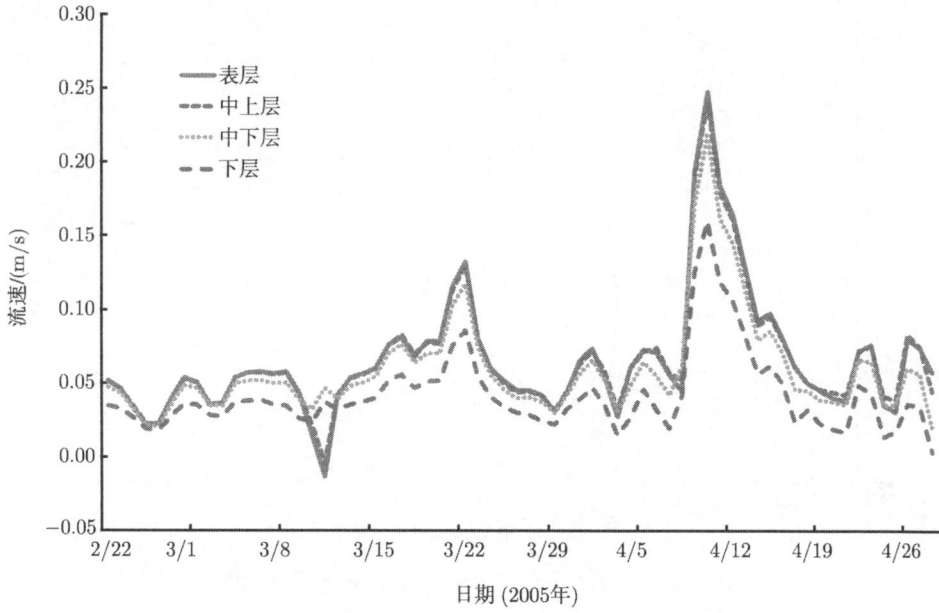

图 3.37 过渡区上游不同水深处流速随时间变化图

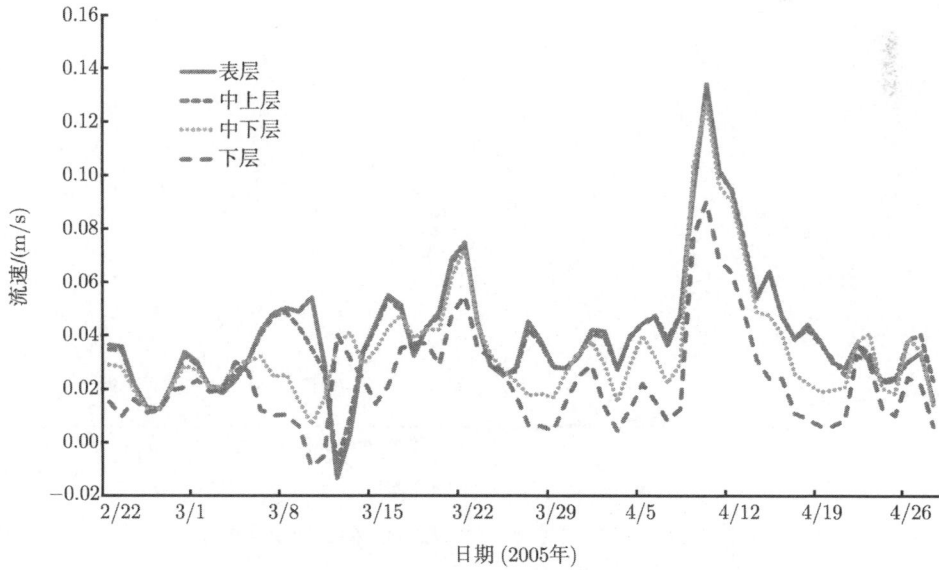

图 3.38 过渡区中游不同水深处流速随时间变化图

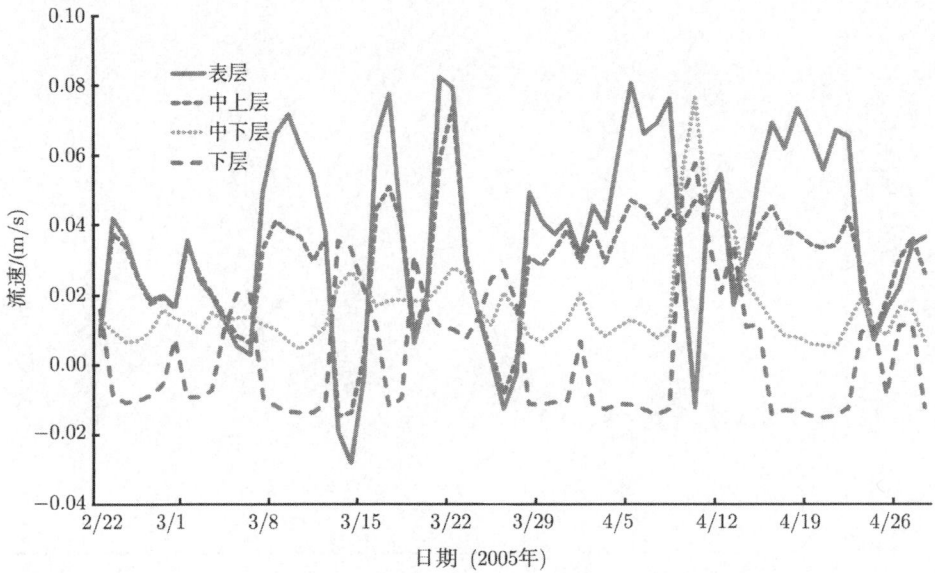

图 3.39　过渡区下游不同水深处流速随时间变化图

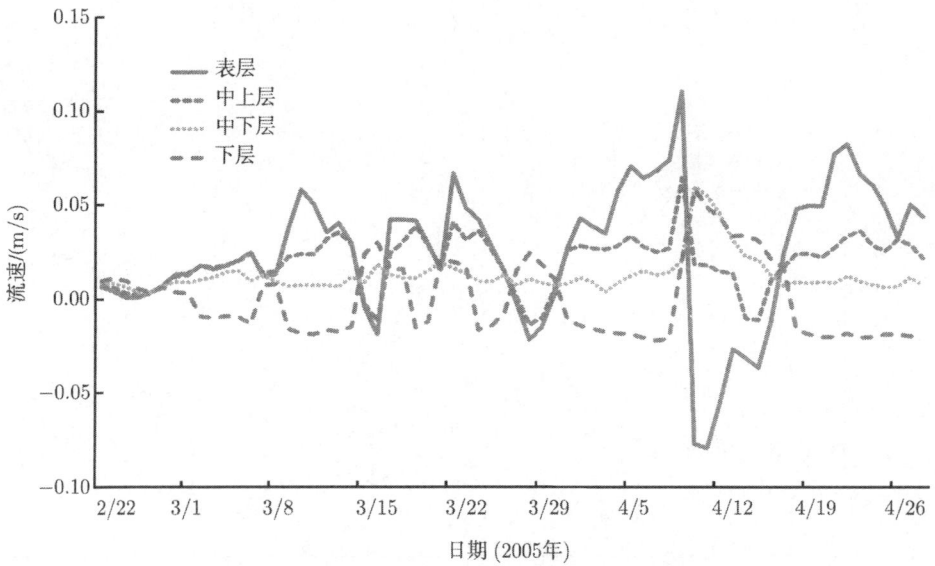

图 3.40　湖泊区上游不同水深处流速随时间变化图

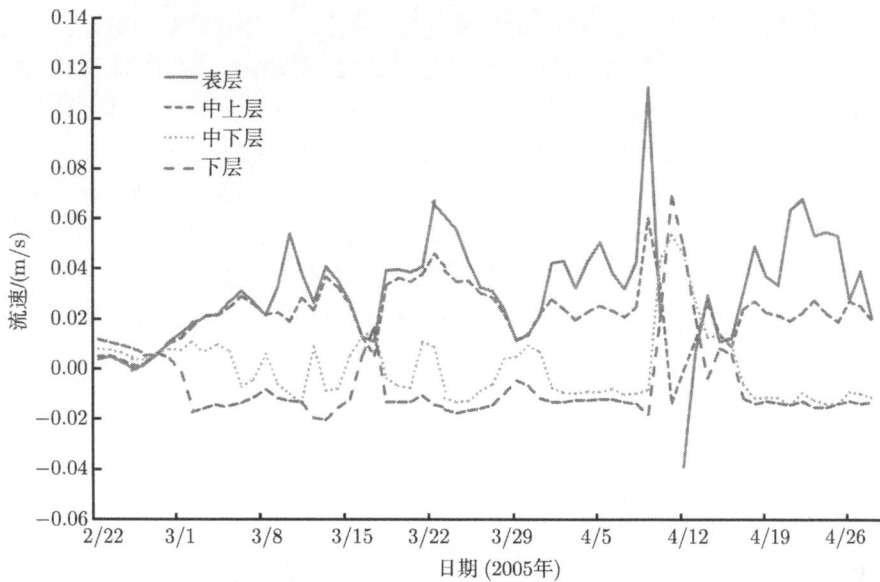

图 3.41 湖泊区中游不同水深处流速随时间变化图

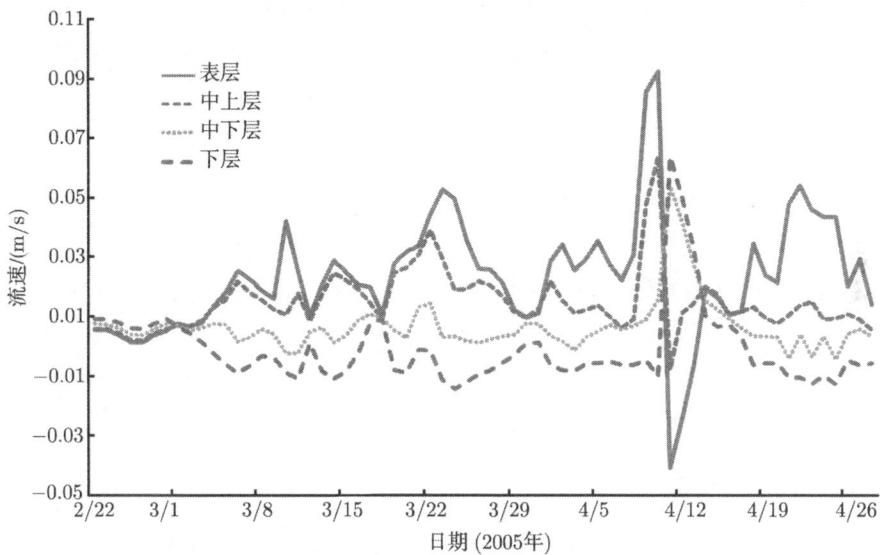

图 3.42 湖泊区下游不同水深处流速随时间变化图

4. 不同特性区的水动力场对比分析

对比图 3.40~ 图 3.42 及图 3.37~ 图 3.39 可知, 在过渡区的上游及中游, 不同层的水力特性并无显著差异, 其水体上下混合较充分, 表层与底层水体间的流速差并无明显的分别; 但自过渡区下游到湖泊区, 上下层水体间的流速差别逐渐增大, 具有明显的分层特征, 且在部分时期流动方向相反。

图 3.43 及图 3.44 分别对比了过渡区及湖泊区流速分布与高阳流量 (高岚河流量与高阳流量变动趋势一致, 可仅以高阳流量对比进行说明) 及下游水位变幅间的关系。由图 3.43 可

知，在过渡区上游及过渡区中游，流速随时间变化与高阳流量变化趋势一致，表明在过渡区上游及中游其水体表层流速变化主要受上游来流的影响；且越近上游，其流动状态受上游来流影响越大，但其流速变动幅度与上游来流变动幅度相比较小，表现为水体流速随时间的变化曲线较为光滑，与来流变化曲线相比，其波动性要小。在湖泊区，其表层流速与上游来流间的相关性不大。由图 3.44 可知，过渡区的流速变化主要受上游来流影响，与下游水位变动相关性不大，而湖泊区水体流速随时间变化与下游水位变幅变化趋势比较一致，且越靠近下游边界，其相关性越强。下游水位变动对湖泊区的影响明显弱于上游来流对过渡区的影响程度，主要表现在水位变动中出现的波峰波谷的次数及其幅度明显强于湖泊区流速变化中出现的波峰波谷。

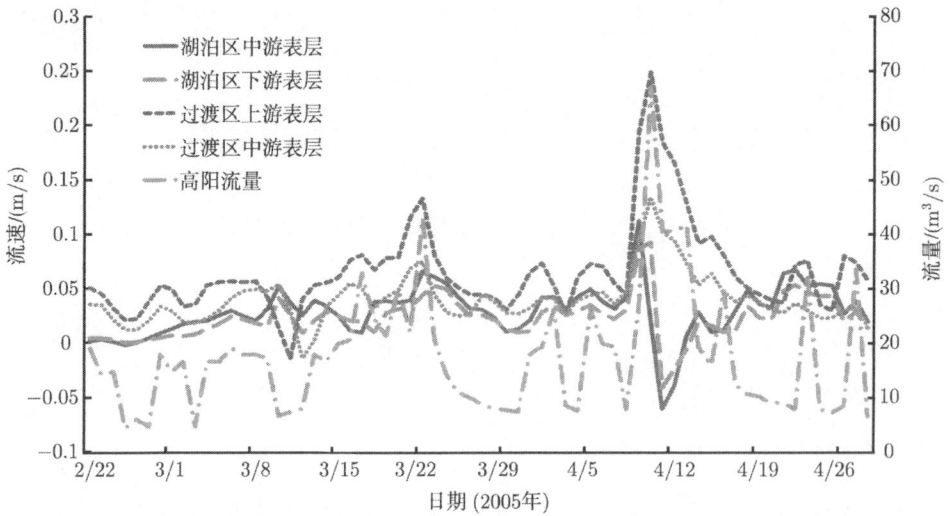

图 3.43　不同区域表层水体流速随时间变化与高阳流量随时间变化对比图

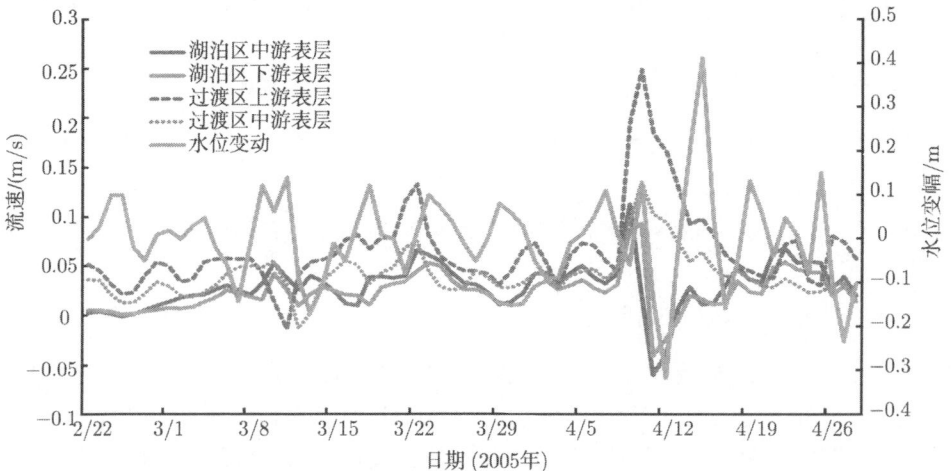

图 3.44　不同区域表层水体流速随时间变化与水位变幅随时间变化对比图

图 3.45 及图 3.46 分别给出了各区域底层水体流速、高阳流量、下游水位变幅的连续变

化。各区域底层水体与上游来流间的相关性明显强于下游水位变动对底层水体流动的作用。流量的变化对水力特性过渡区域底层水体的流速影响都比较大，越近上游影响越大。湖泊区底层水体流速较为稳定，基本维持在 -0.01m/s 左右（向上游），但当上游来流有持续较大的增加时（3月17日及4月12日），湖泊区底部水体流动方向会有改变（转为向下游）。但该情况的出现，需要上游流量维持相对较大强度一段时间才能起作用。

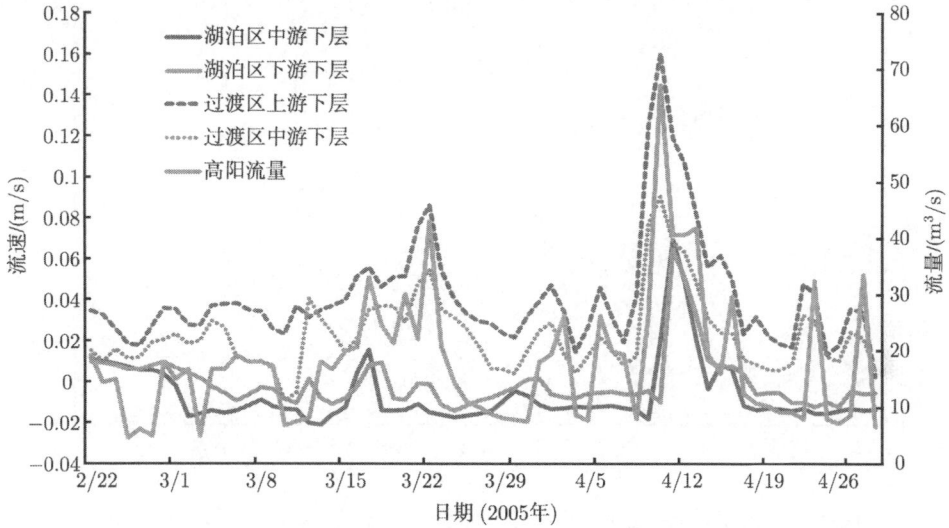

图 3.45　不同区域底层水体流速随时间变化与高阳流量随时间变化对比图

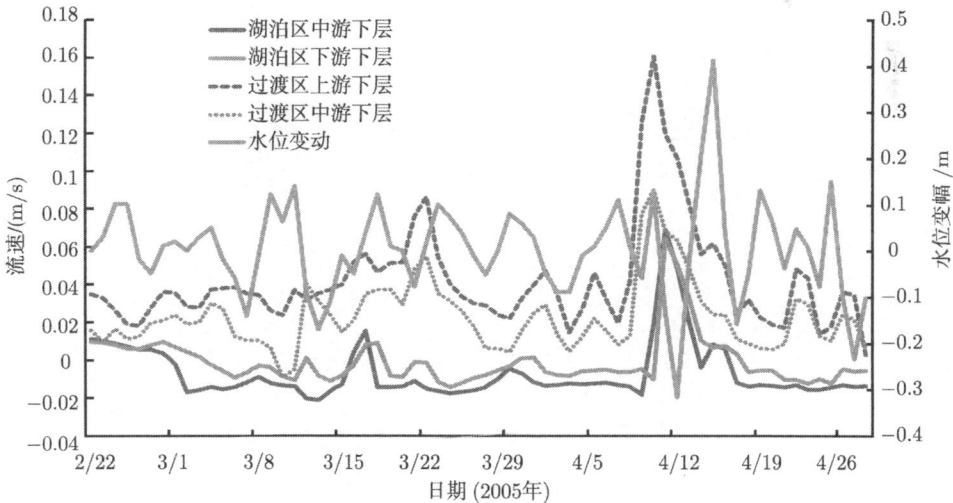

图 3.46　不同区域底层水体流速随时间变化与水位变幅随时间变化对比图

图 3.47 及图 3.48 分别给出了各区域水体平均流速随时间变化与高阳流量及下游水位变幅随时间变化的对比图。由图 3.47 可知，自上游至下游随水体水深的增加，平均流速逐渐减小，越近下游，水体流速随位置改变而产生的改变越小；至湖泊区，水体平均流速随位置改变其变化幅度不大，这与二维水动力场分析所得结论一致。图 3.48 则表明，各区域水体平均

流速与下游水位变动幅度间的关系不显著，下游水位最大变幅为 0.4m 左右，由其造成的最大流速改变约为 0.002m/s，约占湖泊区水体平均流速的 1/10 左右。由此可推论，研究区域内的水体平均流速主要由上游来流决定，与下游水位变动幅度间的关系不大。

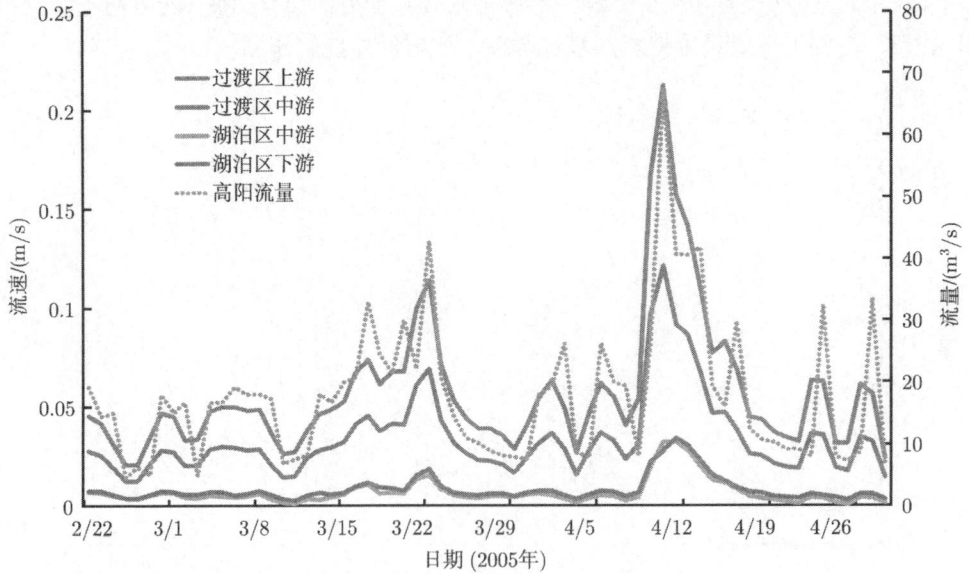

图 3.47　不同区域水体平均流速随时间变化与高阳流量随时间变化对比图

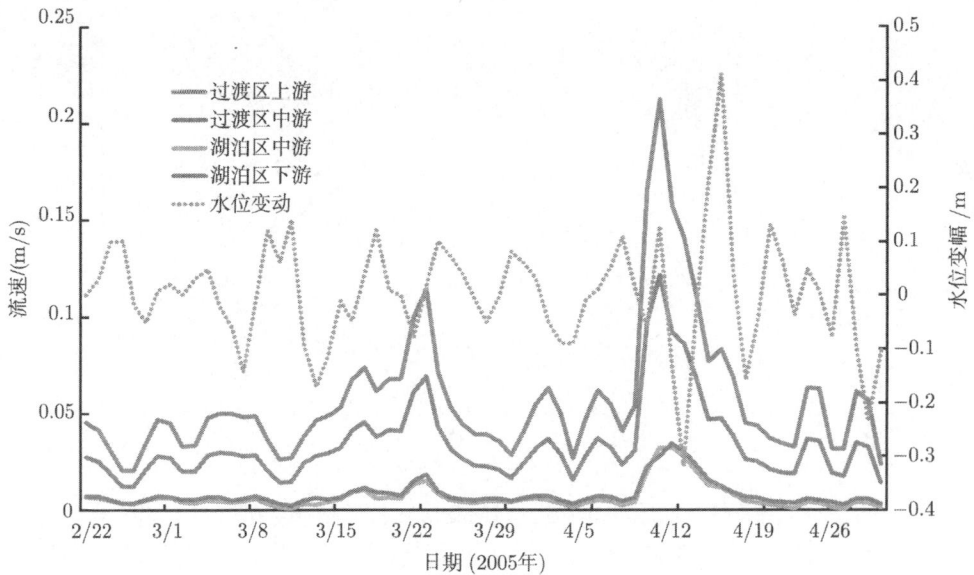

图 3.48　不同区域水体平均流速随时间变化与水位变幅随时间变化对比图

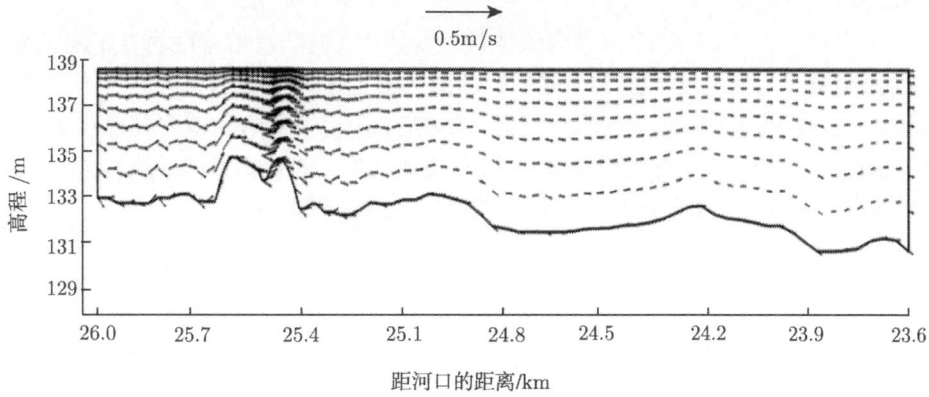

图 3.49 2005 年 3 月 22 日过渡区上段河道中心剖面流速矢量图

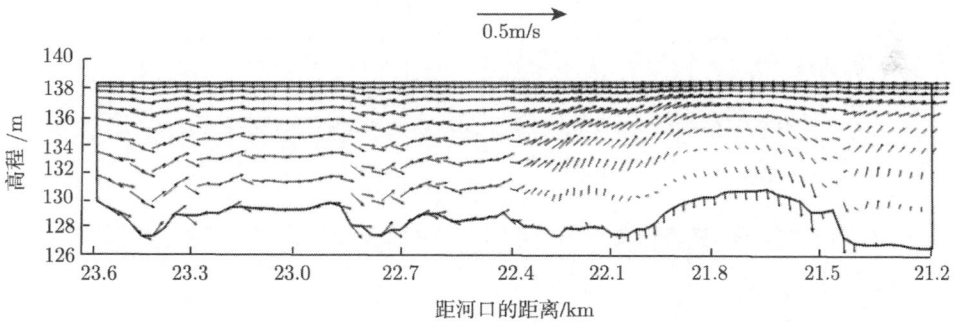

图 3.50 2005 年 3 月 22 日过渡区下段河道中心剖面流速矢量图

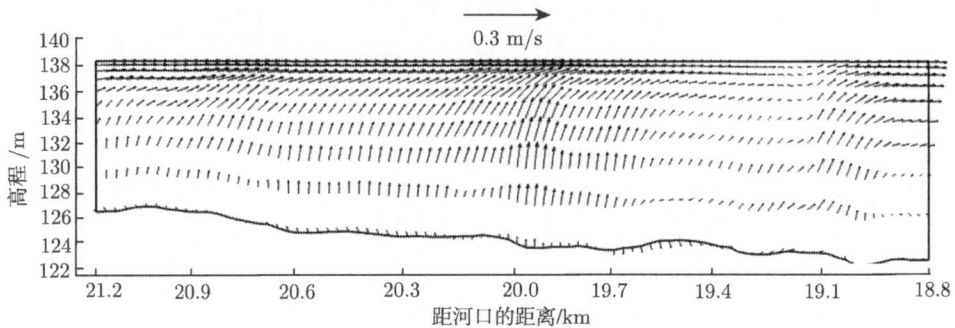

图 3.51 2005 年 3 月 22 日湖泊区上段河道中心剖面流速矢量图

在所关注的研究时段（2005 年 4 月 10 日～4 月 15 日），香溪河水体平均流速虽然较高，但叶绿素含量并没有明显改变，与水力特性过渡区叶绿素含量与水动力条件间的响应关系不符。三维水动力场模拟分析可比较合理地解释该时段内的水华现象：由图 3.40～图 3.44 可知，该时段内湖泊区水体平均流速虽然较大，但表层及中上层水体受下游水位的变动影响，却是向上游流动，水体表层生长的大量藻类无法及时输移，因此叶绿素观测值基本维持在 50μg/L 以上。

3 月 22 日及 4 月 10 日计算区域内流速虽然均较大,但其水力特性明显不同。图 3.49~
图 3.56 给出了所述两日内不同区域河道中心剖面上的流速矢量场:在 3 月 22 日,自过渡区
到湖泊区,水体流速均比较大,上下层水体流动方向都一致朝向下游,水体输移能力强,因
此该时段水体中的叶绿素被快速输移出香溪河;4 月 10 日的平均流速虽然较大,但表层及
中上层水体向上游流动,水体表层生长的大量藻类无法及时输移。

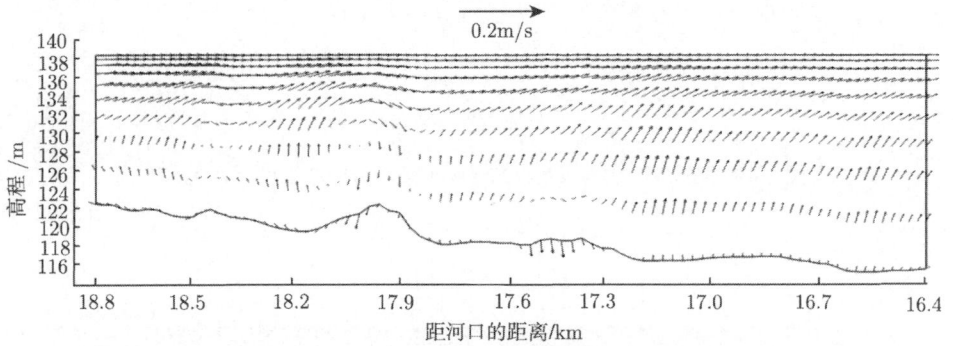

图 3.52　2005 年 3 月 22 日湖泊区下段河道中心剖面流速矢量图

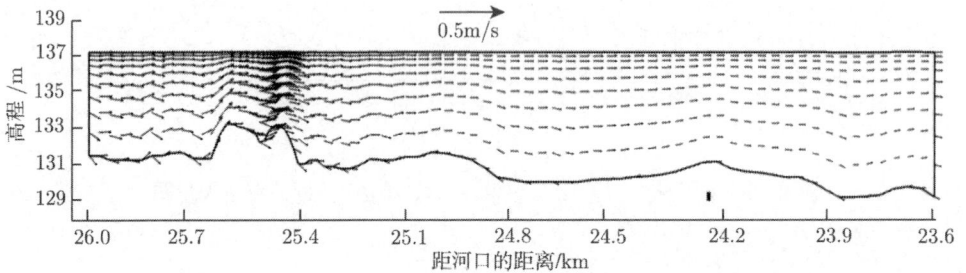

图 3.53　2005 年 4 月 10 日过渡区上段河道中心剖面流速矢量图

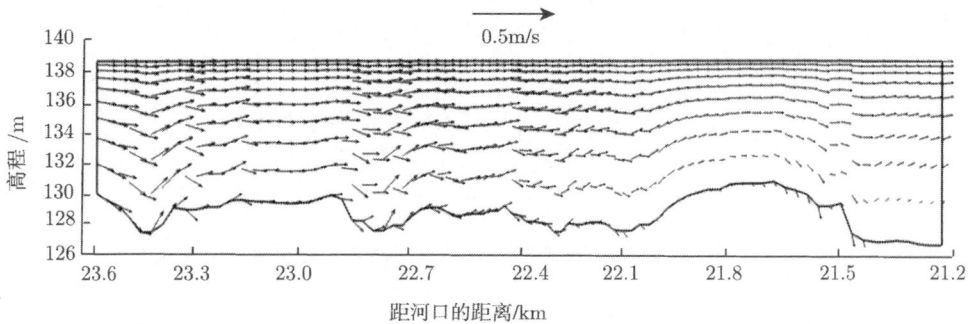

图 3.54　2005 年 4 月 10 日过渡区下段河道中心剖面流速矢量图

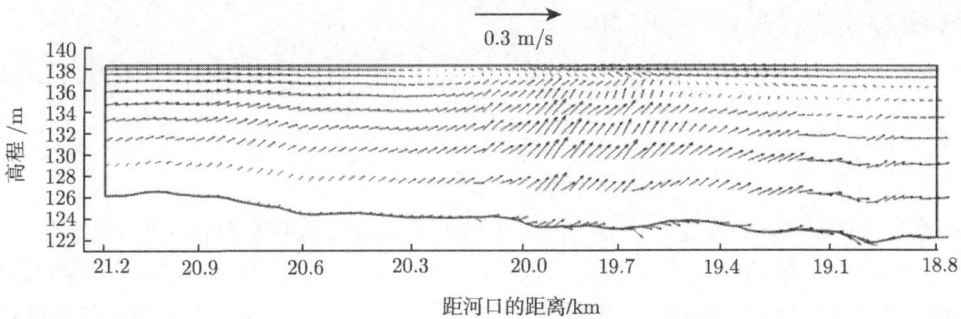

图 3.55　2005 年 4 月 10 日湖泊区上段河道中心剖面流速矢量图

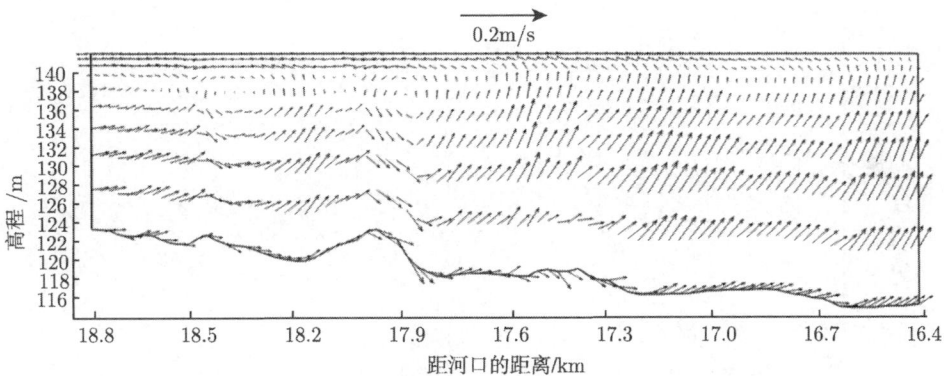

图 3.56　2005 年 4 月 10 日湖泊区下段河道中心剖面流速矢量图

3.1.4　不同区域水动力条件对水华暴发影响研究

在水力特性过渡区，水华与水动力条件之间有比较明显的负相关关系，可以用双曲函数来描述水力特性过渡区水体流速与叶绿素含量之间的关系。图 3.57 中分析了处于水力特性过渡区平邑口、乔家湾、郑家河三处的叶绿素浓度监测资料（流速由本书的二维水动力计算得到），拟合得到的双曲函数可较合理区分出叶绿素与流速之间的相关关系，拟合函数可作为判别水力特性过渡区水华产生的条件：

$$chla = \frac{1203.6V}{101.3V - 1} (V > 0.01\text{m/s}) \tag{3.12}$$

由图 3.57 可知，若要使拟合的双曲函数有物理意义，水体流速需大于 0.01m/s，这就表明，在水力特性过渡区，一旦水体流速大于 0.01m/s，叶绿素含量将随水体流速增加而减少，这与前面得到的结论基本一致。当水体流速小于 0.01m/s 时，流速大小对叶绿素含量的多少没有影响，水体中叶绿素含量不受水体流速影响，因此在湖泊区，由于水体流速基本都小于 0.01m/s，水体中叶绿素的含量与水体流速间并没有明确的相关关系。

以此类推，可以给出水力特性区内不同位置流速与叶绿素含量间的相关关系。鉴于实测资料所限，结合空间插值技术，可分别得到水力特性过渡区典型点平邑口及郑家河处流速与叶绿素间相关关系（图 3.58，图 3.59）：

$$chla = \frac{V}{0.712V - 0.031}(V > 0.045\text{m/s}) \tag{3.13}$$

$$chla = \frac{1 + 173.25V}{29.13V - 0.378}(V > 0.013\text{m/s}) \tag{3.14}$$

在水力特性过渡区，流速与水体中叶绿素含量可用双曲函数来拟合，且自过渡区上游至下游，其流速阈值逐渐减小。与上述两式相对应，2005 年平邑口的叶绿素浓度会受到影响的流速阈值约为 0.045m/s，郑家河处的流速阈值约为 0.013m/s。对整个水力特性过渡区而言，当水体流速大于 0.01m/s 时，水体中的叶绿素含量会开始减少。

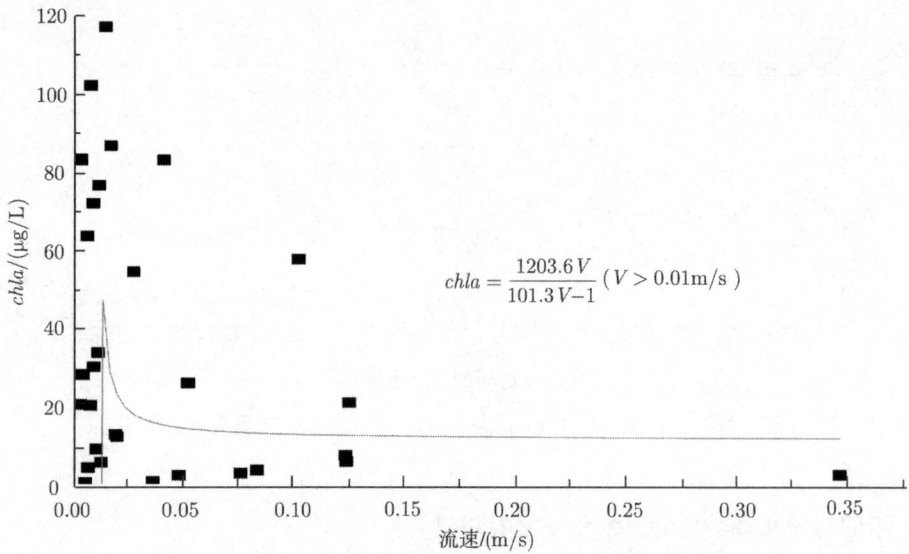

$$chla = \frac{1203.6V}{101.3V - 1}(V > 0.01\text{m/s})$$

图 3.57　过渡区水体流速与叶绿素含量间相关关系图

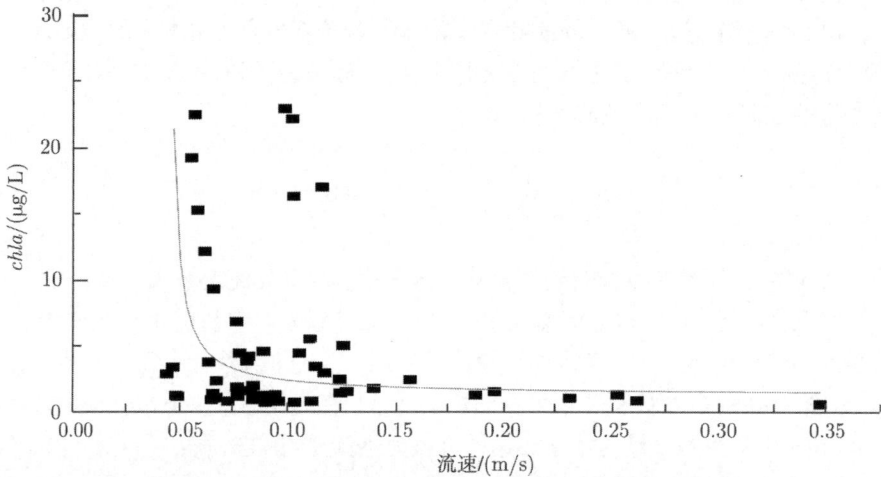

图 3.58　过渡区平邑口水体流速与叶绿素含量间相关关系图

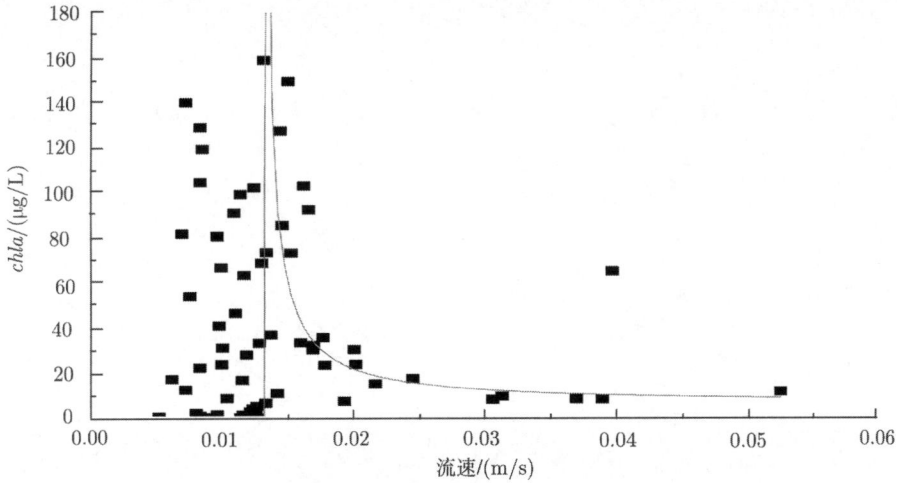

图 3.59 过渡区郑家河水体流速与叶绿素含量间相关关系图

对于湖泊区（图 3.60），与过渡区有所不同，该区域叶绿素浓度与流速间的相关性并不明显，且其分布并不集中，同一流速条件下观测的叶绿素浓度变化范围较大，这与 3.1.2 节得到的结论也基本一致。但仍可看出，在流速大于 0.01m/s 时，有限的观测结果表现为水体流速越高、叶绿素浓度越低的趋势，因此此时过渡区的流速与叶绿素间的相关关系也可用于湖泊区。但一般而言，湖泊区水体流速通常较小，大多数情况下式（3.12）无法准确表征湖泊区中水体流速与叶绿素间的关系。同样，本节给出了湖泊区典型点谈家湾、贾家店及盐关桥叶绿素与流速散点图（图 3.61、图 3.62 及图 3.63），与图 3.60 类似，各处流速与叶绿素含量间无明显相关关系。

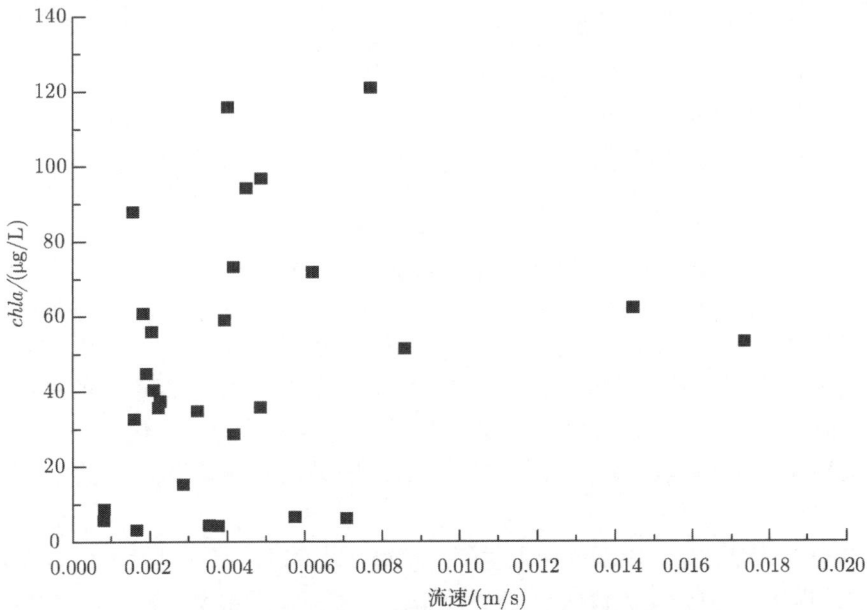

图 3.60 湖泊区水体流速与叶绿素含量散点图

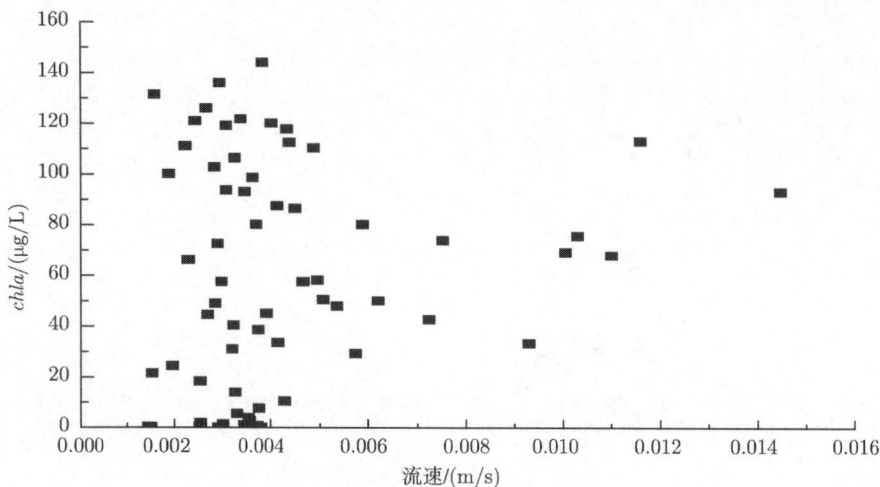

图 3.61　湖泊区谈家湾水体流速与叶绿素含量散点图

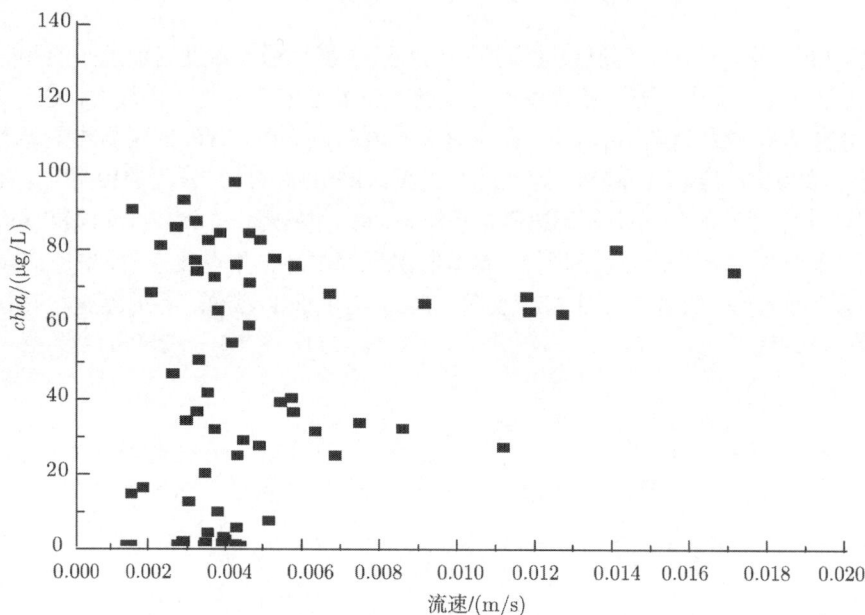

图 3.62　湖泊区贾家店水体流速与叶绿素含量散点图

综上，通过研究蓄水对香溪河水动力场的主要影响途径（坝前水位、长江来流、坝前水位涨落速度等），并采用数值模拟的方法分别选取初期蓄水春季、二期蓄水春季为典型蓄水时段，对各时段二维水动力场进行了详细研究，并以初期蓄水春季为代表，分析了三维水动力场，最后详细分析比较了水动力场对香溪河水华暴发的影响及其响应关系，得出以下结果：

（1）三峡水库蓄水后，随着坝前水位的不断抬高，香溪河库湾可大致分为四个水力特性区：河口影响区、湖泊区、过渡区、天然河道区。天然河道区主要受香溪河上游来流影响，而河口影响区受长江来流影响较大。湖泊区水力特性主要表现水力坡降极小，水面近似水平，

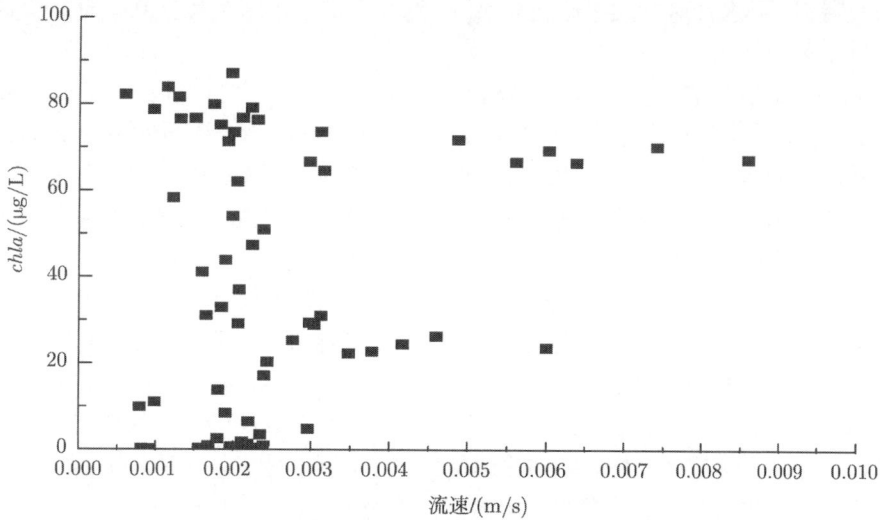

图 3.63 湖泊区盐关桥水体流速与叶绿素含量散点图

流速极小。过渡区的水力特性则介于湖泊区与天然河道区之间,在香溪河流量较大时其上段水力特性接近天然河道区,在香溪河流量较小时其下段水力特性与湖泊区类似。河口区的大小由坝前水位及长江流量共同决定;湖泊区、过渡区及天然河道的大小及范围则主要由坝前水位决定。

(2)长江流量对河口区的影响主要体现在香溪河河口处所形成环流区的流动速度上。通常而言,长江流量越大,河口边界上速度越高,相应的河口环流区的平均速度也越大。在长江流量不变的情况下,坝前水位对河口区的大小及范围有细微的影响。环流区的位置会随着水位的下降向河口边界附近移动,但移动范围较小,由于坝前水位下降,河道变窄,环流的大小也会相应变小;在长江流量不变的情况下,坝前水位越低,长江流速越大,相应香溪河河口环流区的流速也会增大,但与长江流量的变化相比,坝前水位下降造成的流速增加幅度较小。

(3)坝前水位的涨落速度可影响至自过渡区以下的所有区域。水位消落时会在原有流场速度上叠加一由坝前水位下降产生的流速场,增加香溪河内向下游的流速;水位上涨时会在原有流场速度上叠加一由坝前水位上升产生的流速场,减小香溪河内向下游的流速。各点流速的改变量与水位变动速度间大致成线性关系。在不同点,相同的水位变幅下其改变程度并不相同,但大致呈河口区改变幅度最大、过渡区改变幅度较小的趋势。

(4)不同特性分区,由于其水力特性不同,其将显著影响香溪河各区域内营养盐的输移及各种生化反应过程。在河口区,因其与长江干流间的物质交换频繁,分区内各种生化指标上与长江干流十分接近;对于湖泊区,其水力特性与湖泊比较类似,相应其富营养化问题产生的原因和机理与深水湖泊也比较类似;在天然河道区,其流速大,水体输移能力大,紊动程度强,基本不具备产生水华的条件;过渡区的水力特性介于湖泊区及天然河道区之间,相应其富营养化问题也具有其自身的特点;因此在香溪河富营养化问题研究中应首先明确研究区域的水力特性,然后根据各研究区域水力特性的不同,探讨河道型水库富营养化问题产生的机理及特性，寻求针对性改善措施与手段，这是河道型水库及其支流库湾富营养化问题研究中的最主要的特点。

（5）本部分研究内容主要针对由三峡蓄水引起的边界条件变化对香溪河库湾水动力场的影响，并未涉及水温、泥沙等其他因素，因此在对香溪河库湾分区研究中也仅适用无泥沙及水温影响的理想情况。但实际监测资料表明，由于水体密度差引起的异重流现象，长江与香溪河之间的水体交换能力增强，进而使河口区的范围明显增加。随季节不同及上下游边界条件的变化，库湾水力特性分区的范围也会出现相应变动。

（6）水动力场是影响过渡区水华产生及输移的重要影响因素，在多数情况下库湾平均流速可以显著表征过渡区水华的产生与消亡过程。在该区域内，水体流速与叶绿素含量间相关关系可用双曲函数来近似拟合，一旦水体流速大于 0.01m/s，水体中叶绿素含量会随流速的增加而减少。且越靠近过渡区上游，对叶绿素含量会产生影响的流速阈值越大；越靠近过渡区下游，对叶绿素含量会产生影响的流速阈值越小。湖泊区水体流速较小，水体流速与叶绿素含量间无明显的相关关系。湖泊区水力特性较为复杂，三维特性明显，平均流速的变化趋势并不能准确阐明流速对叶绿素输移作用，相关研究应建立在三维水动力模型研究的基础上。

3.2　典型库区支流库湾水温分布特性及其对水华的影响

水的物理化学性质与水温有密切关系。水中溶解性气体（如氧、二氧化碳等）的溶解度、水生生物和微生物活动、化学和生物化学反应速度及盐度、pH 等，均受到水温变化的影响。实际监测资料表明，水温与香溪河库湾水华有显著相关性[10,11]；不仅如此，由于水温差异引起的密度变化，进而形成的异重流，也显著影响着香溪河库湾[5,12]的营养盐、水华生消过程。

3.2.1　温度对香溪河水动力场影响研究

三峡水库蓄水后，实际监测资料证实，长江干流与支流库湾间水温差引起的异重流现象是长江干流影响香溪河水动力场的重要途径。本节主要采用数值模拟方法，对比分析在有无水温影响的条件下，研究春季温度异重流对香溪河河口水动力场影响。

由边界条件可知，3 月 11 日坝前水位 138.29m，香溪河来流较小，而 4 月 12 日长江和香溪河上游来流均较大，因此选取 3 月 11 日和 4 月 12 日作为典型工况进行分析。图 3.64~图 3.69 给出了典型时间不同计算条件下香溪河河道中心表层中部和底层流速的沿程分布。从图中可以看出，在 2005 年春季，不考虑温度影响时，长江对香溪河河口区影响范围基本在 1km 左右。若考虑温度影响时，长江来流对香溪河水动力场的影响范围可达距河口 12km 处，其中距河口 0~7km 河段在各时刻都处于长江干流的影响范围内，7~12km 河段则在部分时段受到影响。图 3.70 给出了考虑温度时 3 月 11 日沿河道中心线的纵向流速分量分布等值图，此时三峡主库区水体从河口中上层进入库湾，香溪河水体则从底层流向河口，形成明显的分层流动。春季监测资料表明，香溪河库湾上游来水主要以顺坡底部异重流的形式流出库湾，库区水体则从表层倒灌入香溪河库湾。考虑温度作用的水动力场的计算结果与监测资料表明的现象一致。

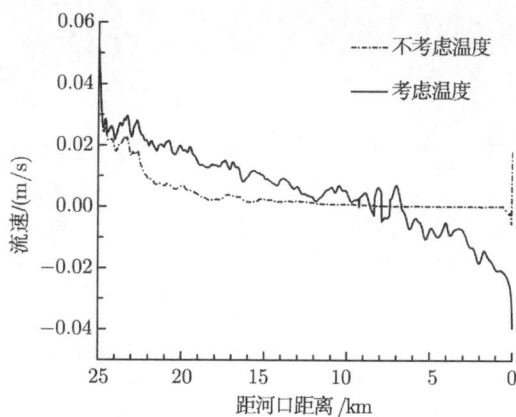

图 3.64 2005 年 3 月 11 日香溪河河道中心表层流速沿程分布

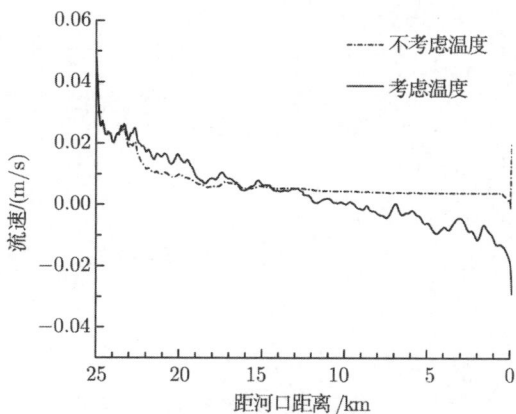

图 3.65 2005 年 3 月 11 日香溪河河道中心中部流速沿程分布

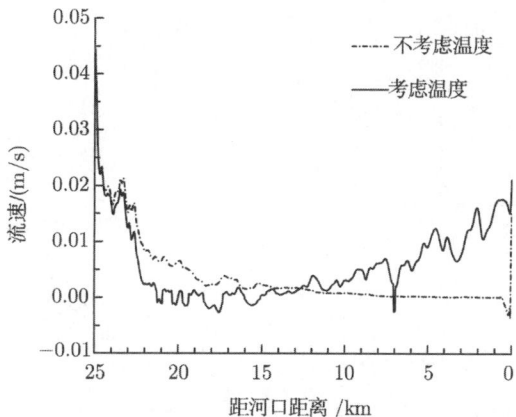

图 3.66 2005 年 3 月 11 日香溪河河道中心底部流速沿程分布

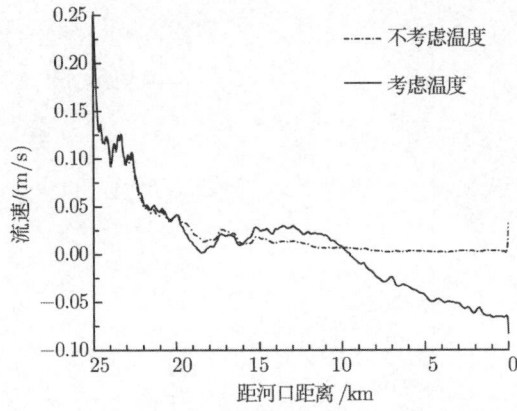

图 3.67　2005 年 4 月 12 日香溪河河道中心表层流速沿程分布

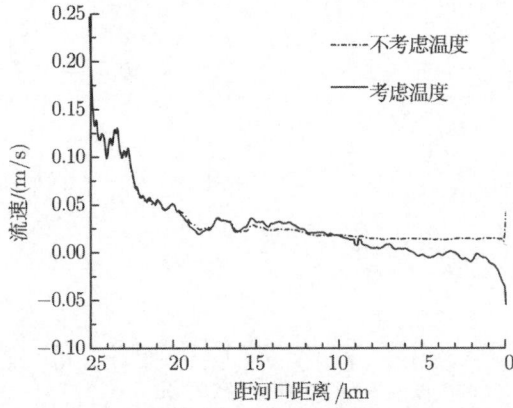

图 3.68　2005 年 4 月 12 日香溪河河道中心中部流速沿程分布

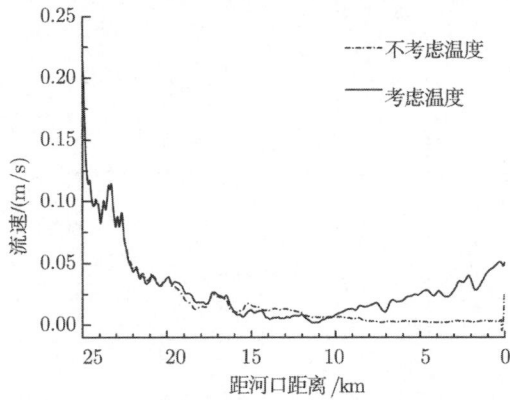

图 3.69　2005 年 4 月 12 日香溪河河道中心底部流速沿程分布

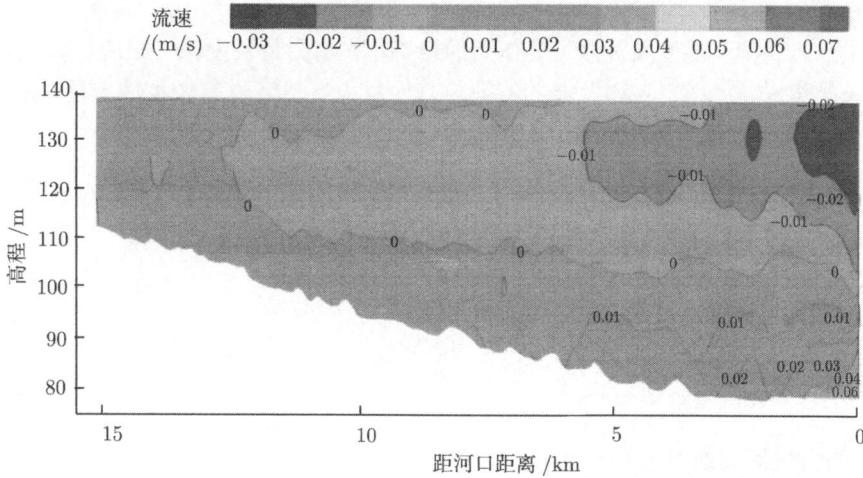

图 3.70 2005 年 3 月 11 日香溪河河道中心剖面纵向流速等值线图 (见彩图)

图 3.71 给出了河道深泓线上考虑温度场与不考虑温度场下速度相对差的沿程分布，温差引起的流速最大增加量可达 85%，最大减小量可达 35%左右，其主要影响范围集中在距河口 7km 湖泊区内。考虑数值计算的误差，以 ±5%为误差限，则在 2005 年春季，由于水温不同，对香溪河水动力场造成的影响在距河口 0~12km，即长江来流对香溪河水动力场的影响范围可达距河口 12km 处；相比于理性条件，考虑温度影响的情况下，河口区的范围应调整为 0~7km；水温对水动力场的影响主要集中在原水力特性分区中的湖泊区，在河流区及过渡区由于其流速大且水深小，垂向水温分布均匀，水温不会对水动力场产生较大影响。根据

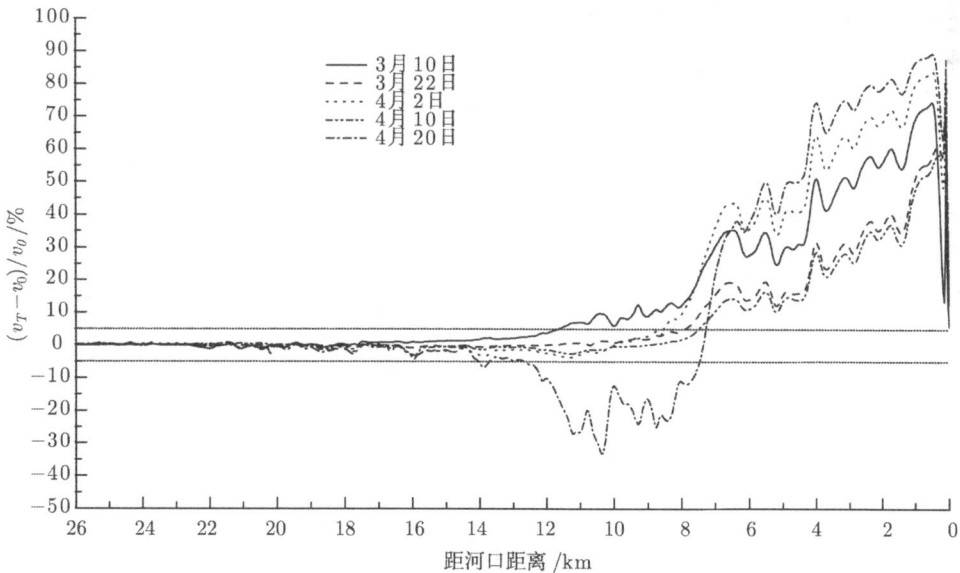

图 3.71 不同时刻深泓线上平均流速差异沿程分布图

$(v_T - v_0)/v_0$ 为平均流速差，v_T 为考虑温度影响时的平均流速；v_0 为不考虑温度影响时的平均流速

以上分析，可将各水力特性区的大小及范围进一步修正（表 3.4）。河口区受长江干流影响，受干流顶托、异重流（温度及泥沙）等作用的影响，其水力特性复杂，相应该区段内营养盐的分布、藻类组成、水华产生和发展的特征与其他水力特性区也有较大的不同，在香溪河富营养化问题研究中应视为重点区域。

表 3.4 考虑温度影响情况下不同坝前水位下香溪河各水力特性区的大小及范围(单位：km)

水力特性区	175m	155m	145m	135m	100m	85m
河口区	0~7	0~7	0~7	0~7	0~6	0~1
湖泊区	7~32	7~24	7~20	7~16	—	—
过渡区	—	24~32	20~30	16~25	6~13	1~4
天然河道区	—	—	>30	>25	>13	>4

3.2.2 不同特性区二维温度场对比分析

分析 2005 年春季不同时刻河道深泓线上温度沿程分布，由图 3.72 可知，自上游至下游，水体平均温度呈现逐渐降低再缓慢升高的变化过程。在相同情况下，天然河道区（25km 以上）受上游来流水温影响，水体温度最高，湖泊区（7~16km 范围内）水温变化主要受气象条件影响，基本呈稳步上升的趋势。河口区（0~7km 范围内）温度受长江来流温度影响较大，由于给定边界条件中长江上游来流温度变动幅度较小，因此河口区的水体温度升温较慢；但由于长江来流温度高于给定的初始温度场，因此河口区水体温度也呈逐渐升高的趋势。越近河口，受长江干流水温影响越大，其水温与干流水体水温差异越小，可根据温度分布特征的不同分为两个温度特性区：温度变动区（0~7km）及温度恒定区（7~12km）。在温度变动区，水体平均温度随距河口的距离的增大而逐渐减小，在温度恒定区多数时间内水体平均温度

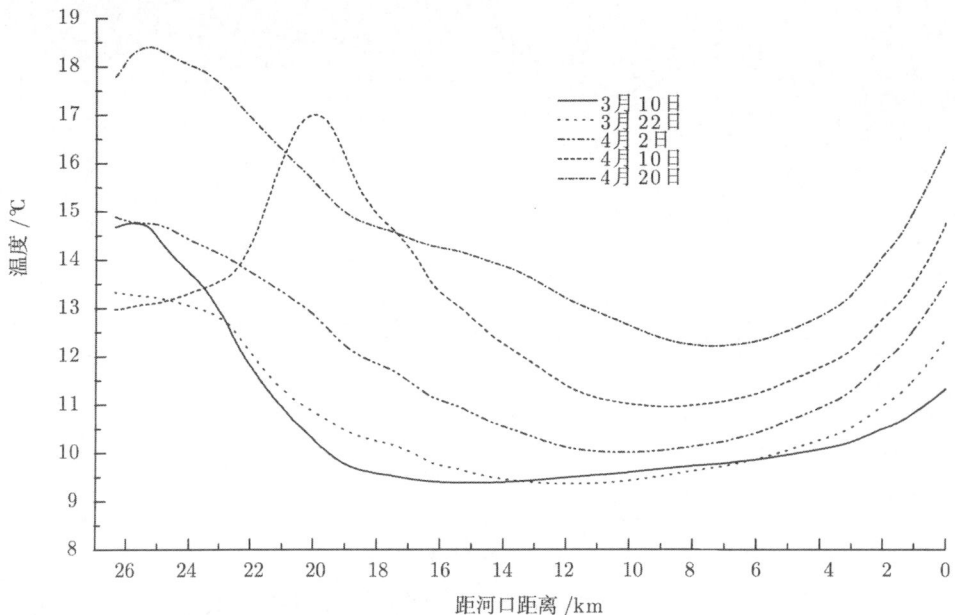

图 3.72 香溪河不同时刻河道深泓线上温度沿程分布（2005 年）

沿程分布变动较小，大致为水平线。水力特性过渡区（16~25km）的温度分布特征介于湖泊区与天然河道区之间。相对而言，水力特性过渡区温度分布特征受天然来流影响较大，湖泊区温度分布受气象条件影响较大。

通过计算分析可知，在天然河道区及水力特性过渡区上游，其水温分布主要受上游来流影响较大，其水温分布变动较大；在水力特性过渡区下游及湖泊区，水温分布受气象条件影响较大，在相同单位宽度下，水体接受的太阳辐射热总量基本一致，在水体流速较小的情况下（毫米级）忽略水体输移对热量的影响，水体平均温度随着水深的增加而减小；在河口区的温度变动区，其水体温度受长江干流水温影响较大，其影响程度随距河口距离的增大而减小；在河口区的温度恒定区，其影响因素不易通过二维温度场的分析确定，尚需深入的研究。

图 3.73 及图 3.74 分别给出了不同特性区典型点水温随时间变化图，其中各典型点代表的水力特性区如下：平邑口（过渡区上游）、郑家河（过渡区中游）、峡口镇（过渡区下游）、谈家湾（湖泊区上游）、贾家店（湖泊区下游）、盐关桥（河口区温度恒定区）、官庄坪（河口区温度变动区）。由图可知，平邑口附近各点的水温随时间变化规律与上游来流水温基本一致，但受气温及太阳辐射的影响，与天然来流相比其间会有差异，但其差异不大。随着水流向下游推进，水深逐渐增加，在郑家河附近，水温随时间的变化受上游来流影响也比较大，但相比上游来流变化强度而言显得较为平缓；且受水体较深的影响，其温度改变有一定的滞后效应，即郑家河附近水温变化与上游来流温度间有一定的相位差（1~3 日左右），其差值由上游来流量决定，上游来流越大其相位差越小。至过渡区下游峡口镇附近，水温与来流间的相关性逐渐下降，水温变动幅度逐渐变小，且仅当气温有长时间的大幅变动时平均水温方有较大响应（如 4 月 12 日前后的明显降温过程）。湖泊区谈家湾及贾家店附近水温变化规律与峡口镇附近类似，但其水温变化幅度更小，升温过程更为平缓。在河口区盐关桥及官庄坪附近，水体温度受到长江干流来流水温的强烈影响，与主库区水温变动趋势基本一致，其升温过程更为平缓。

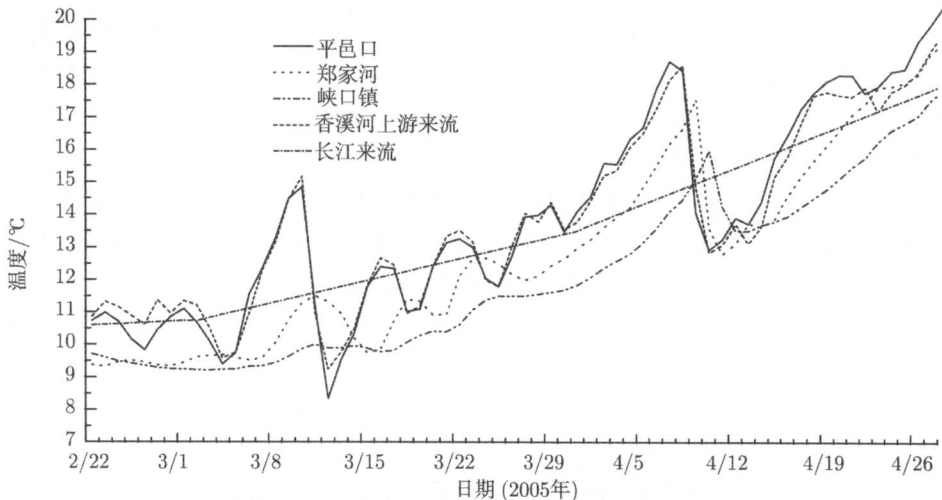

图 3.73 2005 年春季水华暴发期间过渡区典型点水温随时间变化图

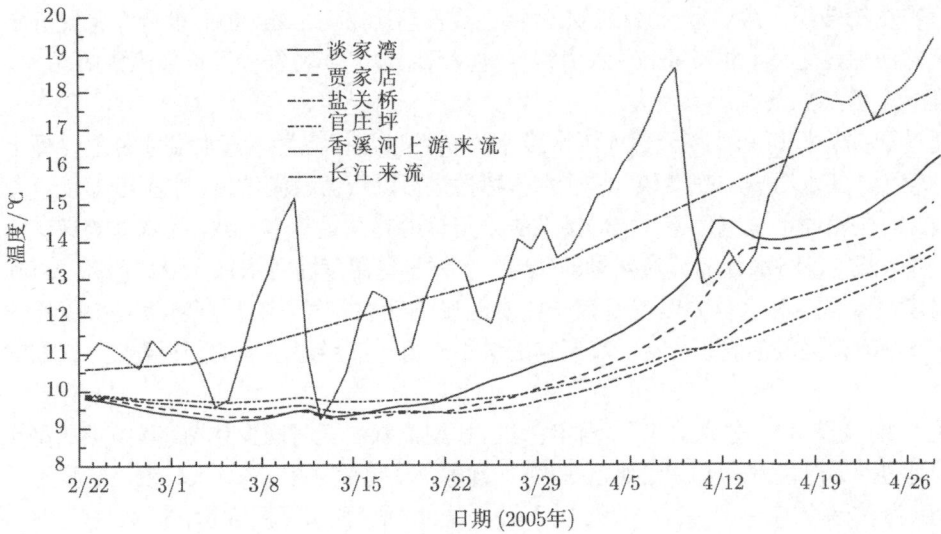

图 3.74　2005 年春季水华暴发期间湖泊区及河口区典型点水温随时间变化图

3.2.3　典型区域三维温度场数值模拟

在春季升温期，峡口附近水域会出现比较明显的水温分层，水深平均的二维水温数学模型难以模拟出实际温度场的完整分布[13−17]。在三维水动力场模拟基础上，考虑水面热交换过程，并计入水温对密度的影响，分析研究水华暴发区域的三维温度场。水温边界条件可由二维水动力场计算获取，研究区域及研究时段的选择与前一致，其中：过渡区的研究区域为自平邑口至郑家河长约 6km 的河段；湖泊区的研究区域为自高岚河入河口上游约 1km 附近的峡口镇码头起到高岚河入河口下游约 3km 谈家湾附近止（约 4.5km 长）。

1. 过渡区三维温度场数值研究

图 3.75~图 3.77 分别给出了过渡区上游、中游、下游不同水深处温度随时间变化的过程。对比各图可知，过渡区上游水体各层水温在整个计算时段内温差不大，变动趋势与来流水温基本一致。在 3 月 29 日之前，由于气温一直不高（13 ℃左右），水体各层水温主要取决于上游来流水温，在 3 月 29 日 ~4 月 8 日，气温迅速升高，随着表面水体水气热交换增加，表层水体水温迅速升高，其与底层水温间差异增大，上下层水体间密度差异增加，上下层水体交换能力减弱，形成表层水体与下层水体间的分层流动。在上游来流流量不大的情况下，难以打破这种分层流动，随着气温的持续升高，表层与底层间的温度差异持续增大，分层流动趋势持续增强。若气温降低，表层水体温度降低使得密度增大，在底层水体密度受气象影响较小的情况下，表层水体下沉，打破热分层，使上下层水体混合均匀。若气温持续升高，在上游来流较小的情况下，表层与底层间的温度差异会接着出现。

过渡区中游及下游水体的温度分布特征与过渡区上游基本一致，但各层水体温度随时间的变化规律与上游来流间差异逐渐增大，且越近过渡区下游，其间的差异越明显。上游来流温度变化与各层水体温度变化间会有一定相位差，越近下游，其相位差越明显。与过渡区上游相比，在过渡区中游及过渡区下游水深逐渐增加，水体流速减小，上下层水体间的交换能力也越来越弱，即使存在较小的升温过程，在过渡区中游及过渡区下游其表层水体与底层水体间也会产生较为明显的温差；自水力特性过渡区上游到水力特性过渡区下游，水深逐渐增加，越近下游，底层单位水体获取的热量也越少，上游水体底层温度与下游水体底层温度相比，其最大温差约有 1 ℃。同过渡区上游的特性一致，在气温持续降低的情况下，水体上下层温差会迅速减小，但水体越深，所需时间也越长。

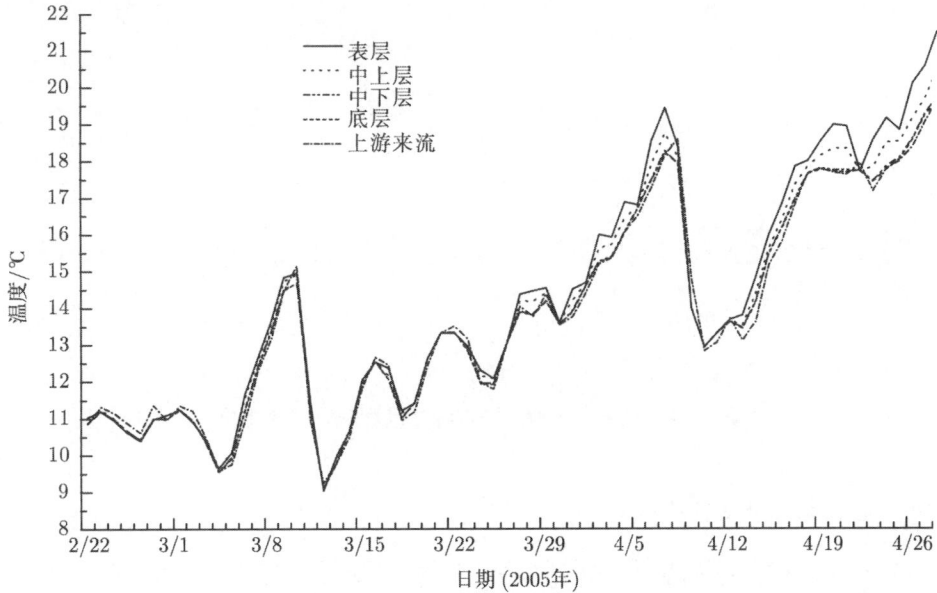

图 3.75　过渡区上游不同水深处温度随时间变化图

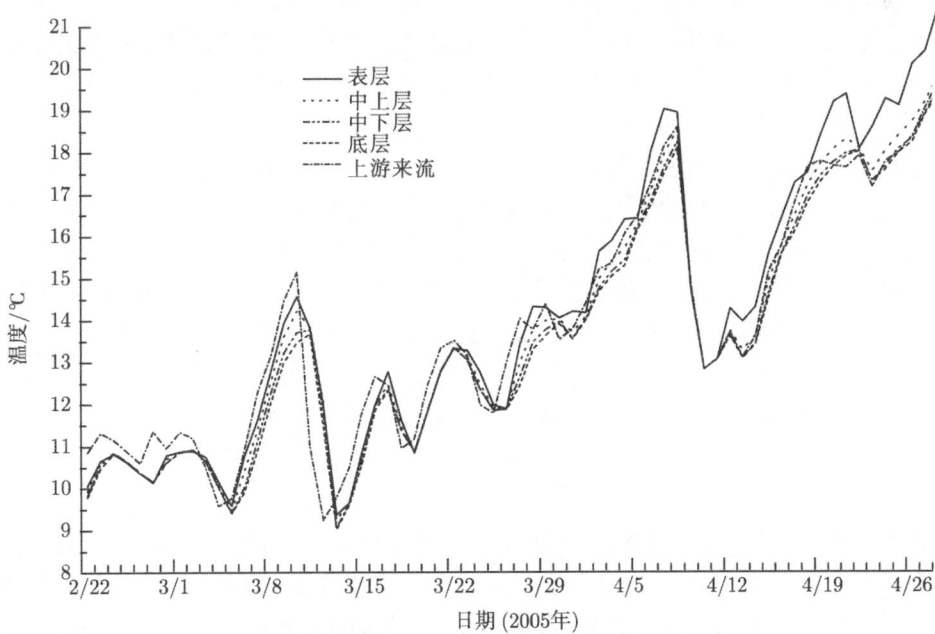

图 3.76　过渡区中游不同水深处温度随时间变化图

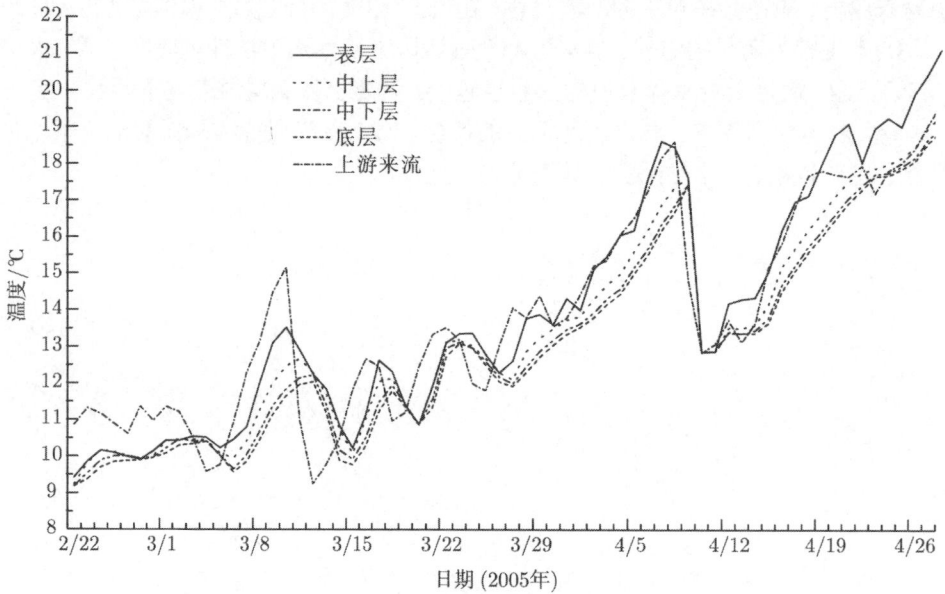

图 3.77　过渡区下游不同水深处温度随时间变化图

2. 湖泊区三维温度场数值研究

图 3.78~ 图 3.80 分别给出了湖泊区上游、中游、下游不同水深处温度随时间变化过程。湖泊区水深较深，水温分层出现的时间较早（3 月 5 日左右），湖泊区各层水温变动趋势基本一致，主要受气象条件的控制。湖泊区上游各层水温分布与过渡区下游比较接近，但主要受气温与太阳辐射的作用，与上游来流温度间没有明显的相关关系。与过渡区水体相比，湖泊区水体的温度变动显得更为平缓，即使气温有剧烈的变动，在湖泊区各层水体的温度变动也比较小，这主要是因为水体深度大，单位面积水体温度变动所需热量远大于过渡区水体。与湖泊区上游水体相比，中游水温分层现象更为明显，且随时间变化过程也更为平缓，越近下游底层水温越低；究其原因，主要由于水体深度加大，改变单位面积水体所需热量增加，在太阳辐射热及气温都一样的情况下，深度越大，水体温度改变越缓慢；将湖泊区下游水体与湖泊区上游及湖泊区中游水体相比也可得到同样的规律。对比湖泊区上游与下游水体可发现，上游水体间的温度差异要稍大于湖泊区下游水体，这与一般规律有所不同；分析成因可能在于，所选取的湖泊区下游上部约 1km 处，有高岚河支流汇入，在升温期入流温度低于湖泊区表层温度，因此在湖泊区下游表层水体温度小于湖泊区上游表层水温，在底层水温变化不大的情况下，其最大温差也小于湖泊区下游。

3. 不同特性区三维温度场对比分析

对比不同特性区的表层水体温度变化与来流水温变化（图 3.81），过渡区表层水温变化幅度与频率明显大于湖泊区；在相同气象条件下，过渡区表层水温受上游来流温度影响较大，两者变化趋势基本一致；在湖泊区表层，水体温度虽然也受上游来流温度的影响，但其相关性趋于不显著；在相同条件下，湖泊区的水体温升与温降过程落后于过渡区，且其变动程度也较小。

图 3.82 给出了不同区域底层水体温度变化与来流水温变化对比,由图可知,上游来流随时间变化曲线与过渡区上游底层水体温度随时间变化曲线基本重合,与过渡区下游底层水体温度随时间变化曲线有一定的相位差,但其趋势基本一致。湖泊区底层水体的温度变化与上游来流间的相关性不明显,其温度变动主要受气象条件影响,且由于位于水体底层,

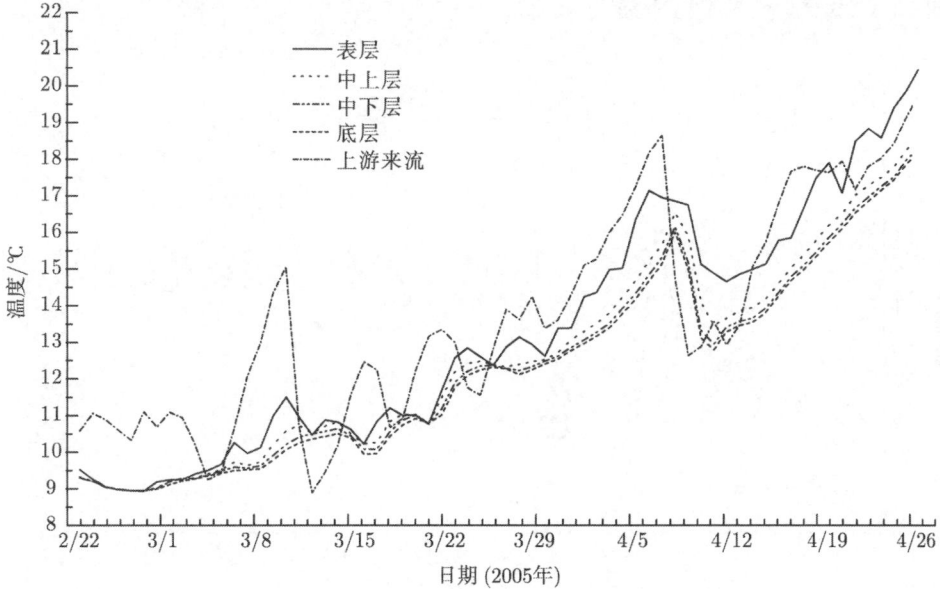

图 3.78 湖泊区上游不同水深处温度随时间变化图

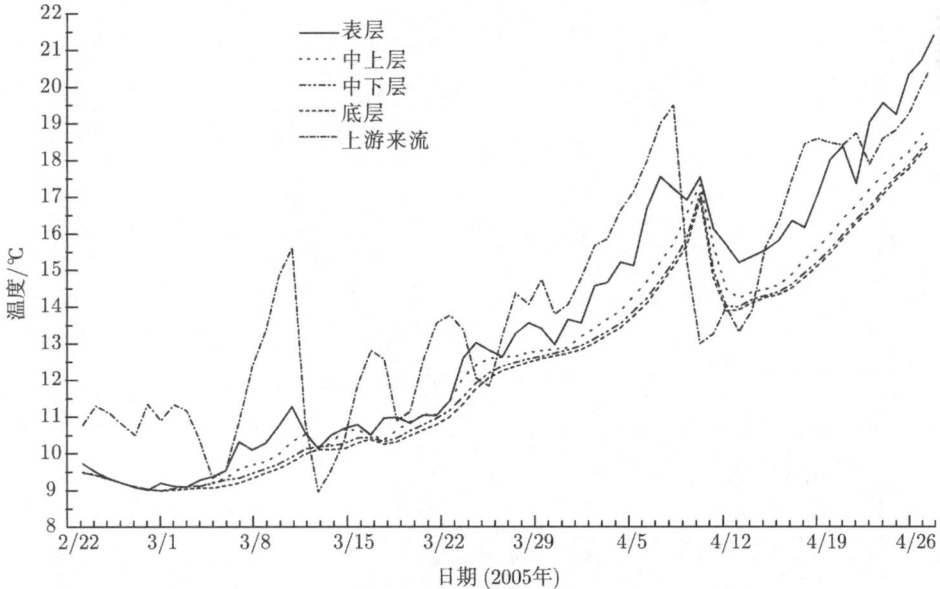

图 3.79 湖泊区中游不同水深处温度随时间变化图

并不能直接接受太阳辐射热,其热交换主要依靠水体对流,因此湖泊区底层水体温度变动不大,气温短时的骤变对湖泊区底层水体温度影响不大。

图 3.83~ 图 3.86 分别给出了 2005 年 3 月 10 日过渡区及湖泊区河道中心剖面上水温的分布云图。由图可知,在 2005 年 3 月 10 日,自过渡区到湖泊区,水体温度逐渐降低,各区域最高温度由过渡区上游的 15 ℃逐渐降至湖泊区下游的 11.5 ℃,各区域最低温度由过渡区上游的 13 ℃逐渐降至湖泊区下游的 10 ℃。

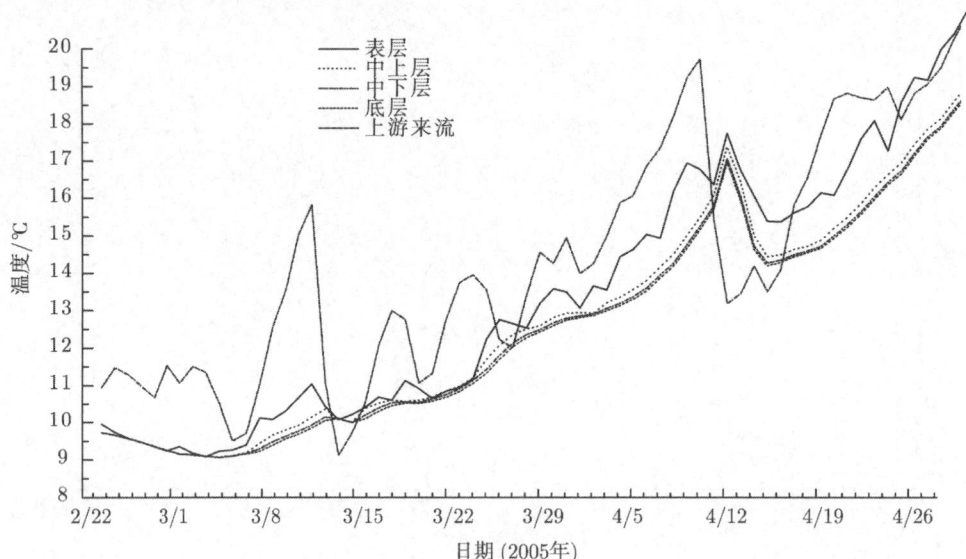

图 3.80　湖泊区下游不同水深处温度随时间变化图

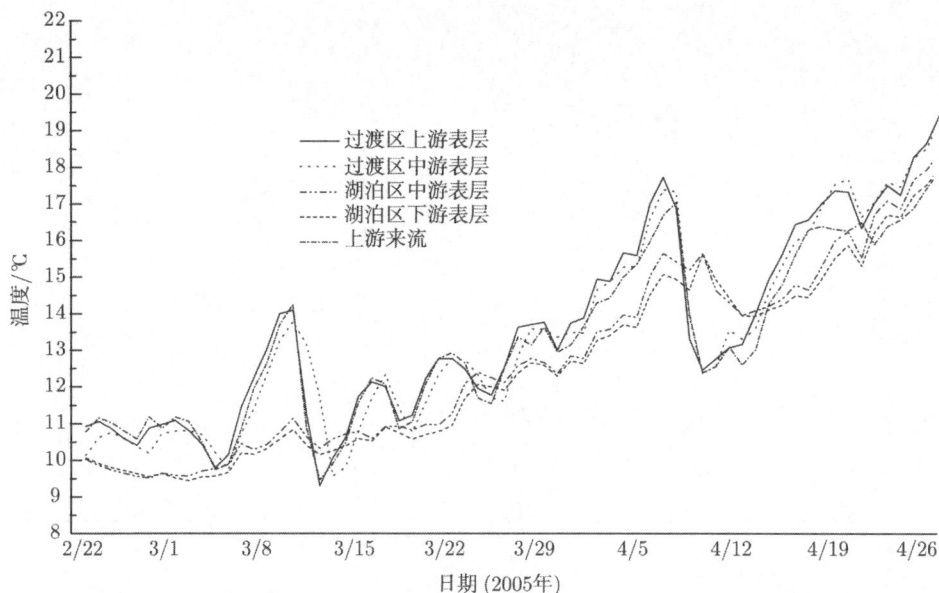

图 3.81　不同区域表层水体温度随时间变化与来流水温随时间变化对比图

在过渡区上游,水温垂向分布比较均匀,但随着沿程水深不断增加,上下层水温差异逐渐加大。过渡区上游的上下层水体间的最大温差约为 1 ℃，过渡区下游的上下层水体间的最大温差增大为 1.2 ℃，湖泊区上游的上下层最大温差增大为 1.8 ℃，而湖泊区下游的上下层水温差为 1.6 ℃。湖泊区下游垂向温差比湖泊区上游处略小，主要原因在于，湖泊区中游附近汇入的高岚河支流水温较低。由各区域水温分布云图可看出，随着水深的增加，温度等值线的分布逐渐由竖直缓慢变至水平，且越近下游，水温较低水体所占比例越大；分析其原因，在 3 月 10 日前，气温缓慢回升，且上游来流流量不大，湖泊区水体逐渐形成温度分层，且随着时间推移，上下层水体间分层越明显。

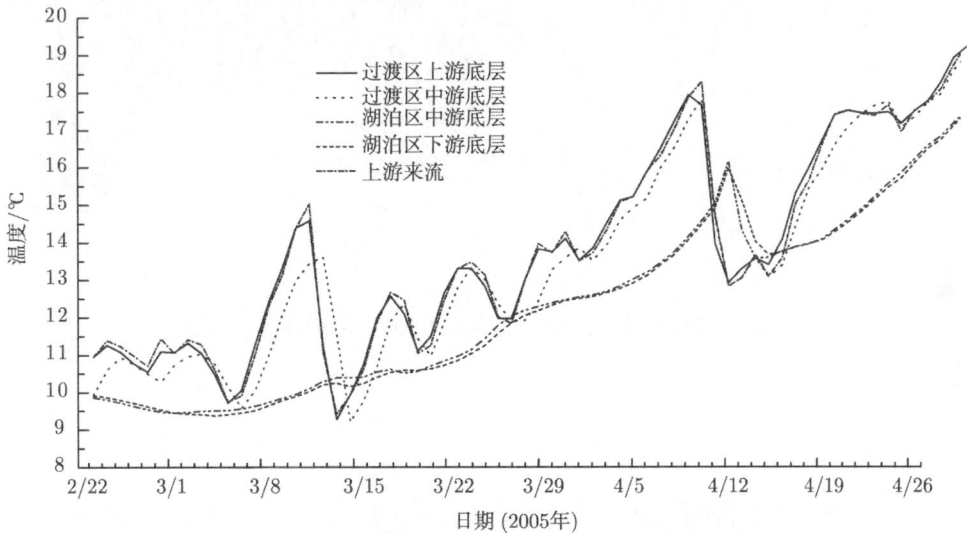

图 3.82　不同区域底层水体温度随时间变化与来流水温随时间变化对比图

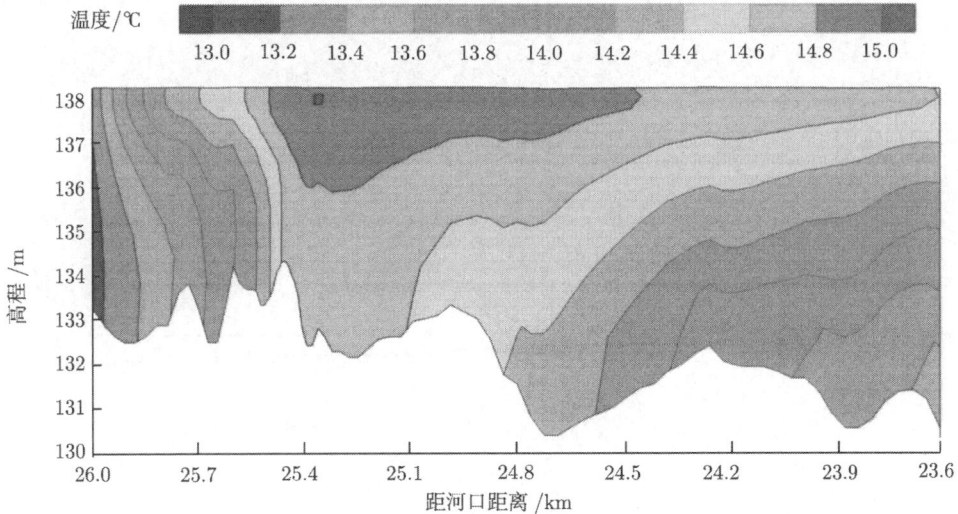

图 3.83　过渡区上游河道中心剖面上 3 月 10 日水温分布图

温度/℃

11.0　11.4　11.8　12.2　12.6　13.0　13.4　13.8　14.2　14.6　15.0

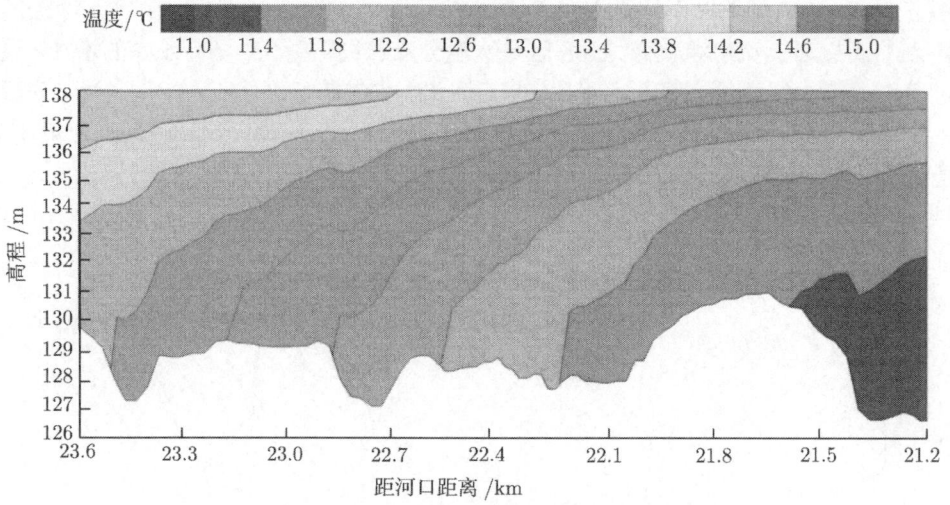

图 3.84　过渡区下游河道中心剖面上 3 月 10 日水温分布图

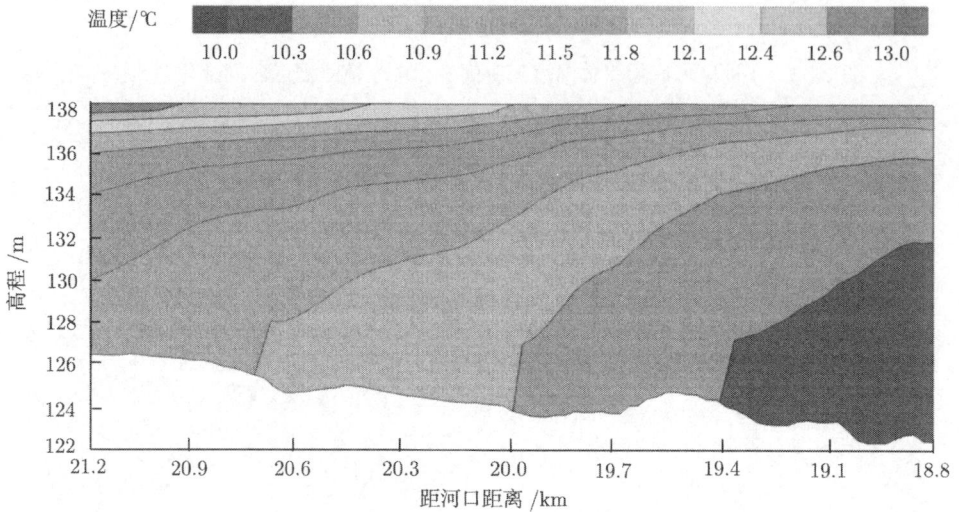

温度/℃

10.0　10.3　10.6　10.9　11.2　11.5　11.8　12.1　12.4　12.6　13.0

图 3.85　湖泊区上游河道中心剖面上 3 月 10 日水温分布图

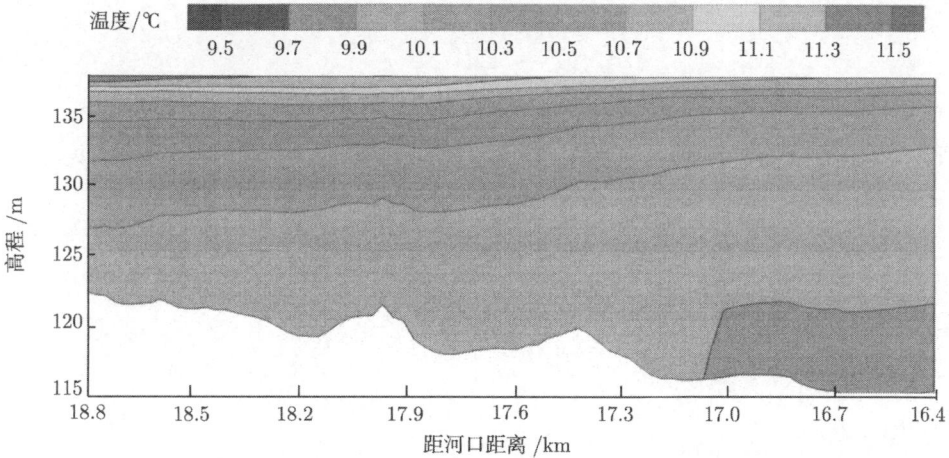

图 3.86 湖泊区下游河道中心剖面上 3 月 10 日水温分布图

3.2.4 水温对水华时空变化影响研究

　　分析 2005 年春季香溪河叶绿素时空分布（图 3.24）可知，在 3 月 5 日之前，香溪河叶绿素浓度并没有明显的增高。根据前文水动力三维数值模拟结果，在 2 月 22 日～3 月 5 日期间，水体流速并无太大的改变，其中部分时期水体流速甚至有稍微降低，因此水动力条件并不是此时段内藻类生长速度的主要影响因素。由图 3.87～图 3.89 中水温计算结果可以看

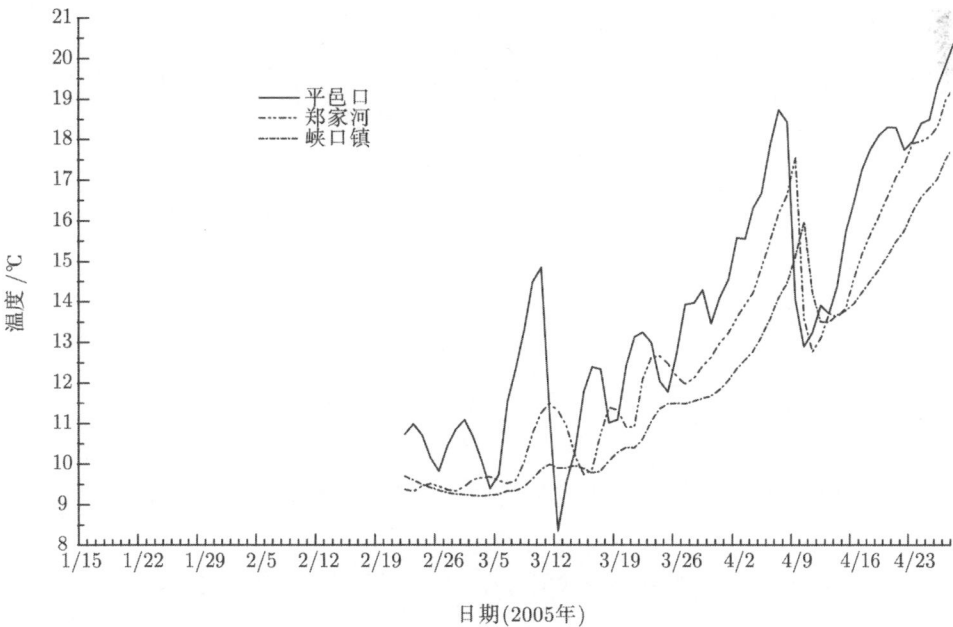

图 3.87 2005 年春季水华暴发期间过渡区典型点平均水温随时间变化图

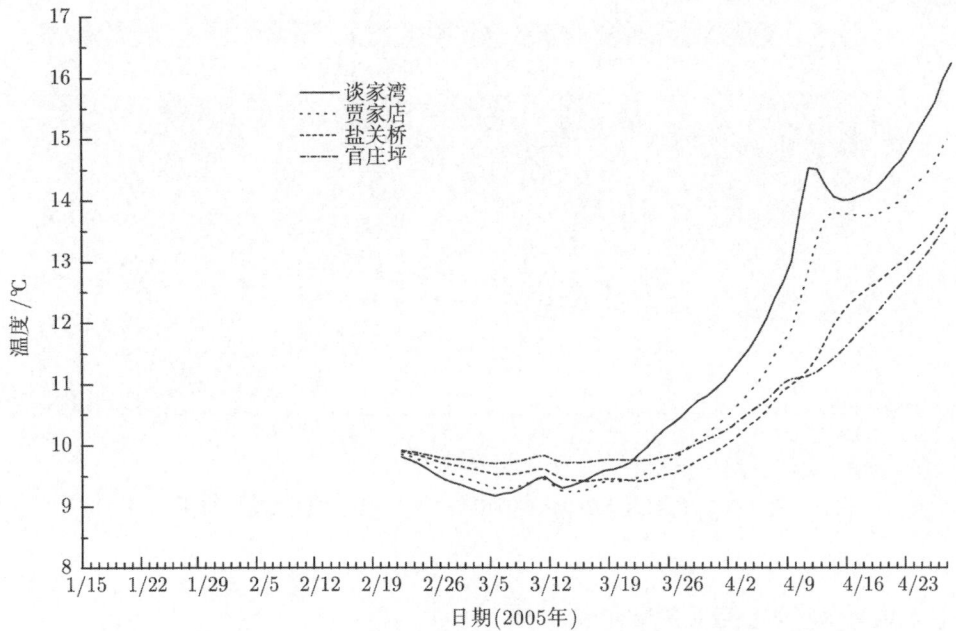

图 3.88　2005 年春季水华暴发期间湖泊区典型点平均水温随时间变化图

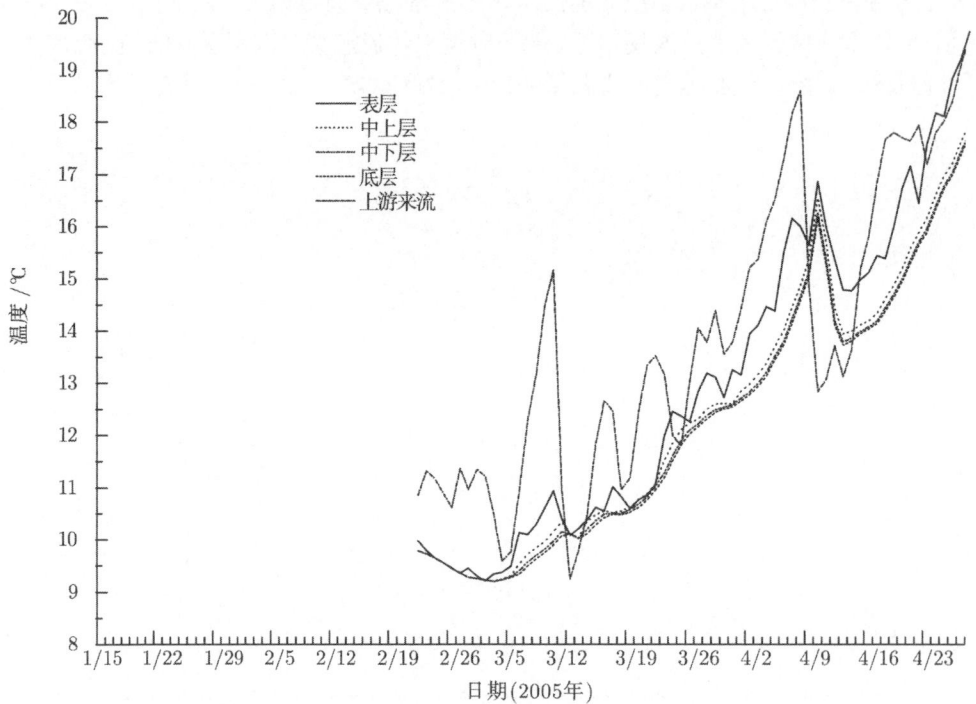

图 3.89　2005 年春季水华暴发期间湖泊区典型点不同水深处水温随时间变化图

出，在此时段内水体温度一直较低（10 ℃以下），并不适宜藻类的大量生长。在 3 月 5 日后，水温迅速升高，藻类生长迅速，区域水体内的叶绿素浓度增加。在 3 月 12 日左右，气温骤降，过渡区及湖泊区水温降低较多，藻类生长受到抑制，藻类浓度在该时段内不再增加。对于河口区（距河口 5~10km），其水体温度主要受长江来流温度影响，整体水温变动较小，相应该区段内藻类含量持续增加。随着 3 月 14 日持续升温过程的到来，过渡区水体温度迅速增加，加之该时段上游来流较小，水体流动较缓，因此在过渡区（距河口 20km 左右）藻类生长迅速，叶绿素含量增加；在 4 月 9 日左右虽然也有一次明显的降温过程，但其最低气温仍大于 10 ℃，不至显著影响藻类的生长速度，因此在这次降温过程中藻类含量并无明显的降低，但其发展速度明显滞缓；但随着之后升温过程的到来，各区域藻类含量迅速增加，其中过渡区下游及湖泊区上游受水温增加较快影响，藻类生长速率显著大于其他区域，叶绿素含量显著增加。

图 3.90 给出了监测点水温与叶绿素含量的相关关系图，图中叶绿素含量为实际观测结果，而对应的水温源自数值模拟。由图可知，叶绿素含量与水温间的相关性并不显著 (式 (3.15))。当水温低于 10 ℃时，极少有藻类密集出现，但由于在春末香溪河水体温度往往都大于 10 ℃。

$$chla = \frac{1}{0.85375 - 0.7471T^{0.04275}}(T > 10℃) \tag{3.15}$$

综上，通过开展 2005 年春季（2 月 22 日 ~4 月 28 日）香溪河库湾二维温度场及峡口局部三维温度场研究，结合现场监测资料，可得出以下结论：

（1）在 2005 年春季，长江干流温度大于香溪河河口附近水温，在密度异重流的影响下，长江干流水体对香溪河库湾水动力场的影响显著增大；在不同时刻，随着长江干流水温与香溪河水温间的温差不同，长江对香溪河水动力场的影响程度也不相同，计算时段内由于水温不同引起的平均流速增加量约在 30%，最大可达 85%。

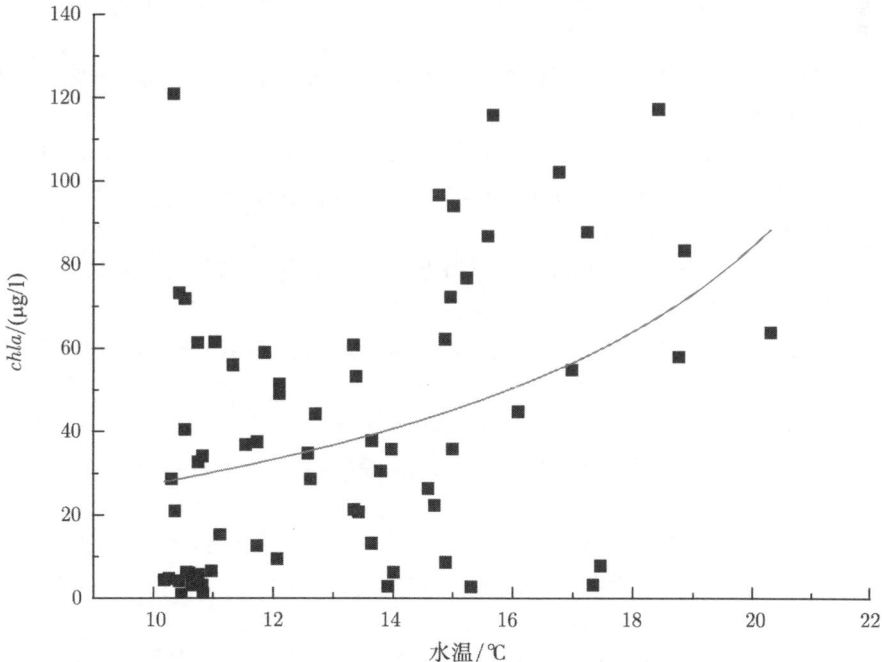

图 3.90 2005 年香溪河水温与叶绿素含量相关关系图

（2）长江来流对香溪河水动力场的影响范围可上溯河口约 12km 处，其中距河口 0~7km 河段在各时刻都处于长江干流的影响范围内，7~12km 河段仅在部分时刻处于长江干流影响区；随着长江干流水温与香溪河水温温差的变化，河口区的范围会有所变动（表 3.4）。

（3）基于二维温度场的模拟分析表明，计算区域内自上游至下游，水体平均温度逐渐降低后，再缓慢升高；其中天然河道区水温主要由上游来流决定，湖泊区水温变化主要受气象条件影响；河口区温度受长江来流温度影响较大，河口区水体温度呈逐渐升高的趋势；水力特性过渡区（16~25km）的温度分布特征介于湖泊区与天然河道区之间。

（4）基于三维温度场模拟分析表明，过渡区水表温度变化幅度明显大于湖泊区；在相同气象条件下，过渡区表层水体温度受上游来流温度影响较大，其变化趋势与上游来流温度变化趋势基本一致；上游来流温度对湖泊区表层水体温度的影响显然弱于过渡区；在相同条件下，湖泊区的水体温升与温降过程落后于过渡区，且其变动程度也较小；随着水深的增加，上下层水体间的温度分层也越来越明显，越近下游，低温水体所占比例越大。

（5）水温大于 10 ℃可以作为判别香溪河库湾春季水华是否可能出现的温度阈值，水温与叶绿素含量间的相关关系可用式 $chla = \dfrac{1}{0.85375 - 0.7471T^{0.04275}}(T > 10℃)$ 来表示。

参 考 文 献

[1] 张晟, 李崇明, 郑丙辉, 等. 三峡库区次级河流营养状态及营养盐输出影响 [J]. 环境科学, 2007, 27(3): 500-505.

[2] 汤宏波, 刘国祥, 胡征宇. 三峡库区高岚河甲藻水华的初步研究 [J]. 水生生物学报, 2006, 30(1): 47-51.

[3] 刘信安, 湛敏, 马艳娥. 三峡库区流域藻类生长与营养盐吸收关系 [J]. 环境科学, 2005, 25(4): 95-99.

[4] 易仲强, 刘德富, 杨正健, 等. 三峡水库香溪河库湾水温结构及其对春季水华的影响 [J]. 水生态学杂志, 2009, (5): 6-11.

[5] 纪道斌, 刘德富, 杨正健, 等. 三峡水库香溪河库湾水动力特性分析 [J]. 中国科学: 物理学力学天文学, 2010, 40(1): 101-112.

[6] Yang Z, Liu D, Ji D, et al. Influence of the impounding process of the Three Gorges Reservoir up to water level 172.5 m on water eutrophication in the Xiangxi Bay[J]. Science China Technological Sciences, 2010, 40(4): 1114-1125.

[7] 蒋定国, 戴会超, 刘伟. 温度异重流作用下三峡香溪河库湾春季营养盐时空分布特征研究 [J]. 应用基础与工程科学学报, 2013, 21(1): 20-31.

[8] 曹承进, 秦延文, 郑丙辉, 等. 三峡水库主要入库河流磷营养盐特征及其来源分析 [J]. 环境科学, 2008, 28(2): 2310-2315.

[9] 王华, 逄勇. 藻类生长的水动力学因素影响与数值仿真 [J]. 环境科学, 2008, 28(4): 884-889.

[10] 罗专溪, 朱波, 郑丙辉, 等. 三峡水库支流回水河段氮磷负荷与干流的逆向影响 [J]. 中国环境科学, 2007, 27(2): 208-212.

[11] 叶麟. 三峡水库香溪河库湾富营养化及春季水华研究 [D]. 北京: 中国科学院研究生院, 2006.

[12] 纪道斌, 刘德富, 杨正健, 等. 汛末蓄水期香溪河库湾倒灌异重流现象及其对水华的影响 [J]. 水利学报, 2010, 41(6): 691-696.

[13] 张光碧, 邓军, 刘超, 等. 河道水流三维流速场的数值模拟研究 [J]. 四川大学学报 (工程科学版), 2007, 39(1): 58-62.

[14] Webb B W, Walling D E. Complex summer water temperature behaviour below a UK regulating reservoir[J]. Regul Rivers-Res Manage, 1997, 13(5): 463-477.

[15] Park K, Jung H S, Kim H S, et al. Three-dimensional hydrodynamic-eutrophication model (HEM-3D): application to Kwang-Yang Bay, Korea[J]. Marine Environmental Research, 2005, 60(2): 171-193.

[16] Trancoso A R, Saraiva S, Fernandes L, et al. Modelling macroalgae using a 3D hydrodynamic ecological model in a shallow, temperate estuary[J]. Ecological Modelling, 2005, 187(2-3): 232-246.

[17] Elci S. Effects of thermal stratification and mixing on reservoir water quality[J]. Limnology, 2008, 9(2): 135-142.

第 4 章　河道型水库库湾富营养化数学模型的建立与应用

本部分拟建立河道型水库富营养化模型，结合三峡水库水动力、水环境等观测资料，通过多情景分析研究，探讨典型河道型水库的富营养化演变及水华生消过程。研究基本思路是，在水动力场及温度场模型基础上，通过合理构建适宜于河道型水库的生态动力学模块，根据实测资料率定关键参数，进而运用所建模型模拟分析变化条件下（营养盐输入、来流条件等）敏感水域水体营养程度变化规律及其水华时空特征，并分析通过水库调度改善香溪河富营养化的可行性，为河道型水库富营养化及水华防治提供依据。

4.1　河道型水库库湾富营养化模型的建立

受河道型水库库湾水力特性区域物理属性纵向变化的影响，各区域的水环境、水生态特征呈现较大差异[1-3]，建立相应的水生态数学模型，包含的物理生化过程较繁杂，模型参数众多，模型参数率定也较为困难。河道型水库支流库湾水生态模拟，一般在水动力场、温度场、有机物沉降及再悬浮等物理过程建模基础上，充分考虑各营养盐循环过程，耦合浮游植物生长的动力过程[4-7]。

本书主要根据 2005 年 2 月 22 日 ~4 月 28 日香溪河库湾春季水华暴发过程的观测资料，对富营养化模型的参数进行率定。相关水质指标主要有：藻类叶绿素 a（Chla）、氨态氮（NH_3-N）、硝氮、总氮（TN）、磷酸盐（PO_4P）、总磷（TP）、可溶性硅（Si）、可溶性有机碳（DOC）、总有机碳（TOC）、pH、溶解氧（DO）、水温（WT）等[8]。

变量初始值由 2005 年 2 月 22 日监测数据给出，空白区域的数据通过插值获得。边界上，在上游边界用平邑口附近的监测值作为边界条件给出，空白时段的值由插值方法获得；在下游边界采用河口的监测值作为下边界。模型率定后的参数取值如表 4.1 所示。图 4.1~图 4.4 分别给出了自香溪河上游到官庄坪各点叶绿素含量随时间变化对比图；图 4.5~图 4.13 分别给出了三个典型位置的可溶性硅、总氮、总磷含量随时间变化过程。

表 4.1　香溪河富营养化模型变量与关键参数

序号	物理意义	模型中符号	参考文献值	取值	单位
1	氨氮（NH_3-N）	C_1	—		mgN/L
2	硝氮（NO_3）	C_2	—		mgN/L
3	无机磷（PO_4P）	C_3	—		mgP/L
4	浮游植物碳（Phyt）	C_4	—		mgC/L
5	碳化 BOD（CBOD）	C_5	—		mgO/L
6	溶解氧（DO）	C_6	—		mgO/L
7	有机氮（ON）	C_7	—		mgN/L
8	有机磷（OP）	C_8	—		mgP/L

续表

序号	物理意义	模型中符号	参考文献值	取值	单位
9	碎屑中的氮（Detri.N）	C_{14}		—	mgN/L
10	碎屑中的磷（Detri.P）	C_{15}		—	mgP/L
11	浮游植物损失率	D_p			d^{-1}
12	损失植物中进入有机氮循环比例	f_{on}	0~1	0.5	—
13	氮碳比（N/C）	a_{nc}	0.25	0.25	mgN/mgC
14	20℃有机氮矿化速度常数	k_{71}	0.02~0.2	0.075	d^{-1}
15	矿化反应温度修正系数	θ_{71}	1.02~1.3	1.08	—
16	磷限制下浮游植物半饱和常数系数	k_{mpc}	1.0	1.0	mgC/L
17	20℃硝化反应速率常数	k_{12}	0.05~0.15	0.1	d^{-1}
18	硝化反应温度修正系数	θ_{12}	1.08~1.2	1.08	—
19	硝化反应氧半饱和常数系数	k_{nit}	2.0	2.0	mgO/L
20	浮游植物生长率	G_p			d^{-1}
21	氨氮吸收偏好因子	P_{NH_3}			
22	20℃反硝化反应速率常数	k_{2D}	0.05~0.15	0.09	d^{-1}
23	反硝化反应温度修正系数	θ_{2D}	1.02~1.2	1.045	
24	反硝化反应米氏常数系数	k_{NO_3}	0.1	0.1	mgO/L
25	浮游植物沉降速率	v_{s4}	0.0~0.5	0.2	m/d
26	有机物沉降速率	v_{s3}	0.0~0.5	0.2	m/d
27	损失植物中进入有机磷循环比例	f_{op}	0~1	0.5	
28	磷碳比（P/C）	a_{pc}	0.025[4]	0.025	mgP/mgC
29	20℃有机磷矿化速度常数	k_{83}	0.1~0.4	0.22	d^{-1}
30	有机磷矿化反应温度修正系数	θ_{83}	1.08~1.2	1.08	
31	水体中可溶性无机磷比例	f_{D3}	0.5~1	0.75	
32	沉降速率	v_{s15}	0.0~0.5	0.2	m/d
33	20℃浮游动物捕食系数	k_{gz}	0.38	0.2	d^{-1}
34	浮游动物捕食系数温度修正系数	θ_{gz}	1.04~1.15	1.045	—
35	浮游动物捕食半饱和常数	K_{gz}	0.0032~0.02	0.005	mg/L
36	浮游植物死亡率	k_{1D}	0.1~0.3	0.1	d^{-1}
37	氧碳比（O/C）	a_{oc}	2.667	32/12	mgN/mgC
38	20℃脱氧速度	k_D	0.18	0.18	d^{-1}
39	脱氧速度温度修正系数	θ_D	1.024	1.047	—
40	生化需氧氧半饱和常数	K_{BOD}	0.5	0.5	mgO/L
41	可溶性CBOD比例	f_{D5}	0.5	0.5	—
42	复氧系数	k_2	0.4	0.4	d^{-1}
43	饱和溶解氧浓度	C_s			mgO/L
44	20℃浮游植物呼吸速率常数	k_{1R}	0.05~0.35	0.125	d^{-1}
45	浮游植物呼吸速率修正系数	θ_{1R}	1.02~1.2	1.045	—

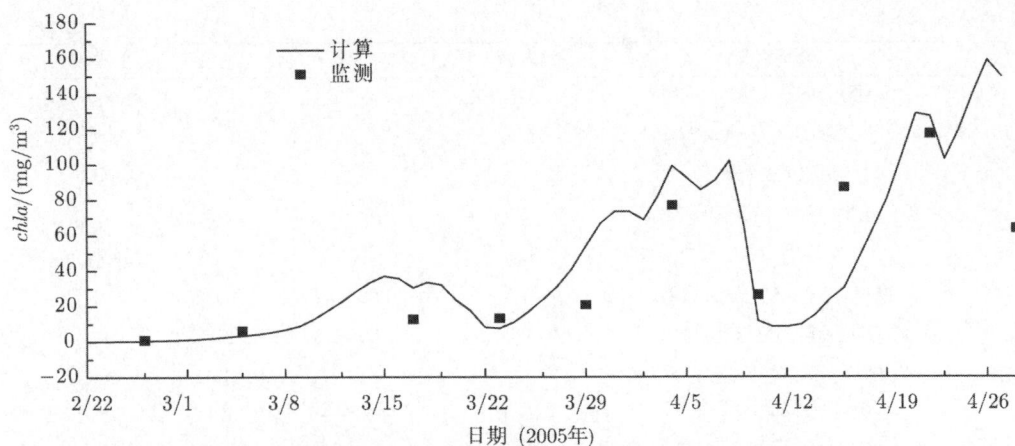

图 4.1　2005 年春季香溪河过渡区中游（郑家河）叶绿素浓度模拟与实测对比

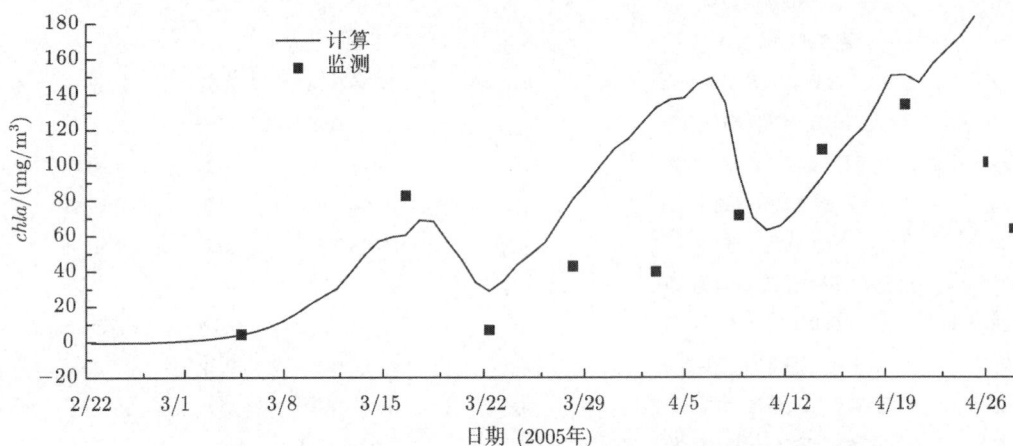

图 4.2　2005 年春季香溪河过渡区下游（峡口）叶绿素浓度模拟与实测对比

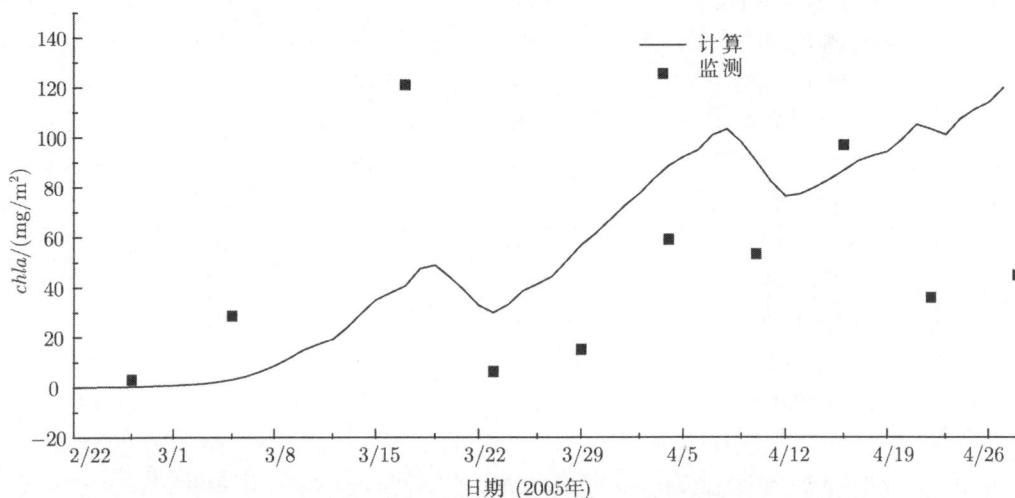

图 4.3　2005 年春季香溪河湖泊区（贾家店）叶绿素浓度模拟与实测对比

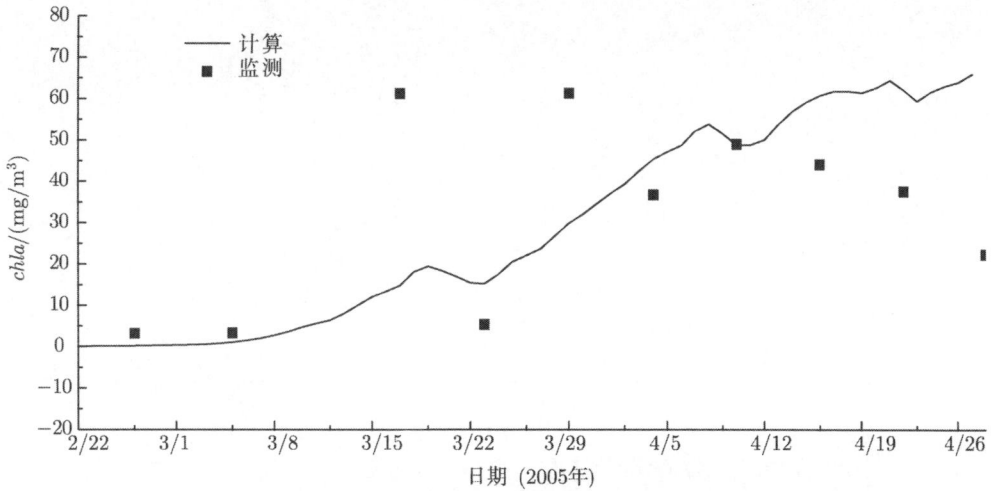

图 4.4 2005 年春季香溪河河口区（官庄坪）叶绿素浓度模拟与实测对比

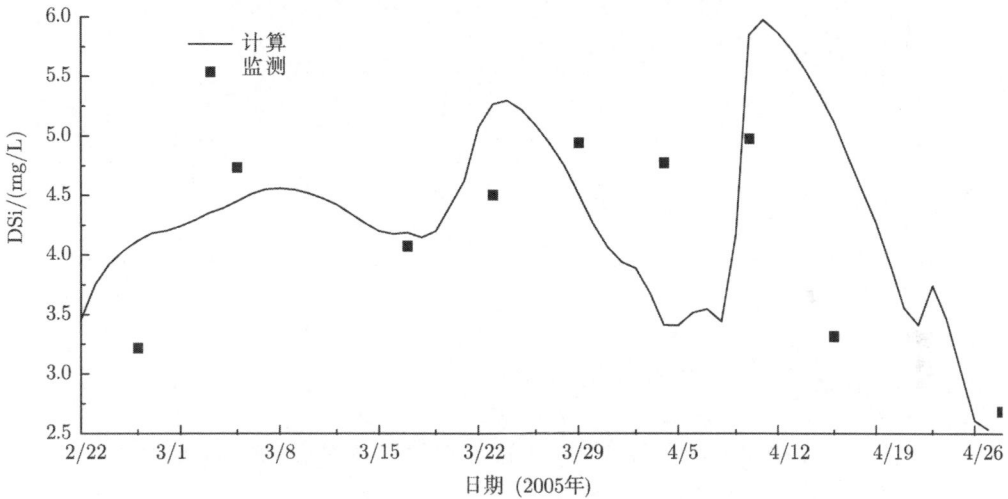

图 4.5 2005 年春季香溪河过渡区中游（郑家河）可溶性硅浓度模拟与实测对比

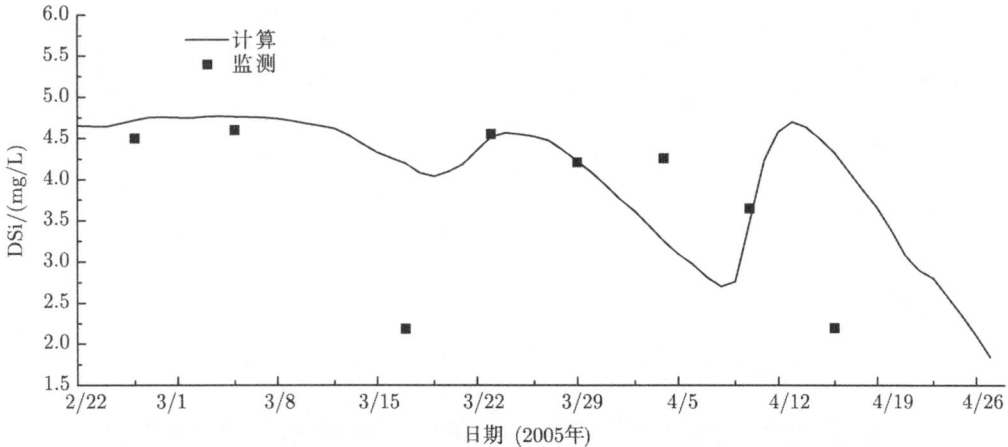

图 4.6 2005 年春季香溪河过渡区下游（峡口）可溶性硅浓度模拟与实测对比

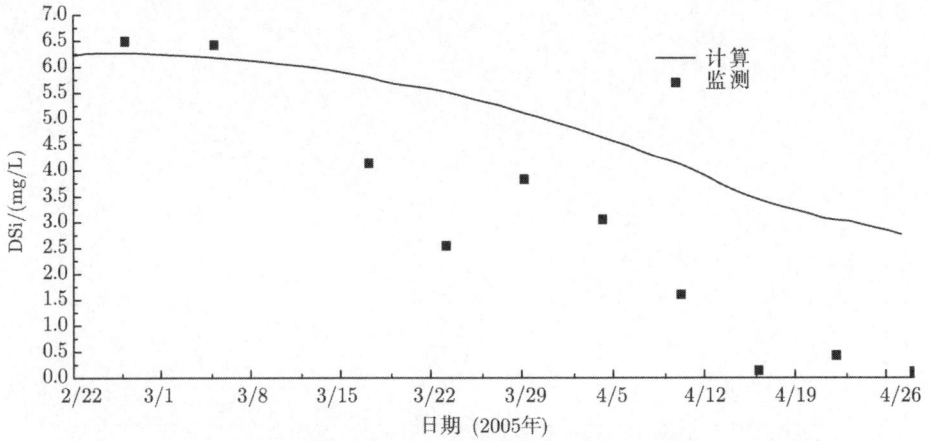

图 4.7   2005 年春季香溪河河口区（官庄坪）可溶性硅浓度模拟与实测对比

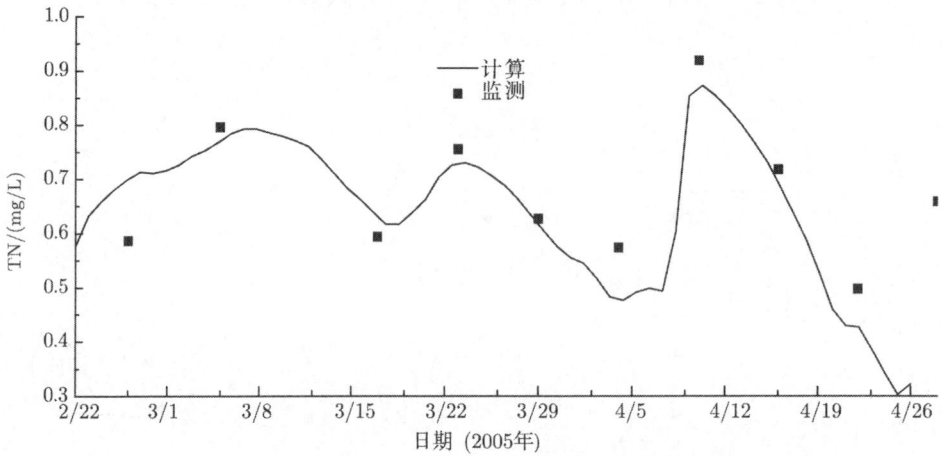

图 4.8   2005 年春季香溪河过渡区中游（郑家河）总氮浓度模拟与实测对比

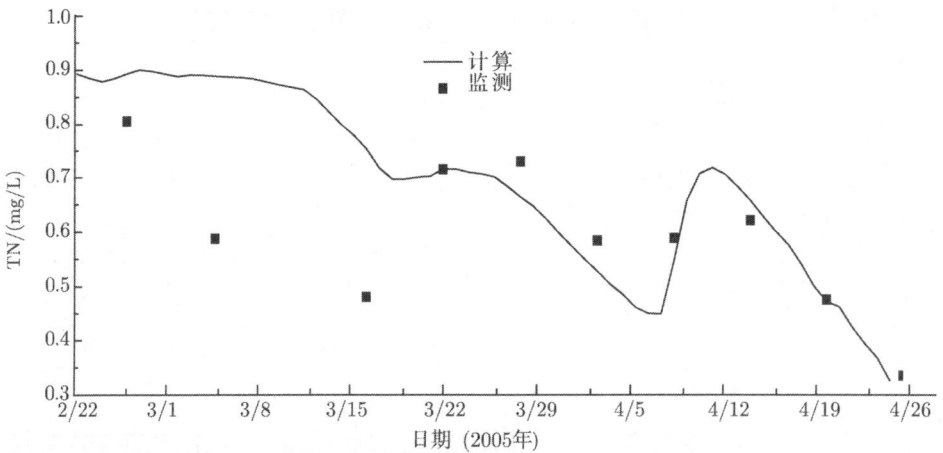

图 4.9   2005 年春季香溪河过渡区下游（峡口）总氮浓度模拟与实测对比

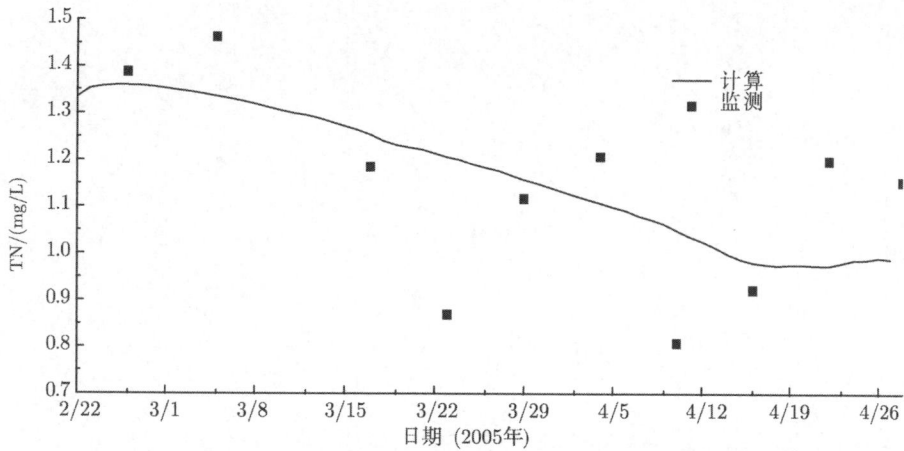

图 4.10　2005 年春季香溪河河口区（官庄坪）总氮浓度模拟与实测对比

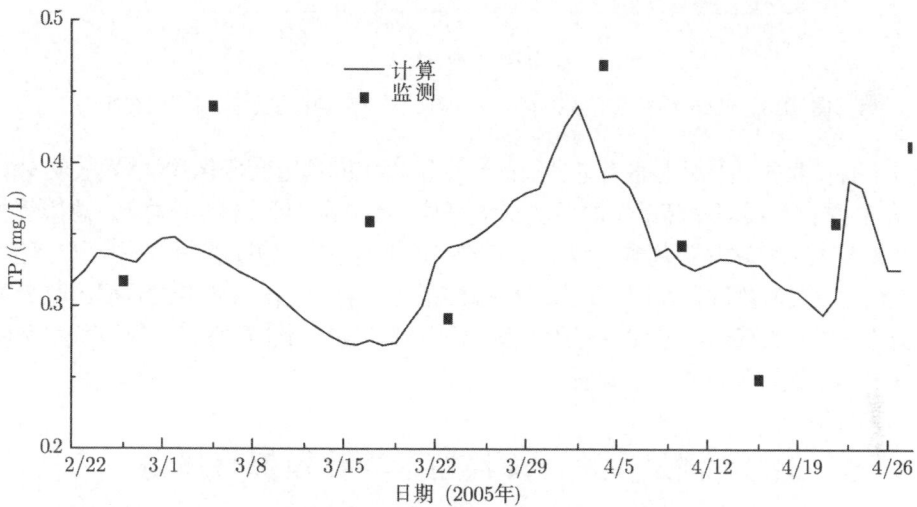

图 4.11　2005 年春季香溪河过渡区中游（郑家河）总磷浓度模拟与实测对比

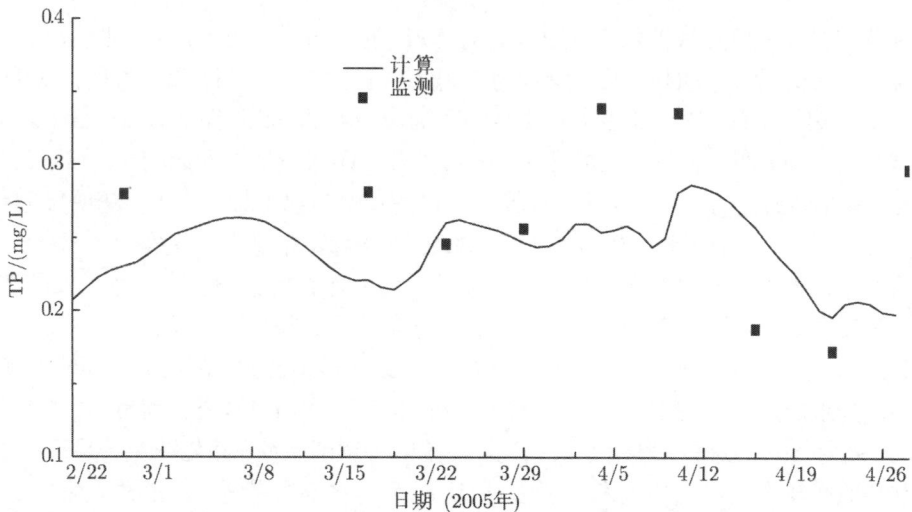

图 4.12　2005 年春季香溪河过渡区下游（峡口）总磷浓度模拟与实测对比

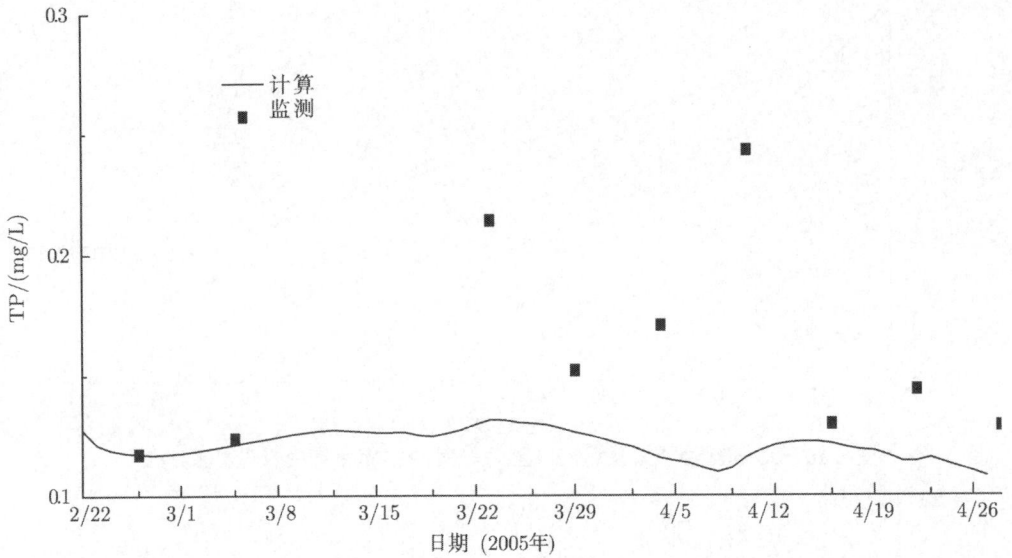

图 4.13　2005 年春季香溪河河口区（官庄坪）总磷浓度模拟与实测对比

　　由以上各图可知，采用上述率定参数的河道型水库库湾富营养化数学模型，可较好模拟出 2005 年春季在香溪河库湾暴发的两次水华事件，叶绿素、可溶性硅、总氮、总磷等关键指标模拟结果与监测变化趋势基本一致。常规富营养化模型在建模过程中往往存在模型简化、参数率定误差、数值离散误差等，由上述模拟结果也可看出，在水华事件后期的叶绿素模拟高于监测值，相应的营养盐浓度也有所偏差。但总体来说，所建富营养化模型可用于模拟香溪河春季水华发展过程及水生态过程。

4.2　河道型水库库湾富营养化模拟与预测

4.2.1　2005 年春季水华特征分析

　　由富营养化模型时空模拟结果（图 4.14）可知，整体来看 2005 年春季香溪河水华的出现与发展大致可分为两个阶段：第一阶段为 3 月 10 日至 3 月 18 日，第二阶段为 3 月 26 至 4 月 26 日。在第一阶段，水华出现方式主要表现为单点起源（约在距河口 17~20km 处），随着时间推移向下游扩散，在 3 月 18 日受气象条件及上游来流的共同影响，水温降低，光照减弱，流速增加，水流输移能力增强，计算区域内的藻类生物量减少，从表观现象上看水华消失。在第二阶段，水华在整个中游段（7~22km）大面积集中暴发，虽然在 4 月 11 日左右受上游来流增加及温度骤降等条件的影响，藻类生物量有所减少，但在 4 月 11 日气象条件恢复后，叶绿素浓度持续升高，形成了近一个月的水华暴发期。

　　在第二阶段，浮游植物生物量峰值主要出现在距河口距离约 15~20km 处的过渡区内，该时段内此处水深适中，水体流速较小，水体滞留时间长，光照可被充分利用，藻类有充分的生长时间。随着蓄水的进行，坝前水位抬高，过渡区会逐渐上移，相应藻类的最适应生长区也会上移，2007 年有监测结果也表明了这一点，在坝前水位抬高至 148m 时，香溪河水力特性过渡区变动至距河口 20~27km 处，相应水华在此区域暴发，但与 2005 年春季不同，2007

年春季水华暴发明显分成两个区域，一个在水力特性过渡区，另一个在河口影响区的上游，其产生的具体原因及相应水华暴发的临界条件目前由于资料所限，尚无法明确，但应作为将来香溪河水华治理方案的重点内容，待收集相关资料后着重研究。

图 4.15～图 4.17 分别给出了 2005 年春季香溪河水华暴发期间可溶性硅、总氮及总磷三种关键营养盐的时空分布。可以看出，各营养盐的空间分布有较大差异。上游区域主要受上游来流影响，其营养盐随时间变化趋势基本与上游来流一致。河口区主要受长江干流回水影响，其营养盐浓度相对比较稳定。在水华暴发期间，各营养盐浓度在自上游至下游的空间分布上有明显不同：其中可溶性硅基本表现为香溪河上游及河口两端含量高，而中部含量低的特点，在叶绿素浓度较高的时段及区域，可溶性硅的含量明显减少，在水华暴发期间，香溪河中下游各点可溶性硅含量逐渐减少；总氮空间分布则基本表现为自上游至河口总氮含量逐渐增加的趋势，在叶绿素含量较高的时段及区域，总氮含量有所下降，从时间分布上看，中下游各点总氮含量有所减少，但减少幅度小于可溶性硅的减少幅度；与总氮在空间上的分布特征相反，香溪河总磷含量的空间分布则基本表现为自上游至河口总氮含量逐渐减少的趋势，且各点总磷含量随时间变化不明显，即使在叶绿素含量较高的时段，总氮含量也没有太大的变化，这可能是由于香溪河上游来流磷含量过高所致。

在整个水华暴发期内，香溪河库湾各营养盐浓度一直较高，各营养盐并非水华暴发的主要限制因子。就香溪河水华的营养盐控制措施而言，香溪河可溶性硅及总氮输入主要表现为面源，短期内不易控制；但与可溶性硅及总氮的输入方式不同，总磷的汇入基本可视为点源

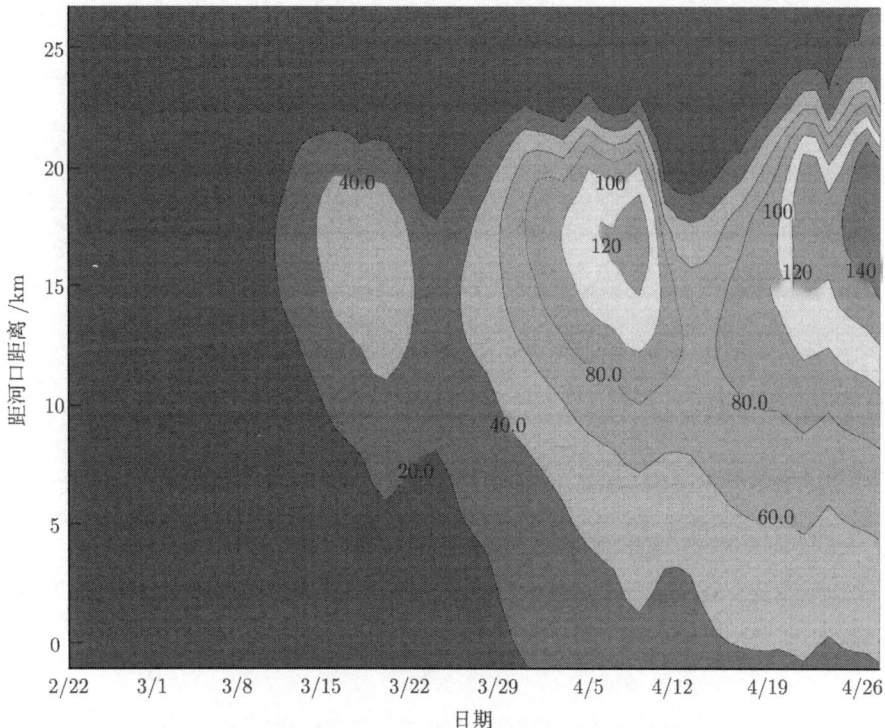

图 4.14 2005 年春季香溪河叶绿素含量时空分布图（单位：mg/m³）

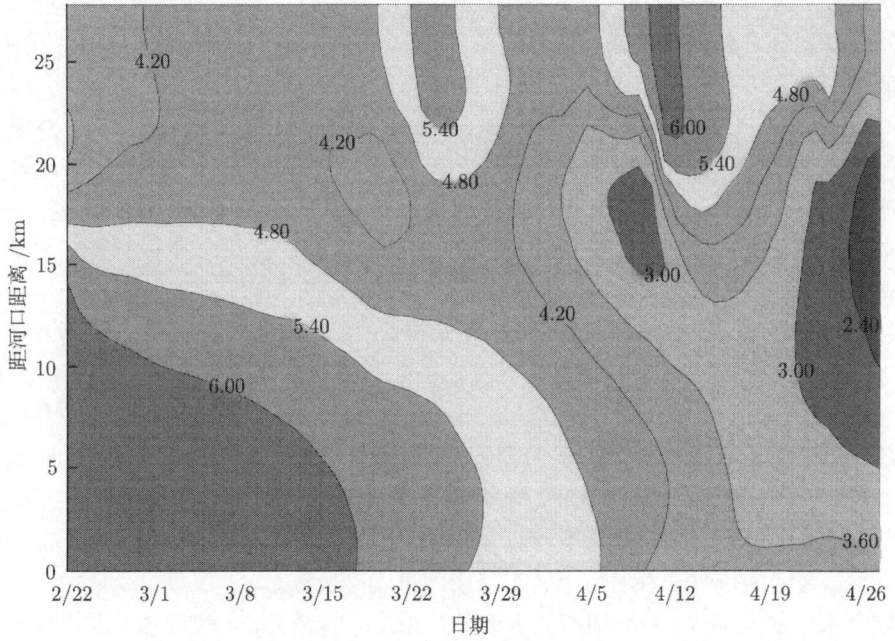

图 4.15　2005 年春季香溪河可溶性硅含量时空分布图（单位：g/m^3）

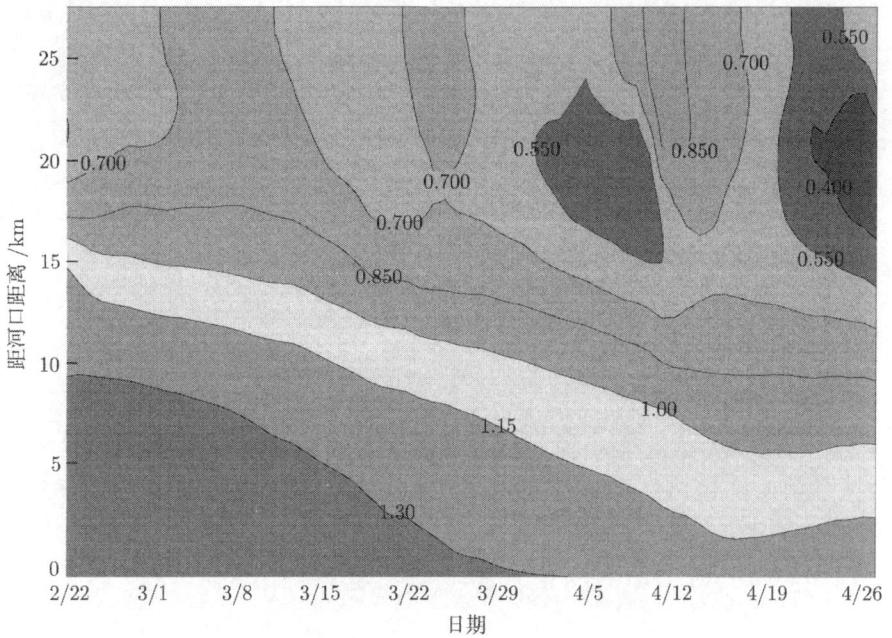

图 4.16　2005 年春季香溪河总氮含量时空分布图（单位：g/m^3）

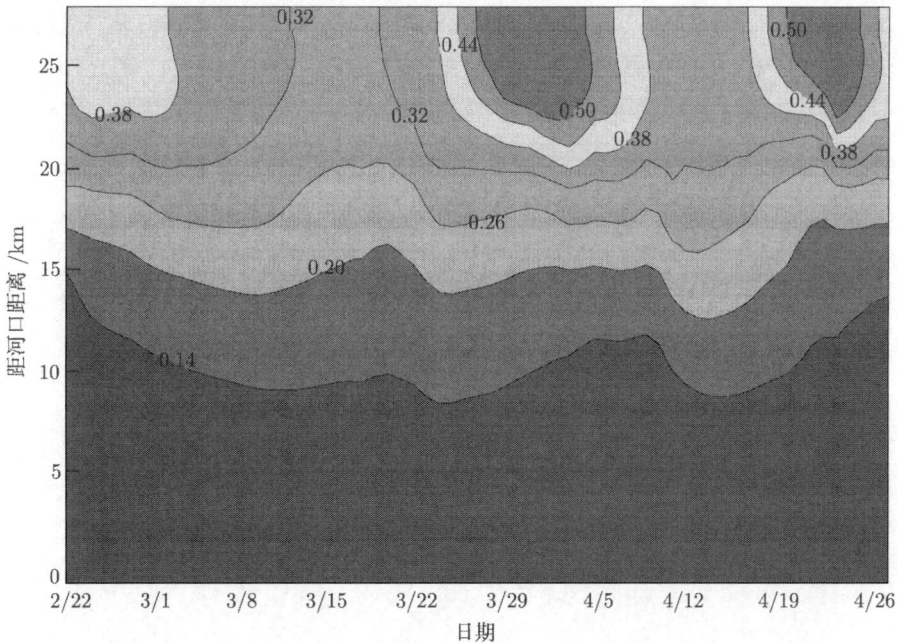

图 4.17 2005 年春季香溪河总磷含量时空分布图（单位：g/m^3）

汇入（主要是在香溪河两岸黄磷厂的存在），虽然其基础值高，但相比而言较易控制，因此在探讨营养盐控制措施对香溪河水华生消影响时主要讨论控磷措施对水华的影响。此外，上游来流的大小对香溪河水华的分布有较大的影响，因此本研究还将研究上游来流增加的情况下，其对香溪河水华分布的影响，并探讨通过生态调度改善香溪河富营养现状的可行性。

4.2.2 控制磷输入对水华的影响

本节主要研究控制香溪河上游总磷输入分别降为 0.1mg/L 及 0.05mg/L，而其他条件都不改变的情况下，2005 年春季香溪河水华的生消情况。图 4.18 及图 4.19 分别给出了当上游总磷输入降为 0.1mg/L 时库湾叶绿素及总磷含量的时空分布。对比图 4.18 及图 4.14 可知，当上游总磷输入减少到 0.1mg/L 时，叶绿素含量的最大值由天然状态下的 $140mg/m^3$ 降至 $100mg/m^3$ 左右，且叶绿素含量超过 $60mg/m^3$ 的区域大幅下降，水华暴发时间上也有所减少，但减少效果并不明显。就叶绿素浓度随时间的变化趋势而言，磷输入降为 0.1mg/L 后的发展趋势与天然状态下的发展趋势基本一致；从空间上看，叶绿素峰值出现区域仍在距河口 17～20km 区域，与天然状态下一致。

对比图 4.20 及图 4.14 可知，当上游总磷输入减少到 0.05mg/L 时，叶绿素含量的最大值由天然状态下的 $140mg/m^3$ 降至 $50mg/m^3$ 左右，计算区域内各时段叶绿素含量均大幅下降，水华暴发时间上明显减少；就叶绿素随时间的变化趋势而言，采用此控制措施后水华发展趋势与天然状态下的发展趋势基本一致，但在春末受水体中磷含量持续减少的影响，叶绿素含量缓慢下降；从叶绿素空间分布上看，在 3 月份，叶绿素峰值仍出现在距河口 17～20km 区域，与天然状态下一致；但当叶绿素持续增加时，磷消耗明显，中游部分水体中磷含量持续下降，相应该区域水体中的叶绿素含量一直不高；依靠上游来流及长江干流营养盐的汇入，叶绿素含量较高区域随时间推移向上游及下游两端推移，在时空分布上形成明显的马蹄形（C 形），越至春末，这种表现越为明显。由图 4.21 可知，当叶绿素含量超过 40mg/m³ 时，香溪河对应时空上的磷含量变得极少，藻类生长表现为明显的磷限制。因此，当总磷输入降为 0.05mg/L 后，2005 年春季香溪河的水华现象会有明显改善。

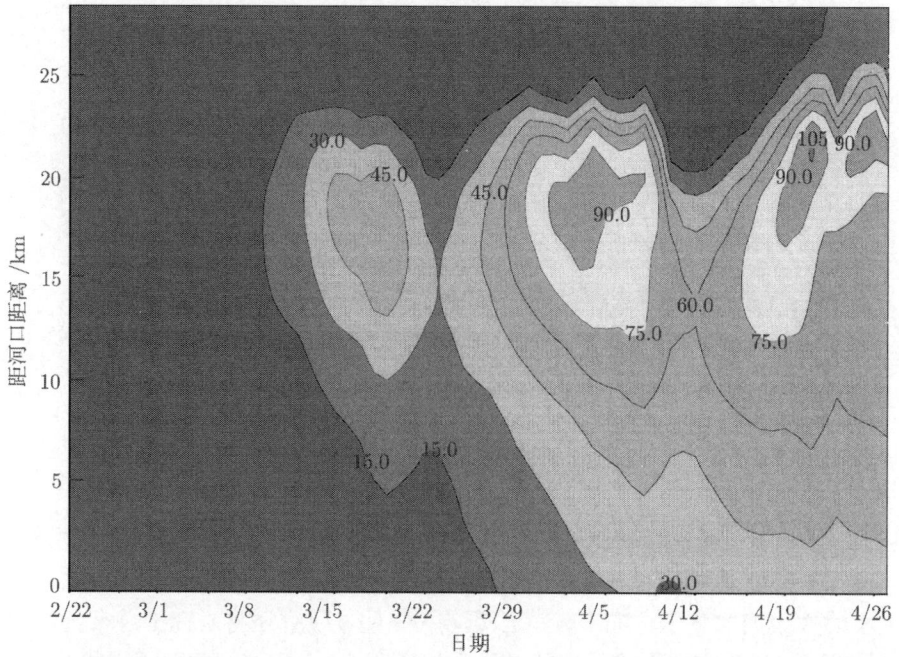

图 4.18　总磷输入为 0.1mg/L 时 2005 年春季香溪河叶绿素含量时空分布图（单位：mg/m³）

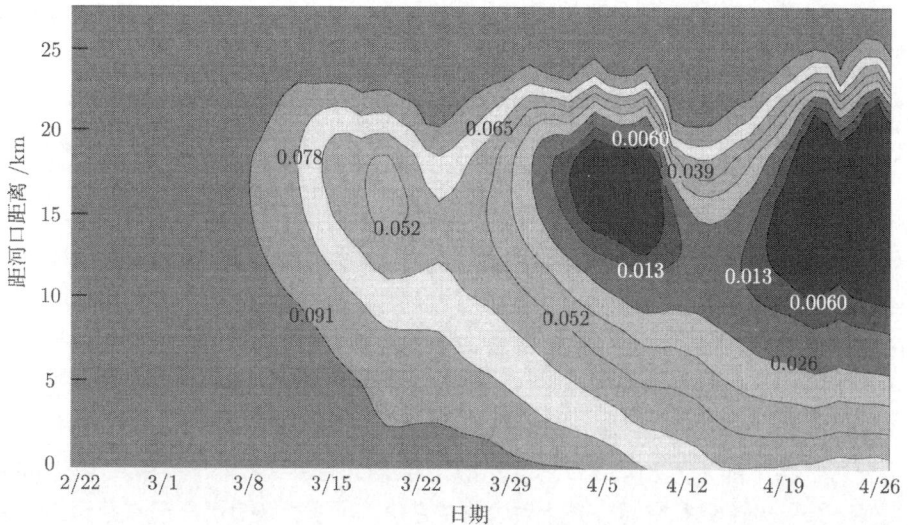

图 4.19　总磷输入为 0.1mg/L 时 2005 年春季香溪河总磷含量时空分布图（单位：g/m³）

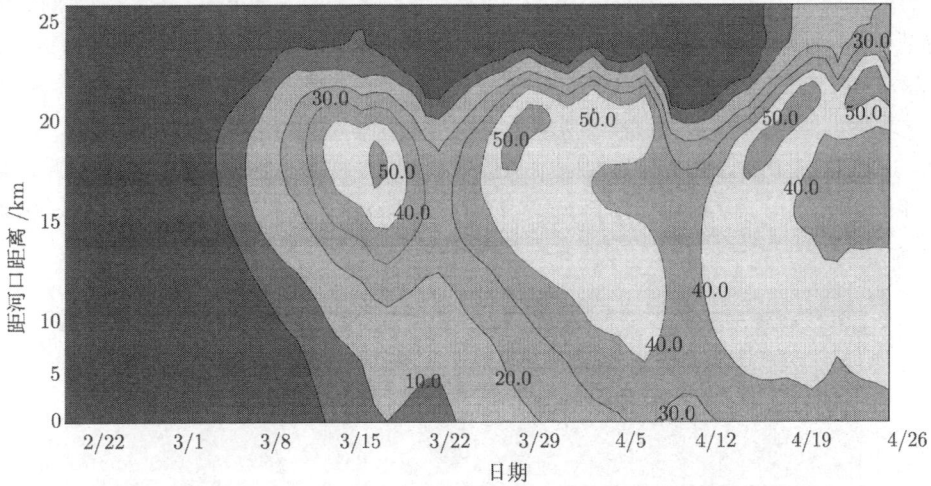

图 4.20 总磷输入为 0.05mg/L 时 2005 年春季香溪河叶绿素含量时空分布图（单位：mg/m³）

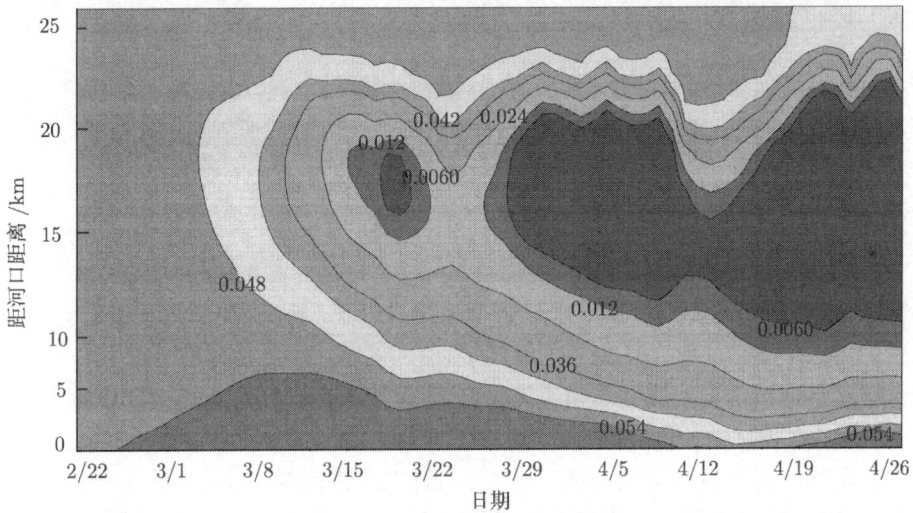

图 4.21 总磷输入为 0.05mg/L 时 2005 年春季香溪河总磷含量时空分布图（单位：g/m³）

4.2.3 上游来流增加对水华的影响

香溪河库湾水动力特征与春季水华生消过程密切相关，上游来流流量直接影响到水体中叶绿素分布[1,9,10]。但应指出，当香溪河上游流量较大时，往往与之相应伴随着降雨过程，相应气温、光照、营养盐等影响藻类生长因素也随之变化，有可能影响藻类的生长[11-15]，因此难以直接通过现场监测资料定量给出上游来流对香溪河藻类生长的影响。本部分以 2005 年春季香溪河水华模拟为基础，应用所建水动力与富营养化模型，预测分析当上游来流增加时上游边界条件变化对库湾藻类影响，探讨通过适时调节上游来流改善香溪河春季水华现象的可行性。

若香溪河上游来流过程增加为天然状态下的 2 倍，由图 4.22 及图 4.14 可知，此时叶绿素含量有明显降低，峰值由天然状态下的 $140mg/m^3$ 降至 $70mg/m^3$ 左右，多数时段内叶绿素浓度都在 $50mg/m^3$ 以下。从空间变化上看，仍有中间高两端低的特点，但受上游来流影响，叶绿素峰值位置较天然状态约向下游偏移 4km，移至距河口约 11~16km 处。流量增大后，叶绿素浓度随时间变化的规律与天然状态下基本一致，但其变化率明显变小，等值线相对稀疏。上述预测分析表明，在其他条件不变的情况下，来流流量增加对香溪河春季藻类生长有明显的抑制作用。但就通过生态调度改善香溪河春季水华的可行性来说，尚有坝前水位变动影响、流量增加时机与频率等诸多问题需要解决。

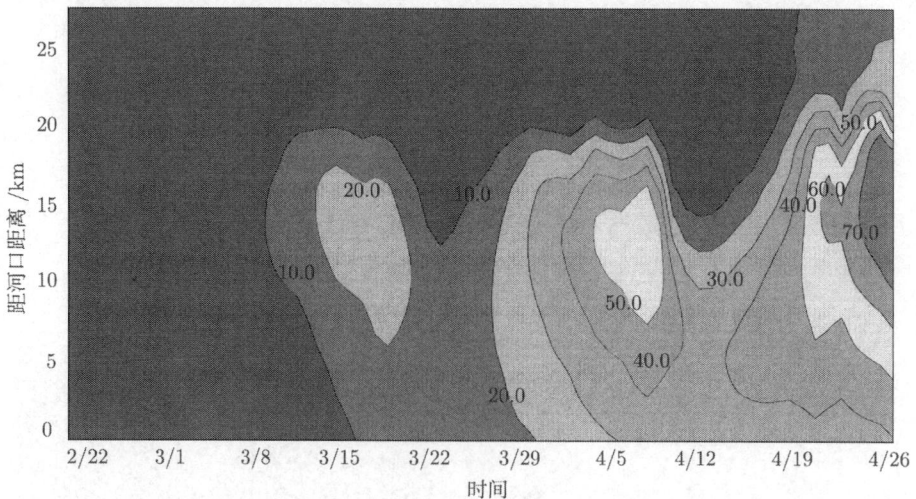

图 4.22　流量增加 2 倍时 2005 年春季香溪河叶绿素含量时空分布图（单位：mg/m^3）

　　本节综合运用现场观测、数据分析、数值模拟等方法，重点预测分析了不同的营养盐输入或来流量条件下库湾关键水质指标的变化情况，得到以下主要结论：

　　（1）所建富营养化模型能合理模拟出香溪河库湾在 2005 年春季期间的叶绿素时空变化特征，与香溪河水力特性分区相适应，不同水力特性区的富营养化特征差异明显。

　　（2）上游河流区水体输移能力强，不会出现藻类聚集现象；过渡区内营养盐充分，流速相对较小，水深适宜，光照利用率高，藻类容易快速生长聚集，是水华暴发的主要区域；湖泊区水深较深，光照利用率低，整体上藻类生长率相对较低，但受过渡区影响也易出现水华现象；下游河口区与长江干流水体交换频繁，藻类浓度主要受主库区影响，在部分时刻会出现水华现象。

　　（3）当采用控制上游来流营养盐负荷的措施时，如总磷浓度降至 0.05mg/L，会对香溪河库湾春季藻类生长和水华发展产生明显作用，在藻类相对密集区主要表现出磷限制特征，水华产生的区域变小，持续时间变短。

　　（4）当香溪河上游来流增加时，对香溪河库湾藻类生长会产生较明显影响，主要表现为水体中叶绿素含量大幅降低，峰值区域向下游推移，是改善香溪河库湾富营养和水华问题的一类较有前景的生态调度措施。

参 考 文 献

[1] 卢小燕, 徐福留, 詹巍, 等. 湖泊富营养化模型的研究现状与发展趋势 [J]. 水科学进展, 2003, 14(6): 792-798.

[2] 韩菲, 陈永灿, 刘昭伟. 湖泊及水库富营养化模型研究综述 [J]. 水科学进展, 2003, 14(6): 785-791.

[3] 陈求稳, 欧阳志云. 生态水力学耦合模型及其应用 [J]. 水利学报, 2005, 36(11): 4-10.

[4] Kuo J T, Lung W S, Yang C P, et al. Eutrophication modelling of reservoirs in Taiwan[J]. Environmental Modelling & Software, 2006, 21(6): 829-844.

[5] 李锦秀, 禹雪中, 幸治国. 三峡库区支流富营养化模型开发研究 [J]. 水科学进展, 2005, 16(6): 777-783.

[6] Park K, Kuo A Y, Shen J, et al. A three-dimensional hydrodynamic-eutrophication model (HEM-3D): description of water quality and sediment process submodels[M]. Virginia Institute of Marine Science Gloucester Point, Virginia, 1995.

[7] Hamilton D P, Schladow S G. Prediction of water quality in lakes and reservoirs. Part I-Model description[J]. Ecological Modelling, 1997, 96(1):91-110.

[8] 叶麟. 三峡水库香溪河库湾富营养化及春季水华研究 [D]. 北京: 中国科学院研究生院, 2006.

[9] 吴挺峰, 高光, 晁建颖, 等. 基于流域富营养化模型的水库水华主要诱发因素及防治对策 [J]. 水利学报, 2009, 40(4): 391-397.

[10] Schindler D W. Recent advances in the understanding and management of eutrophication[J]. Limnology and Oceanography, 2006, 51(1): 356-363.

[11] 尹魁浩, 阮娅, 李金龙, 等. 水库水体生态系统数值模拟模型及其应用 —— 以丹江口水库为例 [J]. 水科学进展, 2001, 12(2): 165-171.

[12] Komatsu E, Fukushima T, Shiraishi H. Modeling of P-dynamics and algal growth in a stratified reservoir-mechanisms of P-cycle in water and interaction between overlying water and sediment[J]. Ecological Modelling, 2006, 197(3-4): 331-349.

[13] Davis J R, Koop K. Eutrophication in Australian rivers, reservoirs and estuaries - a southern hemisphere perspective on the science and its implications[J]. Hydrobiologia, 2006, 559: 23-76.

[14] Wang P F, Martin J, Morrison G. Water quality and eutrophication in Tampa Bay, Florida[J]. Estuarine Coastal and Shelf Science, 1999, 49(1): 11-20.

[15] Komatsu E, Fukushima T, Harasawa H. A modeling approach to forecast the effect of long-term climate change on lake water quality[J]. Ecological Modelling, 2007, 209(2-4): 351-366.

第5章 河道型水库富营养化与水华调控关键技术

5.1 水利工程影响下流域水文水质监控系统与方法

我国大江大河往往大型水利工程群密布,人为干扰强烈,以至水文与水质时空分布差异很大,水生态环境问题十分复杂。例如,大型水库建成后,库区内支流库湾容易出现富营养化及水华问题,而坝下河段出现重要水生生物生境胁迫、通江湖泊生态环境退化以及河口盐水入侵等问题。上述水生态环境问题表征时间与敏感水域虽然不尽相同,但其本质原因均是水利水电工程影响下流域水文情势发生变化,继而引发区域性水动力、水质时空分布变化和差异[1-4]。在水利工程影响下保障流域水生态环境安全的首要任务,是在重点区域(如河道、支流、通江湖泊、水库、河口区)全过程跟踪监测水文(如水位、流量、流速、泥沙、降雨、蒸发等)和水质(如水温、浊度、酸碱度、电导率、溶解氧、生物需氧量、化学需氧量、营养盐、叶绿素、微量毒素等)参数,及时、准确、全面地反映流域水资源与水生态环境现状,并对其发展趋势做出科学评估和预测,为流域水安全规划、管理、防治提供科学依据。

行业内主要沿袭静态观测和报送水情信息的模式,对于地理环境复杂、人为影响强烈的大尺度流域,不能完全满足跨区域同步高分辨率监测的实际需求。例如,人工采样法存在着监测周期长、采样点稀疏、操作效率低等问题,而自动监测站点法虽能连续跟踪监测固定站点处的水文水质信息,但采集数据空间分辨率较低。近年来,物联网技术在交通、工业、水产、养殖等领域不断发展,通过构建信息化、远程控制、智能化的网络,在监测智能化、多源数据集约化、可视化等方面具有优势。本节简要介绍所研究的基于物联网的流域水文水质监控系统构建方法,用于实现对水利工程影响下流域水文水质信息进行远程自动采集、汇总、筛选、分析和处理的一体化监控。该监控系统由相互通信连接的流域水文水质监测、信息管理系统、数据分析与决策支持三部分组成。

1)流域水文水质监测系统

流域水文水质监测部分用于水文水质的信息采集及通信传输,由水文水质信息采集与通信子系统、视频信息采集子系统组成。

其中的水文水质信息采集与通信子系统,主要涉及:

(1) 水文水质信息采集模块,由各类功能传感器有机集成,根据重点水域特点合理布置代表性站点与水深,用于持续监测重点水域的流量、流速、水位、水温、泥沙、浊度、酸碱度、电导度、溶解氧、生化需氧量、化学需氧量、营养盐、叶绿素等要素。

(2) 监测信息采集对象、接入对象与通信传输模块,包括流域重要控制性断面信息采集子模块、控制性水库信息采集子模块、梯级电站信息采集子模块、重要取水口信息采集子模块和主要入河排污口信息采集子模块,信息采集内容包括这些对象的水量、水质、水工程以及视频监控信息:①流域重要控制性断面信息采集子模块一般可由远程终端控制器、声学多普勒流速仪、GPRS、功能传感器、UPS、磁饱和隔离变压器、网络交换机、电池组、太阳能板、充电控制器和交直流信号避雷器构成,以远程终端控制器为核心构建各固定监测站点现场采集和现地数据存储,同时通过无线通信传输到水文水质流域监测中心;② 控制性水库信息采集子模块一般可由工业控制计算机、GPRS、功能传感器、UPS 和相关监测软件构成,现地监测实时水情、库水位和流量数据,现地数据存入监测模块,信息通过无线信号上传到流域监测中心数据库并存储,用于对流域控制性水库雨量信息、水量信息、水质信息进行监测和获取水库及发电尾水处的水面实时视频图像;③梯级电站信息采集子模块一般可由工业控制计算机、功能传感器、通信模块、UPS、触摸屏、闸位计和相关监测软件组成,用于监测水量信息、水质信息、工况信息,获取上游及机组发电尾水处的水面实时视频图像信息;④重要取水口信息采集子模块一般可由遥测终端机、功能传感器、GPRS、交直流信号避雷器和电源组成,用于监测取水信息、取水口处水质信息和获取取水口处水面实时视频图像;⑤主要入河排污口信息采集子模块一般可由遥测终端机、功能传感器、GPRS 通信模块、交直流信号避雷器和电源组成,用于获取排污口入河处的水面实时视频图像,监测入河排污口排污信息和水质信息。

(3)通信传输模块,包括有线通信网络、远程无线网络、超远程无线网络和电台通信中的至少一种,无线传输终端运用 GPRS 或 3G 技术将数据传出,采集的信息通过无线通信方式进行通信传输,并组成流域水文水质无线传感器监测分布式网络,通过协议协作地感知、采集和处理网络覆盖区域中被感知对象的信息,再将采集来的数据信息,通过优化后经无线通信传输到流域水文水质信息处理中心。

视频信息采集子系统包括:

(1)现地水文水质视频监视模块,由固定监测站点子模块、接入站点子模块和流动监视点子模块组成;所述固定监测站点子模块一般可由网络视频编码器、本地硬盘存储、监控摄像机、云台及云台解码器组成,用于重要控制断面和排污口视频监视;所述接入站点子模块一般可由网络视频编码器和本地硬盘存储组成,用于流域的控制性水库、梯级电站和取水口视频监视;所述流动监视点子模块一般可由安装在流动监测站点上的便携式无线视频终端和高清摄像机组成,用于可移动式视频监视。

(2)流域监测中心模块,由视频转发服务器、视频管理服务器、视频数据管理服务器和视频工作站组成,用于流域视频监测中心服务。

(3)远程视频监控模块,采用集中监控服务模式,通过安装和部署的视频监控、存储、管理和服务设备,用于流域监测中心和水调值班监控室对固定视频监控对象、流动监视对象的远程视频监视和视频接入点的视频监视。

2)流域水文水质信息管理系统

流域水文水质信息管理系统,由数据库管理子系统和应用支撑平台子系统组成,一般用于水文水质预警管理、水量调度管理、水质监控管理和综合信息服务。

数据库管理子系统,基于流域水文水质数据中心的数据存储和管理平台,形成工程基础数据库、遥感影像数据库、基础地理数据库、社会经济数据库等公共基础数据库,同时形成服务于各业务应用的全流域调度管理数据库、运行工况数据库、实时监测数据库、水情数据库、水质数据库、视频监控数据库、气象数据库等专业数据库。

应用支撑平台子系统,用于平台硬件系统的部署,应用服务中间件、应用系统整合及数据交换组件及 GIS 服务构件的部署配置，以及通用服务和专用服务的部署，覆盖数据采集、传输、处理、存储、应用、决策辅助和发布各个环节。

3) 流域水文水质数据分析与决策支持系统

流域水文水质数据分析与决策支持系统，包括预测子系统、信息管理子系统、专家子系统和显示子系统。

预测子系统主要基于数据驱动方法建立快速预测模型，对监测信息进行数据挖掘和智能分析，实现短期或中长期的水文水质预测，为进行专家决策分析提供支撑。

信息管理子系统主要包括水量调度管理模块、调度业务处理模块、水质监控管理模块、水质评价模块：①水量调度管理模块，可包括来水预报子模块、需水预测子模块、年/月/旬调度方案编制子模块、应急调度子模块、调度结果评估子模块等功能；其中的来水预报子模块，用于对流域年总来水、各水资源区及控制断面年、月、旬的来水进行预报；需水预测子模块，用于对流域年总需水、各水资源区及控制断面年、月、旬的需水进行预报；年/月/旬调度方案编制子模块，用于对流域年度、月、旬的调度方案进行编制；应急调度子模块，用于当流域出现水文水质的某种风险因素，或特殊供水需求情况，需要进行非正常调度时采取的应急响应对策；调度结果评估子模块，用于对每年的调度成果作出评价。②调度业务处理模块，可包括用水户信息管理子模块、用水计划受理子模块和用水督察子模块；其中的用水户信息管理子模块，用于对用水户的基本信息和取水许可证信息的查询、检索和修改；用水计划受理子模块，用于用水户通过互联网登录流域管理部门网站填写和提交用水计划；所述用水督察子模块，用于督察人员填写用水户的用水信息，对超标引水、违规放水的情况和处罚情况进行记录。③水质监控管理模块，用于通过监控管理，及时评价流域主要控制断面以及主要取水口、入河排污口的水质情况，为污染源监督、水质监控管理和水资源保护管理提供基础数据。④水质评价模块，用于根据实时监测的流域河流、水库、取水口、入河排污口、闸坝等的水质动态资料，在分析往年监测资料兼顾水体的使用功能、充分考虑水体特性的基础上确定适当的水质监测指标，并采用相关的水质标准和方法，实施水质分析评价。

专家子系统主要用于接受监测子系统和预测子系统传输的水文水质现状和预测信息，对流域整体、局部的不同时间段的水文水质变化作出决策和依据。

显示子系统可用于实现监测信息图形化、预测结果显示、操作员站、管理终端、视频监控系统、专家决策多画面同步展示。

上述水利工程影响下基于物联网的流域水文水质监控系统的工作步骤主要包括以下几方面：

（1）基于物联网通过固定监测站和流动车船相结合的方式，实时采集流域水文水质监测数据，同时以视频监控的方式监视流域水文水质环境实时状况。

（2）流域水文水质信息和视频信号存储到水文水质监控系统数据库，结合流域气象和地理信息，对流域水文水质情况进行预测分析。

（3）根据流域水文水质现状和周边地理人文情况，结合上一步骤的初步预测结果，利用专家库进行预判与决策；结合其他相关资料（包括工程调度运行工况、气象预测信息、社会经济发展预估、地理属性等），为分析决策提供辅助信息，作为专家库进行预案筛查的辅助筛查选项，用于对出现多个筛查结果时候进行调整的依据。

（4）将上述步骤的监测、视频、预测及分析决策结果以集成显示的方式，为各部门提供直观的控制方式。

上述系统考虑了水利工程对流域水文水质的影响，通过构建自组织物联网实时监控网络，有效解决了水利工程影响下流域尺度的水文水质要素难以大范围同步高分辨率监测的难题，能够适应流域内多类水单元监测特点的需求。通过有机结合物联网及现代水质监测新技术，解决了监测技术存在的数据汇交困难。基于数据驱动与专家系统的水文水质智能预测分析技术，保障了流域水安全管理决策的时效性和科学性。作为一种流域水安全保障的基础性技术，本节所介绍的系统和方法在三峡、向家坝、溪洛渡等大型水利水电工程生态环境保护工作中进行了应用和测试，证明了该技术具有统一管理、统一调度的优点。

5.2 湖库营养状态综合判别方法

湖泊水库自净能力相对较弱，若污水未经处理即大量排入水体，会造成营养盐过量富集而形成水体富营养化，在合适的环境条件下又容易暴发水华，给社会及生态环境造成全方位的负面影响。湖库富营养化有效防治的前提是准确评价水体营养程度，目前一般可分为三个级别：贫营养水体是指水生物生产力水平低的清澈水体；富营养水体是指水生物生产力水平高的混浊水体；中营养水体的概念，则是指介于贫、富营养状态之间的过渡状态。

目前常采用基于多因子的评价标准，不同评价标准之间的主要区别在于参照指标的多寡和划分级别的繁简；该方法可较为全面地考虑水体营养状态的各方面，缺点则是容易混淆各因素的关系，有时难以得出确定结果。一些间接的评价方法被逐渐受到重视，如营养状态TSI指数法等。此外先后有学者基于模特征法、概率统计法、模糊数学法、灰色系统法、生物评价法、热力学分析法、神经网络评价法等提出了不同的评价方法[5]。由于影响水体富营养化进程的因素繁多且关系复杂，并且这些方法各有其适用条件和局限性，尚未有统一评价方法。

我国湖泊水库水体富营养化形势日益严重，迫切需要制定出可靠实用的水体富营养化评价方法。直接应用上述不同方法对同一湖泊开展富营养化评价工作，往往评价结果差别很大；通常为得出准确的评价，需要全面调查湖泊水库的物理、化学和生物等多个方面，在海量数据的基础上再进行系统分析，然而这样全面观测的先决条件和成本很高，较难实现。本节介绍如何考虑地理环境对水体富营养化的影响，从不同角度对湖库富营养化评价方法进行探索性的全新构建，分别建立基于地理分区的水体富营养化直接评价标准，以及能反映水体富营养化非线性特征的神经网络评价模型，再将两者有机结合为综合评价体系，以期为水体富营养化评价提出新的思路。

运用上述方法，结合地理自动定位、水质自动检测、计算机自动控制技术，可以实现湖库营养状态的快速、准确、智能判别，主要步骤如图 5.1 所示。

（1）测量目标湖库的水体透明度、叶绿素浓度、总磷浓度和总氮浓度特征参数，并调查目标湖库的经纬度和水面海拔。

（2）按照表 5.1 中的目标湖库所属不同地理区划，依据特征判别指标进行初次判别，得到营养状态结果 I；其中，对于寒带、内陆山区、内陆平原和滨海平原，特征判别指标仅为叶绿素浓度，对于干旱及过渡区，特征判别指标为叶绿素浓度、透明度和总磷浓度。

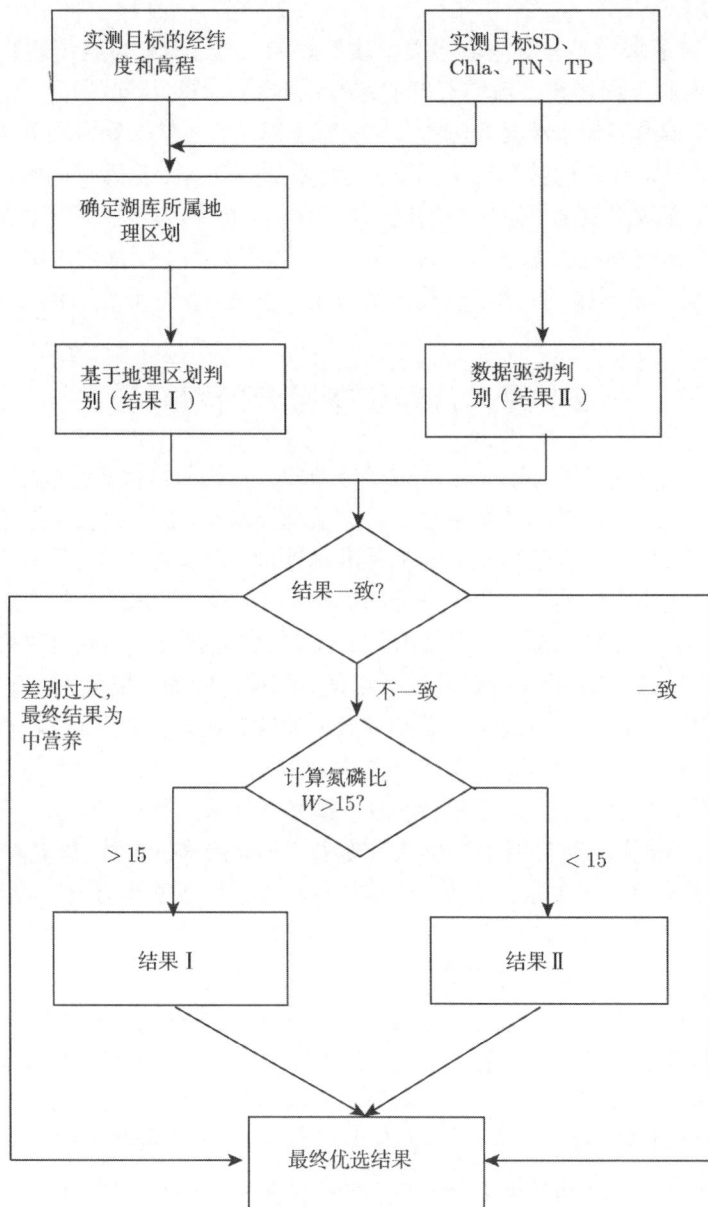

图 5.1　湖库富营养状态的智能判别方法

（3）运用所建水体富营养化神经网络评价模型对四个判别特征指标再次进行评价，得出归一化的营养状态结果Ⅱ，结果Ⅱ为"贫营养"、"中营养"和"富营养"之一。

（4）比较结果Ⅰ和结果Ⅱ，分析结果是否一致；若结果Ⅰ和结果Ⅱ分别为"富营养"和"贫营养"，则输出最终结果为"中营养"，表明该类水体较为异常或具有潜在富营养化的趋势。

（5）对于其余评价不一致的情况，则计算总氮和总磷比值，若比值大于15，则选择结果

Ⅰ为最终结果；若比值小于 15，则选择结果Ⅱ为最终结果。

表 5.1 基于地理分区的湖泊水库富营养化评价标准

地理区划	特征判别指标	贫营养	中营养	富营养
寒带	叶绿素 a/（mg/m^3）	<4.0	4.0~10.5	>10.5
内陆山区	叶绿素 a/（mg/m^3）	<2.5	2.5~10.5	>10.5
内陆平原	叶绿素 a/（mg/m^3）	<5.0	5.0~10.5	>10.5
滨海平原	叶绿素 a/（mg/m^3）	<4.0	4.0~10.5	>10.5
	叶绿素 a/（mg/m^3）	<3.0	3.0~12.0	>12.0
干旱及过渡区	透明度/m	>3.5	—	—
	总磷/（mg/m^3）	<10	>10	—

水体水质与自然地理条件密切相关，通过大量观测数据分析表明，寒带、内陆山区、内陆平原和滨海平原地区的湖泊水库中，水体叶绿素浓度与水体透明度之间具有明显相关性；干旱及过渡区因为自然环境和人为影响的不确定性，叶绿素与透明度之间并无明显相关性。水体富营养化评价是一个典型的模式识别问题，神经网络模型在模式识别问题上运用较广，通过合理建模综合考虑多方面影响，可以减少评价过程中的主观人为因素。将以上两种评价方法有机结合为水体富营养化综合评价体系可以充分发挥各自的优势，增加评价的可靠性。

5.3 河道型水库富营养化及水华关键驱动因子监测及预警方法

5.3.1 适用于水库库湾的水流垂向紊动测量技术

水流垂向紊动性是水体运动的重要水力学属性。水库蓄水后库区支流一旦形成较封闭的支流库湾，容易造成水体富营养化和水华暴发[5,6]。对于水华暴发的条件，目前一般认为需要具有充足的营养盐（氮、磷、硅等）、缓慢的水流流态和适宜的气候条件（水温、光照等）。近些年，国内外相关研究表明，水动力条件及水文情势的变化对水华暴发具有决定性影响，其中水体属性中除流量、流速外，垂向紊动强弱也是水华发生的一个关键因素[7-10]，较强的垂向紊动有利于水华的消失，垂向紊动测量对水库库湾水华暴发的预警具有十分重要的意义。

本节简要介绍一种适用于水库库湾的水流垂向紊动测量装置和方法，通过测量和分析气泡在动态水流中的运动过程，进而测出现场水流垂向紊动指标值。测量装置包括支撑平台、中央控制器、测量架、气泡发生器、通气管、通气针、背景屏、视频传感器和照明光源。使用此装置测量水体垂向紊动指标的方法为：①将适用于水库库湾的水流垂向紊动测量装置置于测量区域，调整连接杆的上下位置来确定所测测点的水深；②打开气泡发生器和视频传感器，光线不足时打开照明光源，设定气泡的产生速率，待气泡发生器排出的气泡串稳定后开始采集气泡的图像；③将图像连续传输到中央控制器对气泡运动过程数字化，连续记录下每帧图像中气泡上升的时间和位移数据，用静水基础数据修正所述的气泡上升时间和位移数据，得到气泡相对上升时间和相对位移值；④利用垂向紊动背景数据，以不同水流流态下气泡上升的时间和位移数据及其对应的垂向紊动指标值作为插值节点，以实际测量时所得的气泡相对上升时间和相对位移为自变量，进行插值计算，得到对应的垂向紊动指标值。

此方法适用于库湾缓流水体垂向紊动的现场测量问题，可以为水库支流库湾水华暴发的预测提供重要依据；通过观测和分析水流中的气泡运动图像获取水流垂向紊动指标，可以快速获得测量值，具有较高实际应用价值。

5.3.2　河道型水库支流库湾水华的云体系架构预警系统及方法

在水流较缓的富营养化水体内，若环境条件适宜，藻类易快速繁殖聚集形成水华。当前以太湖、巢湖、滇池为代表开展了大量湖泊水华防治技术研究，但针对河道型水库水体的水华预警与调控理论与技术成果不多。河道型水库蓄水后水体自净能力显著下降，环境条件适宜时，易在敏感水域 (如支流库湾) 发生水华[11,12]。河道型水库支流库湾水华的暴发往往没有先兆，水华治理技术目前还不成熟，水华管控最优策略是在其暴发之前和初期就能进行准确预报与应急处置[13]。

本节介绍一种河道型水库支流库湾水华的云体系架构预警系统及方法（图 5.2），主要包括监测云模块、信息云模块、应用支撑模块、水华预警模块和会商决策模块。

监测云模块，由终端采集单元及运行通信单元组成，由终端采集单元通过若干套安置在现场的水华预警多参数采集设备，获取河道型水库支流库湾中与水华暴发风险相关的关键参数实时数据；由运行通信单元与终端采集单元进行交互通信，通过接收和执行应用支撑模块下发的远程指令，控制终端采集单元的各监测装置，同时将终端采集单元采集的大数据集无线传输至信息云模块。

信息云模块，由固定结合移动的分布式存储站网组成存储介质，接受和存储监测云模块采集的大数据集，同时存储站网的各存储节点间可进行自发式数据内网传输和数据调用。

应用支撑模块，由基础支撑单元、应用定制单元、数据协作单元、应急处置单元组成，构建在 SOA 组件模型 + 服务总线 + 组件框架之上，通过基于流程驱动总线 + 模块组件的方式，使各单元间具有互操作交换业务信息和调用业务功能，以满足系统客户终端、监测现场、存储节点、移动车船、流域管理层的需求，用于设定系统运行环境和执行模块协作；由基础支撑单元提供系统运行环境设定、基础辅助功能、远程指令下发、防火墙管控等服务；由应用定制单元为客户终端提供可选服务功能包和可视化开发模板；由数据协作单元实现对信息云模块的过程指令、监控数据、过程分析数据进行一体化功能管控，包括数据存储、条件查询、选择调用、可逆追踪、数据纠错、信息过滤等；由应急处置单元接受会商决策模块发出的最终指令，根据水华预警模块给出的水华潜在严重程度判据，启动针对性的预存应急预案，应急预案部署过程与实施效果同步反馈给会商决策模块供其同步会商决策。

水华预警模块，由风险分析单元和预警预报单元组成，由其中风险分析单元接受信息云模块的实时采集信息数据，采用主因动态测试、数据驱动风险预测与事件类比重现的耦合技术，分析不同气象、水文及水环境条件下水华爆发的风险度及其潜在严重程度；由其中预警预报单元接受风险分析单元输出结果，根据水华风险阈值进行判别，分发不同的预警指令给会商决策模块。

会商决策模块，通过启用多情景会商室的并行通信互动模式，采用包括显示设备、扩声设备、监控工作台等设备，支持语音、文字、视频的同步通信显示，能实现不同会商环境下的、不同会商接入端口的、不同会商成员的无障碍信息共享交流及决策，会商接入端口包括会商主控制大厅、分系统接入室、便携式计算机、手持智能机、车载蓝牙耳麦、无线电台等；

通过各会商设备，实现决策会商、信息共享交流和数据、语音、视频等多媒体信息快速交互传递的功能，具体提供本地会议讨论功能和异地视频会商功能。

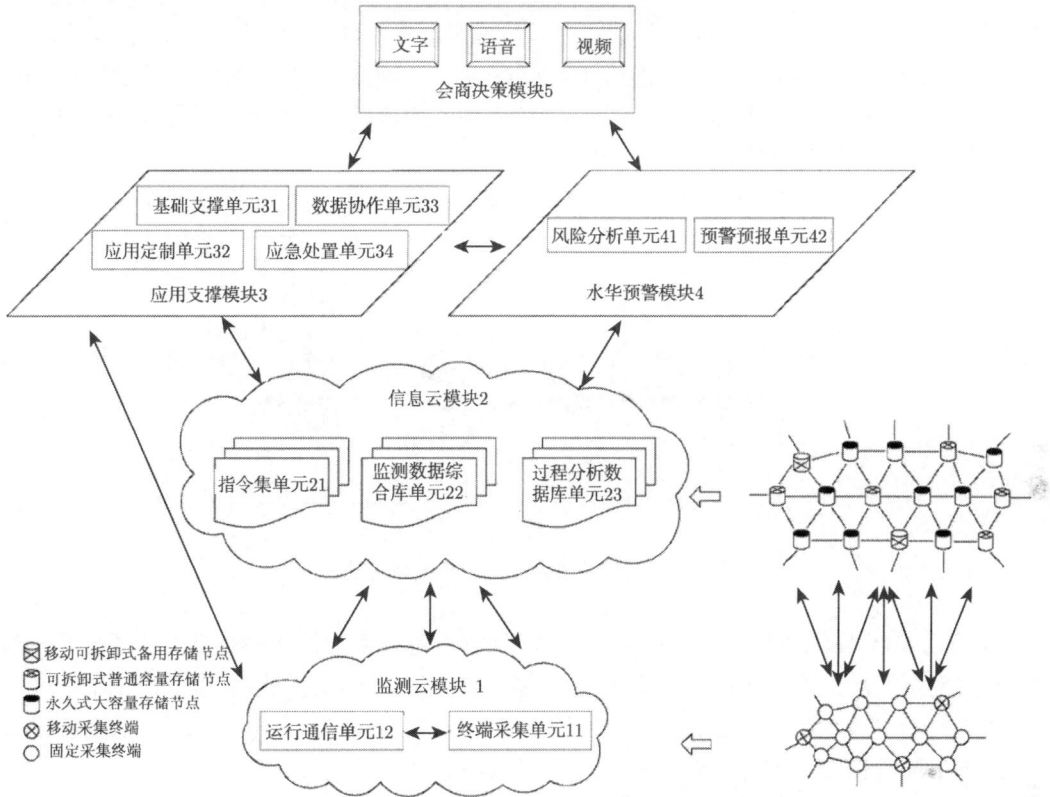

图 5.2　河道型水库支流库湾水华云体系架构预警系统示意图

此预警系统及方法适用于大尺度水域水华监测与预警，基于云体系架构实现了模块无缝链接与运行控制，对水库支流库湾水华诱发因素及水华生化属性进行全天候监测、云存储与水华风险预警。

5.4　针对水温分布特性的河道型水库水华调控方法

水温是藻类生长的主要影响因素，水温分层所形成的温跃层将导致污染物及营养盐浓度出现跃层，阻隔了上下层水体的物质和能量交换。温跃层下部水体溶解氧含量降低、二氧化碳浓度增加，引起浮游生物、水生植物的种类、数量、分布发生改变。下泄低温水还可能引起鱼类产卵期延后、产卵率降低，使灌区农作物代谢缓慢、产量下降，对坝址下游大范围内的水生态与水环境都将带来诸多不利[14-16]。对于水温分层及其导致低温水下泄所产生的生态环境问题，目前主要通过工程措施，如对取水口局部采用分层取水、叠梁门、动力搅拌、曝气等方法[17-19]，虽然使所取水体水温适当提高，但这些措施都无法改变库区大体积水域温度分层状况，不能改善库区大范围水体的生态环境。

　　本节简要介绍一种调控改善河道型水库支流库湾水温层化特性的方法，可提高水体的水动力强度，抑制水温分层，达到改善水体生态环境的目的。此方法主要包括以下步骤：①河道型水库支流库湾水温层化期间，利用水电站、船闸或枢纽运行调度，使坝前水位出现交替变化现象，引起河道型水库支流库湾河口形成类似潮汐现象的水位波动；②水库支流库湾与水库干流之间水体剧烈交换，形成潮汐式吞吐流；③吞吐流在温跃层处产生剪切作用，沿温跃层的传输与破碎过程使温跃层上下水体出现反向流动，带动密度跃层上下水体充分混合，起到改善水温分层的作用（图 5.3）。

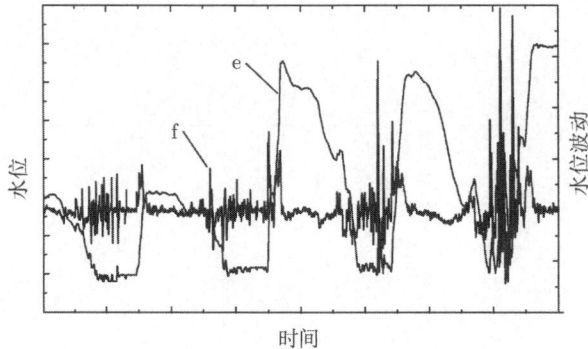

图 5.3　调控改善库湾水位日变幅过程图

　　本方法结合水库的生态调度方法，激发深水湖库等密度分层水体使其产生类似内波变化，使得密度跃层上下的水流呈剪切状态，直接影响到水体中物质输运，推动水体内部的混合，起到抑制水体水温分层进而缓解水华等不利现象的作用。本方法易于实现，可影响大范围的水体，显著提高水体的水动力强度，达到改善水体生态环境的目的。

参 考 文 献

[1]　王玲玲, 戴会超, 蔡庆华. 香溪河生态调度方案的数值模拟 [J]. 华中科技大学学报 (自然科学版), 2009, 37(4): 11-14.

[2]　王华, 逄勇. 藻类生长的水动力学因素影响与数值仿真 [J]. 环境科学, 2008, 28(4): 884-889.

[3]　王俊娜, 李翀, 廖文根. 三峡 – 葛洲坝梯级水库调度对坝下河流的生态水文影响 [J]. 水力发电学报, 2011, 30(2): 84-90.

[4]　Taylor J R, Ferrari R. Shutdown of turbulent convection as a new criterion for the onset of spring phytoplankton blooms[J]. Limnology and Oceanography, 2011, 56(6): 2293-2307.

[5]　李伟峰, 毛劲乔. 基于地理分区及神经网络的湖泊水库富营养化研究 [J]. 环境科学, 2011, 32(11): 64-70.

[6]　孙小静, 秦伯强, 朱广伟. 蓝藻死亡分解过程中胶体态磷、氮、有机碳的释放 [J]. 中国环境科学, 2007, 27(3): 341-345.

[7]　Kawara O, Yura E, Fujii S, et al. A study on the role of hydraulic retention time in eutrophication of the asahi river dam reservoir[J]. Water Science & Technology, 1998, 37(2): 245–252.

[8]　Peeters F, Straile D, Lorke A, et al. Turbulent mixing and phytoplankton spring bloom development in a deep lake[J]. Limnology and Oceanography, 2007, 52(1): 286-298.

[9] 蒋定国, 戴会超, 刘伟. 温度异重流作用下三峡香溪河库湾春季营养盐时空分布特征研究 [J]. 应用基础与工程科学学报, 2013, 21(1): 20-31.

[10] 刘信安, 封丽, Jia C Q. 三峡库区水华优势藻类生长动力学的普适性研究 [J]. 环境科学, 2008, 28(8): 2143-2148.

[11] Xu Y Y, Wang L, Cai Q H, et al. Temporal Coherence of Chlorophyll a during a Spring Phytoplankton Bloom in Xiangxi Bay of Three-Gorges Reservoir, China[J]. International Review of Hydrobiology, 2009, 94(6): 656-672.

[12] 王玲玲, 戴会超, 蔡庆华. 河道型水库支流库湾富营养化数值模拟研究 [J]. 四川大学学报 (工程科学版), 2009, 41(2): 18-23.

[13] 吴挺峰, 高光, 晁建颖, 等. 基于流域富营养化模型的水库水华主要诱发因素及防治对策 [J]. 水利学报, 2009, 40(4): 391-397.

[14] 高月香, 张永春. 水文气象因子对藻华爆发的影响 [J]. 水科学与工程技术, 2006, (2): 10-12.

[15] 易仲强, 刘德富, 杨正健, 等. 三峡水库香溪河库湾水温结构及其对春季水华的影响 [J]. 水生态学杂志, 2009, (5): 6-11.

[16] Bormans M, Maier H, Burch M, et al. Temperature stratification in the lower River Murray, Australia: implication for cyanobacterial bloom development[J]. Marine and Freshwater Research, 1997, 48(7): 647-654.

[17] 梅亚东, 杨娜, 翟丽妮. 雅砻江下游梯级水库生态友好型优化调度 [J]. 水科学进展, 2009, 20(5): 721-725.

[18] 傅菁菁, 李嘉, 芮建良, 等. 叠梁门分层取水对下泄水温的改善效果 [J]. 天津大学学报: 自然科学与工程技术版, 2014, 47(7): 589-595.

[19] Harman C, Stewardson M. Optimizing dam release rules to meet environmental flow targets[J]. River Research & Applications, 2005, 21(2): 113-129.

第6章 结 论

本章主要针对水利工程影响下的河道型水库富营养化及水华问题，基于河道型水库的特性，以三峡水库及其香溪河库湾为具体研究对象，基于对水环境监测分析，对河道型水库库湾水华的主要驱动因子进行模拟并分析，研究了典型时段香溪河富营养化的特征及其改善措施，在此基础上介绍了河道型水库富营养化及水华的若干监测与调控关键技术：

（1）通过对三峡水库蓄水前后香溪河的水环境监测分析可知，蓄水抬高水位，导致支流库湾水体流速降低，是库湾富营养化及水华产生的主要诱因。随着蓄水过程的发展，库湾水华暴发的程度与种类也随之改变；在不考虑营养盐输入影响的情况下，水动力场及温度场对水华时空分布及其暴发程度均有较大的影响。

（2）以实际监测数据为基础，率定合理的数学模型参数，模拟了三峡初期蓄水后香溪河河段的水动力场、温度场、营养盐及叶绿素分布，据此研究了水库蓄水对香溪河库湾的主要影响及范围；对各典型时段库区支流多维水动力场进行模拟分析表明，坝前水位决定了三维蓄水在香溪河的回水区域及影响范围，但研究区域内各时段的二维水动力场的大小主要由上游来流决定，研究区域内各点的流速分布与上游来流大小密切相关，不同水力特性区域，上游来流改变时对其水力特性的影响程度不同。

（3）在二维水动力场及峡口局部三维水动力场分析的基础上，结合现场监测资料，分别研究模拟了香溪河的二维温度场及峡口局部区域三维温度场的时空分布，分析了水温对香溪河水华产生的影响，结果表明，香溪河春季水体中叶绿素含量大致符合水体温度越高，叶绿素含量越高的规律，且水体温度越高，叶绿素含量的增加速度也越快，水温大于 10 ℃可以作为判别香溪河春季水华是否可能出现的温度阈值，水温与叶绿素含量间存在定量的相关关系。

（4）建立了河道型水库富营养化模型，根据实测资料率定得到了合适的生态动力学过程参数，并利用建立的富营养化数学模型预测河道型水库不同的营养盐输入及不同来流量条件下库区水体营养化程度的发展趋势，可以得出与香溪河水力特性分区相适应，不同水力特性区的富营养化特征也表现出明显的差异，过渡区是水华暴发的主要区域；当香溪河上游来流增加时，对香溪河藻类的生长会产生较大的影响，可在适合条件下增加上游来流量以改善香溪河的春季水华现象。

（5）研究提出了一种水利工程影响下基于物联网的流域水文水质监控系统及方法，建立由相互通信连接的流域水文水质监测系统、流域水文水质信息管理系统以及流域水文水质数据分析与决策支持系统组成的物联网监控系统，以便对水利工程影响下的流域复杂水文水质进行实时、可靠及完整的流域水资源及水质状态监控和保护；相关系列技术还包括湖库富营养状态的综合判别方法、适用于水库库湾的水流垂向紊动测量技术、针对水库水温分层特性的河道型水库支流库湾水温层化特性调控方法。

Part 2

第2篇

水利水电工程对重要水生生物的胁迫与调控

第7章 引 言

我国是全球第一大水资源和能源资源消费国，但面临着资源短缺且时空分布不均的现实困境。大型水利水电工程具有能源保障、水资源调配、防洪抗旱等巨大综合效益，是社会经济持续健康发展的基本保障。截至 2014 年，我国水电装机容量已突破 3 亿 kW，金沙江、雅砻江、大渡河、乌江、南盘江、澜沧江等水电基地发展迅速，已形成初具规模的世界级水电工程群。水利水电工程也会阻隔鱼类洄游通道，改变上下游水文情势，胁迫河流生物栖息地生境，直接影响重要水生生物的生存和繁殖。我国多个流域都出现了重要水生生物资源更替、衰退甚至绝迹的现象，长江四大家鱼（青鱼、草鱼、鲢鱼、鳙鱼）和珍稀物种中华鲟是较有代表性的案例。

长江是我国最大的河流，流域内支流众多，通江湖泊水势相连，为水生生物提供了优越的生长栖息环境，记载有鱼类 378 种，其中特有鱼类 162 种[1,2]。长江系产漂流性卵鱼类的主要栖息和繁殖场所，四大家鱼作为目前主要的淡水养殖和捕捞对象，具有重要的经济价值。长江水系野生四大家鱼的种质性状明显优于其他水系，被认为是宝贵的天然物种种质资源库。但在气候变化、环境污染、过度捕捞、水利建设等多重因素的影响下，四大家鱼产卵规模呈现衰退趋势。监利县是湖北省最大的淡水鱼产地之一，监利的四大家鱼苗径流量已从 1981 年 5~6 月的 67 亿尾，下降到 1997 年同期的 35.87 亿尾，直至 2009 年同期的 0.42 亿尾[3,4]。又如，国家一级保护动物中华鲟是我国特有的溯河洄游性底栖鱼类，其传统产卵场主要分布在金沙江下游新市至涪陵江段内的 10 多个区域。由于 20 世纪 80 年代葛洲坝工程的修建，阻断了中华鲟洄游线路，使之种群数量锐减，目前仅在葛洲坝下游坝下至古老背长约 30 km 的江段观测到一处产卵场。三峡工程进一步改变了坝下河段径流量与流场时空分布特征，但是否已对中华鲟自然繁殖产生了新的影响，目前还存有争议[5,6]。

工程界与学术界不断反思重大水电工程给河流水生生物带来的不利影响，提出了减缓影响的多种生态调控措施，涵盖生态调度、过鱼设施、生境修复等方面[7−10]。但整体而言，相关生态调控技术尚处在探索试验阶段，还需结合工程实践持续深入研究，重点突破复杂条件下生境演变、生物繁殖生态需求、多目标调控等议题。随着生态文明建设理念融入我国经济社会发展的全过程，在保证流域生态安全的基础上实施长江经济带建设等重大战略，已达成普遍共识。如何充分认知重大水利水电工程对河流重要水生生物的影响，继而形成科学可行的生态调控方法和技术，在发挥水电工程效益的同时减轻其生态环境影响，这对当前生态文明和长江经济带建设具有重要意义。本篇将结合实际工程实践对此进行重点分析与阐述。

7.1 水利水电工程对重要水生生物的影响机理

7.1.1 物理阻隔作用

河流是不同生态系统间的纽带，在营养物质输移、生物多样性、生物迁徙等方面发挥着不可替代的作用。天然河流若受到大坝等水利水电工程物理阻隔，其上下游的物质交换将趋于单向性，生境连通性降低，对水生生物栖息产生多方面的不利影响。洄游通道被人为阻隔，往往是造成洄游鱼类种群衰退的首要原因。在长期自然演变过程中，许多鱼类形成了在不同水域空间进行周期性迁徙的习性，按洄游方向可分为溯河洄游、降河洄游、江湖洄游等类型，也可按洄游习性分为索饵洄游、生殖洄游、越冬洄游等。然而，无论是何种类型的洄游活动，一旦洄游路线被人为物理阻隔，洄游鱼类不能有效完成生活史，其种群数量将面临严重下降乃至灭绝的风险。例如，美国康涅狄格河（Connecticut River）、梅里马克河（Merrimack River）的水电开发被认为是鲑鱼、美洲西鲱灭绝或衰退的主要原因。对于在局部水域内能完成生活史或半洄游性鱼类，水电工程的物理阻隔则可能影响到不同水域群体之间的遗传交流，导致种群整体遗传多样性丧失，降低种群适应能力，危及物种的长期稳定生存[4,11]。

　　我国特有的珍稀鱼类中华鲟，是筑坝河流引发洄游鱼类生存危机的一个典型案例。中华鲟作为世界现存鱼类中最原始的种类之一，系典型的河海洄游性大型鱼类，性腺成熟后从近海溯游回长江上游产卵。在葛洲坝工程截流当年，即观测到几千尾溯河洄游而来的中华鲟（以及白鲟、部分家鱼种群等）被阻隔在坝下，无法到达上游传统产卵场。根据其后的多年观测，尽管中华鲟已经在葛洲坝下游江段找到新的产卵场，但产卵量已不足过去的 20%；加之航运、捕捞、水污染等因素的复合影响，目前野生中华鲟数量已锐减到百尾左右。中华鲟自然产卵时空特征也在发生变化：一方面，鲟鱼的繁殖时间已逐渐从 10 月推迟到 11 月中下旬至 12 月上旬；另一方面，通过分析对比 2013~2015 年坝下产卵场与长江口幼鱼野外观测表明，中华鲟自然产卵场位置可能再次发生迁移。

7.1.2　水文水质胁迫作用

　　河流受到气候变化、地形地貌、水系交互等多重因素的影响，形成了自身的水文规律和水环境特征，对生态系统稳定和生物多样性起着重要作用。与之相对应，水生生物在长期演变过程中适应了栖息环境，其繁殖行为、胚胎孵化对水文、水动力、水质等条件有着自身需求和喜好。水利水电工程的建设与运行改变了河流天然径流过程，使其上下游径流时空分布、局部水动力特征、水沙情势、水温结构等发生显著变化，进而对重要水生生物的自然繁殖、物种组成和丰度产生不利影响。水库建成蓄水使得库区水位升高、水体增加、流速减缓，引起泥沙沉降、透明度增加、水温分层、反季节涨落等现象。尽管水库的缓流特性有利于库区生物多样性和渔业产量增加，但关键生态因子的变化将使得原有重要水生生物面临巨大风险，如原有产漂流性鱼卵可能将缺乏足够距离进行漂流发育。由于上游水库水体属性（如水位、分层、水质）发生了变化，大坝调度运行可能会引起下游河道水位涨落异常、水温异常、溶解气体过饱和等问题，不利于下游重要水生生物的生存与繁殖。例如，20 世纪哥伦比亚河（Columbia River）、巴拉那河（Paraná River）上大坝泄水引起下游溶解气体过饱和，继而造成大量鱼类患气泡病死亡的事件曾广受关注。

　　以我国长江野生四大家鱼为例，葛洲坝工程修建后，家鱼被分隔成上下游两个群体，但长江干流家鱼繁殖所需生态水文条件和鱼苗江讯规律无明显变化[12]。三峡水库的建成蓄水和调度运行则明显改变了四大家鱼产卵场的水文和水质特性：由于大坝上游水文条件发生变化，自涪陵以下的库区产卵场大部分已消失，家鱼需要上溯至回水区以上河段繁殖；同时，宜昌至城陵矶江段 10 余处家鱼产卵场受到上游水库调节的较大影响，主要体现在产卵时间和产卵规模方面[13,14]。家鱼繁殖对水温条件较为敏感,三峡蓄水前宜昌站水温通常在 5 月上旬至 6 月下旬达到适宜范围,而蓄水后适宜水温出现时间有所推迟,导致家鱼产卵高峰期也随之延迟。除了适宜水温环境,家鱼繁殖还需要水位上升、流速增大等水流条件的刺激,产出的鱼卵也需要一定流速维系其漂流孵化,直至发育成幼鱼。三峡工程常规运行调度尽管没有显著改变家鱼繁殖期间的涨水频率与强度,但在枯水年份对涨水次数、总涨水时间、平均涨水持续时间等有较大不利影响。此外,由于四大家鱼产卵期与三峡水库泄水期重合,坝下气体过饱和对家鱼卵苗发育的不利影响也不容忽视。

7.2 重要水生生物自然繁殖的生态水文需求

水利水电工程往往具有调蓄功能,兼具调控改善水生生物自然繁殖的潜力。衡量重要水生生物自然繁殖的工程可调控性,应在明确水生生物栖息繁殖适宜生境因子或洄游习性的基础上,通过对比实际工程的可调度空间或过鱼可行性后综合评估得出。影响水生生物生存繁殖的环境因素众多,主要包括水文情势、水动力特征和水质状况等方面。作为水生态系统中的重要指示物种,鱼类自然繁殖对栖息环境较为敏感,不同种类对水文、水动力和水环境一般有着独特需求和喜好。本篇以长江的典型鱼类四大家鱼与中华鲟为例,简述面向重要水生生物自然繁殖需求的生态水文学机制。

长江四大家鱼是典型的春季产漂流性卵鱼类,产卵场一般位于狭窄急流弯道,家鱼产卵繁殖主要受产卵场水温和涨水过程影响。水温因素对家鱼繁殖十分关键,适宜水温约在 21~24 ℃范围内,水温低于 18 ℃时家鱼会停止繁殖活动;家鱼胚胎发育的水温为 18~30 ℃,适宜范围为 22~28 ℃[14]。当产卵场水温条件适合时,产卵场水位上涨就可能刺激四大家鱼产卵,产卵规模与起涨流量、涨水频率、幅度和持续时间密切相关。对于家鱼繁殖与涨水过程关键指标的定量关系目前尚无确定分析结果,这与各方研究的侧重角度或资料完整程度有关。例如,有研究基于统计分析认为总涨水日数是决定家鱼苗发江量的主要因素,在实施促进家鱼繁殖的优化调度时,应主要保障长江中游在家鱼繁殖期内总涨水日数维持在一定范围内[15]。近年来实施的调控研究表明,家鱼在水位起涨后大约 0.5~2 天开始产卵,起涨流量在 10 000~20 000m³/s 时,通过持续 3~7 天且日涨幅约为 2000m³/s 左右的涨水,对四大家鱼产卵会产生积极效果。

长期观测研究证实了中华鲟自然繁殖对于地形、地质、流量、流速、水深、水温、含沙量等存在偏好(表 7.1)[16]。中华鲟作为产底层黏性卵鱼类,对产卵场河床形态有着特定需求,河床底质主要以卵石与乱石为主,卵砾石堆叠形成缝隙便于受精卵黏附,硬化河床则保证了受精卵的成熟孵化[17]。河床条件与水文条件相互影响,上游来水来沙条件变化会影响产卵场河床条件,同时河床条件也对近底层产卵微流态环境的形成具有重要作用。鲟鱼自然繁殖与水位涨落变化和局部流场结构密切相关,在适宜的流量和水位变化条件下,产卵场内形成紊乱流场结构有利于促进鲟鱼性腺发育和产卵受精。此外,中华鲟是典型的秋季产卵鱼类,对水温环境也有着较严格的要求,一般认为 18~20 ℃较为适宜。

表 7.1　中华鲟自然繁殖的生境因子需求

生境因子	适宜条件	下限阈值	上限阈值
水温/℃	18 ～ 20	15	21
水位/m	42.63 ～ 45.35	40	46
水深/m	6 ～ 19	6	19
流速/(m/s)	1.0 ～ 2.0	0.7	2.6
流量/(m³/s)	10 000 ～ 17 000	7112	26 000
含沙量/(kg/m³)	0.2 ～ 0.4	0.1	1.32
水流条件	河道宽窄相间，潭礁交错，水流状态复杂，流场紊乱		
气象条件	天气剧变或连续晴天能刺激中华鲟自然产卵行为的发生		
河床底质	底质以卵石与乱石为主；产卵前停留在地势较高、流态复杂的位置； 产卵时停留在存在负坡的位置，便于受精卵的附着		

7.3　面向重要水生生物栖息繁殖的调控方法及工程实践

7.3.1　生态调控技术与系统研究框架

　　水利水电工程建设和运行致使河流生态系统趋于破碎化，明显改变了上下游水文及水动力条件，破坏了重要水生生物生境连通性和适宜性。从水利水电工程对重要水生生物的影响机理出发，主要形成了以下几种面向水生生物栖息繁殖的调控方法：

　　（1）过鱼设施：该类技术主要用于解决鱼类洄游路线被物理阻隔的问题，采用在水电工程中增设鱼道、鱼梯、升鱼机、鱼闸等仿自然过鱼设施的方法，辅助溯河洄游或降河洄游的鱼类通过闸坝抵达产卵或培育场所。实践表明，过鱼设施技术对恢复水生生物交流通道能起到积极作用，但其过鱼效果受到工程条件的较多限制，对不同洄游习性、游泳能力的鱼类效果不一。总体而言，目前过鱼设施技术较多适用于中低水头水利枢纽的溯河洄游鱼类过坝。

　　（2）增殖放流：通过人工繁殖，采用放流、底播、移植等人工方式向天然水域中投放亲体、苗种等活体水生生物，是当前运用较多的一种水生生物物种保护方法。例如，葛洲坝水利枢纽修建后，针对中华鲟的全人工繁殖已经较为成熟，2009 年后已经可以人工培养出子二代中华鲟，人工增殖放流已成为鲟鱼生物资源的有力补充，但人工增殖中华鲟也面临着贡献率不足、遗传多样性丧失风险等问题。

　　（3）生境修复：当前普遍存在的水生生物栖息地受损问题，主要是受到高强度人类活动的影响。通过生境修复方法，对生态系统停止或减轻人为干扰，有可能依靠生态系统的自我调节能力进行生境自我恢复。建立自然保护区、限制捕捞、仿自然生境等技术较为常见。

　　（4）生态调度：水利水电工程既有生态环境效应，也有生态环境调控功能。针对水电工程对生态环境带来的不利影响，人们提出了生态调度的概念，即将生态因素纳入常规水库调度中，通过优化水利水电工程现行调度，最大程度上减轻重大水利工程的影响，满足重要水生生物栖息繁殖的现实需求。西方发达国家在实施水库调度时对生态需求考虑较全，我国近年来也开始结合三峡等重大工程开展流域尺度的水生生物资源生态调度试验。

　　综合比较上述调控方法，过鱼设施和增殖放流手段目前还不能有效解决高坝乃至梯级电站的生物资源保护问题，而生境修复一般也需要较长的实施周期。通过水库优化调度改善水文水动力条件的方式来满足生物栖息繁殖需求，在实施周期与可操作性上有其一定的优势,成为当前国内外关注的热点。但我国水利水电工程建设一直以防洪、发电、供水等功能为主,对水电工程生态环境安全保障的相关研究正处于起步阶段,如何进行有利于河流水生态环境保护、改善重要水生生物栖息繁殖的重大水利水电工程优化调控,是当前水生态安全领域中的难点问题。

面向重要水生生物栖息繁殖的工程优化调控,涉及水文、水动力、水生态、优化控制等诸多方面,是一个跨学科的复杂问题。针对该科学问题具有的复杂性与层次性特点,本书结合过往机理研究与工程实践,简要介绍本研究所构建的水利水电工程对重要水生生物的影响与调控系统研究框架(图 7.1):在充分认知变化环境影响下(包括水利工程)资源与生境演变趋势基础上,有机结合原型观测、理论分析、模型开发、系统集成等手段,厘清重要水生生物栖息繁殖的生态水文学机制,进而综合运用适宜度模型、多目标决策、生境重建等技术,提出既能满足水电工程常规需求,又能营造出有利于重要水生生物繁殖需求的生态水文条件。

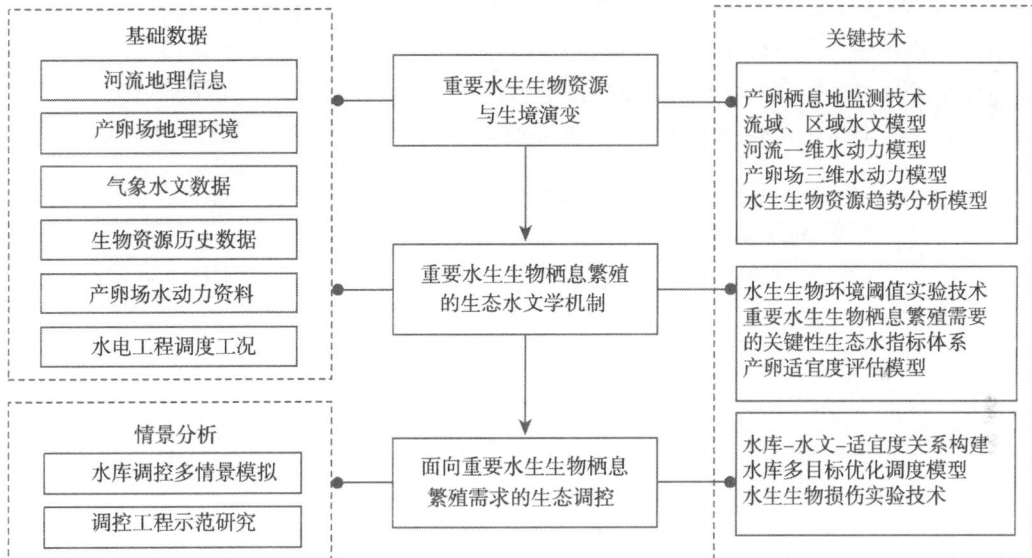

图 7.1　水利水电工程对重要水生生物的影响与调控系统研究框架

7.3.2　重大水利水电工程生态调控实践

针对大型水利水电工程影响下长江中华鲟及四大家鱼资源衰减的实际问题,国内学者进行了长期研究与实践工作。通过开展水利水电工程对重要水生生物栖息地环境胁迫的机理研究,证实了鱼类自然繁殖对流量、流速、水深、水温、含沙量、溶解气体饱和度等有一定需求和偏好。河流栖息地复杂多变的现场环境,对监测技术的准确性与可靠性有着较高要求,通过与物联网等信息技术的结合,可实现监测信息及鱼类行为信息(如自然繁殖资源量、繁殖群体、产卵场水文及环境要素)的高频采集和信息传输。

四大家鱼作为适应长江中下游江湖复合生态系统的代表性物种,其资源动态是表征水生态系统健康状况的重要指标。家鱼产卵需要产卵场水位上涨的刺激,人工创造适合繁殖所需水文、水力学条件的洪峰过程,将会对四大家鱼保护与资源恢复产生良好的效果。三峡工程运行调度作为长江径流调节的关键工程,直接影响着大坝下游家鱼栖息和繁殖。三峡水库自 2003 年首次蓄水,坝前水位达到 135 m;2006 年第二次蓄水,坝前水位达到 156 m;2010 年 9 月库区水位成功达到 175 m 正常蓄水位。按三峡水库的调度运行方式,在每年的四大家鱼繁殖产卵期,库区水位基本维持在防洪限制水位 145 m。此期间的水库运行条件具有较佳的调度空间,在保证防洪安全的基础上,根据四大家鱼自然繁殖的生物学特性,可通过优化调度在数天内逐步加大下泄流量,形成"人造洪峰"。

为缓解上游重大水利水电工程对其鱼类生境的不利影响,三峡水库近期连续多年开展了生态调度试验。在 2011 年 6 月,首次开展了促进四大家鱼自然繁殖的三峡水库生态调度试验,对宜昌至宜都江段家鱼繁殖产生了明显促进作用。此次优化调度试验自 6 月 16 日起,三峡水库下泄流量保持每天约 2000 m³/s 流量的增幅,形成持续 4 天的涨水过程,在"人造洪峰"作用下宜都江段出现了家鱼产卵过程,观测产卵径流量约为 0.25 亿粒。随后连续几年的生态调度试验表明,在水温不低于 18 ℃(适宜范围 21~24 ℃)前提下,合理控制起涨流量(10 000~20 000 m³/s)、涨水持续时间(3 天及以上)、日涨水幅度(2000 m³/s 左右)等关键要素,能够在一定程度上促进四大家鱼自然繁殖(表 7.2)。实施生态调度时应尤其注重水温条件,在 2013 年的生态调度过程中,由于宜都河段的水温偏低,在调度试验期间未观测到明显产卵情况,而其他调度试验期间的水温均达到了适宜温度,调度效果相对明显。

表 7.2　促进四大家鱼自然繁殖的生态调度试验(2011~2014 年)

调度试验时间	试验期涨水持续时间/d	日涨水幅度(宜昌断面)/(m³/s)	试验期内鱼卵数量	
			宜都断面/亿粒	沙市断面/亿粒
2011 年 6 月	4	1307	0.25	—
2012 年 5 月	4	2425	0.11	4.06
2012 年 6 月	4	1600		
2013 年 5 月	8	1170	—	0.58
2014 年 6 月	3	1550	0.47	0.538

7.4　结　　语

在水电开发等高强度人类活动影响下,我国各大流域水生态环境安全存在风险。大型水利水电工程致使河流形态趋于均一化和河流系统的不连续性,不但可能阻隔鱼类洄游通道,也使得上下游水文情势和水质条件发生变化,致使重要水生生物特别是珍稀鱼类生境的连通性和适宜性受到破坏。开展面向重要水生生物栖息繁殖的水利水电工程生态调控,是国际水资源与水生态学科的热点问题,也是国家生态文明建设的重大需求。

针对该科学问题,需要开展多学科交叉研究,通过揭示水电工程运行方式、流量、流速、水温、水质等要素对重要水生生物栖息及繁殖的影响机制,建立面向重要水生生物产卵栖息地的生境评价体系、产卵场适合度模型,进而研发满足重要水生生物栖息繁殖需求的水库优化调控方法。近年来实施的促进四大家鱼自然繁殖的三峡水库生态调度试验,是我国水生态安全保护实践中较有代表性的成功案例。但也应认识到,我国几大流域水电开发密集,水电工程群对部分珍稀特有鱼类会产生累积影响,实施流域梯级联合生态调度是未来水利水电工程管理的必然需求,也是巨大挑战。

参 考 文 献

[1] 刘建康, 曹文宣. 长江流域的鱼类资源及其保护对策 [J]. 长江流域资源与环境, 1992, 1(1): 17-23.

[2] Tao J P, Gong Y T, Tan X C, et al. Spatiotemporal patterns of the fish assemblages downstream of the Gezhouba Dam on the Yangtze River[J]. Science China Life Sciences, 2012, 55(7): 626-636.

[3] 戴会超, 张培培, 董坤, 等. 面向四大家鱼繁殖需求的水库生态调控模拟研究 [J]. 水利水电技术, 2014, 45(8): 130-133.

[4] 易雨君, 王兆印. 大坝对长江流域洄游鱼类的影响 [J]. 水利水电技术, 2009, 40(1): 29-33.

[5] 毛劲乔, 李智, 戴会超, 等. 水库调度影响下中华鲟产卵场的水动力特征 [J]. 排灌机械工程学报, 2014, 32(5): 399-403.

[6] 戴会超, 庞永祥. 三峡工程与长江中下游生态环境 [J]. 水力发电学报, 2005, 24(4): 26-30.

[7] 廖文根, 李翀, 冯顺新, 等. 筑坝河流的生态效应与调度补偿 [M]. 北京: 中国水利水电出版社, 2013.

[8] Clay C H. Design of Fishways and other Fish Facilities [M]. CRC Press, 1995.

[9] 陈进, 李清清. 三峡水库试验性运行期生态调度效果评价 [J]. 长江科学院院报, 2015, 32(4): 1-6.

[10] 王煜, 戴会超, 王冰伟, 等. 优化中华鲟产卵生境的水库生态调度研究 [J]. 水利学报, 2013, 44(3): 319-326.

[11] 常剑波, 曹文宣. 通江湖泊的渔业意义及其资源管理对策 [J]. 长江流域资源与环境, 1999, 8(2): 153-157.

[12] 段辛斌, 陈大庆, 李志华, 等. 三峡水库蓄水后长江中游产漂流性卵鱼类产卵场现状 [J]. 中国水产科学, 2008, 15(4): 523-532.

[13] 柏海霞, 彭期冬, 李翀, 等. 长江四大家鱼产卵场地形及其自然繁殖水动力条件研究综述 [J]. 中国水利水电科学研究院学报, 2014, 12(3): 249-257.

[14] 彭期冬, 廖文根, 李翀, 等. 三峡工程蓄水以来对长江中游四大家鱼自然繁殖影响研究 [J]. 四川大学学报: 工程科学版, 2012, 44(S2): 228-232.

[15] 李翀, 彭静, 廖文根. 长江中游四大家鱼发江生态水文因子分析及生态水文目标确定 [J]. 中国水利水电科学研究院学报, 2006, 4(3): 170-176.

[16] 王煜. 中华鲟繁殖需求的生态水力学机制及其生态调度问题研究 [D]. 南京: 河海大学, 2012.

[17] 杜浩, 危起伟, 张辉, 等. 三峡蓄水以来葛洲坝下中华鲟产卵场河床质特征变化 [J]. 生态学报, 2015, 35(9): 3124-3131.

第8章 长江重要水生生物中华鲟产卵栖息地水环境需求研究

长江代表性重要水生生物中华鲟的自然产卵,对水文、水环境因子有特定需求,开展针对性研究有助于更好地保护中华鲟资源。本章通过资料收集和现场调查,对比分析三峡–葛洲坝建坝前后中华鲟的数量、组成结构、分布特点以及产卵场的水生态环境条件的变迁;动态监测中华鲟繁殖期间水文变化特征,依据多年长江中华鲟繁殖期间水文、水环境资料,研究长江中华鲟繁殖对水文过程的响应关系。"四大家鱼"自然繁殖的生态水文需求将在后面章节单独介绍。

8.1 中华鲟自然繁殖水环境需求研究

8.1.1 "退水"需求

"退秋"水,即每年秋季的最后一次涨水。在这次涨水的过程中,随着时间的推移必然伴随着水温、流速、含沙量的逐步下降,这就等于给了中华鲟生殖群体一个"信号"。由于长期自然选择的结果,它们对这一信号有本能的反应,促使它们主动去寻找适于产卵的场所和条件。随着产卵场环境条件的获得,又加速了其内部因素——性腺的发育,促使性腺由第Ⅳ期很快地向第Ⅴ期过渡,只要一旦具备产卵条件,即可产卵。

从 1965~1974 年共计 18 次的产卵观测资料看出,中华鲟产卵时间段在 10 月和 11 月内。除 1965 年的两次产卵和 1974 年的第二次产卵外,其他都发生在 10 月份内。而任何一次产卵,都是在"退秋"水之后,水位、水温、流速、含沙量下降的过程中。当这些水文、水动力学因子下降到一定程度时,中华鲟即行产卵。中华鲟的卵属黏沉性卵,在"退秋"水之后,产卵场被冲洗干净,为鲟卵提供了适宜黏着条件和场所。中华鲟是群集产卵鱼类,产卵数量很大,需要大面积黏着场所。如果水位下降得很低,其卵的黏着场所将缩小,受敌害吞吐食的可能性也因此增加。产卵场流速下降过度,泥沙和杂物易于沉积,不利于鲟卵黏着和孵化。含沙量过度下降同时也意味着泥沙和杂物出现大量沉积,水体透明度相反增大,使敌害易于侵袭。上述即为中华鲟产卵须在"退秋"水后各关键水文因子下降至一定程度后方才产卵的主要原因。

8.1.2 河床地形及水势需求

葛洲坝截流前,中华鲟产卵场主要分布在金沙江下游至长江上游,当时在长江中游是否有中华鲟产卵场至今尚未得到证实。1971~1975 年,我国科技工作者对中华鲟产卵场进行了系统调查,证实中华鲟产卵场分布的范围至少在长江的合江至金沙江的屏山江段,包括金沙江宜宾至屏山间的三块石、偏岩子和金堆子产卵场,以及长江泸州的铁炉滩、合江的望龙碛,共 5 处产卵场。四川省长江水产资源调查组(1988)通过对产卵场河流形态、河床底质和产卵条件的调查，认为中华鲟产卵场条件是："上有深水急滩，下为宽阔石砾或卵石碛坝浅滩，中有深洼的洄水沱，底质必须具备岩石或卵石；必须具有使河流转向的峡谷、巨石或矶头石梁延伸于河中，产卵场必在河流转弯或转向的外侧，使产出的卵能散布在下段的岩石上或宽广的碛坝上"；并认为"退秋"水之后，水温、水位、流速、含沙量均退到一定程度中华鲟开始产卵，而各种因子有一种或两种未达到一定程度，产卵推迟或停止产卵，并强调了水位的重要作用。有研究认为葛洲坝下游中华鲟产卵场与长江上游历史产卵场存在相似特征[1,2]；有学者认为水温可能是刺激产卵的最重要因素，也有学者认为"刺激中华鲟产卵的外界因素不是水文条件的变化，而是河床的底质状况"[3]。上述中华鲟产卵场和产卵条件的研究主要基于食卵鱼类的监测工作。根据对短吻鲟、高首鲟、海湾鲟等的研究表明，影响这些鲟鱼的产卵条件，水文是至关重要的，特别是底层的水流特性[4-6]。

分析金沙江下游到长江上游各个中华鲟历史产卵场的基本特点，可以看出构成中华鲟产卵场的基本条件是：

（1）上有深水急滩，下为宽阔石砾和卵石浅滩，中有深洼的洄水沱，底质必须具备岩石或卵石。

（2）中华鲟的产卵场还必须具有使河流转向的峡谷、巨石或矶头石梁延伸于江中，以造成由宽变窄、河流转弯的河道水流特点。产卵场必在河流转弯或转向的外侧，使产出的鲟卵能冲散并散布于下段的岩石上和宽广的碛坝上。

葛洲坝截流后，由于大坝的阻隔效应，大坝上游的产卵场逐渐消失，目前仅在葛洲坝坝下 4km 以内发现新的中华鲟产卵场。通过对新产卵场长期、系统的调查、观测和分析研究，发现该产卵场的底质类型以较大型卵石和岩石为主，江底的高低起伏较大，平坦的卵石急滩和深潭交错布置，河道转向，江底高程陡降，形成回水沱，水流流态十分复杂。这刚好符合上述分析的中华鲟繁殖所需的外部条件。

8.1.3　水质及水动力环境需求

通过动态监测中华鲟繁殖期间水文及水动力特征，结合多年长江中华鲟繁殖期间的水文资料，分析得出中华鲟繁殖具有一定的水质及水动力条件需求。

1. 水温

中华鲟的自然产卵发生在一定范围的水温幅度内，根据长江科学院历时 20 年共 35 次自然产卵当日记录的水温数据，中华鲟的自然产卵水温变动在 16.1~20.6 ℃之间，其平均水温为 18.6 ℃，中位数为 18.8 ℃，众数为 18.0 ℃，水温分布频数见图 8.1。

在记录的 35 次产卵中，共有 30 次产卵时的水温在 17.0~20.0 ℃之间，而发生产卵时水温在 18.0~20.0 ℃之间的产卵次数达到了 24 次，另外有 2 次产卵时水温低于 17.0 ℃，3 次高于 20.0 ℃。

根据调查资料记载，在水温低于 17.0 ℃时发生的二次中华鲟产卵活动，其产卵规模均较小。这两次产卵分别发生在虎牙滩江段和宜昌庙咀江段，均属于中华鲟在该年份的第二次产卵。前者产卵时间是 1987 年 11 月 14 日，产卵水温为 16.2 ℃；后者产卵时间是 1997 年 11 月 18 日，产卵水温为 16.1 ℃。

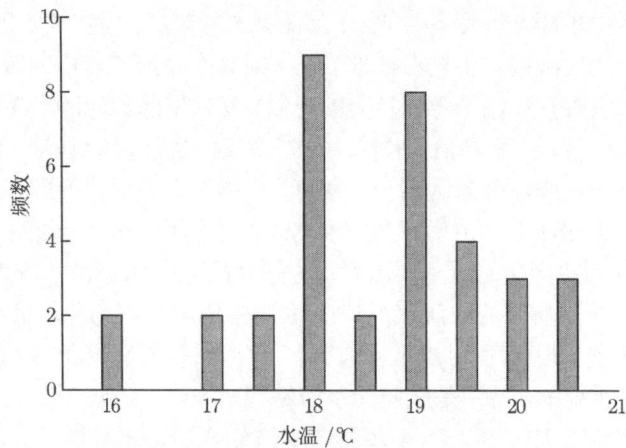

图 8.1　中华鲟产卵水温分布频数

在记载的 35 次产卵中，水温高于 20.0 ℃时产卵的有 3 次。其中有 2 次产卵时的水温为 20.5 ℃，一次为 20.6 ℃。除 1 次水温为 20.5 ℃时发生的产卵活动（2000 年 10 月 15 日）是因葛洲坝电厂泄洪引发的亲鲟流产外，其余 2 次较高水温时发生的产卵活动应属正常产卵，说明在此温度下中华鲟是可以正常产卵繁殖的。

据长江上游和金沙江中华鲟产卵场的调查，在有记录的 18 次中华鲟产卵活动中，其产卵时水温在 17.0~20.2 ℃之间的次数有 17 次，仅有 1 次规模很小的产卵在水温为 15.2 ℃时发生。该结果与记录的葛洲坝截流后坝下中华鲟自然产卵时的水温相吻合，说明适宜中华鲟产卵的水温应在 17.0~20.0 ℃之间，尤其以 18.0~20.0 ℃为最佳。迄今为止，尚未发现中华鲟亲鲟在低于 15.0 ℃或高于 21.0 ℃水温情况下自然产卵，显示中华鲟的自然繁殖需要一定的水温范围。

四川省长江水产资源调查组得出中华鲟于 10~11 月份在长江上游和金沙江下游产卵时水温为 18.0~20.5 ℃。胡德高等[11] 于中华鲟产卵日（1982 年 11 月 10 日），测得宜昌市基本断面水温日平均值 17.75 ℃。杨德国等[12] 经过 1983~2004 年期间 37 次观测分析，认为中华鲟产卵时的日平均水温范围为 16.10~20.60 ℃，较适宜中华鲟产卵的水温是 18.0~20.0 ℃。

综上所述，中华鲟繁殖所需的最佳水温条件为 18.0~20.0 ℃，其上限阈值为 21 ℃，下限阈值为 15.0 ℃。

2. 水位及水深

据统计，1983~2002 年期间，在中华鲟自然产卵当日，长江宜昌江段的水位变动在 40.69 ~47.32m 之间，产卵时的最高水位和最低水位相差有 6.63m，其平均水位为 44.01m，中值为 44.00m，众数值为 44.24m。根据 1996~1998 年中华鲟自然产卵期间宜昌江段的逐日水位（图 8.2）及中华鲟产卵日前后水位的变化说明，长江中华鲟的自然产卵活动基本发生在水位逐渐下降，也即江水"涨水"后的"退水"阶段，而当水位处于 42.0~45.0m 时中华鲟产卵的概率较大。

根据 1983~2004 年历年的 10~11 月日平均水位历时曲线（图 8.3）可知，处在最适宜特征水位 42.63~45.35m 的天数为 630 天，约占总历时的 57.4%。由此可得出中华鲟繁殖所需的最佳水位在 42.63~45.35m 之间，上阈值为 46m，下阈值为 40m。

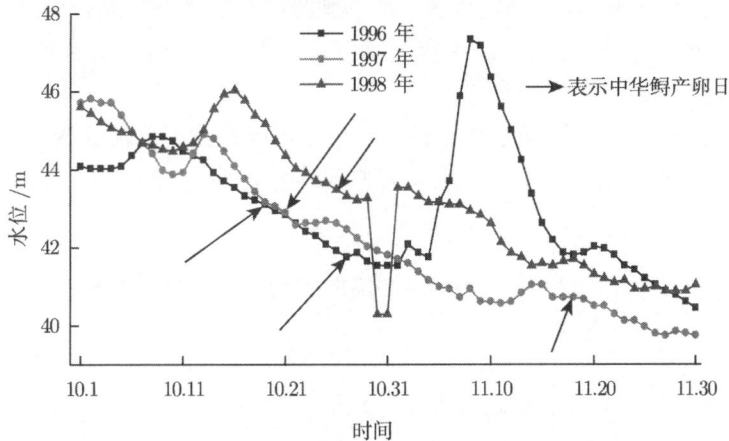

图 8.2 中华鲟繁殖期间宜昌江段逐日水位

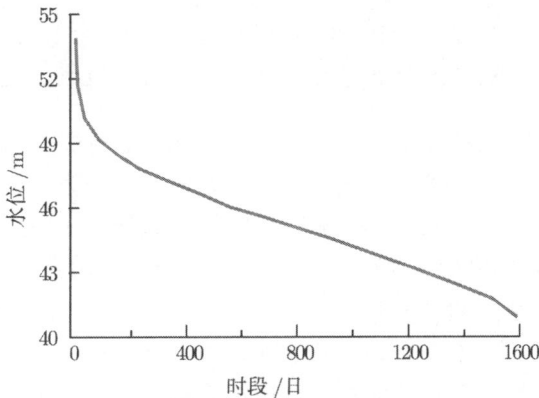

图 8.3 水位历时曲线

产卵场水位与产卵场地形有较大关系，由于水库调度改变了长江河道的冲淤变化，葛洲坝下游中华鲟产卵场地形随大坝运行有所变化，因此水位不足以单独作为中华鲟繁殖所需的一个水动力因子，而应以水深来衡量中华鲟繁殖在水深方面的需求。四川省长江水产资源调查组[7] 经调查得出中华鲟于 10~11 月在长江上游和金沙江下游产卵期水深 5.0~19.8m。班璇等[8] 根据三块石、偏岩子、金堆子和葛洲坝下游产卵场的水位过程线和相应的河床高程，推算的产卵场水深基本都在 15~25m 范围内。张辉等[9] 提出葛洲坝至红花套江段水深以 4.71~12.04m 居多。杨宇[10] 根据对 1998~2002 年中华鲟产卵场流场反演，得出中华鲟对水深的偏好为 6~15m。综上，本书认为中华鲟繁殖所需的水深值为 6~19m、最偏好水深为9~12m。

3. 流速

水体流速是中华鲟产卵的一个重要水文因子，在中华鲟产卵中主要从三个方面发挥作用。中华鲟产卵繁殖前，一定水体流速的刺激可促进中华鲟亲鲟性腺发育，同时还起到清理产卵场环境的作用，水流对产卵场底质如卵石、岩石表面及其缝隙间泥沙和杂物的冲刷作用，将有利于受精卵的黏附，降低泥沙及杂物对受精卵的损害，从而可以降低受精卵的受损程度，提高其成活率。而一定流速的水流，也是刺激中华鲟产卵排精行为发生的重要因素。当中华鲟产卵排精完成后，黏附于江底卵石或岩石上的受精卵孵化时也需要适宜流速来维持较高溶解氧水平和优良孵化环境。

根据 1996~1999 年中华鲟繁殖期间在葛洲坝下产卵场测得的流速数据（表 8.1），中华鲟产卵期间表层江水平均流速为 2.00m/s，底层平均流速为 1.42m/s。表层流速变化范围为 0.66~3.20m/s，底层为 0.64~2.36m/s。

表 8.1　1996~1999 年中华鲟产卵场繁殖期间流速测量值

批次	表层流速/（m/s）		底层流速/（m/s）		测量点水深/m	
	平均值	变幅	平均值	变幅	平均值	变幅
1996（I）	1.37	0.66~2.28	1.19	0.68~1.99	13.2	5~25
1996（II）	2.98	2.73~3.20	1.53	1.11~2.03	11.5	5~20
1997	1.45	1.34~1.50	1.07	0.64~1.38	12.3	5~14
1998	1.93	1.64~2.84	1.65	1.16~2.25	9.5	7~16
1999	2.47	2.20~2.90	1.61	1.03~2.36	18.5	16~24

作为一种底栖性鱼类，中华鲟产卵时主要生活在水体的底层，因此水体底层流速的变化与其产卵的关系更为密切。中华鲟产卵时江水的底层流速实测值具有较大的变化幅度，可能与底层水流受产卵场复杂的河床结构影响而产生较大的瞬间变化有关。但从统计分析的角度看，中华鲟产卵时测量的底层流速有 70% 在 1.0~2.0m/s 范围内。

国内另有一些学者对中华鲟产卵所需流速环境进行了研究。胡德高等[11] 调查得到中华鲟产卵时（1982 年 11 月 10 日）宜昌市基本断面流速为 1.14m/s。四川省长江水产资源调查组[7] 对中华鲟历史产卵场三块石大沱上、下主流区的流速进行了测定，中华鲟产卵期流速为 2.2~2.6m/s。班璇等[8] 根据三块石、偏岩子、金堆子和葛洲坝下游产卵场的水位过程线和相应的流场大断面图，推算产卵场的流速在 1.0~2.0m/s 范围内。张辉等[9] 在中华鲟产卵区葛洲坝至庙咀江段对鲟鱼产卵期间的流速进行了观测，结果表明，产卵区平均流速范围为 0.7299~1.7523m/s，均值为 1.2889m/s。杨宇[10] 认为中华鲟产卵时最适宜的流速范围为 1.17~1.51m/s，断面垂向平均涡量范围为 0.27~0.85/s。杨德国等[12] 通过 1983~2000 年间的 31 次观测，得出中华鲟产卵时的日平均流速范围为 0.81~1.98m/s，均值为 1.30m/s，分析得到较适宜中华鲟产卵底层流速是 1.0~1.7m/s。

综上所述，虽然对中华鲟产卵所需流速有着不同的研究方法，所得适宜范围也略有差异，但总体来说，1.0~2.0m/s 的流速范围基本上是各研究结果的共性。因此本节得出中华鲟产卵对水流流速的需求为 1.0~2.0m/s，上阈值为 2.6m/s，下阈值为 0.7m/s。

4. 流量

针对适宜中华鲟繁殖需求的生态流量研究，主要基于葛洲坝下中华鲟产卵场特定时段的流量观测。根据相关研究，在 1982 年 11 月 10 日中华鲟产卵时，宜昌市基本断面流量为 12 000m³/s[11]。杨德国等[12] 根据葛洲坝截流后 1983~2004 年期间的中华鲟产卵日的 37

次监测，得出平均流量范围为 $7170 \sim 26\,000\mathrm{m}^3/\mathrm{s}$，均值 $13\,908\mathrm{m}^3/\mathrm{s}$，较适宜中华鲟产卵的流量为 $14\,100\mathrm{m}^3/\mathrm{s}$。另有文献认为中华鲟产卵时生态流量为 $10\,000 \sim 17\,000\mathrm{m}^3/\mathrm{s}$，上阈流量为 $24\,826\mathrm{m}^3/\mathrm{s}$，下阈流量为 $7112\mathrm{m}^3/\mathrm{s}$[8]。长江科学院根据 $1991 \sim 2000$ 年监测数据，得出中华鲟产卵时宜昌江段日平均流量 $7170 \sim 23\,800\mathrm{m}^3/\mathrm{s}$，平均为 $14\,052\mathrm{m}^3/\mathrm{s}$，众数为 $14\,100\mathrm{m}^3/\mathrm{s}$。根据 $1983 \sim 2004$ 年历年 $10 \sim 11$ 月的日平均流量历时曲线（图 8.4），在特征流量 $10\,000 \sim 17\,000\mathrm{m}^3/\mathrm{s}$ 的天数为 782 天，约占总历时的 53.4%，可得出中华鲟产卵所需的生态流量为 $10\,000 \sim 17\,000\mathrm{m}^3/\mathrm{s}$，上阈值为 $26\,000\mathrm{m}^3/\mathrm{s}$，下阈值为 $7112\mathrm{m}^3/\mathrm{s}$。

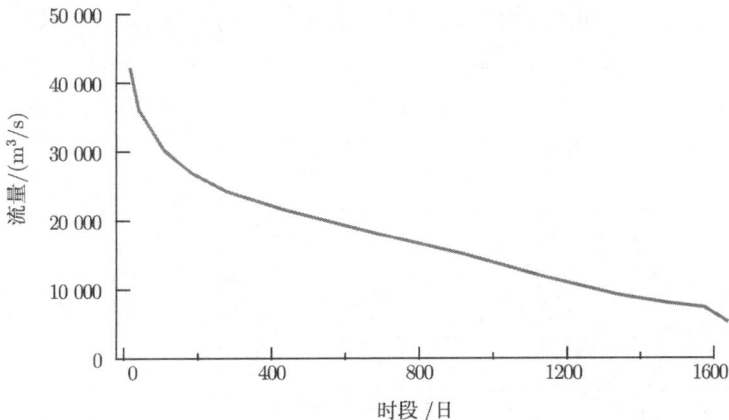

图 8.4 日平均流量历时曲线（1983~2004 年历年 10~11 月）

另外根据 1996 年、1998 年、2000 年中华鲟自然繁殖期间（10~11 月）宜昌江段逐日流量变化（图 8.5），中华鲟自然产卵一般发生在长江涨水后、水体流量逐渐减小但尚未降至谷底期间，而在涨水过程中一般不会产卵。2000 年 10 月 15 日，曾发现一次中华鲟在涨水期间的产卵，但根据观察，此次中华鲟产卵规模非常小，应属于葛洲坝电厂泄洪冲沙产生的瞬间激烈刺激引发的亲鲟流产。上述观测表明，中华鲟在产卵前一段时间需要一定的水流量刺激，但在产卵时并非水流量越大越好。

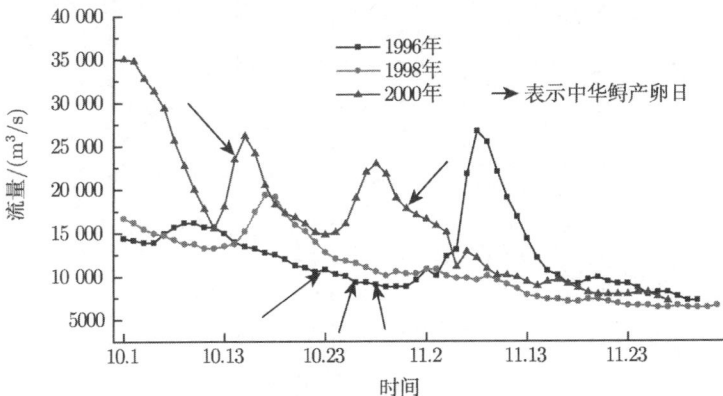

图 8.5 中华鲟繁殖期间宜昌江段逐日流量

5. 含沙量

一般情况下，江水含沙量与流量和水位相关联，而在葛洲坝坝下中华鲟自然繁殖期间，葛洲坝电厂的泄洪、冲沙对江水含沙量的瞬间影响也是该江段含沙量变化的重要原因。

据统计，在 1983 ~ 2000 年期间发生多次中华鲟产卵，其江水含沙量的平均值为 0.46 kg/m³，变化范围为 0.10~1.32 kg/m³，中值为 0.33 kg/m³，众数为 0.28 kg/m³。结果还显示，江水含沙量在 0.2~0.3 kg/m³ 时，发生中华鲟产卵的概率较高，占了记录总数的 42%。综合四川省长江水产资源调查组于 1975 年提出的中华鲟产卵期产卵场河道含沙量（0.715~0.915 kg/m³），得出适宜中华鲟产卵的水体含沙量为 0.2~0.4 kg/m³，上阈值为 1.32 kg/m³，下阈值为 0.1 kg/m³。根据 1996~2000 年长江宜昌江段江水的逐日含沙量数据图（图 8.6），一般在每次中华鲟产卵发生前，江水含沙量均有较明显的下降过程，而且亲鲟的产卵基本都在江水含沙量较为稳定时才能正常进行。

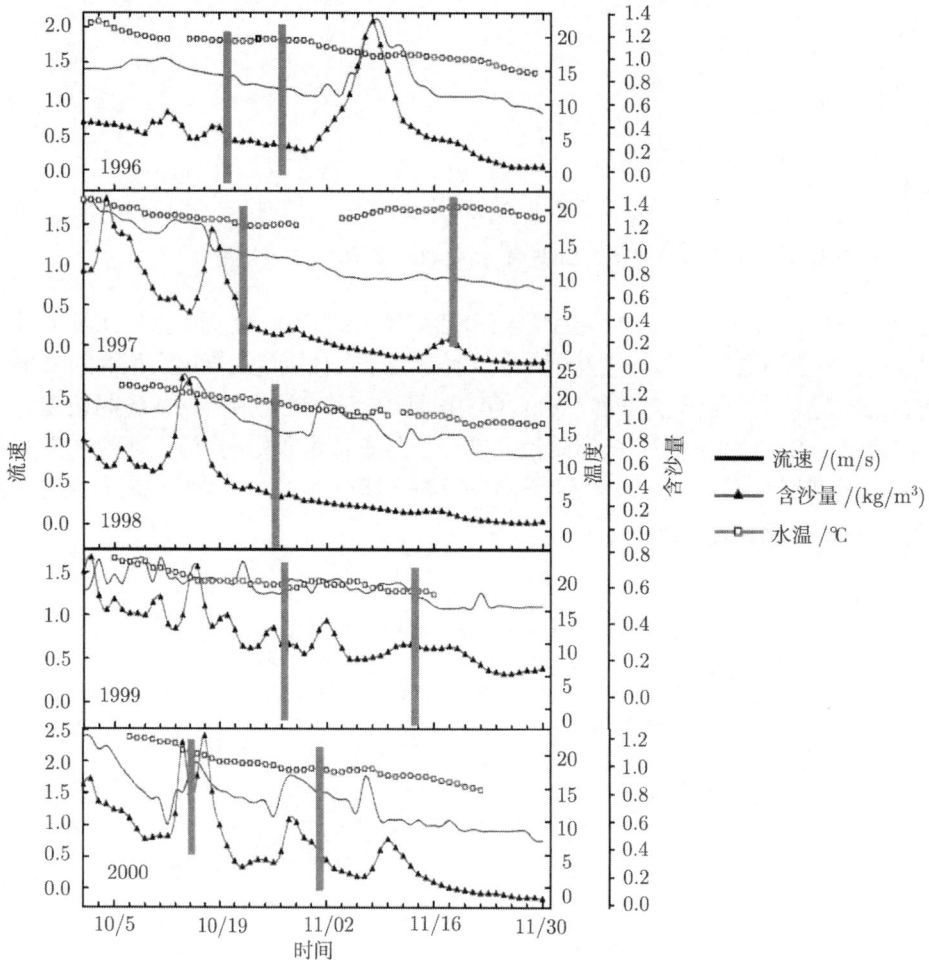

图 8.6　1996~2000 年宜昌段 10~11 月流速、含沙量和水温逐日变化

纵柱示中华鲟产卵开始日期，每柱代表一次产卵

6. 其他环境因子需求

除了水文及水动力对中华鲟产卵行为有影响以外，中华鲟自然繁殖对产卵场水流状态、产卵地气候条件、地形及底质也有一定需求。

众多学者普遍认为中华鲟产卵场水流状态比较复杂。四川省长江水产资源调查组通过调查认为，中华鲟产卵场水流的基本特征是亚急流的二流水，亦称"八字水"。中华鲟在"二流水"中生殖，卵黏附在下段的碛石上，孵化出苗。胡德高等[1,9~11]通过对葛洲坝下产卵场的调查，发现葛洲坝二江泄水闸至胭脂坝江段河道宽窄相间、潭碛交错，时而翻花水，时而泡漩水，流态十分复杂。张辉等[13]认为中华鲟产卵前栖息的位置一般位于流速较紊乱的位置，特殊的流态可能是刺激中华鲟性腺发育成熟的主要因素。

四川省长江水产资源调查组认为中华鲟盛产期多在连续阴雨天，而后天气转晴温度上升的时候，或在连续晴天即将降雨的前夕。张辉等[15]对中华鲟历史及现存产卵场共 55 次自然繁殖活动发生起始日的天气类型和气象要素（包括风、降水量、气温、气压、日照时数、湿度和云）状况及其变化进行了统计分析。结果表明，中华鲟自然繁殖行为对阴雨天有一定的选择性，而对多云天气则有一定的回避性，产卵起始日前后天气类型的剧烈变化是诱导中华鲟自然繁殖行为发生的一个有利因素。现存产卵场内连续晴天天气也较容易诱发中华鲟自然繁殖行为的发生；与历史产卵场不同，现存产卵场产卵起始日的日照时数与水位和含沙量之间并不具有相互制约和补充的关系。

四川省长江水产资源调查组提出，中华鲟产卵场底质以卵石或乱石为主，中华鲟卵黏附在碛石上，孵化出苗。胡德高等[1,11]调查得出，葛洲坝下中华鲟产卵场底质由沙质、卵石和碛石组成，产卵场上自泄水闸消力池，下至庙咀，长约 2km 范围内，且主要集中在南岸笔架山江段的 1km 以内；张辉等[15]对葛洲坝下中华鲟产卵场地形进行了分析，认为中华鲟产卵前栖息的位置一般位于高程较高、地势较复杂、流速较紊乱的区域，这种区域有利于刺激中华鲟性腺发育成熟。产卵时，中华鲟主要停留于下游江段存在负坡的位置，以利于受精和受精卵的黏附。张辉等[15]调查表明，负坡地形和下游河道转向水流减缓处黏附的受精卵较多；杜浩等[17]对葛洲坝下中华鲟产卵场地形开展了水下视频观察，结果显示葛洲坝至庙咀江段表层河床质主要是卵圆、扁圆形卵石及沙粒组成，其中卵石长径 20~50cm 的占 50%，卵石长径 10~20cm 的占 30%，卵石长径 10cm 以下的占 20%。视频观察同时显示，中华鲟产卵场需要有河床逐渐抬升的地形，中华鲟受精卵的散播区主要为冲刷干净的卵石空隙和卵石夹缝中，有少量沙粒填塞或大量被沙覆盖区域没有卵附着。

8.1.4　影响中华鲟自然繁殖的环境因子主因子分析

由于所监测到的 1982~1993 年 12 组中华鲟产卵场产卵季节各生态因子实测数据（其中底质以影响产卵及孵化的适合度表示；食卵鱼以亲鲟数与食卵鱼数之比表示）拥有不同的量纲，会引起变量取值分散程度差异。为了消除不同量纲对结果的影响，此处先将原始数据进行标准化处理（标准化数据见表 8.2）后再进行中华鲟栖息地生态因子相关系数矩阵 R（表 8.3）的求解。对相关系数矩阵进行相关系数检验可知大部分相关系数绝对值大于 0.3，即各个变量间存在较强的线性关系，能从中提取公因子，适合进行因子分析。

表 8.2　中华鲟栖息地生态影响因子标准化数据

平均水温/℃	平均水深/m	平均流速/(m/s)	含沙量/(kg/m³)	底质	食卵鱼
0.48	−0.30	−0.82	−1.21	−1.66	−1.26
−0.90	−0.90	−1.41	−0.90	−1.66	0.16
−1.77	0.39	−0.95	−1.28	−1.66	1.05
0.34	−0.04	−0.33	−0.65	0.55	−0.67
−0.02	0.21	−0.23	0.67	0.55	0.01
−1.41	−1.84	−0.82	−0.81	0.55	−1.45
0.34	1.16	1.47	−0.43	0.55	0.08
−0.46	0.81	0.91	1.43	0.55	0.86
0.05	1.59	1.07	0.99	0.55	1.46
0.78	−0.64	0.52	1.08	0.55	1.20
0.78	−1.07	−0.69	0.01	0.55	−0.29
1.79	0.64	1.30	1.08	0.55	−1.15

表 8.3　相关系数矩阵

	平均水温	平均水深	平均流速	含沙量	底质	食卵鱼
平均水温	1.000					
平均水深	0.224	1.000				
平均流速	0.539	0.729	1.000			
含沙量	0.492	0.415	0.719	1.000		
底质	0.438	0.164	0.641	0.682	1.000	
食卵鱼	−0.223	0.479	0.275	0.395	0.011	1.000

由表 8.4 可看出，前两个主因子的特征值大于 1，累计贡献率达 76.593%，第三个因子虽然特征值没达到 1，但依然能解释样本总体 12.193% 的信息量，所以此处提取前 3 个主因子作因子载荷分析（其累计贡献率达 88.786%）。

表 8.4　特征值及累计贡献率

主因子 F	特征值	百分率/%	累计百分率/%
1	3.168	52.802	52.802
2	1.427	23.791	76.593
3	0.732	12.193	88.786
4	0.423	7.057	95.843
5	0.157	2.623	98.466
6	0.092	1.534	100.000

8.2　葛洲坝修建前后中华鲟主要产卵场分布调查研究

葛洲坝截流前，长江中华鲟产卵场分布在屏山下游的新市至长江上游的木洞约 800km 长的江段，在这一江段共发现了约 16 处产卵场。葛洲坝截流后，被阻隔的中华鲟在坝下选择了新的产卵场，是目前已知的唯一一处中华鲟自然产卵场[18-20]。除 1986 年 10 月 23 日和

1987 年 11 月 14 日曾在距离大坝约 25km 的宜昌虎牙滩江段发现小规模的中华鲟产卵活动外，葛洲坝下中华鲟产卵场的位置主要集中在葛洲坝坝下至胭脂坝约 10km 的江段内。1995年后，根据对产卵亲鲟的超声波遥测定位及江底直接采捞中华鲟受精卵的结果，可以确定中华鲟产卵场位置基本固定在坝下约 7km 长的江段。

　　1996 年 10 月 20 日中华鲟第一次产卵时，仅在 I -B 区和II-B 区采捞到少量受精卵，此次产卵规模很小。共进行了 10 次采卵试验，其中有 5 次采到受精卵，全部位于 B 区。而此次食卵鱼类监测则没有解剖到中华鲟卵。当年中华鲟的第二次产卵（10 月 27 日）规模较大，共进行了 10 网次采卵试验，有 9 网次采到受精卵。其中在III-B 区采卵 1 网次，采获 5 粒受精卵，表明该区内曾有中华鲟产卵。而在IV-B 区进行的 8 网次采卵试验全部采到受精卵或刚孵化的幼苗，其中有 7 网次共采获受精卵 20 008 粒，1 网次（产卵后第 6 日）采到 7 尾幼苗，据此可以得出葛洲坝下III-B 至IV-B 区域范围是该年中华鲟第二次产卵主要产卵区的结论。其采卵 CPUEd 平面分布见图 8.7。为确定中华鲟产卵详细位置，对划分的每个矩形区域再次均匀细分为 9 个小矩形区域，顺水流方向自上而下分别用 1、2、3 表示，垂直水流方向自左往右分别用 a、b、c 表示，见图 8.8。

　　1997 年第一次产卵时，在III-IV- V江段的 B 区均采捞到中华鲟受精卵，以IV-B 采获量最多，因此，该年第一次产卵应在III-IV 的 B 区进行，V-B 采获到的受精卵疑为水流携带所至。根据食卵鱼类解剖结果，当年晚些时候发生的第二次产卵也在该区域，但规模较小。1998年仅有 1 次产卵，采获卵最多的区域下移至V-B，III-IV江段的 C 区采获少量受精卵，根据采卵放网的具体情况，可以确定该次产卵的具体位置仍以III-IV江段的 B 区为主，但与前两年的结果比较，产卵位置有向 C 区及稍下游位置移动的倾向。

　　1999 年的两次产卵与上述几次稍有不同，该年度的两次产卵是在 I 、II江段的 B 区和III、IV江段的 B 区两个产卵区同时发生的，但第二次产卵的规模相对要小得多。

　　1999 年中华鲟第一次产卵时（10 月 27 日），I -II-B 区是产卵的主要区域；而第二次产卵时，位于较上游江段的产卵位置稍有下移。但无论哪次产卵，中华鲟受精卵在产卵场的平面分配上都没有大的变化，仍然是以 B 截面为主。而对 2000~2003 年的采卵试验数据分析结果也表明，中华鲟自然产卵时的位置在各年度间仅有极小的移动。

　　因此，1996 年以来，葛洲坝下中华鲟的产卵活动仅在葛洲坝电厂至庙咀江段较固定的两个很小的区域内进行，其他江段暂未发现中华鲟的产卵活动。中华鲟产卵的两个区域分别是位于葛洲坝电厂出水口附近的 I 3-B 至II1-B 区（以下简称"上产卵区"）和稍下游的III1-B 至IV2-B 区（以下简称"下产卵区"），而其主要产卵区是"下产卵区"。在进行了产卵区准确定位的 1996~2003 年期间，共发生了 14 次中华鲟产卵，产卵活动在"上产卵区"进行的有 5 次，但其中有 4 次与"下产卵区"同时发生产卵，而且产卵的规模也较小；而"下产卵区"每年均有中华鲟产卵，且规模明显大于"上产卵区"。

　　总体而言，如将长江横截面均分为 A、B、C 三个截面（图 8.9），中华鲟的产卵区主要分布在接近江中心的 B 区。

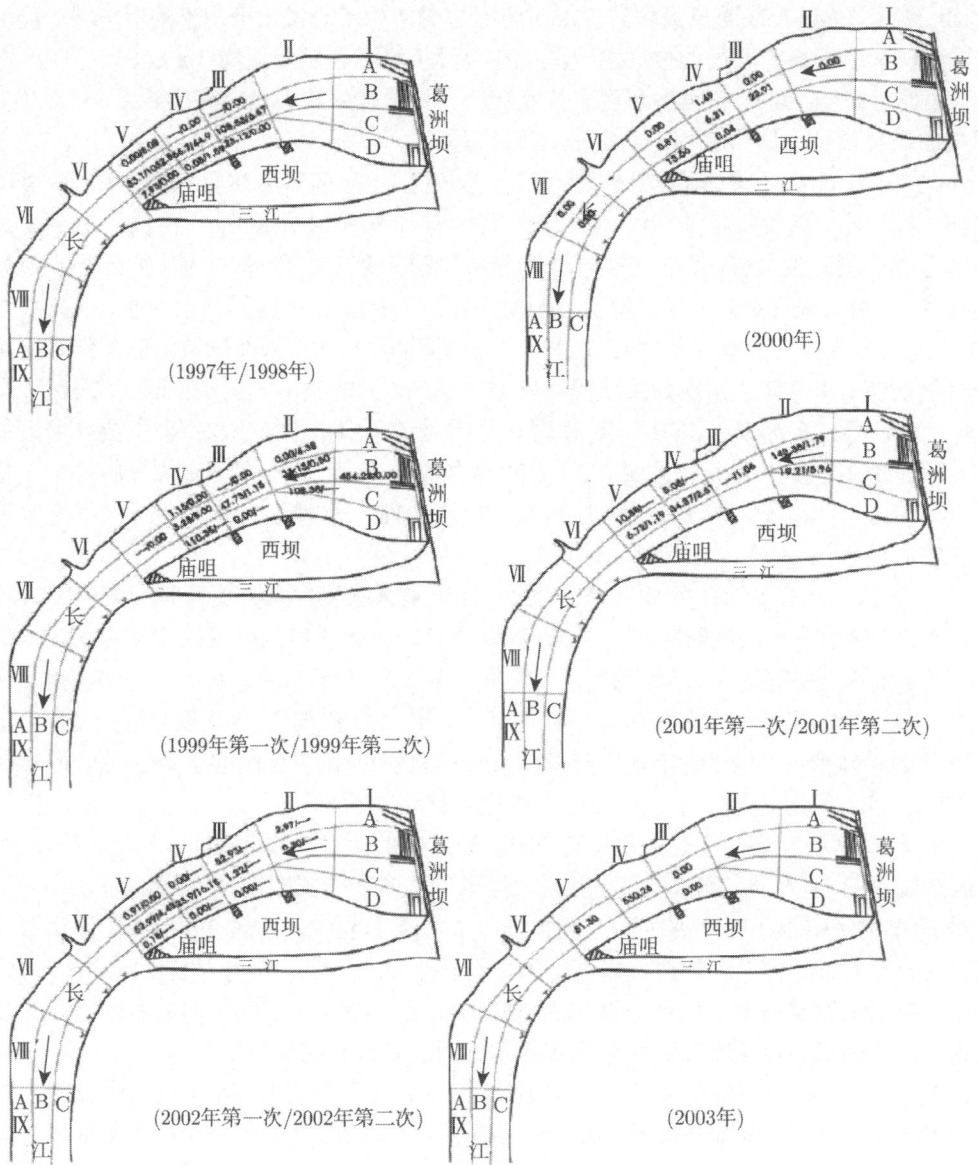

图 8.7 1997~2003 年中华鲟采卵/幼体 CPUEd 平面分布

图中在相应小区中 "xxxx/xxxx" 分别表示该年中华鲟在该区第一次产卵和第二次产卵的 CPUEd，"----" 和未标示任何符号的区中，表示该区未采卵，单位：粒/1000m³ 水流

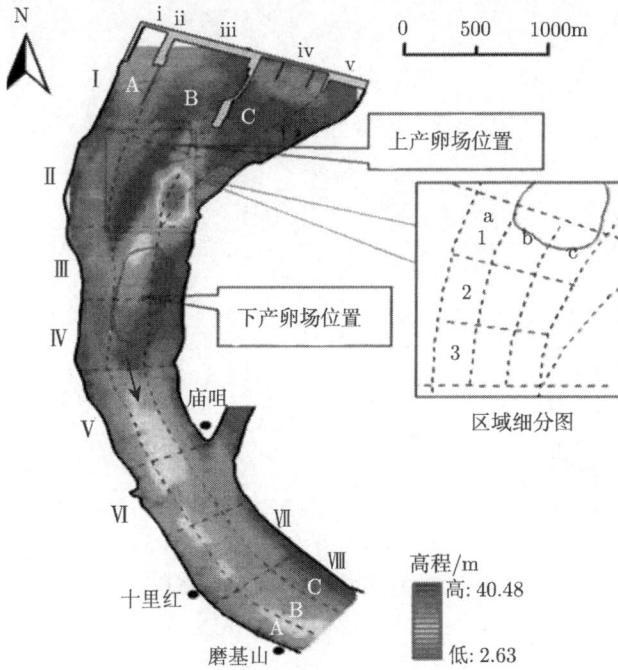

图 8.8 产卵区域细分图

表 8.5 1996~2003 年中华鲟产卵的位置

年份	产卵日期	产卵位置	食卵鱼类胃内持续出现中华鲟受精卵的天数
1996	10/20	I 2-Bb	1. 流产
	10/27	IV-Bb	6. 规模大
1997	10/22	III-Bb	5. 规模大
	11/18	IV-Bb	
1998	10/26	IV-Bb	8. 规模大
1999	10/27	I -B, III-B	7
	11/13	I -B, III-B	5
2000	10/15	III-b	3. 规模较小，泄洪流产
	11/1	IV-B	7. 规模大
2001	10/20	II-B, IV-B	4. 规模较大
	11/8	II-B, IV-B	3. 规模较小
2002	10/27	III-B	6. 规模较大
	11/9	III-B	2. 规模小
2003	11/6	IV-B	2

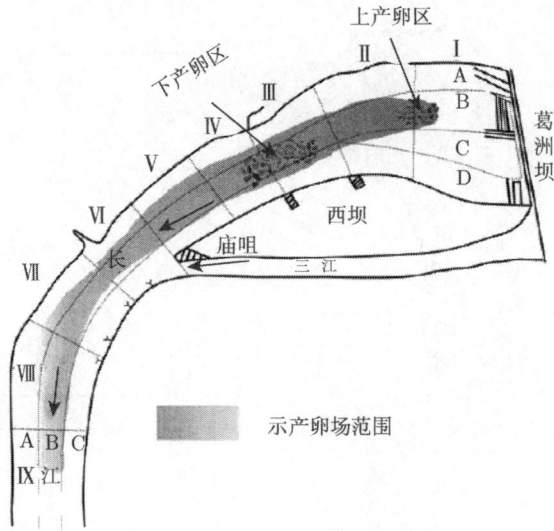

图 8.9　宜昌中华鲟产卵场示意图

参 考 文 献

[1]　胡德高, 柯福恩, 张国良, 等. 葛洲坝下中华鲟产卵场的调查研究 [J]. 淡水渔业, 1992, 5: 6-10.

[2]　余志堂, 许蕴玕, 邓中舜. 葛洲坝水利枢纽下游中华鲟繁殖生态的研究 [M]. 鱼类学论文集 (五), 北京: 科学出版社, 1986.

[3]　常剑波, 曹文宣. 中华鲟物种保护的历史与前景 [J]. 水生生物学报, 1999, 23(6): 712-720.

[4]　Alfredsen K, Killingtveit A. The Habitat Modelling Framework-A tool for creating habitat analysis programs[C]. Proceedings of the 2nd International Symposium on Habitat Hydraulics, 1996.

[5]　Bonnot T, Wildhaber M, Millspaugh J, et al. Discrete choice modeling of shovelnose sturgeon habitat selection in the Lower Missouri River[J]. Journal of Applied Ichthyology, 2011, 27(2): 291-300.

[6]　Parsley M J, Beckman L G, McCabe J. Habitat use by spawning and rearing white sturgeon in the Columbia River downstream from McNary Dam[R]. 1992.

[7]　陶江平, 乔晔, 杨志, 等. 葛洲坝产卵场中华鲟繁殖群体数量与繁殖规模估算及其变动趋势分析 [J]. 水生态学杂志, 2009, 2(2): 37-43.

[8]　班璇, 肖飞. 葛洲坝下游河势调整工程对中华鲟产卵场的影响 [J]. 水利学报, 2014, 45(1): 58-64.

[9]　张辉, 危起伟, 杨德国, 等. 葛洲坝下中华鲟自然繁殖流速场的初步观测 [J]. 中国水产科学, 2007, 14(2): 183-191.

[10]　杨宇. 中华鲟葛洲坝栖息地水力特性研究 [D]. 南京: 河海大学, 2007.

[11]　胡德高, 柯福恩, 张国良. 葛洲坝下中华鲟产卵情况初步调查及探讨 [J]. 淡水渔业, 1983, (3): 15-18.

[12]　杨德国, 危起伟, 陈细华, 等. 葛洲坝下游中华鲟产卵场的水文状况及其与繁殖活动的关系 [J]. 生态学报, 2007, 27(3): 862-869.

[13]　张辉, 危起伟, 杨德国, 等. 基于流速梯度的河流生境多样性分析 —— 以长江湖北宜昌中华鲟自然保护区核心区江段为例 [J]. 生态学杂志, 2008, 27(4): 667-674.

[14] Wang Y K, Xia Z Q. Assessing spawning ground hydraulic suitability for Chinese sturgeon (Acipenser sinensis) from horizontal mean vorticity in Yangtze River[J]. Ecological Modelling, 2009, 22(11): 1443-1448.

[15] 张辉, 危起伟, 杨德国, 等. 葛洲坝下游中华鲟产卵场地形分析 [J]. 生态学报, 2007, 27(10): 3945-3955.

[16] Qiao Y, Tang X, Brosse S, et al. Chinese Sturgeon (Acipenser sinensis) in the Yangtze River: a hydroacoustic assessment of fish location and abundance on the last spawning ground[J]. Journal of Applied Ichthyology, 2006, 22: 140-144.

[17] 杜浩, 班璇, 张辉, 等. 天然河道中鱼类对水深, 流速选择特性的初步观测 [J]. 长江科学院院报, 2010, 27(10): 70-71.

[18] Gao X, Brosse S, Chen Y B, et al. Effects of damming on population sustainability of Chinese sturgeon, Acipenser sinensis: evaluation of optimal conservation measures[J]. Environmental Biology of Fishes, 2009, 86(2): 325-336.

[19] Fu X L, Li D M, Jin G Y. Calculation of flow field and analysis of spawning sites for Chinese sturgeon in the downstream of Gezhouba Dam[J]. Journal of Hydrodynamics, 2007, 19(1):78-83.

[20] Kynard B, Wei Q. Use of ultrasonic telemetry to locate the spawning area of Chinese sturgeons[J]. Chinese Science Bulletin, 1995, 40(8): 668-671.

第9章 三峡蓄水后中华鲟产卵场水动力特性分析

中华鲟栖息地流场特性研究常采用原型观测和数值模拟的方法，侧重于葛洲坝工程对中华鲟栖息及产卵的影响[1,2]。随着三峡工程的正常运行，三峡–葛洲坝梯级水电工程进入联合调度阶段，葛洲坝下游河道的水动力特性将发生较大变化[3−5]，是否还能满足中华鲟自然繁殖的需求，成为近期的研究热点。本章通过模拟 2006∼2010 年间中华鲟自然繁殖日的流场特征，分析研究三峡蓄水对中华鲟产卵场的水动力影响。

9.1 中华鲟产卵场水动力学模型

葛洲坝–宜昌水文站江段已被证实是目前中华鲟唯一稳定的产卵场。研究江段平均宽约 1km，长约 6km，最大水深约为 40m，大部分水域水深小于 30m，江段垂直尺度远小于水平尺度，适用于浅水方程来描述其水流运动[6,7]。

9.1.1 基本方程

产卵场水动力计算模型采用基于 Boussinesq 和静水压力假定的黏性、不可压缩雷诺平均的 N-S 方程作为控制方程。基本控制方程包括连续方程、两个水平动量方程、两个边界方程、标准 k-ε 紊流模型。

水流连续性方程:

$$\frac{\partial u}{\partial x} + \frac{\partial v}{\partial y} + \frac{\partial w}{\partial z} = 0 \tag{9.1}$$

x 方向水流动量方程:

$$\begin{aligned}
&\frac{\partial u}{\partial t} + \frac{\partial(uu)}{\partial x} + \frac{\partial(vu)}{\partial y} + \frac{\partial(wu)}{\partial z} \\
&= -g\frac{\partial \eta}{\partial x} - \frac{1}{\rho_0}\frac{\partial p_a}{\partial x} - \frac{1}{\rho_0 h}\left(\frac{\partial S_{xx}}{\partial x} + \frac{\partial S_{xy}}{\partial y}\right) + F_u + \frac{\partial}{\partial z}\left(\nu_t \frac{\partial u}{\partial z}\right)
\end{aligned} \tag{9.2}$$

y 方向水流动量方程:

$$\begin{aligned}
&\frac{\partial v}{\partial t} + \frac{\partial(uv)}{\partial x} + \frac{\partial(vv)}{\partial y} + \frac{\partial(wv)}{\partial z} \\
&= -g\frac{\partial \eta}{\partial y} - \frac{1}{\rho_0}\frac{\partial p_a}{\partial y} - \frac{1}{\rho_0 h}\left(\frac{\partial S_{yx}}{\partial x} + \frac{\partial S_{yy}}{\partial y}\right) + F_v + \frac{\partial}{\partial z}\left(\nu_t \frac{\partial v}{\partial z}\right)
\end{aligned} \tag{9.3}$$

水面边界 $(z = \eta)$ 方程:

$$\frac{\partial \eta}{\partial t} + u\frac{\partial \eta}{\partial x} + v\frac{\partial \eta}{\partial y} - w = 0, \quad \left(\frac{\partial u}{\partial z}, \frac{\partial v}{\partial z}\right) = \frac{1}{\rho_0}\left(\tau_{sx}, \tau_{sy}\right) \tag{9.4}$$

水底边界 $(z = -d)$ 方程:

$$u\frac{\partial d}{\partial x} + v\frac{\partial d}{\partial y} + w = 0, \quad \left(\frac{\partial u}{\partial z}, \frac{\partial v}{\partial z}\right) = \frac{1}{\rho_0 \nu_t}\left(\tau_{bx}, \tau_{by}\right) \tag{9.5}$$

k 输运方程:

$$\frac{\partial k}{\partial t} + \frac{\partial uk}{\partial x} + \frac{\partial vk}{\partial y} + \frac{\partial wk}{\partial z} = F_k + \frac{\partial}{\partial z}\left(\frac{\nu_t}{\sigma_k}\frac{\partial k}{\partial z}\right) + P + B - \varepsilon \tag{9.6}$$

ε 输运方程:

$$\frac{\partial \varepsilon}{\partial t} + \frac{\partial u\varepsilon}{\partial x} + \frac{\partial v\varepsilon}{\partial y} + \frac{\partial w\varepsilon}{\partial z} = F_\varepsilon + \frac{\partial}{\partial z}\left(\frac{\nu_t}{\sigma_\varepsilon}\frac{\partial \varepsilon}{\partial z}\right) + \frac{\varepsilon}{k}(c_{1\varepsilon}P + c_{3\varepsilon}B - c_{2\varepsilon}\varepsilon) \tag{9.7}$$

涡黏系数方程:

$$\nu_t = c_u\frac{k^2}{\varepsilon} \tag{9.8}$$

式中, u、v、w 分别为坐标 x、y、z 方向上的速度分量 (m/s); t 为时间 (s); η 为水面高程 (m); d 为静水深度 (m); $h = \eta + d$ 为总水深 (m); g 为重力加速度 (m/s^2); ρ 为水流水体密度 (m^3/s); $S_{xx}, S_{xy}, S_{yx}, S_{yy}$ 为表面应力张量分量; p_a 为大气压力 (Pa); ρ_0 为水体参考密度 (m^3/s); F_u、F_v 为水平切应力项; (τ_{sx}, τ_{sy})、(τ_{bx}, τ_{by}) 为 x 和 y 方向的水面风应力和河床底面应力; k 为单位质量紊动能 (TKE); ε 是紊动能耗散率; ν_t 为垂向紊动黏性系数 (m^2/s); P 为湍动能; B 为浮力项; (F_k, F_ε) 为水平扩散项; $c_u, c_{1\varepsilon}, c_{2\varepsilon}, c_{3\varepsilon}$ 为经验常数, $\sigma_k, \sigma_\varepsilon$ 分别为紊动能 k 和耗散率 ε 对应的普朗特数。

$$F_u = \frac{\partial}{\partial x}\left(2\nu_{Tx}\frac{\partial u}{\partial x}\right) + \frac{\partial}{\partial y}\left[\nu_{Tx}\left(\frac{\partial u}{\partial y} + \frac{\partial v}{\partial x}\right)\right]$$
$$F_v = \frac{\partial}{\partial y}\left(2\nu_{Tx}\frac{\partial v}{\partial y}\right) + \frac{\partial}{\partial x}\left[\nu_{Tx}\left(\frac{\partial u}{\partial y} + \frac{\partial v}{\partial x}\right)\right] \tag{9.9}$$

ν_{Tx} 为水平紊动黏性系数 (m^2/s), 由 Smagorinsky 模型求得

$$\nu_{Tx} = c_s^2 l^2\sqrt{2S_{ij}S_{ji}}$$
$$S_{ij} = \frac{1}{2}\left(\frac{\partial u_i}{\partial x_j} + \frac{\partial u_j}{\partial x_i}\right), \quad i,j = 1,2 \tag{9.10}$$

式中, c_s 为 Smagorinsky 常数; l 为特征长度; S_{ij} 为应变率张量。

P 和 B 分别是由于平均速度梯度和浮力引起的湍动能和浮力项:

$$P = \nu_t\left[\left(\frac{\partial u}{\partial z}\right)^2 + \left(\frac{\partial v}{\partial z}\right)^2\right]$$
$$B = \frac{\nu_t}{\sigma_t}\frac{g}{\rho_0}\frac{\partial \rho}{\partial z} \tag{9.11}$$

式中, σ_t 为紊动普朗特数。

F_k 和 F_ε 是水平扩散产生的项, 定义为

$$(F_k, F_\varepsilon) = \left[\frac{\partial}{\partial x}\left(D_{hk}\frac{\partial}{\partial x}\right) + \frac{\partial}{\partial y}\left(D_{h\varepsilon}\frac{\partial}{\partial y}\right)\right](k, \varepsilon) \tag{9.12}$$

式中, D_{hk} 和 $D_{h\varepsilon}$ 为水平扩散系数, $D_{hk} = \nu_{Tx}/\sigma_k$, $D_{h\varepsilon} = \nu_{Tx}/\sigma_\varepsilon$。

9.1.2　模型建立

1. 研究区域

为探求中华鲟产卵场水动力特性与其产卵适合度的关系,本章选取目前唯一已知的中华鲟稳定产卵场区域作为研究区域,即葛洲坝–宜昌水文站江段。其上游边界取距葛洲坝坝轴线约 270m 下游断面,下游边界取宜昌水文站所在位置江段截面 (图 9.1)。为研究大坝不同运行工况下适合中华鲟产卵的水域面积及具体位置,将计算域沿纵向 (沿水流方向) 分为 8 个区,以 Ⅰ ~ Ⅷ表示,沿横向 (垂直水流方向) 分为 4 个区,以 A、B、C、D 表示。

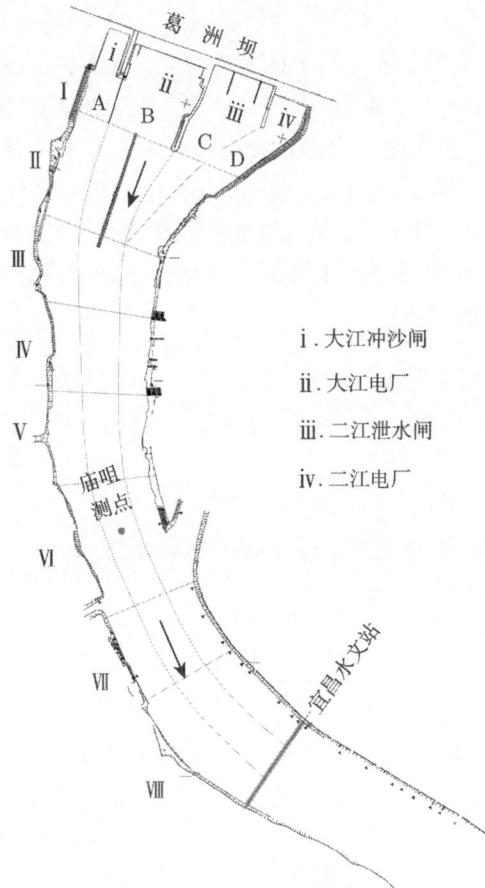

图 9.1　产卵场计算域

2. 边界条件

研究区域地形基于葛洲坝水下地形图,通过将地形图矢量化后构造 DEM 网插值,求得全部研究区域的空间拓扑关系。地形图测点间距离为 10~15m,所以本模型地形数据精度为 10m 左右。由图 9.2 可见,河段整体地形较为平滑,局部地方有浅滩和深潭。葛洲坝下游的电厂尾水可认为是一种急流浅滩环境。在大江电站下游约 1km 处有一个地形较高的条形区域,葛洲坝江心堤建于此条形区域之上。紧邻条形高地的左边是一个深潭,产卵期水深在

40m 左右, 此处及下游 5km、6km 内底质以卵石为主。深潭下游约 800m, 河道开始变窄, 地形也逐渐升高, 形成一个 1km 左右的适合中华鲟产卵的浅滩江段, 此后主河道的地形高程又开始降低。西坝坝首对二江电厂尾水有明显的夹束作用, 将二江电厂尾水挑向右岸, 有弯道环流存在。由此可见, 在河势上葛洲坝下游水域基本具备了中华鲟历史产卵场的特征。

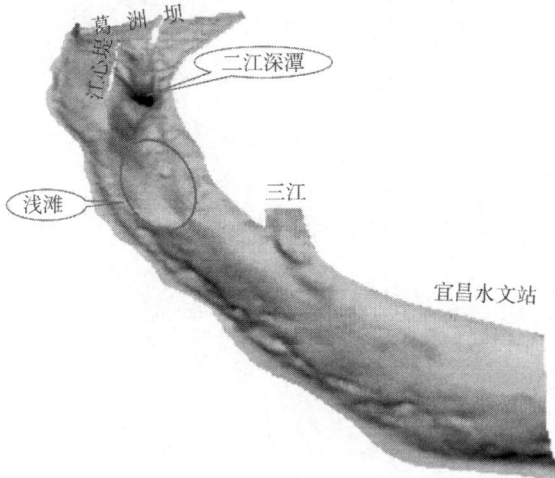

图 9.2　葛洲坝–宜昌水文站水下地形图 (2008 年)

上游进口边界选用葛洲坝出库流量, 包括大江电厂、二江电厂发电下泄流量、二江泄水闸下泄流量及葛洲坝小机组发电下泄流量。流量入口分别选择各发电建筑物和泄水建筑物的尾水出口。葛洲坝大江电厂共 14 台机组, 每台机组设计流量为 825m³/s, 二江电厂 2 台单机容量为 17 万 kW 机组, 其设计流量为 1130m³/s, 5 台单机容量为 12.5 万 kW 机组, 其设计流量为 825m³/s。本研究计算拟定机组运行工况中设定机组允许最大泄流量小于设计流量的 115%。下游边界采用过宜昌水文站的河道断面, 采用宜昌水文站实测水位作为出口断面平均水位。其中恒定流工况根据宜昌站实测水位–流量关系插值得到与下泄流量对应的宜昌站水位, 非恒定流工况采用宜昌水文站实测水位过程。

3. 计算域网格剖分

由于产卵场地形边界非常复杂, 采用非结构网格进行网格划分较为适宜。网格质量和数量直接影响到数值模拟可靠性, 为获得中华鲟产卵、活动区域准确的水动力特性, 单个网格的大小应适合中华鲟短期游动的空间尺寸。成年中华鲟的体长约在 3~4m, 其短时游动的范围为 4~5 倍体长, 因此单个网格平面面积取 300m² 左右较为适宜, 计算域网格数量为200 180 个 (图 9.3)。由于中华鲟属于底栖性鱼类, 主要生活在河道底层, 约为总水深 0.8 的位置。因此, 本研究将水体沿垂向均分为 10 层, 自河床到水面进行逐层编为 1~10 层。

4. 参数选择

1) 糙率

糙率是表征边界表面对水流阻力影响的综合系数。由于整个研究区域的河床质比较统一, 其表层河床质主要是卵圆、扁圆形卵石及沙粒组成, 其中卵石长径 20~50cm 的占 50%,

卵石长径 10~20cm 的占 30%，卵石长径 10cm 以下的占 20%。因此整个研究区域拟将选用相同糙率，并利用同期实测流场分布及边界水位对计算域糙率进行率定。

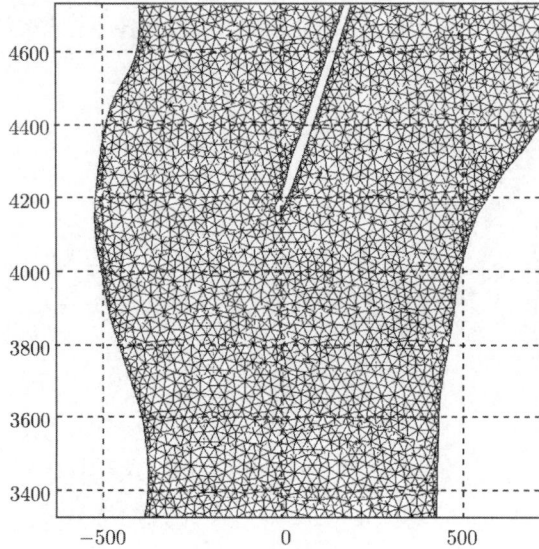

图 9.3　研究区域网格划分图

2) 时间步长

所建模型对于时间的积分方法采用半隐格式，即水平方向采用显式格式，垂直方向采用隐式格式，为使求解稳定，其时间步长必须满足 CFL< 1。在笛卡儿坐标下，浅水方程的定义为

$$\text{CFL}_{\text{HD}} = \left(\sqrt{gh} + |u|\right)\frac{\Delta t}{\Delta x} + \left(\sqrt{gh} + |v|\right)\frac{\Delta t}{\Delta y} \tag{9.13}$$

式中，h 为总水深；u、v 是 x、y 方向的速度分量；g 为重力加速度；Δx 和 Δy 为一个单元在 x、y 方向上的特征长度；Δt 为时间步长。Δx 和 Δy 为每个单元的最小边长，各单元的水深值和速度值存于单元中心点。

5. 初始条件

$$
\begin{aligned}
z(x,y,z,t)|_{t=t_0} &= z_0(x,y,z,t_0)\\
u(x,y,z,t)|_{t=t_0} &= 0\\
v(x,y,z,t)|_{t=t_0} &= 0\\
w(x,y,z,t)|_{t=t_0} &= 0
\end{aligned}
\tag{9.14}
$$

式中，t_0 为初始时刻；z_0 为宜昌站的初始时刻的水位；初始时刻假设为静水条件。

9.1.3　模型验证

1) 验证工况

为验证所建水动力数学模型，如表 9.1 所示，采用两个恒定流工况进行流场验证，而采用一个长序列非恒定流工况进行水位变化过程验证。通过数值模拟结果与实测水位值的比较，最终选取研究江段河床糙率为 0.035。

表 9.1 水动力数学模型验证工况

工况	工况描述
恒定流工况一	大江电厂开启左部 6 台机，共出库泄流 6000m³/s
恒定流工况二	大江电厂开启 10#、13#、16#、19# 机组，二江电厂开启 2#、5# 机组，共出库泄流 6000m³/s
非恒定流工况	2010 年 11 月 1 日～2010 年 12 月 1 日葛洲坝泄流过程

2) 验证点分布图

在恒定流工况下，为验证水动力模型并率定计算域河床糙率，自葛洲坝大坝至下游宜昌水位站共设置 13 个流速测量断面 (图 9.4)，每个断面设置 3~15 个测点，测点编号顺序自左岸往右，a~f 测点为 1#~5# 断面在左岸与大江导流堤之间增加的测点 (图 9.5)。同时，为分析各测点位置在垂直方向上流速分布，分别以垂线的 0.2、0.4、0.8 位置表征表层流速、中层流速、底层流速。

在非恒定流工况下，则依据庙咀水文站的 2010 年 11 月 1 日～2010 年 12 月 1 日实测水位过程，对数值模拟成果进行水文验证。

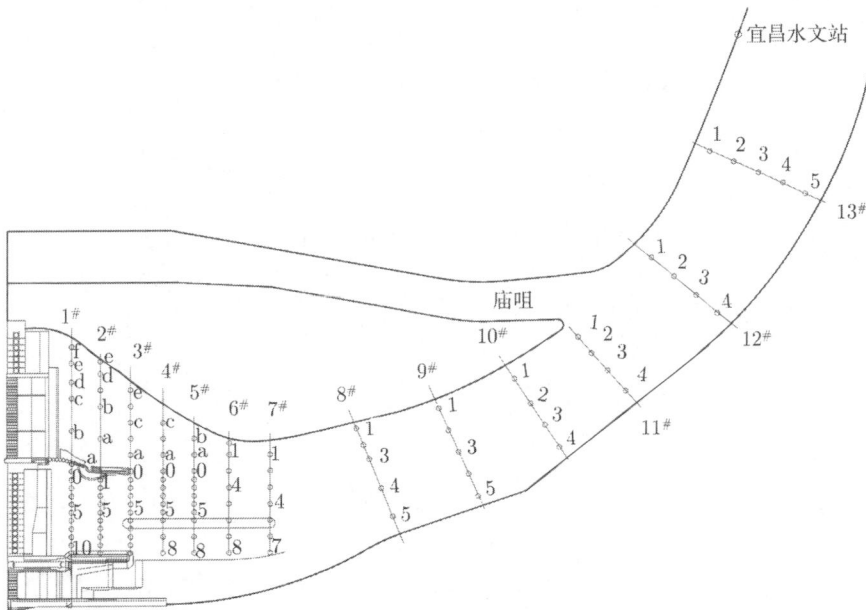

图 9.4 流速测点分布图

3) 验证结果

比较各断面实测流速与数值模拟结果，在工况一和工况二中，除靠近岸边、导流堤及江心堤的测点流速相差较大以外，其他大部分测点的模拟流速与实测流速接近。由于在江心堤附近的江底中堆砌有大量乱石，乱石尺寸小于计算网格尺寸，加之边界上边界层的设置厚度远小于网格尺寸，造成近江心堤和边界上的测点流速实测值与模拟值有较大的差别。其他测点与实测流速值很接近，说明建立水力学模型能对计算域流场有较好的模拟效果，可进行研究区域水动力特性的数值模拟。

非恒定流水位验证成果见图 9.6。

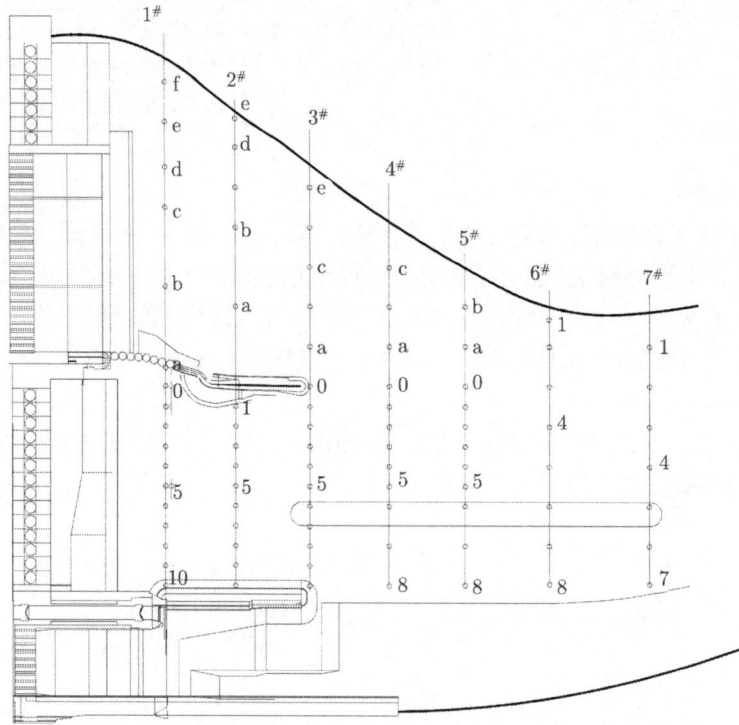

图 9.5　$1^{\#} \sim 7^{\#}$ 断面测点分布

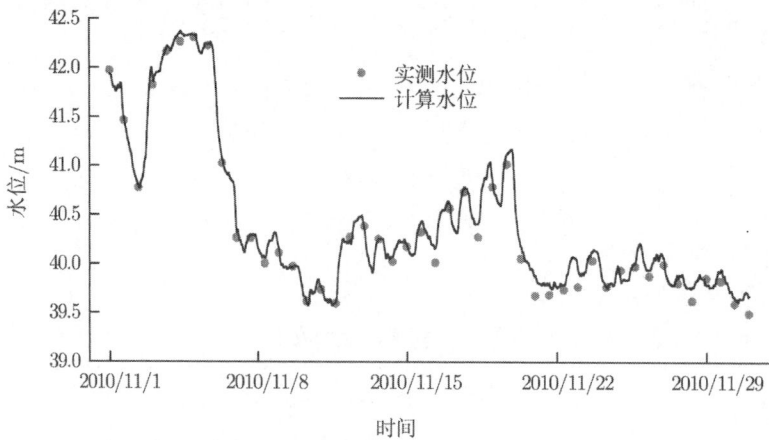

图 9.6　庙咀水位模拟值与实测值比较图

由庙咀水文站的实测水位过程与数值模拟水位过程的比较可见，建立的水动力模型能够较好地模拟研究区域非恒定水流特性。

9.2　三峡蓄水后产卵日产卵场水动力数值模拟

对于中华鲟繁殖所需的水动力条件，前人做了诸多研究，但研究成果多聚焦三峡工程正常蓄水之前。三峡工程正常蓄水后，下游河道水文及水动力特性发生较大变化，这对下游河道的水生生物将产生较大的影响 [8,9]。由于葛洲坝水利枢纽位于三峡工程下游，距三峡坝址约 40km，水库仅具有日调节能力，为三峡的反调节水库，因此三峡水库的蓄泄过程直接影响着葛洲坝的下泄流量。根据对中华鲟产卵日的历史资料可知，中华鲟产卵时间为每年的 10~11 月，恰为三峡水库蓄水期；此时水库水位从 145m 蓄至 175m，使下泄流量显著减少，10 月平均流量从建坝前的 18 980m^3/s 减少到 11 090m^3/s。下泄流量的大幅度减少，使得坝下中华鲟产卵场水文、水动力特性发生较大改变。据中国长江三峡集团公司中华鲟研究所对葛洲坝坝下中华鲟产卵场中华鲟自然繁殖状况的监测资料表明 [10]，自三峡工程蓄水运行后，中华鲟仍能在葛洲坝坝下至庙咀江段进行自然繁殖，说明三峡正常蓄水后，在较小的葛洲坝下泄流量下，中华鲟仍能适应新的水动力环境并能完成自然繁殖。但三峡蓄水后中华鲟产卵情况监测资料表明 [11,12]，蓄水后中华鲟产卵期产卵亲鲟数量和产卵量都有一定程度的降低 (图 9.7)，也说明水动力环境改变已对中华鲟的产卵质量造成了一定负面影响 [13]。为分析蓄水后中华鲟产卵场水动力特性，获得中华鲟自然繁殖对于水动力特性的耐受区间，本节利用所建产卵场水动力数学模型对三峡蓄水至 156m 后中华鲟产卵日其产卵位置进行水动力数值反演。

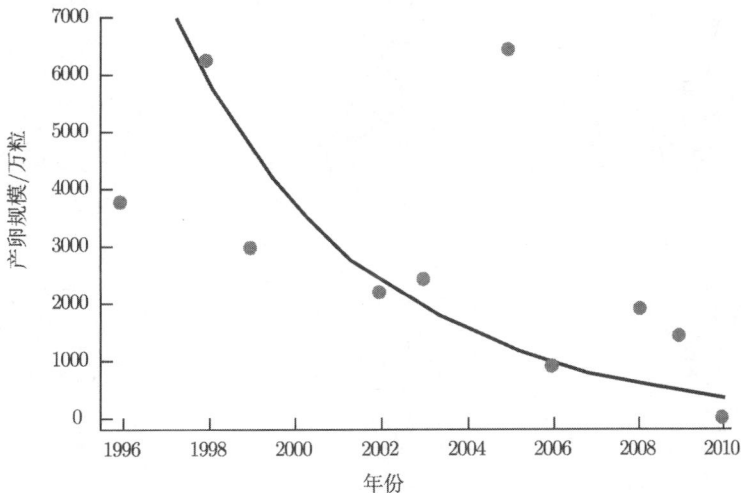

图 9.7　1996~2010 年实测中华鲟产卵情况分布图

9.2.1　工况拟定

根据中华鲟自然繁殖相关监测资料，得出 2006~2010 年葛洲坝坝下中华鲟自然繁殖的时间、位置及相应的葛洲坝径流过程，确定的数值反演恒定流工况如表 9.2 所示。

表 9.2　2006～2010 年中华鲟产卵时间及产卵场分布范围

工况	产卵时间	产卵场分布范围	葛洲坝出库流量/(m³/s)	宜昌站水位/m
1	2006/11/13	左岸药厂对应江段	7329	40.50
2	2007/11/23	左岸药厂对应江段	6905	40.28
3	2008/11/26	磷肥厂—三峡药厂	9404	41.72
4	2009/11/23	坝下—导流墙尾	5767	39.54
5	2010/11/22	坝下—导流墙尾	6419	39.93

9.2.2　各反演工况底层流速和水深分布

中华鲟作为底栖鱼类, 主要生活在水体底层, 因此本章主要关注相对水深为 0.8 的第 2 层的水体水动力特性。针对拟定的 2006～2010 年各中华鲟产卵日产卵时段大坝运行工况, 对研究区域进行数值模拟, 得到各工况水体底层 (2 层) 的流速分布和水深分布, 见表 9.3。

表 9.3　2006～2010 年中华鲟产卵日产卵场流速、水深分布

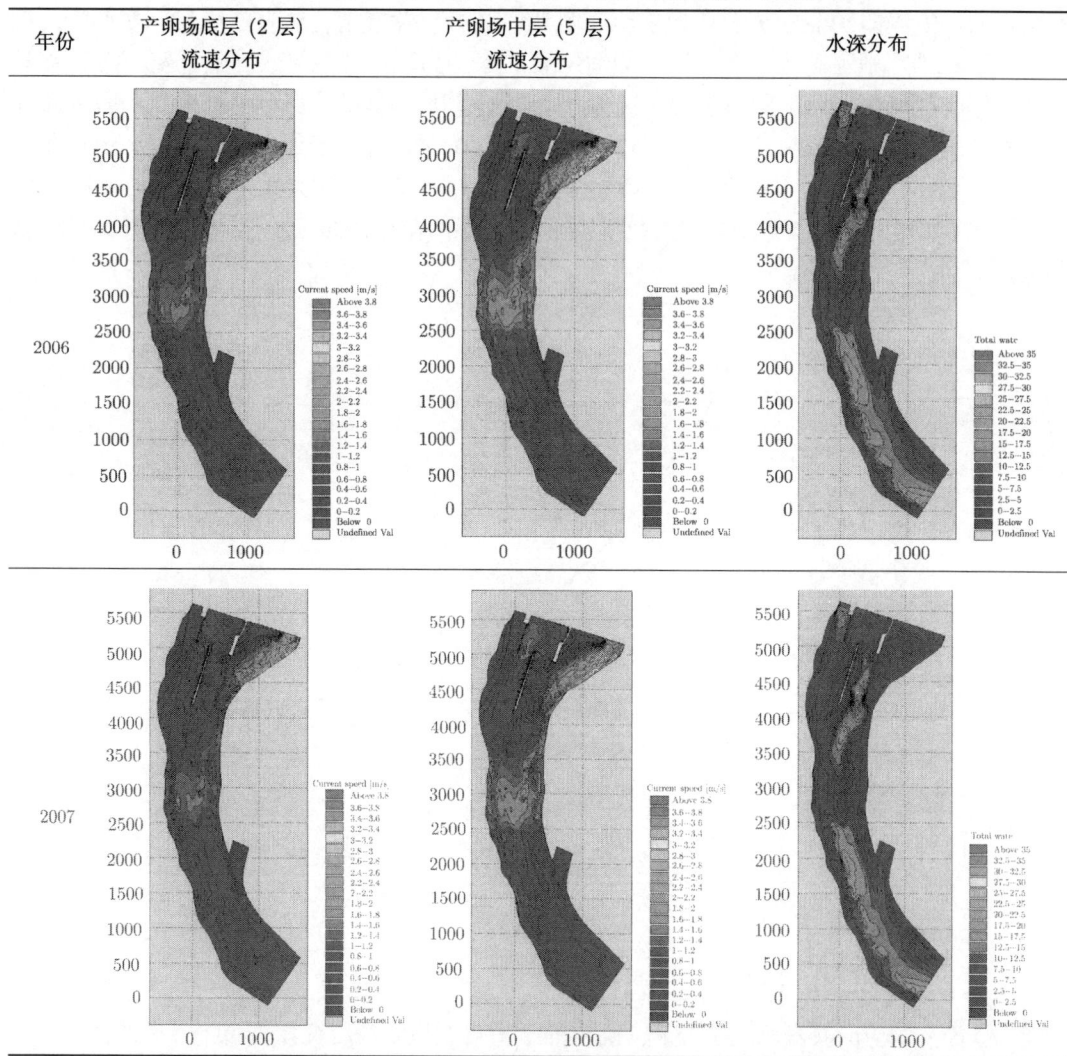

续表

年份	产卵场底层 (2 层) 流速分布	产卵场中层 (5 层) 流速分布	水深分布
2008			
2009			
2010			

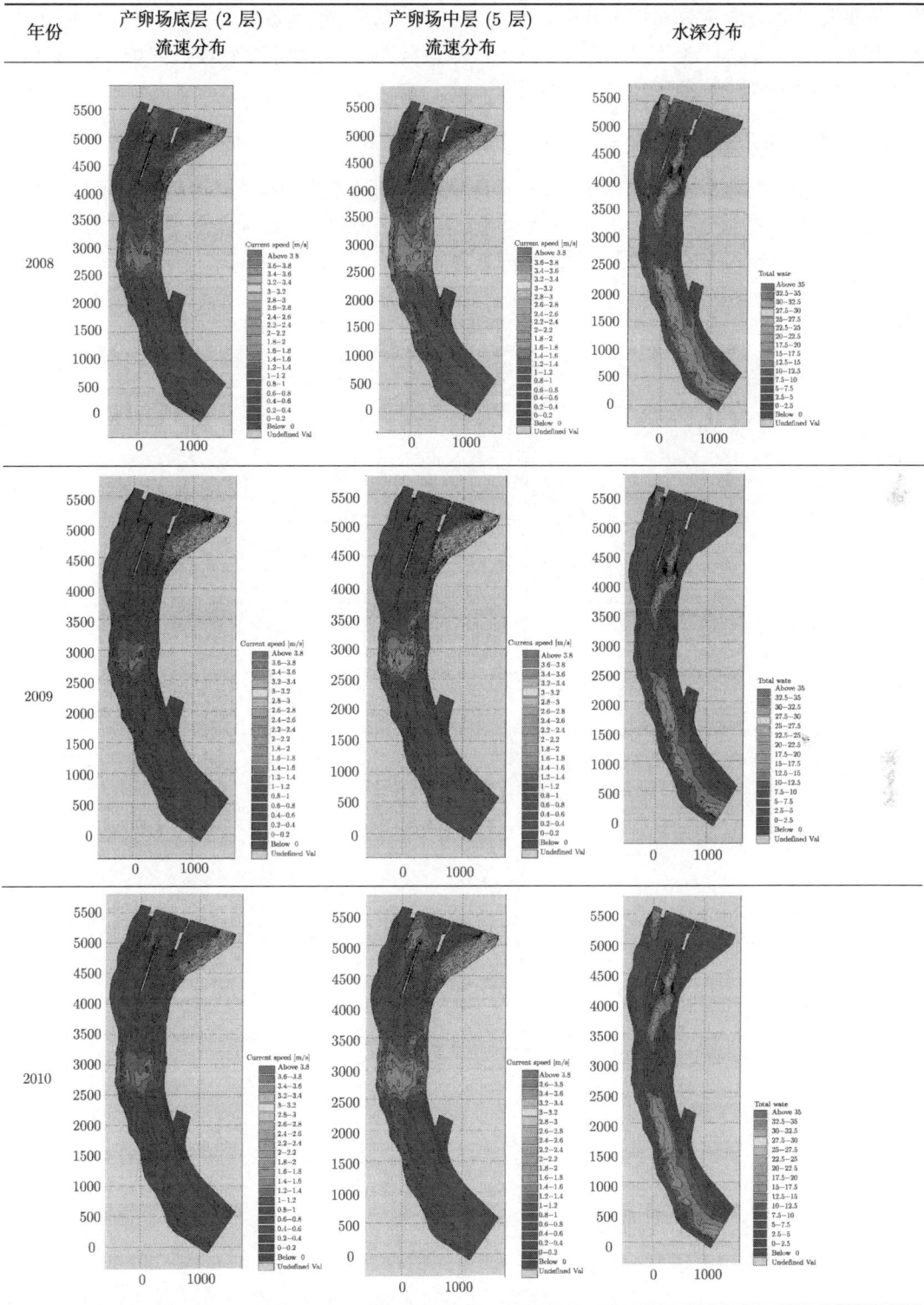

根据表 9.3 所示，在 2006~2010 年中，虽然各年产卵时间及产卵时大坝运行工况不同，但其产卵场流场及水深分布极为相似，仅 2008 年整体流速值略偏高。另外，产卵场水深分布也极为相似，这说明蓄水运行后虽大坝下泄流量减少，造成坝下中华鲟产卵场水动力环境的变化，但中华鲟产卵行为对水动力特性仍具有一定选择性。

9.2.3　产卵区域流速分析

基于数值计算结果，将各年中华鲟产卵区域各单元流速值进行统计分析，得出三峡水库蓄水后产卵位置的流速特性。根据 2006~2010 年各年产卵区域流速统计，得出区域最大流速为 3.32m/s。统计得出中华鲟产卵区域流速分布频率 (图 9.8，图 9.9)。

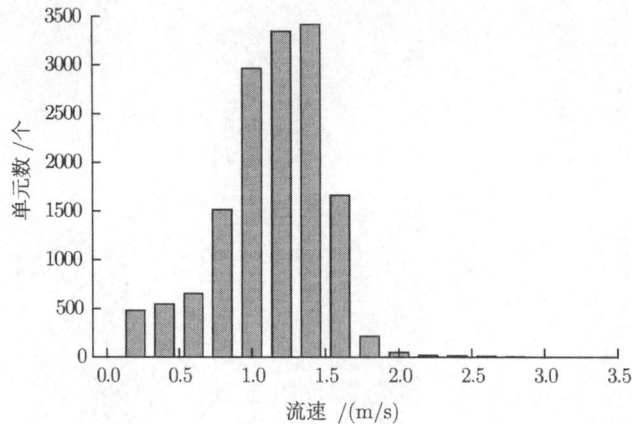

图 9.8　三峡蓄水后中华鲟产卵区域流速分布

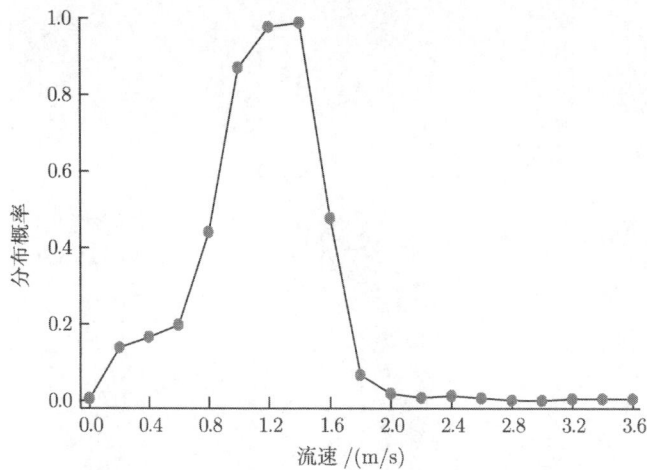

图 9.9　三峡蓄水后中华鲟产卵区域流速概率分布

由三峡蓄水后中华鲟产卵区域流速分布频率可见，产卵区域流速值分布呈现近 χ^2 分布，说明三峡蓄水后中华鲟产卵行为对河道流速仍具有一定选择性。由图 9.9 可见，产卵区域流速在 0.2~1.8m/s 范围内，大于概率 0.6 的流速范围为 0.87~1.56m/s，大于概率 0.8 的流速范围为 0.97~1.48m/s。因此得出，三峡蓄水后中华鲟产卵对流速因子的选择范围为

0.87~1.56m/s，最偏好选择范围为 0.97~1.48m/s。此流速范围与蓄水前 1996~1999 年中华鲟产卵场流速实测值 (表 8.1)、张辉等 [13] 测得 2004~2005 年的中华鲟产卵区流速实测值、其他各相关学者研究所得产卵流速偏好，均较为接近，但流速值较其略微减小。上述研究结果表明，虽然大坝蓄水减小了下泄流量，造成坝下产卵场平均流速的降低，但中华鲟在新环境中尽量选择了接近其产卵流速偏好值的区域进行自然繁殖。

9.2.4 产卵区域水深分析

除流速之外，水深也是中华鲟产卵场水动力特性的重要组成因子，不但影响着水温、溶解氧饱和度、光照强度等，还对中华鲟的生活空间和位置产生直接影响 [14,15]。根据三峡蓄水后 2006~2010 年各年产卵日工况下水深分布模拟结果，对产卵区域单元进行各年的水深统计，得出产卵区域水深最大值为 38.5m。统计得出中华鲟产卵区域水深分布频率，如图 9.10、图 9.11 所示。

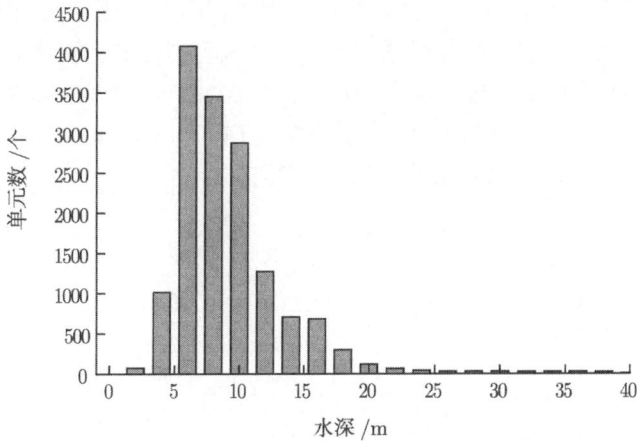

图 9.10 三峡蓄水后中华鲟产卵区域水深分布

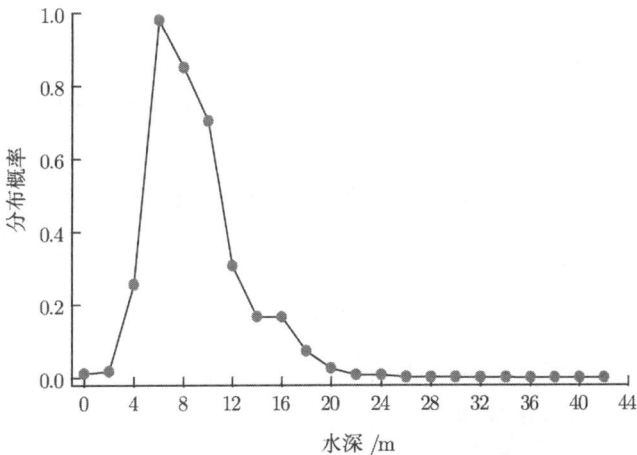

图 9.11 三峡蓄水后中华鲟产卵区域水深概率分布

三峡蓄水后中华鲟产卵区水深分布频率仍近似于 χ^2 分布, 由此可见蓄水后中华鲟产卵对水深仍具有一定选择性。由图 9.10 可知, 产卵区各单元水深主要为 3~18m。经概率计算得出概率大于 0.6 的水深范围为 4.94~10.54m; 概率大于 0.8 的水深范围为 5.47~8.67m。因此, 三峡蓄水后中华鲟产卵对于水深的选择范围为 5.47~8.67m, 这与前文所得三峡蓄水前中华鲟产卵水深偏好相比偏小。进一步说明大坝蓄水使大坝下泄流量减小, 坝下产卵场平均水深减小, 中华鲟在新环境中被迫选择与其产卵水深需求接近的区域进行产卵。

9.2.5　产卵区域紊动能分析

紊动能作为衡量水流紊动状态的重要指标, 是反映因紊动而引起的水流能量损失的主要体现, 这种掺混较强的水流对促进亲鱼的发育及产卵具有重要意义。根据各年中华鲟产卵区域计算单元紊动能统计分析, 得出产卵区域紊动能分布概率 (图 9.12)。根据产卵区域紊动能概率分布曲线可见产卵区的紊动能存在一定范围和阈值, 说明蓄水后中华鲟对产卵区水流紊动特性具有一定选择性。这与以往研究认为中华鲟产卵前栖息地一般位于流速较紊乱处的认知相符, 其特殊的流态可能是刺激中华鲟性腺发育成熟的主要因素。根据紊动能概率分布图得出, 中华鲟产卵区紊动能主要分布在 0.01~0.05m²/s² 之间, 概率高于 0.6 的紊动能范围为 0.012~0.031m²/s², 概率高于 0.8 的紊动能范围为 0.016~0.025m²/s²。这说明中华鲟喜好在水流紊动较强、流态较为复杂的区域产卵繁殖。

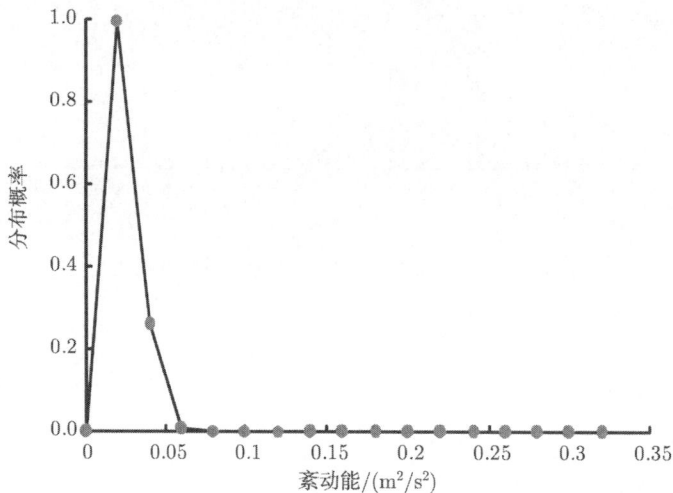

图 9.12　三峡蓄水后中华鲟产卵区域紊动能概率分布

参 考 文 献

[1] 陶江平, 乔晔, 杨志, 等. 葛洲坝产卵场中华鲟繁殖群体数量与繁殖规模估算及其变动趋势分析 [J]. 水生态学杂志, 2009, 2(2): 37-43.

[2] Zhou J, Zhao Y, Song L, et al. Assessing the effect of the Three Gorges reservoir impoundment on spawning habitat suitability of Chinese sturgeon (Acipenser sinensis) in Yangtze River, China[J]. Ecological Informatics, 2014, 20(3): 33-46.

[3] 罗专溪, 张远, 郑丙辉, 等. 三峡水库蓄水初期水生态环境特征分析 [J]. 长江流域资源与环境, 2005, 14(6): 781-785.

[4] Gao X, Zeng Y, Wang J, et al. Immediate impacts of the second impoundment on fish communities in the Three Gorges Reservoir[J]. Environmental Biology of Fishes, 2010, 87(2): 163-173.

[5] Xiao H, Duan Z H. Hydrological and water chemical factors in the Yichang reach of the Yangtze River pre- and post-impoundment of the Three Gorges Reservoir: consequences for the Chinese sturgeon Acipenser sinensis spawning population [J]. Journal of Applied Ichthyology, 2011,27(2): 387-393.

[6] 王远坤, 夏自强. 长江中华鲟产卵场三维水力学特性研究 [J]. 四川大学学报 (工程科学版), 2010, 42(1): 14-19.

[7] 吴凤燕, 付小莉. 葛洲坝下游中华鲟产卵场三维流场的数值模拟 [J]. 水力发电学报, 2007, 26(2): 114-118.

[8] Majumdar S, Rodi W, Zhu J. Three-dimensional finite-volume method for incompressible flows with complex boundaries [J]. Journal of Fluids Engineering, 1992, 11(4): 496-503.

[9] 郭文献, 王鸿翔, 徐建新, 等. 三峡水库对下游重要鱼类产卵期生态水文情势影响研究 [J]. 水力发电学报, 2011, 30(3): 22-26.

[10] 陶江平, 龚昱田, 谭细畅, 等. 长江葛洲坝坝下江段鱼类群落变化的时空特征 [J]. 中国科学: 生命科学, 2012, 42(8): 677-688.

[11] Gao X, Brosse S, Chen Y B, et al. Effects of damming on population sustainability of Chinese sturgeon, Acipenser sinensis: evaluation of optimal conservation measures[J]. Environmental Biology of Fishes, 2009, 86(2): 325-336.

[12] 杨宇, 严忠民, 常剑波. 中华鲟产卵场断面平均涡量计算及分析 [J]. 水科学进展, 2007, 18(5): 701-705.

[13] 张辉, 危起伟, 杨德国, 等. 葛洲坝下中华鲟自然繁殖流速场的初步观测 [J]. 中国水产科学, 2007, 14(2): 183-191.

[14] Wang Y, Xia Z. Assessing spawning ground hydraulic suitability for Chinese sturgeon (Acipenser sinensis) from horizontal mean vorticity in Yangtze River[J]. Ecological Modelling, 2009, 22(11): 1443-1448.

[15] Luo J, Jiang W, Chen Q W, et al. Estimation on abundance of egg-predatory fishes in the spawning ground of Chinese sturgeon below the Gezhouba Dam[J]. Freshwater Fisheries, 2013, 43(5): 27-30.

第 10 章　中华鲟产卵场产卵适合度模型研究

为评价不同调度运行工况下中华鲟产卵场水动力特性对其自然繁殖的适合程度，本章重点介绍中华鲟产卵场产卵适合度模型研究。该模型将河道流场特性与中华鲟自然繁殖的水动力需求指标相结合，可用于定量描述流场水动力特性对中华鲟自然繁殖的适合程度。

10.1　河流内流量增量法

生态流量计算方法中，基于生物学基础的栖息地模拟法约有 50 多种，其中应用最广泛的是河流内流量增量法 (instream flow incremental methodology, IFIM)。IFIM 法由美国渔业和野生动物委员会 (USFWS) 于 20 世纪 70 年代末提出，在全球多个国家得到广泛应用 [1-3]。该法将水力学模型与特定水生生物不同阶段生活史相结合，定量描述河流流量和栖息地之间的关系，从而确定某一物种特殊生活史阶段的生态需水量 [4-7]。

IFIM 法的技术核心是栖息地生境模拟，可根据栖息地尺度大小将其模拟过程划分为：微生境模拟、中生境模拟、大生境模拟 [8-10]。微生境模拟是将生物数据引入 IFIM 法的基础。在微生境模拟中最重要的部分是栖息地适应性标准和水动力学模型，以及这两者的耦合方法。IFIM 法中的微生境是指鱼类所处位置在距离上比较接近的各类周围环境，近似于斑块的概念，如其隐藏位置周围的岩石、流速、水深等。中生境指包含微生境的较大尺度的各类周围环境，同时是局部的而不是影响整个河流的，近似于大斑块的概念，如局部污染的水体，包含微生境的激流或者深潭。大生境是指包含中生境的大范围环境，近似于基质的概念，如水温、雨季或枯季等。对于栖息地环境因子，微生境同时具有中生境和大生境的环境因子，中生境具有大生境的环境特征。

微生境、中生境、大生境的区分是相对的，对于不同类型的鱼类，生境尺度的划分往往并不一致。在模拟过程中选择适宜的生境尺度，对模拟效果会产生直接影响 [11,12]。中华鲟体型庞大，其微生境和中生境之间边界比较模糊，同时由于中华鲟活动在长江的底层，目前对其活动的了解还较有限，难以对生境因子进行细致模拟。如前所述，影响中华鲟产卵的主要为微生境因子，因此本章在分析大坝不同运行工况下的产卵场水动力条件变化时，重点考虑了流速、水深和底质。

10.2　中华鲟产卵场产卵适合度模型

产卵场产卵适合度模型主要通过建立产卵适合度方程，对影响该特定物种繁殖的主要生态因子进行数值评价。本节研究对象是中华鲟，模拟生命阶段为中华鲟亲鲟在葛洲坝下产卵场产卵期。根据前期调查结果可知，目前中华鲟能自然繁殖的产卵场主要为葛洲坝坝下至庙咀约 4km 江段上，因此中华鲟产卵场适合度方程主要评价葛洲坝至庙咀江段的水动力特性对中华鲟自然繁殖的适合程度。

对于产卵场的模拟基于以下假定 [13,14]: ① 产卵场适合度是流量的函数, 且与物种数量之间存在一定的比例关系; ② 流量变化通过水深、流速、河床质和遮蔽物对物种数量和分布造成影响, 这些因素之间也相互影响, 共同确定河流微生境条件; ③ 河床形状在模拟过程中保持不变。产卵场适宜性曲线是量化物种产卵行为对于外界生境因子的需求度, 以此曲线得到模拟区域每个单元影响因子的组合适宜值, 将各单元的生境因子组合适宜值与该单元水平面上的投影面积相乘, 得出该单元适合物种自然繁殖的加权可利用面积 WUA(weighted usable area), 以此作为该单元对于物种自然繁殖的适合度; 运用累加方法可得出整个研究区域适合研究物种自然繁殖的总适合度或适合研究物种自然繁殖的总加权可利用面积, 表示该工况产卵场水动力环境对于研究物种产卵的适合程度 (产卵适合度)

$$\mathrm{WUA} = \sum_{i=1}^{n} \mathrm{CSF}(V_i, D_i, C_i) \times A_i \tag{10.1}$$

式中, WUA 表示研究河段的微生境适宜性面积; $\sum_{i=1}^{n} \mathrm{CSF}(V_i, D_i, C_i)$ 是每个单元影响因子的组合适宜值; V_i 是流速适宜值; D_i 是水深适宜值; C_i 是河道指标适宜值, 包括河床质和遮蔽物; A_i 是每个单元在水平面上的投影面积。产卵场影响因子组合适宜值有三种确定公式:

$$\mathrm{CSF}_i = V_i \times D_i \times C_i \tag{10.2}$$

$$\mathrm{CSF}_i = (V_i \times D_i \times C_i)^{1/3} \tag{10.3}$$

$$\mathrm{CSF}_i = \min(V_i \times D_i \times C_i) \tag{10.4}$$

公式 (10.2) 将影响因子的适宜值相乘, 体现了它们的综合作用结果; 公式 (10.3) 考虑当某一影响因子较为不利时, 组成产卵场影响因子之间的补偿影响; 公式 (10.4) 将最不适于鱼种生存的影响因子适宜值作为组合适宜值。本研究采用公式 (10.2) 计算各单元的 CSF 值。

产卵场各影响因子的适宜值是用来衡量特定物种特定行为的量化指标, 其值是根据中华鲟产卵场在产卵日的多年监测资料综合分析得到。产卵场适宜性标准值用 0~1 之间的数值表示产卵场影响因子 (水深、流速、河床质和遮蔽物) 对鱼种的影响, 对于影响因子最适宜鱼种产卵的情况, 赋予数值 1, 最不适宜鱼种产卵的情况, 赋予数值 0, 中间值表示物种对特定因素的适合程度。由于三峡–葛洲坝修建前后中华鲟产卵场水动力特性有较大改变, 根据中华鲟自然繁殖监测结果及前期研究结果, 中华鲟对于河床水动力特性的改变虽存在一定耐受性, 但其繁殖质量受到一定影响 (图 10.1)。此处主要针对三峡蓄水后水动力特性改变对中华鲟自然繁殖的影响, 对能够有效补偿中华鲟繁殖需求的水库生态调度优化方案进行研究, 因此建立的中华鲟产卵场产卵适合度模型, 采用综合分析三峡蓄水前后中华鲟繁殖水动力偏好选择范围的方法, 得出中华鲟产卵水动力适宜性曲线 (图 10.2, 图 10.3), 并以此分析不同大坝调度运行工况下的产卵场水动力特性对产卵适合程度的评价指标。

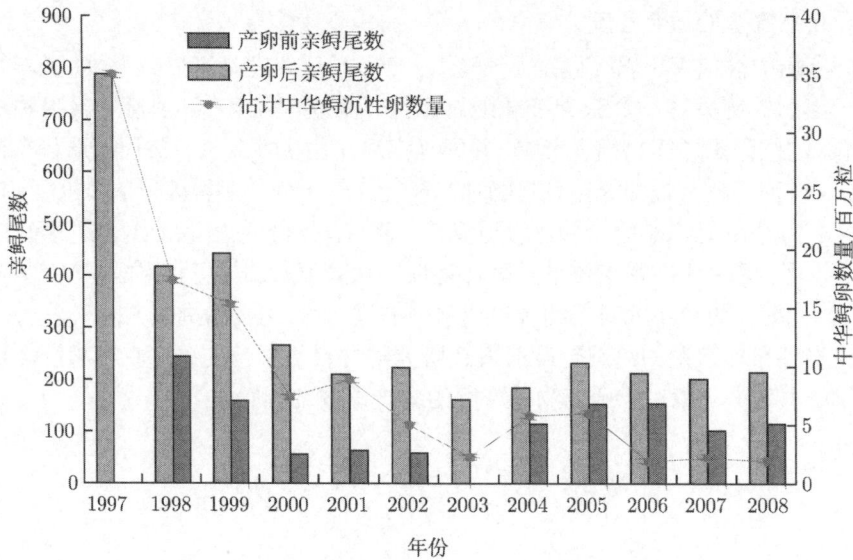

图 10.1　三峡蓄水前后中华鲟产卵亲鲟及产卵量对比图

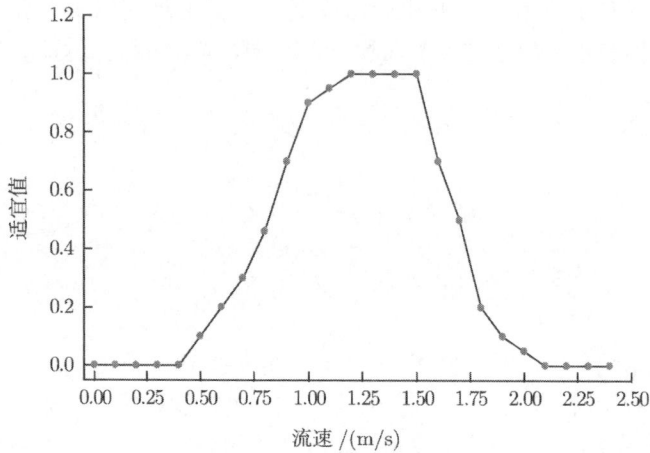

图 10.2　流速适宜性曲线

　　对于河床质和遮蔽物适宜度曲线，Brusven 提出以编码的形式进行模型化。河床质模型编码由 3 个数字组成，第一个代表主要河床质，第二个代表次要河床质，第三个 (位于小数点后) 代表各种颗粒在细砂中埋藏的百分比 (DSE)[15]。遮蔽物分为 4 种类型：深水区隐蔽处、水面上方植物遮蔽、水体扰动遮蔽和物体庇护所。Hampton 描述了 7 种遮蔽物类型并对遮蔽物进行编码。其中第一个数字代表主要的遮蔽物，第二个数字代表次要遮蔽物，第三个数字 (位于小数点后) 代表遮蔽物的质量：差、中等、好或优秀。根据 2007 年葛洲坝至庙咀江段中华鲟产卵场的河床质及中华鲟受精卵散布和附着状态的水下视频观察得出 [16]，中华鲟产卵场河床质主要为 10~50cm 卵圆或扁圆的卵石叠加而成。相关学者分析了中华鲟历史栖息地后认为，中华鲟喜好在卵石底质的河道中栖息和产卵，因此将葛洲坝至庙咀研究区域的底质统一概化为卵石，满足中华鲟对底质的需求。在中华鲟活动水域中有很多大石形成的遮蔽物，还存在深近 40m 的深槽，目前的研究和探测还未发现中华鲟对大石或下切河床有特殊的偏好，因此，可在产卵场模拟中不对遮蔽物进行限制，假设模拟河段目前的遮蔽物状况满足中华鲟的需要。因此，采用的中华鲟产卵场适合度模型中认为研究区域的河床质和遮蔽物是适合中华鲟自然繁殖的，即 $C_i=1$。

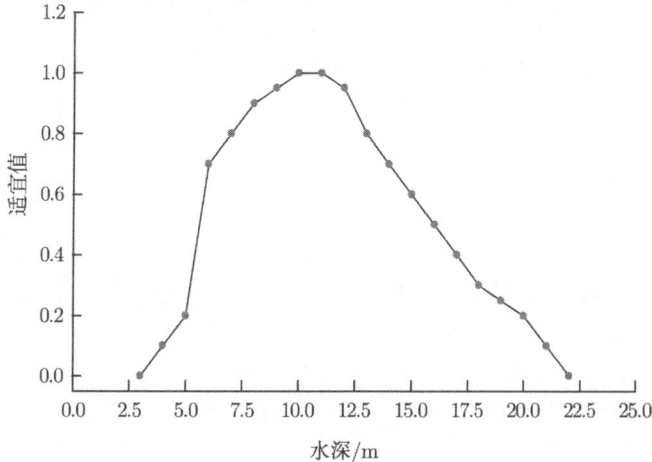

图 10.3 水深适宜性曲线

为研究江段获得中华鲟可能产卵的确切位置，根据流场水动力模拟计算结果及中华鲟产卵场适合度模型，计算出每个计算单元的影响因子组合适宜值 CSF 值。由于 CSF 值反映各影响因子的综合作用，流场数值模拟计算的网格单元面积相对整个区域面积较小，因此 CSF 值能反映该单元的水动力微生境是否满足中华鲟的繁殖需求。从统计的角度，研究认为 CSF 值大于 0.6 的计算单元满足中华鲟自然繁殖的水动力微生境条件，根据分布面积的大小可以比较不同调度工况对中华鲟自然繁殖的适合程度，以及预测各调度工况下中华鲟自然繁殖的具体位置。

参 考 文 献

[1] 班璇, 李大关, 李丹. 葛洲坝下游中华鲟产卵栖息地适宜度标准研究 [J]. 武汉大学学报: 工学版, 2009, 42(2): 172-177.

[2] Bovee K D. A guide to stream habitat analysis using the Instream Flow Incremental Methodology. IFIP No. 12[R]. US Fish and Wildlife Service, 1982.

[3] Scott D, Shirvell C S. A Critique of the Instream Flow Incremental Methodology and Observations on Flow Determination in New Zealand[M]. Regulated streams. Springer US, 1987: 27-43.

[4] 张辉, 危起伟, 杨德国, 等. 葛洲坝下中华鲟自然繁殖流速场的初步观测 [J]. 中国水产科学, 2007, 14(2): 183-191.

[5] 杨宇. 中华鲟葛洲坝栖息地水力特性研究 [D]. 南京: 河海大学, 2007.

[6] Dunbar M J, Gustard A, Acreman M C. Review of Overseas Approaches to Setting River Flow Objective[R]. UK, Environment Agency R&D Technical Report, 1998.

[7] 张陵蕾, 吴宇雷, 张志广, 等. 基于鱼类栖息地生态水文特征的生态流量过程研究 [J]. 水电能源科学,

2015, 33(3): 1-3.

[8] Rochard E, Castelnaud G, Lepage M. Sturgeons (Pisces: Acipenseridae) threats and prospects[J]. Journal of Fish Biology, 1990, 37: 123-132.

[9] 余志堂, 周春生, 邓中林, 等. 葛洲坝枢纽下游中华鲟自然繁殖的调查 [J]. 水库渔业, 1983, (2): 2-4.

[10] 易雨君, 王兆印, 姚仕明. 栖息地适合度模型在中华鲟产卵场适合度中的应用 [J]. 清华大学学报 (自然科学版), 2008, 48(3): 340-343.

[11] 禹雪中, 杨志峰, 廖文根. 水利工程生态与环境调度初步研究 [J]. 水利水电技术, 2005, 36(11): 20-22.

[12] Leclerc M, Boudreault A, Bechara T A, et al. Two-dimensional hydrodynamic modeling: a neglected tool in the instream flow incremental methodology[J]. Transactions of the American Fisheries Society, 1995, 124(5): 645-662.

[13] 王远坤, 夏自强. 长江中华鲟产卵场三维水力学特性研究 [J]. 四川大学学报 (工程科学版), 2010, 42(1): 14-19.

[14] 吴凤燕, 付小莉. 葛洲坝下游中华鲟产卵场三维流场的数值模拟 [J]. 水力发电学报, 2007, 26(2): 114-118.

[15] 张辉, 危起伟, 杨德国, 等. 葛洲坝下游中华鲟产卵场地形分析 [J]. 生态学报, 2007, 27(10): 3945-3955.

[16] 杜浩, 班璇, 张辉, 等. 天然河道中鱼类对水深、流速选择特性的初步观测 [J]. 长江科学院院报, 2010, 27(10): 70-71.

第11章 水利水电工程运行对中华鲟胁迫问题研究

相关研究认为，现有条件下的中华鲟生存状况并不乐观 [1,2]。若只受到一般影响，中华鲟种群将持续下降，在 40 年左右保持稳定，种群增长率为 −1.8%，种群数量为 4325±264，下降到原有的 16.1%。若在最佳条件下，中华鲟种群数量会略微下降 (24 481±741)，但是种群增长率仅为 0.7%，说明即使狭小的产卵场限制了中华鲟的繁殖，但如果其他环境条件满足要求，中华鲟种群数量仍可保持在较理想水平。若在最差条件下，中华鲟种群在模拟的第 42 年可能会灭绝，在 100 年内的灭绝概率为 100%。在无葛洲坝影响的情况下，中华鲟的种群数量保持稳定 (27 201±2272)，种群增长率为 2.9%，与一般影响下的种群数量和种群增长率有极显著差异 ($P < 0.005$)。并且，无葛洲坝影响下模拟的中华鲟种群数量和种群增长率与最佳状况和最差状况下模拟的种群数量和种群增长率也有极显著差异 ($P < 0.005$)，这说明葛洲坝改变了中华鲟的生存条件，对中华鲟种群的影响是巨大的。

本章将通过对长江中上游中华鲟繁殖情况的长序列资料收集，对三峡–葛洲坝梯级水电工程运行对中华鲟的胁迫问题进行分析研究，为中华鲟资源的有效保护提供一定借鉴。

11.1 产卵场面积变化

据资料记载，历史上中华鲟的主要栖息地位于金沙江下游和重庆以上的长江上游。主要产卵场分布在屏山下游的新市至长江上游的木洞约 800km 长的江段上，约 16 处 (图 11.1)。葛洲坝水利枢纽的修建阻隔了中华鲟的溯河洄游通道，中华鲟繁殖群体被迫滞留于葛洲坝坝下江段，并形成新的产卵场 [3]。葛洲坝坝下产卵场是目前中华鲟繁殖群体的主要栖息地，也是迄今发现的中华鲟唯一现存的产卵场。张辉等 [4] 根据 1981 年葛洲坝截流至 1998 年对葛洲坝河床研究的历史资料，结合 1999~2006 年间获得的中华鲟产卵场所在江段河床的 5 次地形数据，得出葛洲坝至磨基山江段中华鲟产卵场与历史产卵场相比极其相似，满足四川省长江水产资源调查组提出的中华鲟产卵场的地形条件：上有深水急滩，中有深洼的洄水沱，下为宽阔石砾或卵石碛坝浅滩；产卵场必在河流转弯或转向的外侧，必须具有使河流转向的峡谷、巨石或矶头石梁延伸于江中。近年来监测表明，中华鲟自然繁殖活动被压缩于葛洲坝至庙咀约 4km 的江段内 (图 11.2)。

11.2 产卵场水文及水动力条件变化

三峡–葛洲坝梯级水电工程的运行改变了坝下河段天然径流过程，使坝下中华鲟产卵场的水文及水动力特性发生变化 [5,6]。

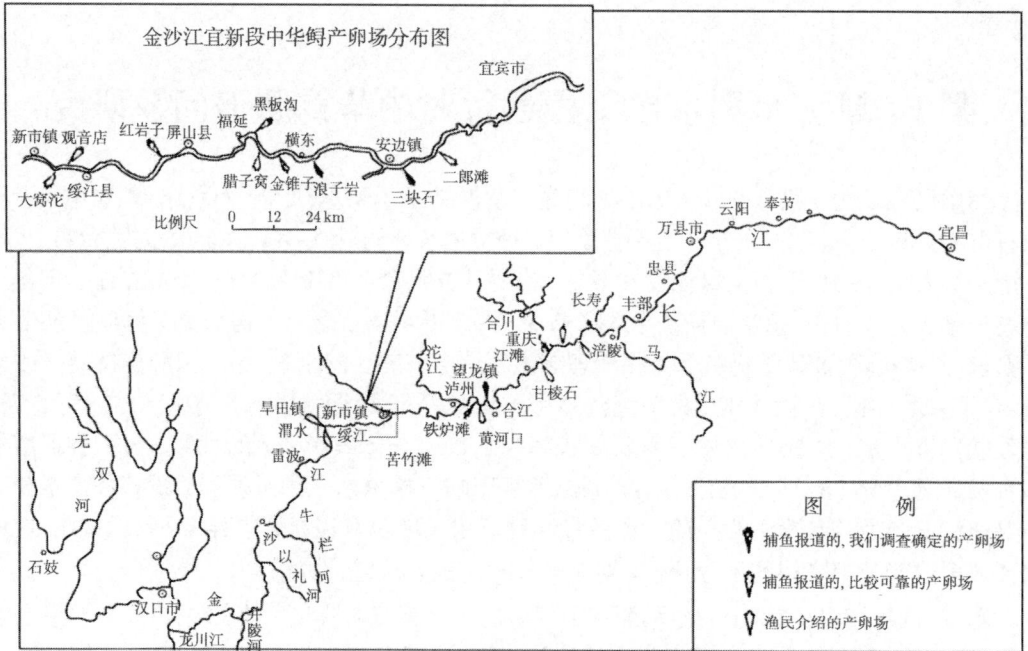

图 11.1　中华鲟的历史产卵场

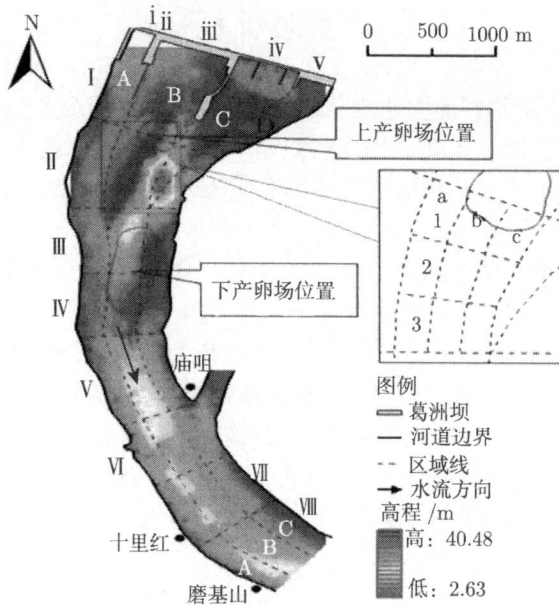

图 11.2　中华鲟现存的产卵场 (见彩图)

　　由 1950~2004 年的宜昌站月平均流量资料 [7](图 11.3),葛洲坝和三峡建坝后下游流量变化明显。中华鲟产卵期 (10~11 月) 平均流量占年总流量的比例减少,葛洲坝建坝后 10~11 月平均流量分别为 17 273m³/s、9693m³/s,三峡建坝后减至 14 073 m³/s、7500m³/s,尤其是

11 月减幅较大。根据三峡蓄水前 (1998~2003 年) 和蓄水后 (2003~2008 年) 宜昌水文站月平均流量和月平均含沙量比较图 (图 11.4) 可见，三峡蓄水运行后改变了坝下河道的径流过程，其中在枯水期和汛期流量变化最为明显。在中华鲟产卵期 (10~11 月)，蓄水后葛洲坝下泄流量明显少于蓄水前，对中华鲟自然繁殖造成一定影响。根据宜昌站水文监测资料，蓄水后多年平均流量比蓄水前减少了 13.7%，多年平均含沙量则从蓄水前的 0.467kg/m³ 下降到蓄水后的 0.07kg/m³，相应月平均含沙量下降了 72%~98%，特别是在中华鲟产卵期 (10~11 月) 下降了 90%。根据 8.1.3 节研究结果，含沙量的下降也有利于中华鲟产卵。

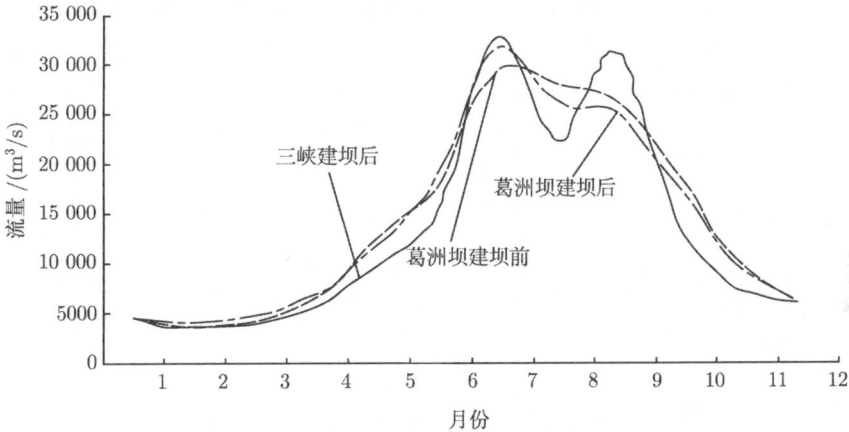

图 11.3　宜昌站多年平均流量年内分配

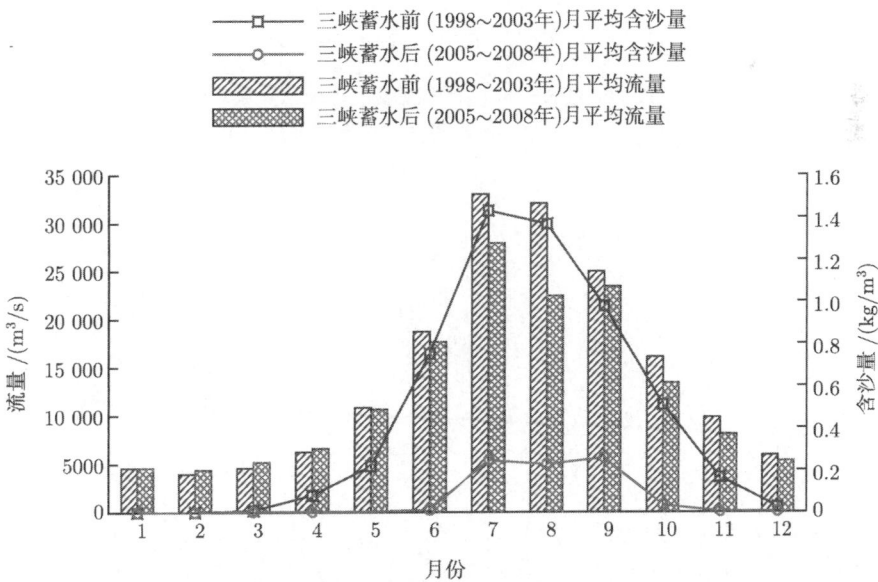

图 11.4　三峡蓄水前后宜昌站月平均流量和月平均含沙量比较图

另据 2003~2008 年三峡工程运行蓄水后坝下流量实测值与无三峡工程坝下流量的还原计算值比较 (图 11.5，图 11.6)，2003 年 6 月 ~2006 年 9 月水库按 139~135m 方式运行时，除在蓄水期 (9 月、10 月) 和泄水期流量有所变化外，其余时期流量变化较小。2006 年

10 月 ~2007 年 9 月水库按 156~144m 方式运用, 在汛后蓄水期和汛前增泄期流量有所变化, 其余时期变化不大。蓄水期 (2006 年 9 月 20 日 ~2006 年 10 月 30 日) 坝址平均下泄流量由无三峡工程时的 12 800m³/s 减小为 9700m³/s, 平均减小了 3100m³/s, 单日最大减小 8400m³/s; 泄水期 (2007 年 6 月 1 日 ~2007 年 6 月 8 日) 坝址平均下泄流量由无三峡工程时的 10 300m³/s 增大为 11 500m³/s, 平均增加了 1200m³/s, 单日最大增加 2600m³/s。2007 年 10 月 ~2008 年 12 月水库按 172~144~152m 方式运用, 在枯水期三峡工程运用后下泄流量略有增加; 汛前泄水期 (2008 年 6 月 1 日 ~2008 年 6 月 10 日) 坝址平均下泄流量由无三峡工程时的 11 650m³/s 增大为 13 600m³/s, 平均增加了 1950m³/s, 单日最大增加 2900m³/s; 汛后蓄水期 (2008 年 9 月 28 日 ~2008 年 11 月 18 日) 坝址平均下泄流量由无三峡工程时的 17 800m³/s 减小为 13 900m³/s, 平均减小了 3900m³/s, 单日最大减小 14 800m³/s。

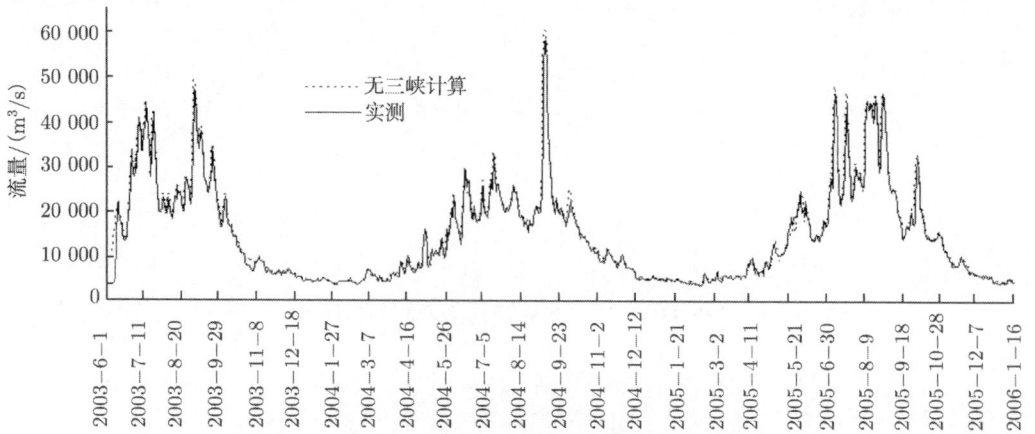

图 11.5　2003~2008 年有无三峡工程坝下流量对比

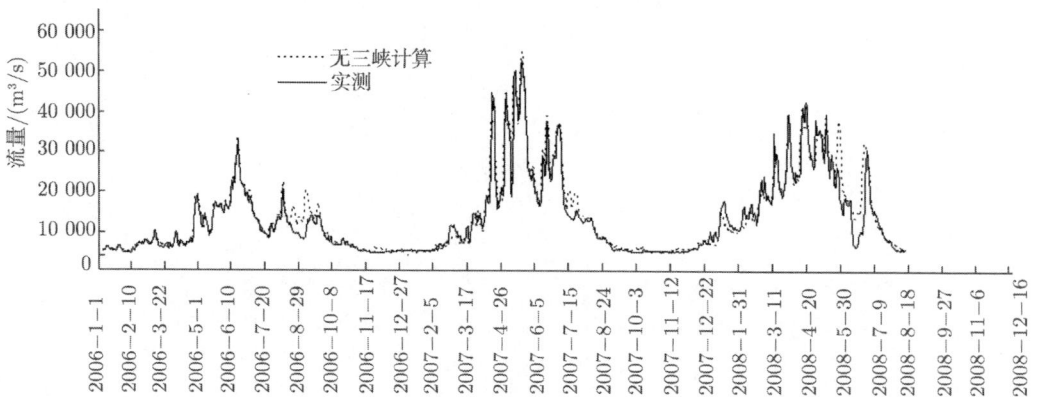

图 11.6　2003~2008 年有无三峡工程坝下流量对比 (续图)

以上比较可知, 三峡–葛洲坝水电工程的运行对坝下径流过程产生了明显影响, 特别是工程蓄水期和泄水期。中华鲟产卵行为通常在工程蓄水期, 工程蓄水减小了大坝下泄流量, 使中华鲟产卵场实际水域面积缩小, 从而使中华鲟的自然繁殖规模因受环境限制而进一步缩小。此外，产卵场面积缩小还会使人类活动对中华鲟自然繁殖的干扰加剧，进一步增加敌害鱼类对中华鲟卵的捕食机会。

三峡水库的蓄泄过程改变了下游河道的天然径流过程，下泄流量的变化使葛洲坝下游相应的水位、水温、流速、含沙量等水文及水动力因子发生一定变化，致使中华鲟长期适应的产卵环境遭到破坏 [8,9]，使产卵时间推迟、产卵次数减少 (表 11.1)。根据中华鲟研究所在中华鲟产卵场对中华鲟的声纳跟踪监测资料 (图 10.1)，得出 1998 年中华鲟亲鲟数量比 1997 年减少了 47.2%，2000 年比 1999 年减少了 39.9%，2001~2008 年亲鲟数量变动较小，但产卵量有较大降低。因此，三峡工程的运行加剧了中华鲟产卵群体数量减少，影响了中华鲟的自然繁殖。

表 11.1   三峡蓄水前后中华鲟产卵日产卵场的水文条件对比

年份	产卵日期	产卵期特征流量/(m^3/s)	产卵期特征水位/m	产卵期平均水温/℃
2000	10/15	26 500	47.93	20.7
	11/1	17 500	45.62	18.3
2001	10/20	16 200	44.70	19.3
	11/8	13 900	44.07	18.8
2002	10/27	10 300	42.43	19.8
	11/9	8050	41.19	18.2
2003	11/6	8300	41.46	18.5
2004	11/11	10800	42.72	18.2
2005	11/9	9390	42.04	18.2
2006	11/13	7323	41.07	20.8
2007	11/23	6690	39.82	18.3
2008	11/26	9470	41.53	18.2
2009	11/23	5774	40.25	19.8
2010	11/22	6420	40.27	19.9

注: 特征流量与特征水位均为宜昌水文站在中华鲟产卵日当天的日平均值

11.3   水库下泄水温对中华鲟自然繁殖的影响

大型水库的水温分层现象将造成下泄水温与同一时段天然河道水温不同，造成大坝下游水温结构变化，这可能影响坝下中华鲟的性腺发育以及产卵行为 [10]。水温变幅过大还可能导致中华鲟性腺发育期的积温超出其适宜范围，使发育进程减慢甚至不能发育成熟。中华鲟的繁殖季节在每年的 10 月上旬至 11 月下旬，其产卵行为对水温的要求较高，适宜的水温为 18~20℃。宜昌站 10 月平均天然水温为 19.17℃，2004 年 10 月和 2005 年 10 月宜昌站的实测水温分别为 20.14℃和 21.14℃，其都超出了中华鲟产卵所需的最佳水温。实际观测资料也表明，2004 年和 2005 年 10 月中华鲟的繁殖行为受阻而推迟至 11 月，可见三峡水库下泄水温变化对中华鲟的繁殖产生了一定影响。随着三峡水库水位上涨将加剧水库水温分层现象的发生，使下泄水温与同期天然河道水温差异增大。

由于三峡–葛洲坝之间地形复杂、水流紊动强烈、水温掺混均匀，加之葛洲坝是一座径流式低水头电站，调蓄能力差，因此葛洲坝水库蓄水对下泄水温影响不大，忽略不计，下泄水温的变化主要受三峡水库蓄水的影响。鉴于此，可利用三峡水库的下泄水温过程，来分析三峡水库蓄水对中华鲟繁殖的影响。通过对中华鲟产卵场进行各典型年份产卵期的水温数值模拟，得出三峡水库正常运行后枯水年、平水年、丰水年下泄水温，将其与同期河道天然水温比较得出中华鲟产卵期水库下泄水温较天然水温偏高，说明水库运行产生"滞温"效应推迟了适宜水温出现的时间，这将对中华鲟性腺发育和繁殖能力产生不利的影响。

由图 11.7 可见，在升温期及降温期不同典型年下泄水温差异较为明显，在升温期 (4~6 月) 丰水年较枯水年下泄水温平均偏高 0.6℃，5 月份高出 1.54℃，因为此时气温升高，入流水温较水库库区水温高，丰水年入库流量大，则进入库区的热量相对枯水年多一些，库区水温整体就高一些。相反，在降温期 9 月 ~ 次年 1 月，入库水温较库区水温偏低，入流量越大，库区水温降低就越快，在 10 月份丰水年较枯水年下泄水温偏低 0.85℃。由中华鲟产卵期水库下泄水温与同期天然水温的比较 (图 11.8) 得出，枯水年、平水年、丰水年 10 月平均水温分别为 21.16℃、21.07℃、20.31℃，11 月平均水温分别为 18.66℃、18.73℃、18.19℃。在天然

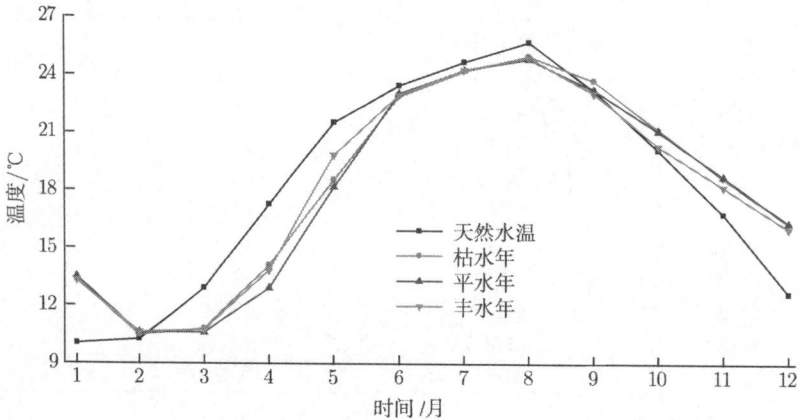

图 11.7　不同典型年三峡水库下泄水温与天然水温情况

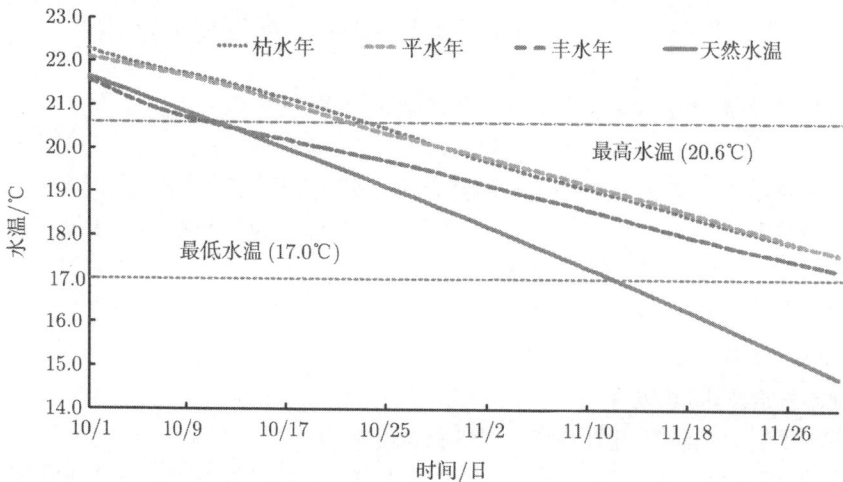

图 11.8　三峡水库不同典型年 10~11 月下泄水温与天然下泄水温对比图

状态下水温在 10 月 15 日到达中华鲟产卵开始产卵的上限水温 20.0℃，而水库蓄水后，由于水库的"滞温"作用，下泄水温要达到产卵所需要的上限水温的时间分别在 10 月 29 日、10 月 28 日、10 月 20 日，因此首次产卵的的时间分别推迟 14 天、13 天和 5 天，这样才能满足中华鲟产卵所需的水温条件。中华鲟研究所对中华鲟产卵行为的监测结果表明自 2003 年三峡蓄水运行后，中华鲟产卵期推迟至 11 月，这证实了水库下泄水温变化对中华鲟自然繁殖的影响。

11.4 溶解气体过饱和对产卵场水质的影响

通过高坝溢洪孔下泄的高速水流，常含有过量的溶解气体，主要包括氧气和氮气。鱼类在气体含量过高的水中生活就有可能患气泡病死亡 [11]，例如美国哥伦比亚河大坝下泄水流的溶解气体过饱和曾引起银大马哈鱼和大鳞大马哈鱼的幼鱼患气泡病而致死，河中部分成年硬头鳟鱼也因患气泡病而致死。水电站水轮机在低负荷条件下泄水时，也能引起下泄水流溶解气体过饱和。如加拿大新不伦瑞克地区马克塔夸克水电站下游圣约翰河中，10%洄游的鳗鲡患气泡病，受到很大损害。鱼类通过鳃吸取的溶解气体在血液中常处于溶解状态，如果鱼类血液中的溶解气体重新平衡于新的水温和压力条件，过饱和气体就会从溶解状态恢复到气体状态，析出的气泡将会堵塞血管，发生栓塞，致使鱼类死亡。在库特奈 (Kootenai) 流域上，Brian Marotz 等对利比 (Libby) 大坝泄洪期间下游鱼类一些变化情况进行了现场观测，结果表明：死亡鱼类不仅鱼体鳃部存在气泡，并且有少量鱼类还出现了鳍条分裂、眼睛充血、体表擦伤出血等现象。其主要原因是水中过多的气泡黏附在鱼体表面特别是鳍条、头部、口腔、眼球处 (图 11.9)，会导致鱼类诸如拒绝摄食、细菌感染、被当作肉食性鱼类的饵料而死亡。当下泄水流的溶解气体饱和度为 110%时，可能对鱼类带来致命的危害。1968 年美国约翰岱坝下游，由于下泄水流溶解气体饱和度达到 123%~143%，致使部分鲑鱼死亡。根据相关学者在大坝泄流期对坝下河段鱼类生物学效应的同步原型观测试验结果 (表 11.2)，得出大坝泄流对坝下河道表层鱼类具有较强的致死效应，距离大坝越近，致死效应越显著。

根据 1994~2007 年三峡大坝上下游水体溶解氧饱和度 [12] 的监测资料 (图 11.10，图 11.11)，得出三峡水库蓄水后，大坝上下游水体的溶解氧饱和度较蓄水前发生了一定的变化。由于水库蓄水后库区水深增加，减少了水体和大气的交换，水体中消耗的溶解氧不能得到及时补充，从而使蓄水后大坝上游水库的溶解氧饱和度较蓄水前有所降低。三峡水库蓄水后，坝下水体的溶解氧饱和度变化情况与坝上游相反。蓄水后坝下的溶解氧水平有较大升高，过饱和现象比较明显，特别在 5~11 月升高明显。根据三峡水文局 2007 年 6 月 19 日、30 日，7 月 5 日、23 日，8 月 2 日、14 日、23 日及 9 月 14 日、27 日在太平溪、黄陵庙、庙咀三断面开展的溶解氧饱和度监测结果 (图 11.12)，三峡坝上太平溪断面的溶解氧饱和度较低，最高仅 80%左右；三峡坝下黄陵庙断面的溶解氧饱和度较坝上显著增加，6~9 月三峡坝下均有溶解氧过饱和现象产生；葛洲坝下庙咀的溶解氧饱和度通常较黄陵庙有所升高。又据 2007 年 7 月 8 日 ~13 日三峡水文局和长江水产所在太平溪–赤壁区间开展的溶解氧巡测结果 (图 11.13)，太平溪、黄陵庙、庙咀的溶解氧饱和度分别为 81%、111%、125%，沿程升高显著，表明三峡大坝和葛洲坝的弃水泄流对溶解氧过饱和的产生有明显作用。葛洲坝下河道，溶解氧饱和度在古老背–枝城波动并略有上升至 132%，枝城–城陵矶上逐渐降低至 110%，城陵矶下由于不饱和的洞庭湖水大量汇入，长江干流中溶解氧饱和度显著降低，到白螺镇降至不饱和的 97%，到赤壁为 95%。从巡测结果沿程分布 (图 11.14) 来看，0~50km 为溶解氧饱和度显著升高江段，50~100km 为溶解氧饱和度波动升高江段，100~400km 为溶解氧饱和度逐渐下降江段，400km 以后为溶解氧饱和度显著下降江段。

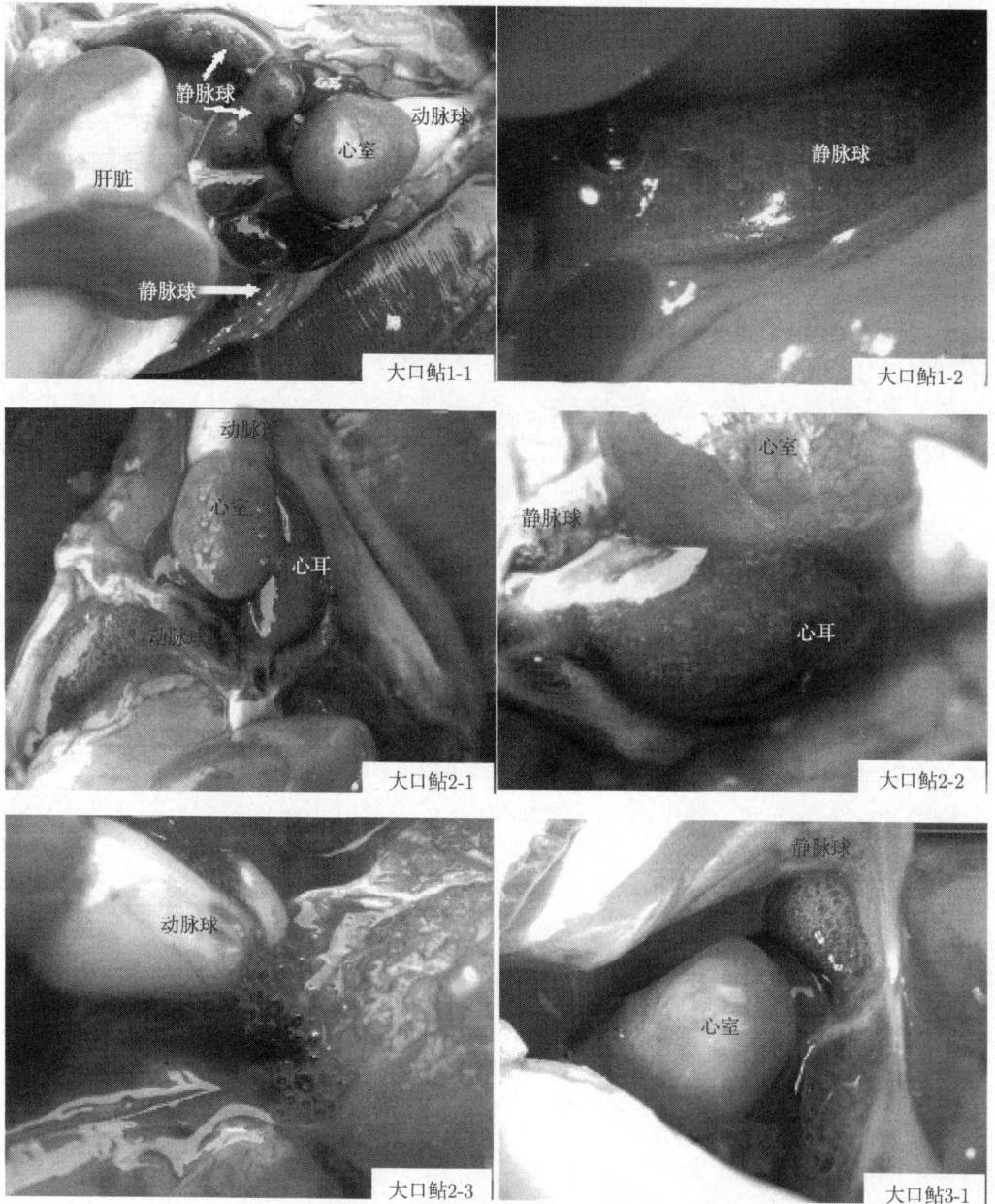

图 11.9　患气泡病大口鲇鱼体解剖图

表 11.2　大坝泄流期坝下游河道试验鱼种存活状况原型观测

观测站点位置距水库/km	鱼类存活状况
上游	鱼类存活状态良好
下游 6	青鱼、草鱼、鲢鱼、鳙鱼等鱼类 24h 死亡率均为 100.0%，餐条和青虾 48h 死亡率分别为 83.0%和 100.0%
下游 40	青鱼、草鱼、鲢鱼、鳙鱼 24h 死亡率范围为 75.0%～100.0%，餐条 24h 死亡率为 53.0%
下游 79	餐条 24h、48h、96h 死亡率为 32.4%、72.0%和 100.0%
下游 190	鲤鱼 24h、48h、96h 死亡率为 0.0%、1.0%和 3.0%
支流	鱼类存活状况良好

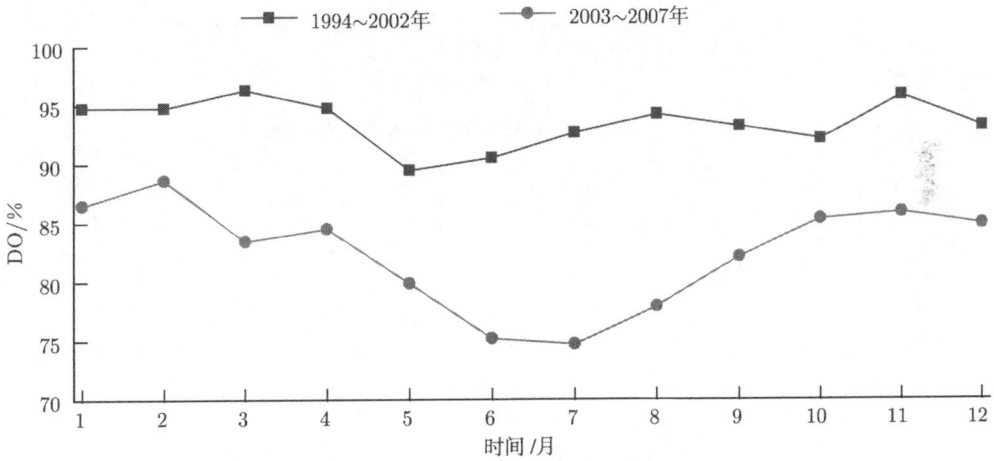

图 11.10　蓄水前后三峡坝上太平溪溶解氧年内变化对比

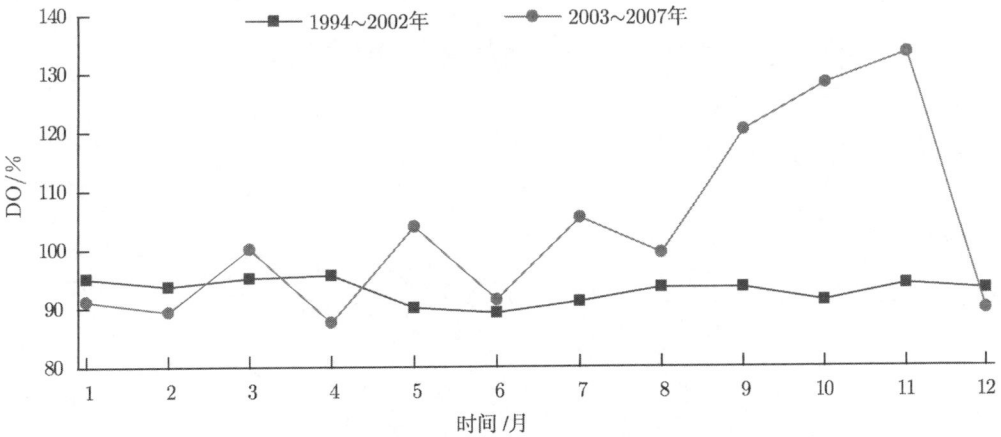

图 11.11　蓄水前后三峡坝下东岳庙 (黄陵庙) 溶解氧年内变化对比

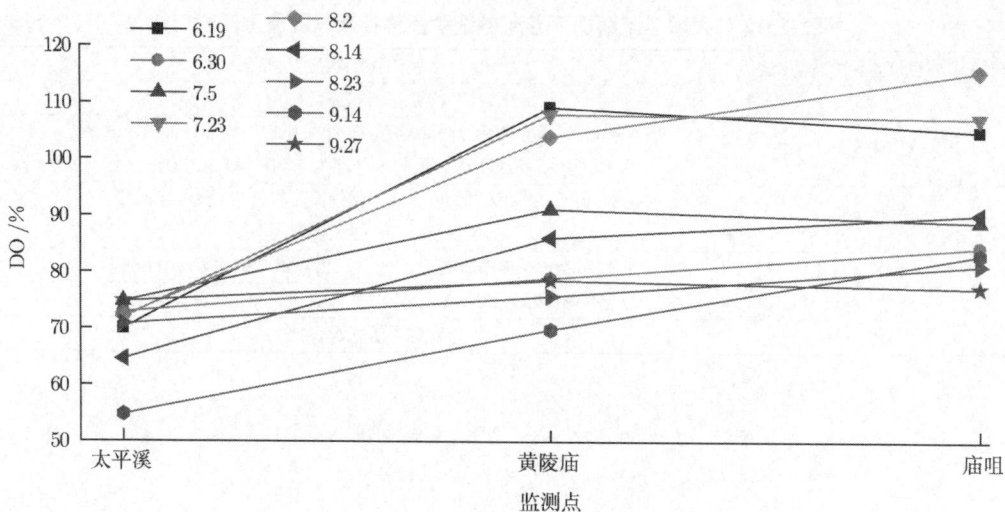

图 11.12　2007 年溶解氧饱和度常规监测结果

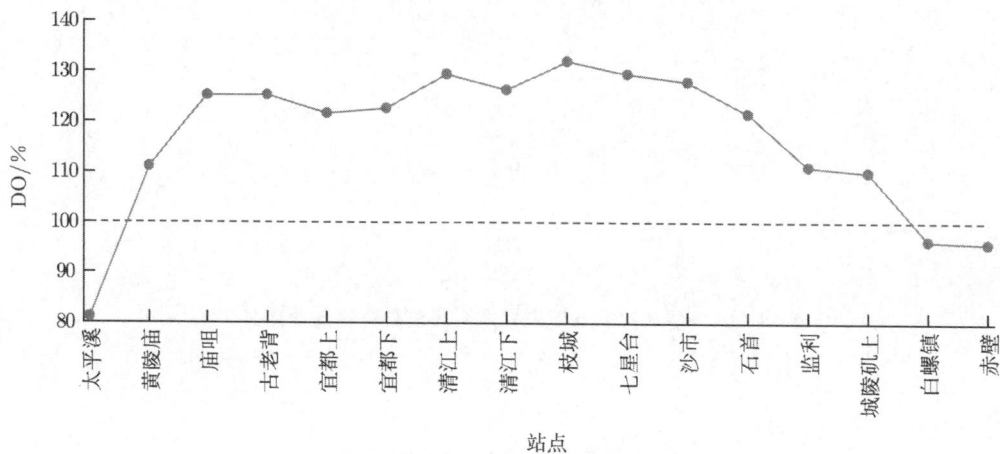

图 11.13　2007 年各站位巡测溶解氧结果

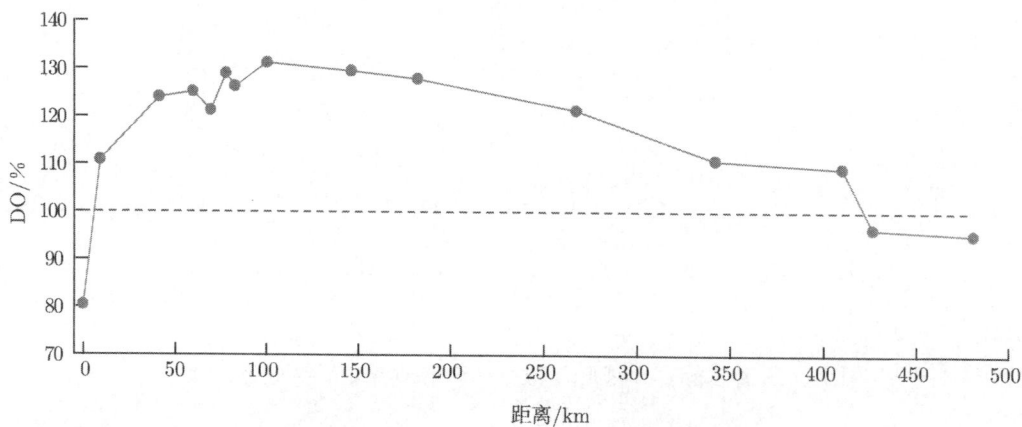

图 11.14　2007 年巡测溶解氧沿程变化结果

由于目前中华鲟产卵场主要分布于葛洲坝至庙咀之间 4km 左右范围，繁殖季节为 10~11 月，从以上溶解氧监测结果分析得出，大坝泄水产生的气体过饱和现象对中华鲟产卵场水质产生了较为明显的影响。这可能导致中华鲟在产卵前期患上气泡病，影响中华鲟的性腺发育，以致影响产卵行为的发生。

11.5 水库富营养化对中华鲟产卵场水质的影响

除大坝泄流造成的溶解气体过饱和现象影响中华鲟产卵场水质外，大坝蓄水降低了水体流速，流速的减慢造成部分水体富营养化，致使坝下水质受到一定影响。根据 2006 年 5 月、11 月及 2007 年 3 月对库区、三峡–葛洲坝区域及葛洲坝坝下中华鲟产卵场的水质监测数据 [13](表 11.3)，得出三峡库区至宜昌段氮、磷污染较严重，按单因子指数法，以 II 类水质标准均值计算 TN、TP、NH_3-N 分别超标 2.48 倍、1.48 倍、0.32 倍。主要原因是由于水库水位的增加，库区上游和支流的来水量和流速减少，三峡库区和两坝之间部分区域水体发生富营养现象。库区水质的变化将直接影响坝下产卵场的水质，从而影响中华鲟的繁殖行为 [14]。

表 11.3 水质监测结果

时间	地点	T/°C	pH	监测项目/(mg/L)						
				DO	NH_3-N	TN	TP	COD_{Mn}	Cl^-	总硬度
2006 年 5 月	库区	22.6	7.8	6.2	0.52	1.87	0.07	2.1	11.3	148.86
	两坝间	22.1	7.8	6.0	0.40	2.10	0.08	2.0	10.5	148.50
	产卵场	22.2	7.8	6.3	0.40	1.50	0.06	2.3	10.9	155.30
2006 年 11 月	库区	20.4	8.0	7.8	0.80	1.80	0.06	1.7	14.0	144.80
	两坝间	20.5	8.0	8.0	0.70	1.70	0.07	1.5	14.0	139.80
	产卵场	20.2	7.8	8.0	0.70	1.70	0.08	1.9	14.1	140.20
2007 年 3 月	库区	11.8	8.0	7.2	0.50	2.40	0.06	1.7	14.8	166.94
	两坝间	11.6	8.0	7.7	0.60	2.40	0.07	1.6	12.1	168.83
	产卵场	11.5	8.0	8.6	0.90	2.70	0.08	1.8	11.8	171.63

11.6 葛洲坝河势调整对中华鲟产卵场的影响

为提高葛洲坝下游航运条件，2006 年葛洲坝进行了下游河势调整工程。在大江下游原"一支笔"部位，兴建 900m 江心堤，并开挖二江下槽 110 万 m^3(图 11.15)。由于葛洲坝下中华鲟上产卵场位于江心堤区域，因此该河势调整工程对中华鲟产卵场地形和底质产生一定影响 [15]。工程总体上使得产卵场江段河床地形复杂度增大，从而使得流速空间复杂度也增大，这可能对中华鲟自然繁殖前期的栖息有利，然而施工期间河床的挖填、底质的重新分配，使得原有的播卵区 (III-V-B 区) 发生了一定程度的改变，这可能会对中华鲟胚胎的正常发育产生不利影响。河势调整工程还对产卵场的水动力特性产生影响，中心堤的修建改变了葛洲坝至庙咀江段的流场分布。

为研究葛洲坝江心堤的修建对中华鲟产卵场的影响，根据第 9 章和第 10 章得出的产卵场水动力模型及产卵场适合度模型，对葛洲坝江心堤修建前后中华鲟产卵场进行水动力数值模拟和产卵适合度计算。分别对① 所有电厂运行工况 (大江电厂发电泄流 10 000m³/s；二江电厂发电泄流 5000m³/s；葛洲坝出库流量 15 000m³/s)、② 仅大江电厂运行工况 (大江电厂发电泄流 10 000m³/s；葛洲坝出库流量 10 000m³/s)、③ 仅二江电厂运行工况 (二江电厂发电泄流 5000m³/s；葛洲坝出库流量 5000m³/s) 三种大坝不同运行工况进行江心堤修建前后产卵场水动力数值模拟及产卵适合度计算。

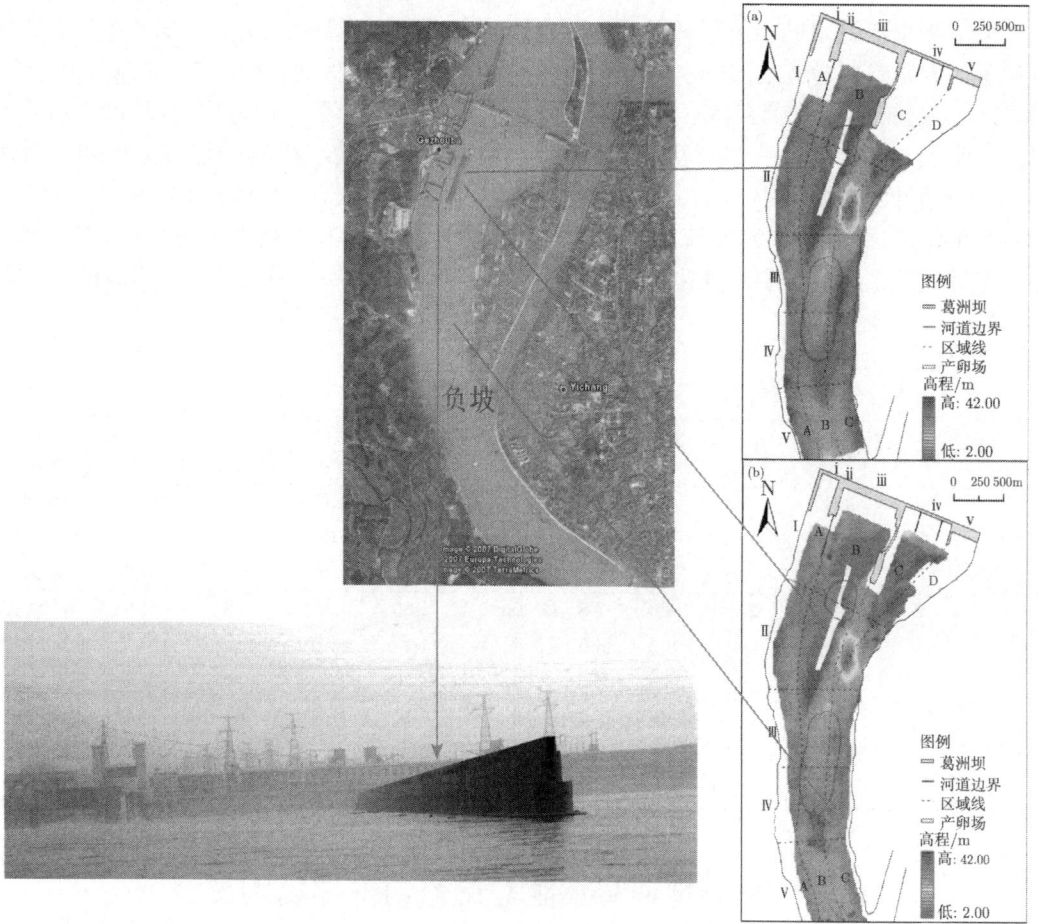

图 11.15　葛洲坝河势调整工程

通过模拟计算得出以下成果：① 中心堤的修建使河床地形比建堤前更加复杂，这导致了此江段底层水流状态更加复杂、紊乱 (表 11.4)，这一方面可能促进中华鲟性腺的发育，同时另一方面可能使中华鲟产卵场位置发生变化。② 建堤后葛洲坝坝下江段地形的变化导致了其水深分布的变化 (表 11.5)。江心堤建于大江尾水出口的条形高地上，且堤底部堆砌了大量的乱石，造成尾水出口到江心堤下堤头处的江段水深分布较建堤前浅，这将对中华鲟上产卵场造成较大的影响。③ 通过对建堤前后各运行工况的产卵适合度 (WUA 值) 计算，得出 WUA 随水深和下泄流量变化的曲线 (图 11.16)。根据 WUA 曲线得出，随水深

表 11.4 江心堤修建前后产卵场流场变化

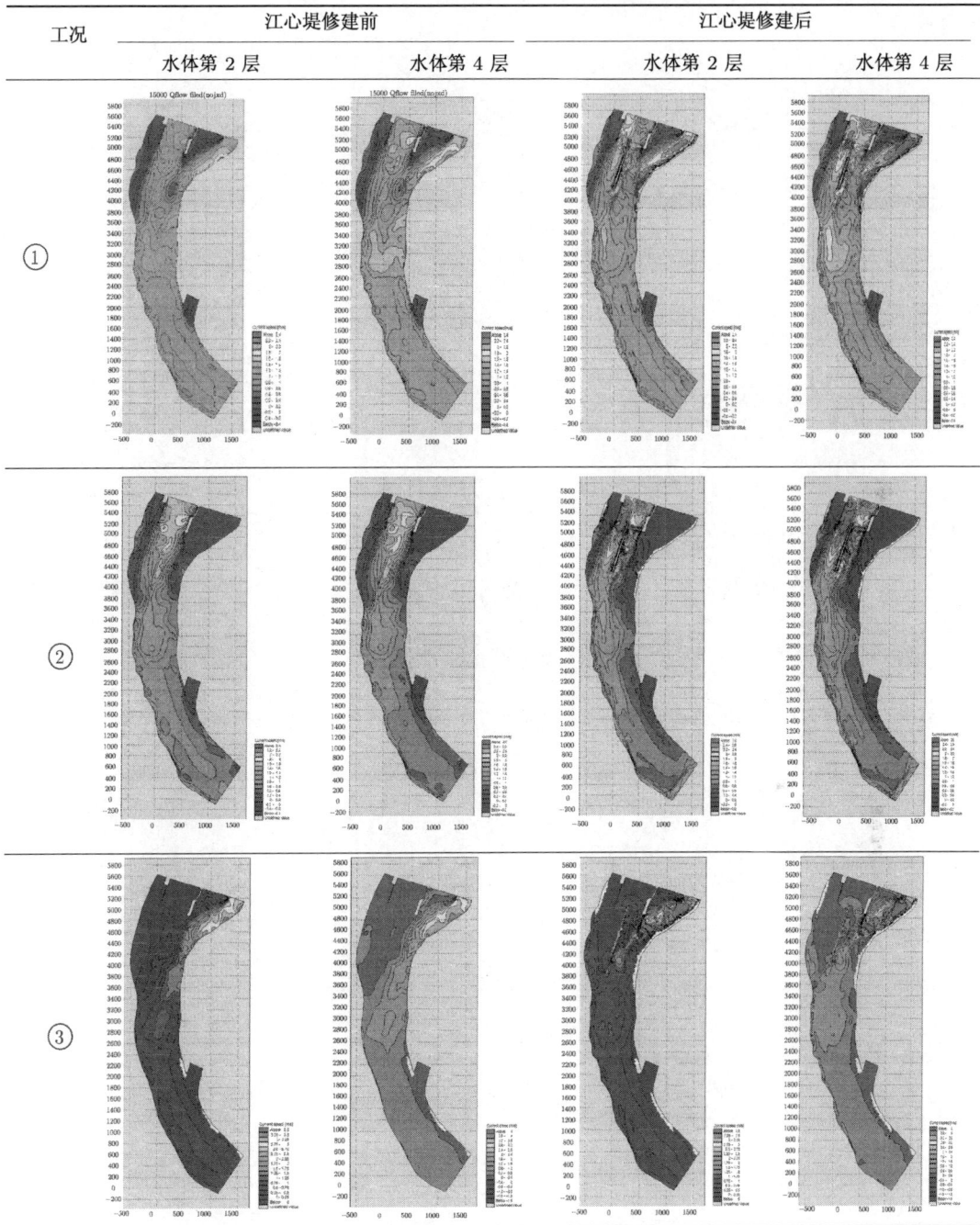

工况	江心堤修建前		江心堤修建后	
	水体第 2 层	水体第 4 层	水体第 2 层	水体第 4 层
①				
②				
③				

表 11.5　江心堤修建前后流场水深的变化

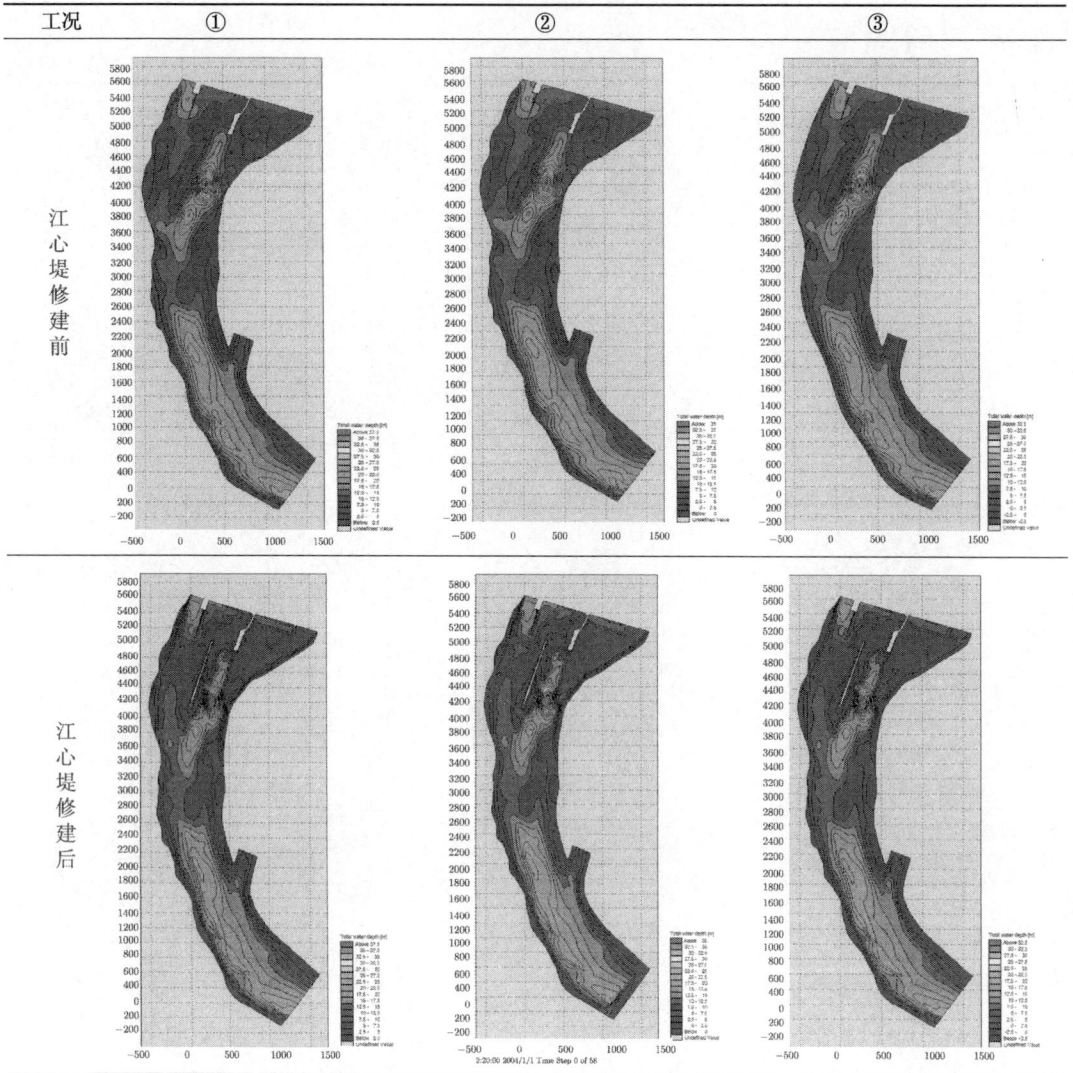

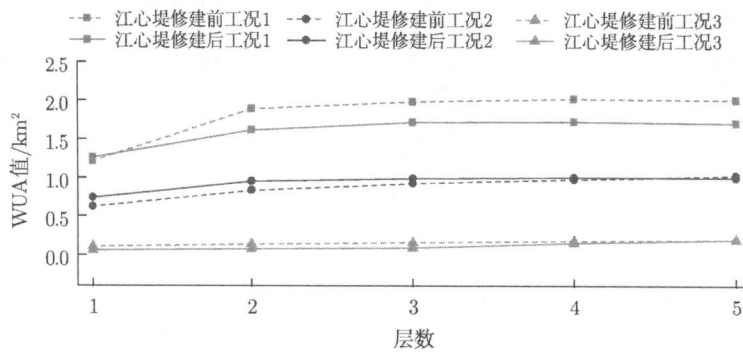

工况	①	②	③
江心堤修建前			
江心堤修建后			

图 11.16　WUA 随水深和下泄流量变化曲线

的增加，中华鲟加权适宜性产卵场面积逐渐减少；随着大坝下泄流量的增加，加权适宜性产卵场面积逐渐增加，可见流量是中华鲟产卵场适宜性的一个重要指标。从建堤前后的 WUA 曲线得出，随着下泄流量的增大，江心堤对葛洲坝下江段中华鲟产卵场适宜性的影响增大。④通过在计算江段画出 CSF≥0.8 的单元，再根据中华鲟产卵时对地形的要求，得出各工况下中华鲟最可能的产卵位置 (表 11.6)。从建堤前后各工况的产卵场分布图来看，江心堤的修建对中华鲟上产卵场的影响是巨大的，几乎使之消失。对下产卵场，江心堤的修建使其适宜性产卵场面积减小，而且位置偏向右岸。

表 11.6 江心堤修建前后研究江段底层中华鲟产卵场分布

葛洲坝出库流量/(m³/s)	江心堤修建前江段底层产卵场分布	江心堤修建后江段底层产卵场分布
15 000		
10 000		

葛洲坝出库流量/(m³/s)	江心堤修建前江段底层产卵场分布	江心堤修建后江段底层产卵场分布
5000		

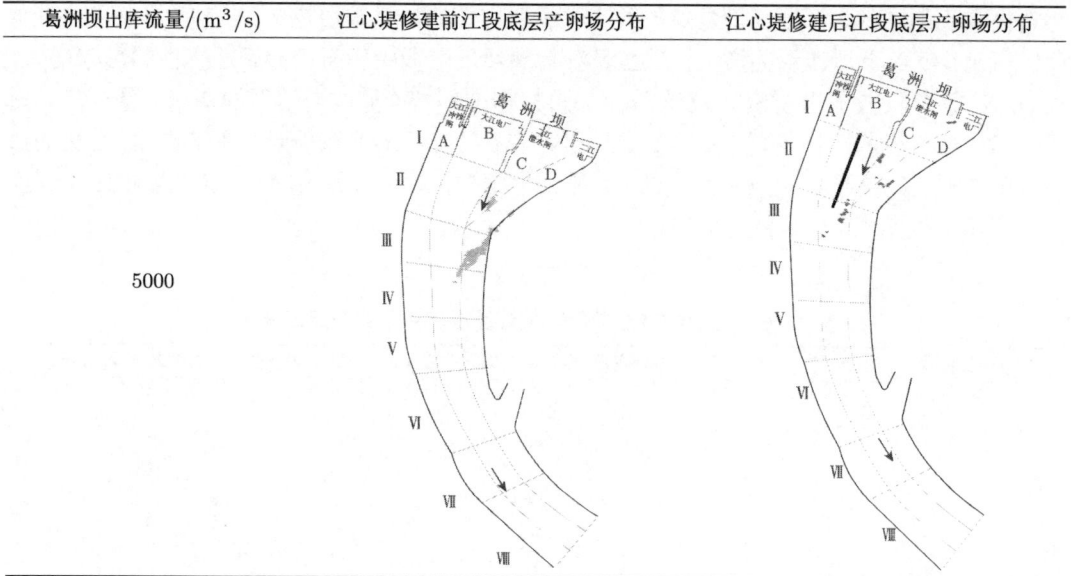

注:(1) 图中阴影区域表示中华鲟产卵组合因子适宜值 (CSF) 大于 0.8 的网格单元,圆圈表示可能的中华鲟产卵场

11.7　大坝阻隔效应引起产卵群体结构变化

　　葛洲坝水利工程截流阻断了中华鲟产卵洄游通道,使产卵群体结构发生显著变化。根据危起伟等 [16] 对 1981~2004 年中华鲟在其繁殖季节的群体结构进行的统计分析,中华鲟雌雄性比由 1981~1983 年的 1.10:1 降低到 1987~1989 年的 0.63:1,而后上升到 2003~2004 年的 5.86:1。雌鲟平均体长由 1990~1992 年的 263.1cm 增加到 1999~2001 年的 276.7cm,升幅为 5.2%(差异极显著);平均体重由 1990~1992 年的 202.4kg 增加到 2003~2004 年的 237.4kg,升幅为 17.3%(差异显著)。雌鲟年龄的平均值在 24 年中的前 9 年里 (1981~1989 年) 在 19.0~20.7 龄之间波动,在后 15 年 (1990~2004 年) 里,雌鲟年龄平均值在 21.1~22.7 龄之间波动,普遍高于前 9 年中的年龄平均值。雄鲟群体变化比雌鲟群体变化大。雄鲟平均体长、体重分别由 1981~1983 年的 205.1cm、89.8kg 下降到 1987~1989 年的 197.5cm、72.7kg(降幅分别为 3.7%、19.0%),然后上升到 2003~2004 年的 229.4cm、121.1kg(升幅分别为 16.4%、65.2%);平均年龄由 1981~1983 年的 15.4 龄下降到 1987~1989 年的 13.3 龄 (降幅为 13.6%),然后上升到 1996~1998 年的 17.6 龄 (升幅 32.3%)。由此可见,大坝的运行引起了中华鲟产卵群体结构发生一定变化。

　　易继舫等 [17] 根据 1994~1998 年对中华鲟繁殖群体的性别比、性腺发育成熟个体比例、年龄结构、体长和体重特征等的研究,得出目前中华鲟繁殖群体结构变化主要表现为: ① 尽管雌鱼的平均体长变化不明显,但雄鱼的平均体长明显上升;② 雌雄性比失调,雄鱼的比例显著降低;③ 性腺发育成熟个体比例显著增加;④ 雌、雄鱼的平均年龄都有所增加,雄鱼增加的幅度更大。这些情况表明,由于补充群体不足,目前长江中华鲟的繁殖群体呈现明显的高龄化现象,其资源处于严重的衰退之中。同时也说明葛洲坝兴建尽管尚未危及中华鲟的种群繁衍，但对其种群丰度的维持存在很大的负面影响。

参 考 文 献

[1] 杨宇, 严忠民, 常剑波. 中华鲟产卵场断面平均涡量计算及分析 [J]. 水科学进展, 2007, 5(18): 701-705.

[2] Wang Y K, Xia Z Q, Wang G H. Chinese sturgeon spawning ground horizontal mean vorticity computation and analysis[J]. Acta Ecologica Sinica, 2009, 29(1): 2267-2271.

[3] 余志堂, 许蕴歼, 邓中舜. 葛洲坝水利枢纽下游中华鲟繁殖生态的研究 [J]. 鱼类学论文集 (五), 北京: 科学出版社, 1986.

[4] 张辉, 危起伟, 杨德国, 等. 葛洲坝下游中华鲟产卵场地形分析 [J]. 生态学报, 2007, 27(10): 3945-3955.

[5] 毛劲乔, 李智, 戴会超, 等. 水库调度影响下中华鲟产卵场的水动力特征 [J]. 排灌机械工程学报, 2014, 32(5): 399-403.

[6] 戴会超, 庞永祥. 三峡工程与长江中下游生态环境 [J]. 水力发电学报, 2005, 24(4): 26-30.

[7] 陶江平, 乔晔, 杨志, 等. 葛洲坝产卵场中华鲟繁殖群体数量与繁殖规模估算及其变动趋势分析 [J]. 水生态学杂志, 2009, 2(2): 37-43.

[8] Xiao H, Duan Z H. Hydrological and water chemical factors in the Yichang reach of the Yangtze River pre- and post-impoundment of the Three Gorges Reservoir: consequences for the Chinese sturgeon Acipenser sinensis spawning population (a perspective)[J]. Journal of Applied Ichthyology, 2011, 27(2): 387-393.

[9] 罗专溪, 张远, 郑丙辉, 等. 三峡水库蓄水初期水生态环境特征分析 [J]. 长江流域资源与环境, 2005, 14(6): 781-785.

[10] Zhou J, Zhao Y, Song L, et al. Assessing the effect of the Three Gorges reservoir impoundment on spawning habitat suitability of Chinese sturgeon (Acipenser sinensis) in Yangtze River, China[J]. Ecological Informatics, 2014, 20(3): 33-46.

[11] Gao X, Zeng Y, Wang J, et al. Immediate impacts of the second impoundment on fish communities in the Three Gorges Reservoir[J]. Environmental Biology of Fishes, 2010, 87(2): 163-173.

[12] 程香菊, 陈永灿. 大坝泄洪下游水体溶解气体浓度超饱和的理论分析及应用 [J]. 水科学进展, 2007, 18(3): 346-350.

[13] 陈永柏, 彭期冬, 廖文根, 等. 三峡工程运行后长江中游溶解气体过饱和演变研究 [J]. 水生态学杂志, 2009, 2(5): 1-5.

[14] 胡小琴, 姜翠玲, 裴海峰, 等. 水环境变化对中华鲟的影响 [J]. 水电能源科学, 2009, 5(3): 35-37.

[15] 李建, 夏自强, 王远坤, 等. 葛洲坝下游江心堤对中华鲟产卵场河道动能梯度影响 [J]. 水电能源科学, 2009, 11(2): 79-82.

[16] 危起伟, 陈细华, 杨德国, 等. 葛洲坝截流 24 年来中华鲟产卵群体结构的变化 [J]. 中国水产科学, 2005, 2(4): 452-457.

[17] 易继舫, 唐大明, 刘灯红, 等. 长江中华鲟繁殖群体资源现状的初步研究 [J]. 水生生物学报, 1999, 23(6): 554-559.

第12章　葛洲坝水库调度与中华鲟产卵场
产卵适合度相关性分析

水库调度是利用水库的调蓄能力，按一定规划有计划地对入库径流进行蓄泄安排，主要包括防洪调度和兴利调度。作为三峡水利枢纽的航运反调节水库，葛洲坝水电站库容较小，仅具有日调节能力，是主要以发电为主的径流式电站，水库调度主要是以发电、兴利调度为主。葛洲坝大坝全长 2605m，主体建筑物包括通航建筑物、水电站厂房和泄洪排沙闸三部分 [1,2]。枢纽布置自左往右为：左岸土坝，三江 3 号船闸，三江冲沙闸，三江 2 号船闸，混凝土挡水坝及三江上游防淤堤，二江电厂，二江泄水闸，大江电厂，大江 1 号船闸，大江泄洪冲沙闸，右岸混凝土坝 (图 12.1)。葛洲坝不同的调度方式决定了大坝下泄流量及下泄方式，从而改变本书研究区域的入流边界条件，使坝下中华鲟产卵场水动力特性发生变化，影响中华鲟的自然繁殖 [3,4]。本章通过对葛洲坝下泄出库流量、流量下泄方式及机组流量分配方式与坝下中华鲟产卵场产卵适合度的相关性研究，探讨水库调度与中华鲟自然繁殖的关系，为针对保护中华鲟资源的水库生态调度模型的建立提供借鉴。

图 12.1　葛洲坝枢纽平面布置图

12.1 葛洲坝出库流量与中华鲟产卵场产卵适合度相关性分析

大坝运行改变了河道的天然径流过程,坝下游流量主要来自于大坝泄流。为满足大坝下游各生态环境的需求,大坝必须下泄一定流量,即为生态流量。生态流量是水库实现生态调度的基础和依据。河道流量变化决定了河道流速、水深、含沙量、底质等生境因子,因此对河道水生生物的生存和繁殖是至关重要的[5−7]。为探求葛洲坝出库流量与中华鲟产卵场产卵适合度的相关性,获得中华鲟自然繁殖所需的生态流量,本章在产卵场水动力学模型及产卵场产卵适合度模型的基础上对葛洲坝不同出库流量下的中华鲟产卵场产卵适合度进行模拟计算。

根据三峡蓄水至 156m 后葛洲坝在中华鲟产卵期历年 (2006~2010 年) 出库流量时间序列,得出中华鲟产卵期 (10~11 月) 葛洲坝最小出库流量约为 $4500m^3/s$,最大出库流量约为 $40\,000m^3/s$,因此,为获得中华鲟产卵所需的生态流量范围,以 $5000m^3/s$ 为间隔,拟定 10 种不同出库流量的大坝运行工况进行模拟计算。其各工况泄流方式均采用先电厂发电泄流后泄水闸弃水泄流的方式,其中发电泄流采用在大江、二江电厂所有机组均分流量的方式。通过计算,获得各工况下反映产卵场产卵适合度的产卵加权可利用面积 (WUA 值),以此分析产卵场产卵适合度与葛洲坝出库流量的相关性及适合中华鲟产卵的生态流量范围[8,9]。

由于中华鲟属于底栖鱼类,主要生活在水体底层,因此本章采用相对水深为 0.8 的第 2 层及自水底往上的 1~5 层产卵场产卵平均加权可利用面积 (WUA 值) 评价各工况下研究区域中华鲟产卵场产卵适合度。

根据模拟计算结果图 12.2 所示,葛洲坝不同出库流量对应不同的产卵加权可利用面积 (WUA 值),因此产卵场产卵适合度与出库流量相关 (二者相关系数为 $|\rho_{XY}| = 0.27822$)。出库流量为 $5000m$~$15\,000m^3/s$ 时,底层 WUA 值随出库流量的增加而增加;在出库流量为 $15\,000$~$25\,000m^3/s$ 区间内,底层 WUA 值稳定在一个较高的区域 ($>1.4km^2$,较适合中华鲟产卵繁殖);当出库流量大于 $25\,000m^3/s$ 时,随着出库流量的增大,底层 WUA 值逐渐减小。因此,中华鲟自然繁殖对于葛洲坝出库流量具有一定选择性,当流量为 $10\,000$~$30\,000m^3/s$ 范围内时,底层产卵场产卵加权可利用面积大于 $0.8km^2$,由于中华鲟的底栖属性,说明此流量范围较适合中华鲟产卵繁殖。此结果与前文所综述的国内其他学者采用河道水深平均产卵加权可利用面积评价得出的适宜流量范围相比略偏大,这是由于在相同下泄流量下底层流速比水深平均流速小的原因造成。从图 12.2 中可见若采用 1~5 层平均产卵加权可利用面积评价适合中华鲟产卵最佳下泄流量为 $15\,000m^3/s$,这与其他学者得出的结论是统一的。

从图 12.2 中可见,出库流量为 $5000m^3/s$ 时,产卵场底层 (2 层) 产卵加权可利用面积 (WUA 值) 仅为 $0.071km^2$,因此可将此出库流量作为满足中华鲟繁殖需求的最小生态流量。在最佳流量范围以外,虽适合产卵的加权可利用面积较小,但并不代表在此范围外中华鲟不能产卵。三峡正常蓄水至 175m 后,产卵期葛洲坝出库流量进一步减小,11 月平均出库流量不足 $10\,000m^3/s$。但根据中华鲟研究所对中华鲟自然繁殖状况监测显示,中华鲟在泄流量不足 $10\,000m^3/s$ 时仍能自然繁殖,说明中华鲟自然繁殖对于流量变化有一定的耐受性。

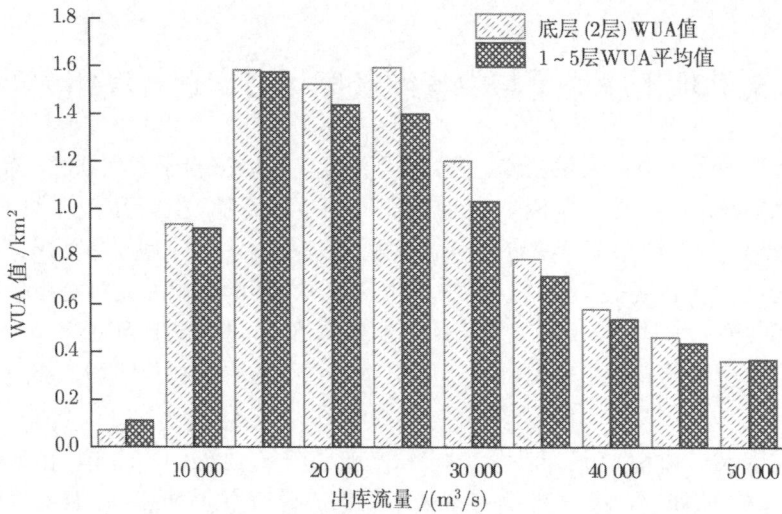

图 12.2　不同流量下中华鲟产卵场加权可利用面积 (WUA 值)

12.2　大坝泄流方式与产卵场产卵适合度相关性分析

大坝下游河道的流速、水深、含沙量、底质等生境因子不仅取决于出库流量的大小，还与大坝的泄流方式息息相关。葛洲坝大坝全长 2605km，枢纽自左往右分别布置有船闸、二江电厂、二江泄水闸、大江电厂等多种泄水建筑物。因此，在相同出库流量下，以不同泄流建筑物进行流量的下泄将会引起坝下流场分布的变化，对坝下中华鲟产卵场的水动力特性产生影响，从而影响中华鲟产卵场的产卵适合度 [10-12]。为进行葛洲坝泄流方式与产卵场产卵适合度的相关性分析，获得适宜中华鲟自然繁殖的最优大坝泄流方式，本节对相同出库流量不同泄流方式下的产卵场产卵适合度进行模拟计算和比较。

根据葛洲坝在中华鲟产卵期可能的泄流方式 (大江发电泄流、二江发电泄流、二江泄水闸弃水泄流) 及适合中华鲟自然繁殖的下泄流量范围，本研究分别对出库流量为 5000m³/s、10 000m³/s、15 000m³/s、20 000m³/s、25 000m³/s、30 000m³/s 的不同泄流方式下的 58 种大坝运行工况的产卵场水动力环境进行数值模拟，得出相应运行工况下的中华鲟产卵场产卵适合度，如图 12.3～ 图 12.8 所示。从图中可见，在大坝相同的出库流量下，不同的泄流方式导致坝下产卵场有不同的产卵适合度 (及产卵加权可利用面积 WUA)，说明产卵场产卵适合度不仅与出库流量有关，与大坝泄流方式也有较强的相关性。当出库流量 <10 000m³/s 时，采用仅大江电厂发电泄流的泄流方式，坝下产卵场有最大的产卵适合度；当出库流量 ≥ 10 000m³/s 时，泄流方式采取先大江电厂发电泄流，后二江泄水闸弃水泄流，最后二江电厂发电泄流的方式，产卵场有最大的产卵适合度。因此，在一定出库流量下，为获得较大的产卵场产卵适合度，应尽量采用大江电厂发电泄流的泄流方式，同时应避免参与泄水的泄水建筑有较小泄流量通过的情况出现，例如 15 000m³/s 出库流量下的工况 5，此种工况下产卵场产卵适合度较小。根据图 12.3～ 图 12.8 综合计算结果可见，当出库流量为 15 000m³/s，泄流方式采取大江电厂发电泄流 9430m³/s，二江泄水闸弃水泄流 5570m³/s 时，中华鲟产卵场

有最大的产卵适合度。

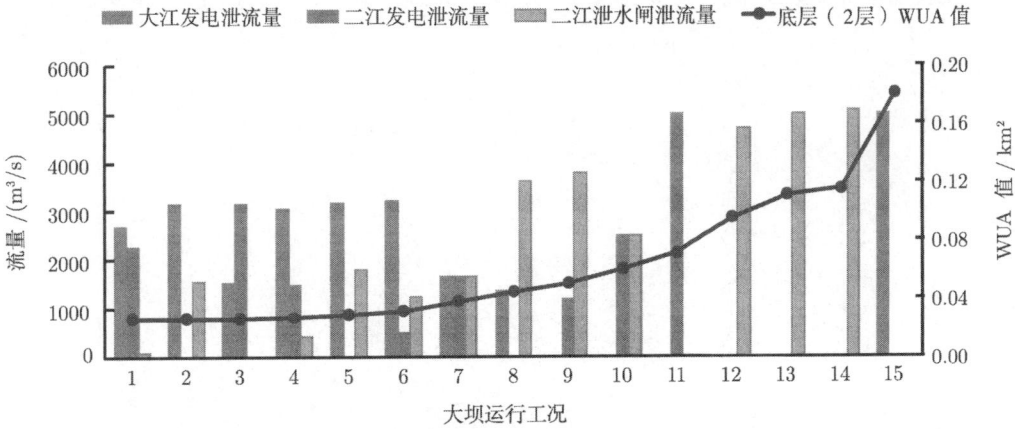

图 12.3　5000m³/s 出库流量泄流方式与产卵场适合度关系图

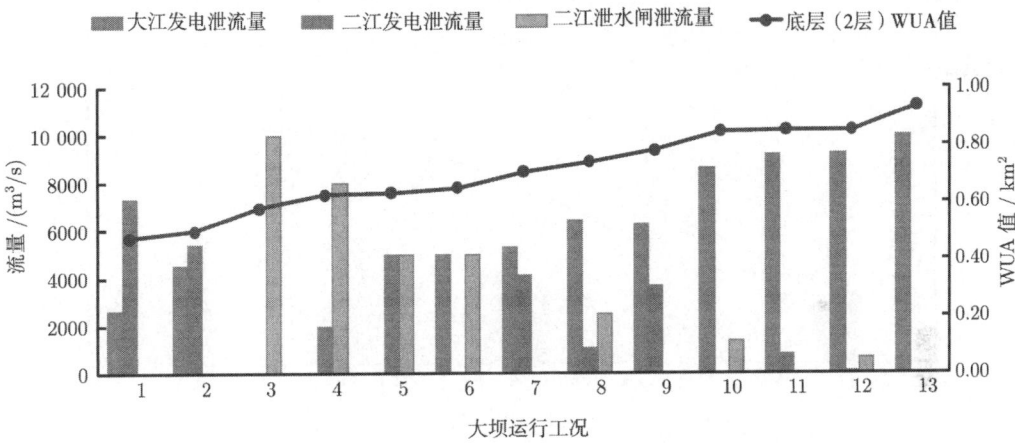

图 12.4　10 000m³/s 出库流量泄流方式与产卵场适合度关系图

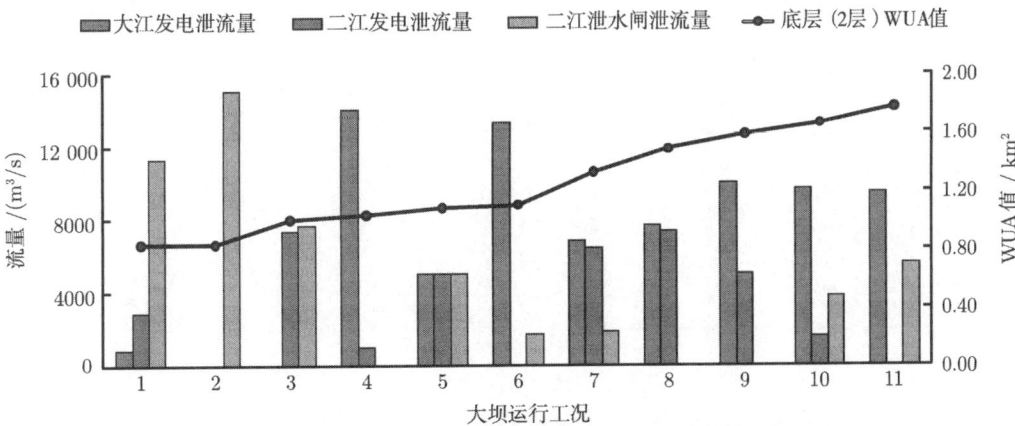

图 12.5　15 000m³/s 出库流量泄流方式与产卵场适合度关系图

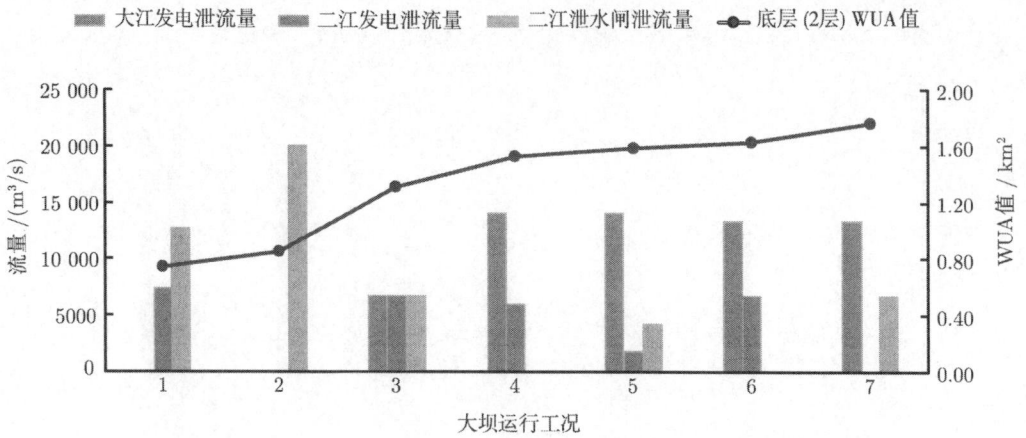

图 12.6 20 000m³/s 出库流量泄流方式与产卵场适合度关系图

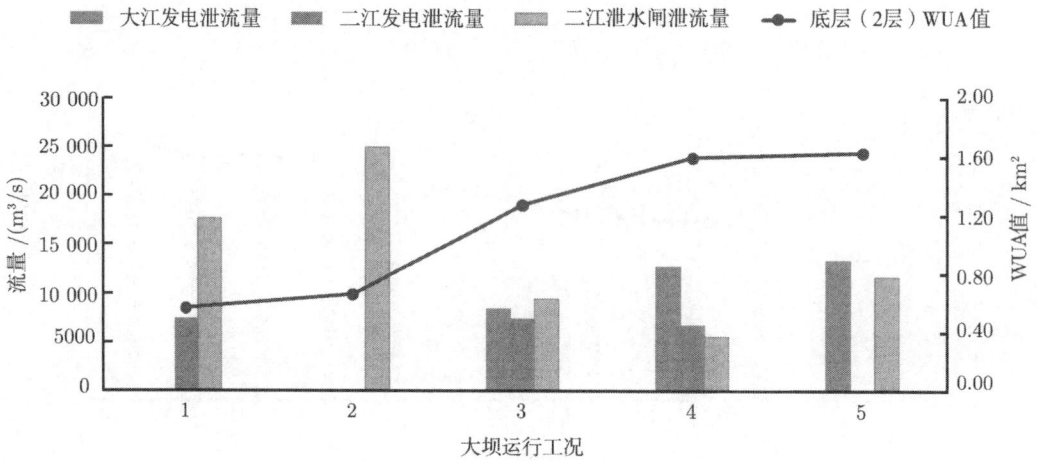

图 12.7 25 000m³/s 出库流量泄流方式与产卵场适合度关系图

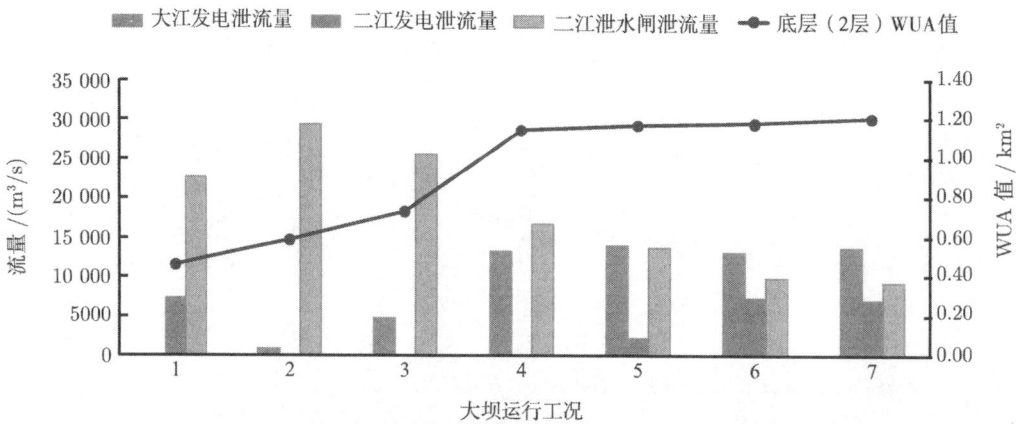

图 12.8 30 000m³/s 出库流量泄流方式与产卵场适合度关系图

12.3 电站机组运行方式与产卵场产卵适合度相关性分析

根据中华鲟研究所对葛洲坝坝下产卵场中华鲟自然繁殖的监测资料, 在 2009 年、2010 年两年的中华鲟产卵日, 葛洲坝出库流量在 $6000\text{m}^3/\text{s}$ 左右。在较小的出库流量下, 为提高水轮发电机组运行效率及水电站运行的经济性, 只能同时开启部分机组发电泄流。葛洲坝电厂共 21 台水力发电机组, 在小出库流量下, 不同的机组发电泄流方式可能会引起坝下流场的改变, 对产卵场产卵适合度造成影响。为获得机组发电泄流方式与产卵场产卵适合度的相关性及小流量下兼顾中华鲟自然繁殖的最佳机组运行方式, 本章针对葛洲坝出库流量为 $6000\text{m}^3/\text{s}$, 模拟计算电厂不同机组流量分配方式 (发电调度方式) 下 (表 12.1), 坝下产卵场产卵加权可利用面积 (WUA 值), 以评价其产卵场产卵适合度。

表 12.1　相同出库流量下不同机组运行工况

工况	葛洲坝出库流量/(m^3/s)	工况描述	1~5 层 WUA 平均值/km^2	底层 (2 层) WUA 值/km^2
1	6000	大江电厂开启中部 6 台机 ($12^\#\sim17^\#$) 运行	0.27	0.23
2	6000	大江电厂开启左部 6 台机 ($8^\#\sim13^\#$) 运行	0.27	0.25
3	6000	大江电厂开启右部 6 台机 ($16^\#\sim21^\#$) 运行	0.37	0.30
4	6000	大江电厂开启 $10^\#$、$13^\#$、$16^\#$、$19^\#$ 机组, 二江电厂开启 $2^\#$、$5^\#$ 机组运行	0.22	0.16

从结果 (图 12.9) 得出, 在小出库流量下, 不同的机组发电泄流方式引起坝下产卵场不同产卵适合度, 机组运行方式与中华鲟产卵场适合度有一定相关性。大江电厂开启右部 6 台机运行发电泄流 $6000\text{m}^3/\text{s}$ 时, 坝下产卵场的 WUA 值最大, 也即中华鲟产卵场产卵适合度最好; 工况 1 和工况 2 的 WUA 值接近; 工况 4 的 WUA 值最小, 即在总发电泄流量为 $6000\text{m}^3/\text{s}$ 时, 此流量分配方式最不适合中华鲟自然繁殖。根据模拟计算得到各工况下可能的产卵场分布图 (表 12.2), 可见工况 1、2 的产卵场位置较为接近, 主要分布于IV-V 的 A 区和 B 区, 分布面积近似; 工况 3 不但在IV-V 的 A 区和 B 区有产卵场分布, 在 II-B 也有

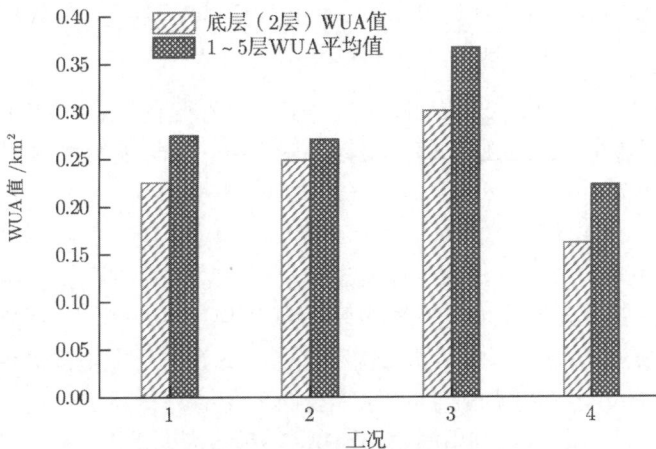

图 12.9　不同机组泄流工况 WUA 值比较

面积较大的产卵场分布; 工况 4 产卵场主要在 V-A 区和 V-B 区分布, 分布面积较小。各工况模拟得出产卵场位置与实际监测得到产卵场位置相近, 其包括上产卵场及下产卵场。因此可得出, 在出库流量为 6000m³/s 时, 采用工况 3 的机组泄流方式, 可使坝下产卵场有较大产卵适合度, 增加中华鲟产卵的概率。

表 12.2　各机组运行工况中华鲟产卵场分布图

工况 1	工况 2	工况 3	工况 4

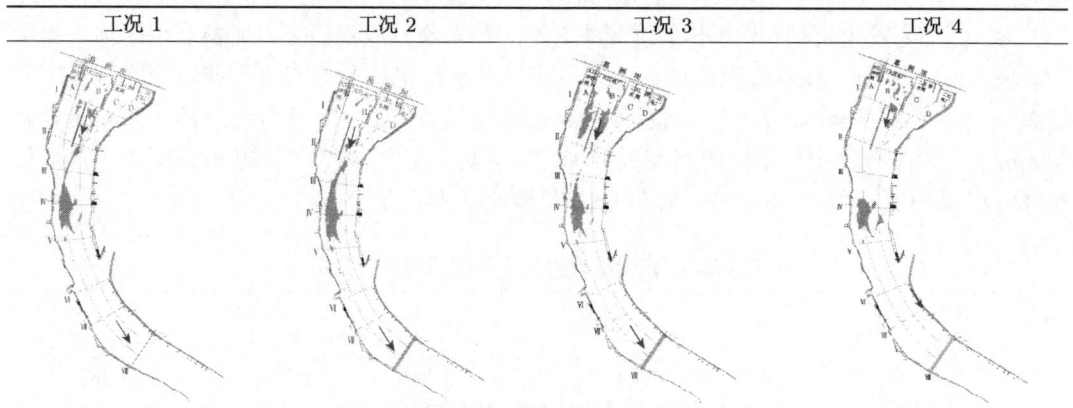

注: 图中阴影区域表示中华鲟可能产卵的水域位置及面积

12.4　水库调度与中华鲟产卵场适合度关系模型研究

12.4.1　葛洲坝水库调度与中华鲟产卵场适合度关系模型变量分析

根据表 12.1、表 12.2 对大坝泄流方式及机组发电泄流方式与中华鲟产卵场适合度相关性分析得出, 产卵场产卵适合度不但取决于大坝下泄流量, 还取决于大坝泄流方式及机组运行方式, 即产卵场适合度与水库调度密切相关。为比较大坝泄流方式与机组发电泄流运行对中华鲟产卵场产卵适合度的影响, 将相同出库流量下各工况底层 (2 层) 的 WUA 值进行差异比较, 得出泄流方式及机组运行方式对产卵场产卵适合度的相关系数 r(表 12.3)。

$$r = \frac{\max(\text{WUA}_2^1, \text{WUA}_2^2, \cdots, \text{WUA}_2^n) - \min(\text{WUA}_2^1, \text{WUA}_2^2, \cdots, \text{WUA}_2^n)}{\text{average}(\text{WUA}_2^1, \text{WUA}_2^2, \cdots, \text{WUA}_2^n)} \tag{12.1}$$

式中, r 为相关系数; $\max(\text{WUA}_2^1, \text{WUA}_2^2, \cdots, \text{WUA}_2^n)$ 为出库流量相同的各工况 (工况 1~工况 n) 底层 (2 层)WUA 值的最大值, 上标表示工况, 下标表示水体层数; $\min(\text{WUA}_2^1, \text{WUA}_2^2, \cdots, \text{WUA}_2^n)$ 为 WUA 最小值; $\text{average}(\text{WUA}_2^1, \text{WUA}_2^2, \cdots, \text{WUA}_2^n)$ 为平均值。

根据表 12.3 比较得出泄流方式对中华鲟产卵场产卵适合度的影响要比机组运行方式的影响大, 因此针对中华鲟资源保护的水库生态调度模型以大坝泄流量及泄流方式的优化为主, 同时考虑机组运行方式的优化。考虑到中华鲟产卵期 (10~11 月) 葛洲坝可能的调度方式, 本节拟以葛洲坝出库流量、大江电厂发电泄流量、二江电厂发电泄流量、二江泄水闸泄流量为葛洲坝水库调度与中华鲟适合度关系模型的自变量 $X(x_1, x_2, x_3, x_4)$, 以葛洲坝坝下产卵场底层 (2 层) 产卵加权可利用面积 (WUA) 为模型因变量 Y。根据三峡蓄水运行后中华鲟产卵期葛洲坝多年泄流过程及产卵期葛洲坝可能的出库流量范围 (5000~30 000m³/s),

主要以 5000m³/s 为出库流量间隔，在每个相同的出库流量下根据各泄水建筑物的泄流量范围以近似逻辑输出方式拟定泄流方式，得出 71 种大坝不同运行工况作为分析样本输入，以对每个工况进行数值模拟计算的结果作为样本输出。由于样本间数据差值较大，为避免出现过大误差影响结果分析，采用线性函数转换方法对样本数据进行归一化处理。

表 12.3   不同影响因子对产卵场产卵适合度相关系数比较

影响因子	葛洲坝出库流量/(m³/s)	底层 WUA 最大值/km²	底层 WUA 最小值/km²	相关系数 r	最大相关系数
泄流方式	5000	0.1808	0.0270	2.32	2.32
	10 000	0.9362	0.4735	0.66	
	15 000	1.7721	0.8289	0.73	
	20 000	1.7620	0.7402	0.76	
	25 000	1.6284	0.5622	0.93	
	30 000	1.2018	0.4642	0.80	
机组运行方式	6000	0.3009	0.1620	0.59	0.59

为确定葛洲坝水库调度方式与中华鲟产卵场适合度关系模型，本节对分析样本进行多元线性回归分析，并运用 BP 神经网络对大坝泄流量、泄流方式与中华鲟产卵场适合度的相互关系进行训练学习。

12.4.2   BP 神经网络训练学习

1. BP 网络模型

BP(back propagation) 神经网络 [13-15] 是 1986 年由 Rumelhart 和 McCelland 为首的科学家小组提出，是一种按误差逆传播算法训练的多层前馈网络，是目前应用最广泛的神经网络模型之一。BP 神经网络能学习和存储大量的输入–输出模式映射关系，而无需事前揭示描述这种映射关系的数学方程。BP 神经网络算法可以逼近任意连续函数，具有很强的非线性映射能力。Hecht-Nielsen 已证明，一个三层 BP 网络可以满足一般函数映射的要求，并且用有限的隐含层 BP 网络可以以任意精度逼近任意多变量函数。网络的中间层数、各层的处理单元数及网络的学习系数等参数可根据具体情况设定，灵活性很大，所以它在许多应用领域中起到重要作用。

BP 神经网络结构简单，是典型的单向多层次前馈网络。它由输入层、隐含层和输出层构成，层与层之间多采用全互连方式，同层节点没有任何耦合，其 BP 网络拓扑结构如图 12.10 所示。BP 神经网络的学习规则是使用最速下降法，通过反向传播来不断调整网络的权值和阈值，使网络的误差平方和最小 [16-18]。

2. BP 网络训练学习及结果

由于本书仅针对中华鲟产卵期 (10~11 月) 建立大坝泄流与产卵场适合度关系模型，因此葛洲坝出库流量为大江电厂发电泄流、二江电厂发电泄流、二江泄水闸弃水泄流三者之和，分析样本的输入变量之间存在 $x_1 = x_2 + x_3 + x_4$ 的线性关系，因此在 BP 网络模型中仅将 $X(x_2, x_3, x_4)$ 作为模型输入变量，产卵场底层 WUA 值作为输出变量 Y，利用线性函数转换方法将样本数据归一化后进行表征大坝泄流与中华鲟产卵场适合度关系的 BP 神经网络训练学习。网络包括一个输入层、一个隐含层和一个输出层,其中隐含层由 20 个神经元构成。为便于计算调整样本工况顺序,将其中的 66 个工况作为学习集数据输入 BP 网络进行训练学习,得出网络输入层到隐含层、隐含层到输出层的权值矩阵 W_1、W_2 及阈值 $Theta_1$、$Theta_2$。再将样本数据中剩下的 5 个工况输入训练好的 BP 网络模型进行仿真计算,得出相应工况下的中华鲟产卵场产卵适合度 BP 网络仿真值,并与数值模拟值进行比较,得出以数值模拟值为真值的 BP 网络仿真计算相对误差。根据相对误差图可见前 66 个工况相对误差均为 0,说明网络训练结果非常好。后 5 个工况的相对误差也较小,最大相对误差为 6.8%,说明建立的 BP 网络模型对坝下中华鲟产卵场适合度的预测与数值模拟结果有较强的拟合性 (图 12.11),可作为葛洲坝坝下中华鲟产卵场适合度的预测模型。根据 BP 网络输入与输出之间的映射关系得出大坝泄流因子 (大江电厂发电泄流量、二江电厂发电泄流量、二江泄水闸弃水泄流量) 与坝下中华鲟产卵场产卵适合度之间的关系模型 (式 (12.2))。

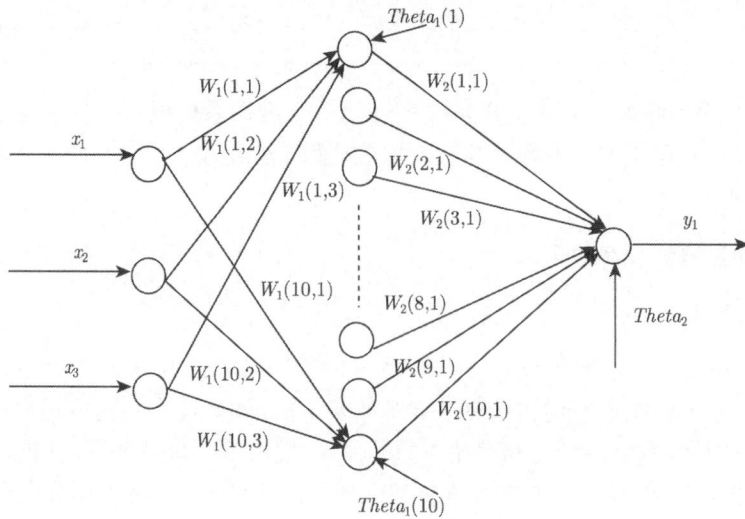

图 12.10　BP 网络拓扑结构

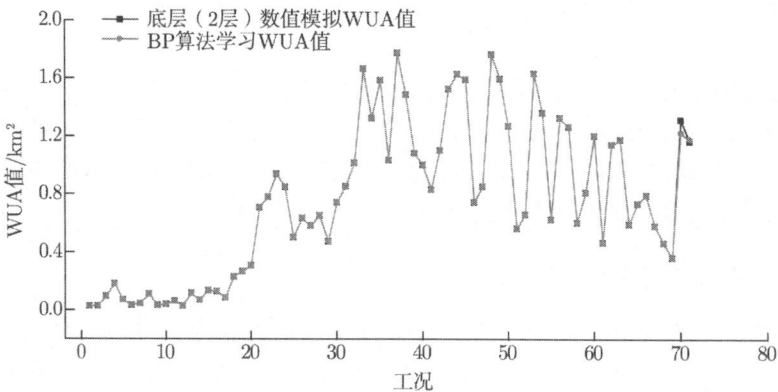

图 12.11　产卵场底层 WUA 数值模拟值与 BP 网络仿真值比较图

$$y = \sum_{i=1}^{20} W_2(i) f\left(\sum_{j=1}^{3} (W_1(i,j)x(j) + Theta_1(i))\right) + Theta_2 \tag{12.2}$$

式中，为避免输出产生负值，采用 $f(x) = \dfrac{1}{1 + e^{-x}}$，$W_1$、$W_2$、$Theta_1$、$Theta_2$ 分别为输入层到隐含层、隐含层到输出层的权值矩阵及阈值。

经过对学习样本反复训练学习，得出 BP 网络模型参数：权值 W_1、W_2 及阈值 $Theta_1$、$Theta_2$。

3. 产卵场产卵适合度优化计算

根据 2006~2010 年中华鲟产卵期 (10~11 月) 葛洲坝下泄流量过程拟定样本数据，包含可能出现的各泄水建筑物流量极值 (最大值和最小值)。因此，在产卵期葛洲坝出库流量极值范围内必将存在产卵场产卵适合度最高的葛洲坝出库流量 x_1，及泄流方式 (x_2、x_3、x_4)，即针对中华鲟自然繁殖的最优下泄流量及泄流方式 (大坝调度方式)。为得到产卵期针对中华鲟产卵的最优水库调度方式，将 BP 网络训练得到的关系模型 (式 (12.2)) 进行最优化求解，得出葛洲坝坝下中华鲟产卵场产卵适合度 (y) 为最大值时的最优大坝下泄流量 x_1，及最优泄流方式 (x_2、x_3、x_4)。

由于样本参数经过线性函数归一化后，其定义域为 $[-1, 1]$，同时自变量 (x_1、x_2、x_3、x_4) 间满足 $x_1 = x_2 + x_3 + x_4$ 的线性关系。因此，将自变量 x_2、x_3、x_4 在定义域 $[-1, 1]$ 上利用遗传算法编程进行最优求解。求解得出当 $[x_1, x_2, x_3, x_4] = [15\,000, 9430, 0, 5570]$ 时，$y_{max} = 1\,772\,084\text{m}^2$，即葛洲坝水库采用下泄流量为 $15\,000\text{m}^3/\text{s}$，大江电厂发电泄流 $9430\text{m}^3/\text{s}$，二江电厂发电泄流 0，二江泄水闸泄流 $5570\text{m}^3/\text{s}$ 时，坝下中华鲟产卵场产卵适合度最大，为 1.77km^2。在此最优运行工况下，各泄水建筑物下泄的流量比例为

$$\frac{\text{大江电厂发电泄流量}}{\text{葛洲坝出库流量}} \approx 0.63$$

$$\frac{\text{二江电厂发电泄流量}}{\text{葛洲坝出库流量}} = 0$$

$$\frac{\text{二江泄水闸泄流量}}{\text{葛洲坝出库流量}} \approx 0.37 \tag{12.3}$$

参 考 文 献

[1] 刘俊, 王强. 三峡与葛洲坝两电站联合运行的发电调度 [J]. 水力发电, 2004, 29(12): 65-67.

[2] 赵云发, 张继顺, 刘志武. 三峡–葛洲坝梯级电站水能优化利用效益分析 [J]. 水力发电, 2008, 33(12): 60-63.

[3] 毛劲乔, 李智, 戴会超, 等. 水库调度影响下中华鲟产卵场的水动力特征 [J]. 排灌机械工程学报, 2014, 32(5): 399-403.

[4] 杨德国, 危起伟, 陈细华, 等. 葛洲坝下游中华鲟产卵场的水文状况及其与繁殖活动的关系 [J]. 生态学报, 2007, 27(3): 862-869.

[5] 张辉, 危起伟, 杨德国, 等. 基于流速梯度的河流生境多样性分析——以长江湖北宜昌中华鲟自然保护区核心区江段为例 [J]. 生态学杂志, 2008, 27(4): 667-674.

[6] Wang Y, Xia Z. Assessing spawning ground hydraulic suitability for Chinese sturgeon (Acipenser sinensis) from horizontal mean vorticity in Yangtze River[J]. Ecological Modelling, 2009, 22(11): 1443-1448.

[7] 张陵蕾, 吴宇雷, 张志广, 等. 基于鱼类栖息地生态水文特征的生态流量过程研究 [J]. 水电能源科学, 2015, 33(3): 1-3.

[8] 王煜, 戴会超. 中华鲟产卵场适合度与大坝泄流相关性分析 [J]. 水力发电学报, 2013, 32(4): 64-70.

[9] 胡和平, 刘登峰, 田富强, 等. 基于生态流量过程线的水库生态调度方法研究 [J]. 水科学进展, 2008, 19(3): 325-332.

[10] 连加裕, 吴晓黎, 伍永刚. 三峡梯级水库调度仿真及实现——给定葛洲坝水库出库流量优化模型 [J]. 水利水电科技进展, 2004, 24(2): 9-11.

[11] 黄明海, 郭辉, 邢领航, 等. 葛洲坝电厂调度对中华鲟产卵场水流条件的影响 [J]. 长江科学院院报, 2013, 30(8): 102-107.

[12] Wang Y K, Xia Z Q, Wang G H. Chinese sturgeon spawning ground horizontal mean vorticity computation and analysis[J]. Acta Ecologica Sinica, 2009, 29(1): 2267-2271.

[13] 罗四维. 大规模人工神经网络理论基础 [M]. 北京: 清华大学出版社, 2004.

[14] 王钰, 郭其一, 李维刚. 基于改进 BP 神经网络的预测模型及其应用 [J]. 计算机测量与控制, 2005, 13(1): 39-42.

[15] Yu S, Zhu K, Diao F. A dynamic all parameters adaptive BP neural networks model and its application on oil reservoir prediction[J]. Applied mathematics and computation, 2008, 195(1): 66-75.

[16] Xiao Z, Ye S J, Zhong B, et al. BP neural network with rough set for short term load forecasting[J]. Expert Systems with Applications, 2009, 36(1): 273-279.

[17] Lukos M, Jaeger H. Reservoir computing approaches to recurrent neural network training[J]. Computer Science Review, 2009, 3(3): 127-149.

[18] 周开利, 康耀红. 神经网络模型及其 MATLAB 仿真程序设计 [M]. 北京: 清华大学出版社, 2005.

第 13 章　兼顾中华鲟繁殖需求的水库生态调度研究

13.1　水库生态调度概述

国内外已有水库生态调度的实践表明，水库生态调度可在多方面改善河流生态环境 [1-3]。一是改善下游河流的水质，降低河口的盐水入侵，部分恢复自然情况下下游河流的水温、溶解氧；二是实现水库和下游河流的水沙平衡，减少水库的泥沙淤积，改善水库泥沙淤积的部位，控制下游河床的下切或者抬升，维持下游河道沙洲、浅滩、深潭等河流地貌的多样性；三是维持下游河流重要水生生物栖息地的数量和质量，生态调度所关注的水生生物对象包括鱼类、蚌类、大型无脊椎动物、底栖动物、两栖类等，其中大部分改善水生生物栖息地条件的水库生态调度案例是针对本地特有、濒危鱼类保护；四是恢复河流岸边和洪泛平原的植被，河流与湖泊、湿地的水文连通性；五是抑制外来物种的入侵。

根据 2005 年大自然保护协会收集的共计 53 个国家 855 条河流的水库生态调度信息，有一半以上的水库生态调度项目是为了改善水生生物 (特别是鱼类) 的栖息地 [4,5]。其中，欧洲部分水库的生态调度目标有大西洋鲑鱼、鲶鱼、八目鳗、褐鳟、白爪虾蟹等；美洲的有大西洋鲑鱼、美洲西鲱、大肚鲱、短鼻鲟、白鲟、条纹鲈鱼、鳟鱼、虹鳟、青鱼、鲮鱼、银鲑等几十种鱼类；澳大利亚的有鳕鱼、触须白鱼、鲤科鱼等。这些鱼类中大部分为洄游性鱼类，选择洄游性的鱼类作为水库生态调度的目标物种主要是因为大坝的修建极大地威胁了洄游性鱼类的生存。这类水库生态调度一般是通过在鱼类的洄游期释放适合鱼类洄游的流量，并结合一定的过鱼设施帮助鱼类到达产卵地。也有一些专门针对鱼类繁殖的生态调度措施 [6,7]，有的是通过建立鱼类栖息地适宜性模型，评价不同流量下栖息地的适宜度，然后找出比较适合鱼类产卵的生态需水量和大坝泄流范围，最后通过调整水库的泄流过程满足下游鱼类产卵期的需求；有的是在鱼类的繁殖期，释放一场模拟自然水文情势的洪水过程，协助某些鱼类完成产卵活动。

根据前期对水库调度与中华鲟产卵场产卵适合度的关系分析，得出大坝调度不仅在总下泄流量上影响中华鲟的产卵行为，其泄流方式的不同也极大地影响了中华鲟的产卵适合度。因此，兼顾中华鲟繁殖需求的生态调度不仅要在下泄流量上满足中华鲟繁殖所需的生态需水量，更要在泄流方式上满足中华鲟繁殖对坝下流场水动力环境需求。本章拟针对中华鲟产卵期 (10~11 月)，将中华鲟产卵场产卵适合度作为水库生态效益评价指标，结合水利工程社会经济效益，建立在满足防洪效益、航运效益、水资源利用效益基础上以发电效益与生态效益为双目标的水库生态调度模型，并对模型进行优化求解，得出中华鲟产卵期兼顾中华鲟繁殖需求的水库优化调度过程。

13.2　三峡–葛洲坝现行调度方式下中华鲟产卵场产卵适合度评价

13.2.1　中华鲟产卵期三峡–葛洲坝现行调度方式

三峡水利枢纽正常运行期的主要任务是在保证工程安全的前提下，充分发挥防洪、发电、航运、水资源利用等综合效益。葛洲坝水利枢纽是三峡水利枢纽的航运反调节枢纽，主要任务是对三峡水利枢纽日调节下泄的非恒定流过程进行反调节，在保证航运安全和通畅的条件下充分发挥发电效益。由于中华鲟产卵期 (10~11 月) 为三峡水库蓄水期，该时期三峡–葛洲坝梯级水库的调度主要以发电调度、航运调度及水资源调度为主。发电调度的任务是在保证工程安全、防洪运用和航运安全的前提下，利用兴利调节库容，合理地调配水量多发电。航运调度是保证三峡与葛洲坝枢纽通航设施的正常运用，满足设计条件下航运安全和畅通的要求，有利于三峡水利枢纽上游水域交通管制区至葛洲坝水利枢纽下游中水门锚地内航道及港口的正常运用，并有利于库尾及葛洲坝下游航道的运用。水资源调度任务是首先满足城乡居民生活用水，兼顾生产及航运需要，注意维持三峡库区及下游河道的合理水位和流量；在保证防洪安全的前提下，合理利用汛末水资源，兼顾长江中下游供水、通航要求的前提下，尽量将三峡水库水位蓄至 175m；水库蓄水期间，下泄流量逐步减少，尽量减少对下游地区供水、水生态与环境等方面的影响。

三峡–葛洲坝梯级水库现行调度方式主要考虑了防洪、发电、航运及水资源任务，对生态环境要求，虽提及但在实际运行中难以落实，这势必会带来一些生态环境问题 [8]。其主要表现为：① 库区和下游河道水质污染问题 [9]。库区的支流回水区，受水库回水顶托的影响，在局部缓流区域可能会出现水体富营养化，甚至 “水华”；水库下游河道水质随着 10 月份出库流量的减少，水流稀释能力减弱，局部江段会出现污染加重的情况。② 鱼类产卵繁殖问题 [10,11]。每年 4 月底至 5 月初，三峡水库坝前可能存在水温分层现象，下泄低温水可能使水库下游 “四大家鱼” 的产卵时间推迟；水库泄洪可能使下泄水流中造成溶解气体过饱和，使水库下游鱼类发生 “气泡病”；每年四大家鱼产卵高峰的 5~6 月份，天然情况的涨水过程可能被水库调平均匀下泄发电，从而影响水库下游荆江河段 “四大家鱼” 产卵繁殖；每年 10~11 月份是国家一级保护动物中华鲟产卵繁殖季节，也是三峡水库蓄水时期，下泄水流减少，将直接或间接地对中华鲟的产卵场、产卵活动以及繁殖群体产生不利影响。③ 河口生态问题 [12]。长江口的海水入侵通常发生在 11 月至次年 4 月，由于 10 月份三峡蓄水，使得入海流量减少，10 月份长江口盐度增加，海水入侵时间提前，对河口生态造成严重影响。因此，有必要在保证水库防洪、发电、航运及水资源等综合效益的同时，开展保护生态环境的生态调度研究。

13.2.2　现行调度方式下中华鲟产卵期产卵场适合度分析

由于中华鲟产卵期 (10~11 月) 为三峡–葛洲坝梯级水库的蓄水期，其水库主要调度任务为发电调度、航运调度及水资源调度。大坝阻隔效应使中华鲟现存产卵场主要位于葛洲坝坝下长约 4km 的水域区域，因此葛洲坝水库的运行方式直接影响中华鲟产卵场的水动力环境 [13,14]。由于葛洲坝水库为日调节水库，调节能力较弱，据其大坝距三峡大坝坝址约 40km，因此三峡水库的蓄泄过程直接影响葛洲坝水库的水库调度。根据三峡蓄水运行后 (2006~2010

年) 中华鲟产卵期葛洲坝水库调度曲线 (数据来自于三峡梯调中心) 及以此计算得到的相应产卵场产卵适合度 (WUA 值) 分布图 (图 13.1～ 图 13.5)，可得出在中华鲟产卵场现有水库调度方式对中华鲟自然繁殖的影响。

(1) 根据水库调度曲线可见，产卵期大坝出库流量接近于水库入库流量，说明葛洲坝水库具有较弱的调节能力，出库流量较大决定于入库流量的变化，同时其值略小于入库流量，水库具有一定库容。

(2) 产卵期大坝主要由水电厂发电泄流，只有当出库流量较大，超过水电厂最大发电流量时才通过二江泄水闸弃水泄流 (如 2008 年)，以实现保证航运安全和通畅的条件下充分发挥发电效益的水库调度目标。

(3) 除 2008 年外，三峡蓄水后下泄流量减小，中华鲟产卵期下泄流量小于 15 000m^3/s，即中华鲟繁殖所需的最佳下泄流量，因此造成中华鲟产卵场产卵适合度减小。

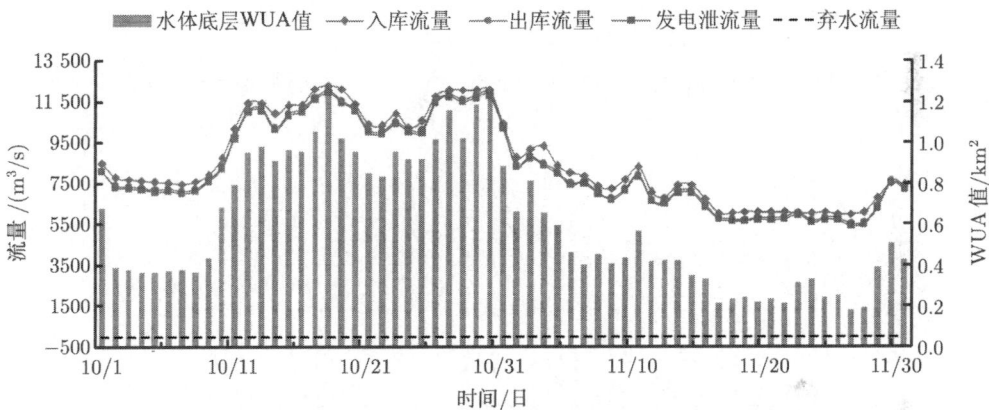

图 13.1　2006 年中华鲟产卵期葛洲坝水库调度过程

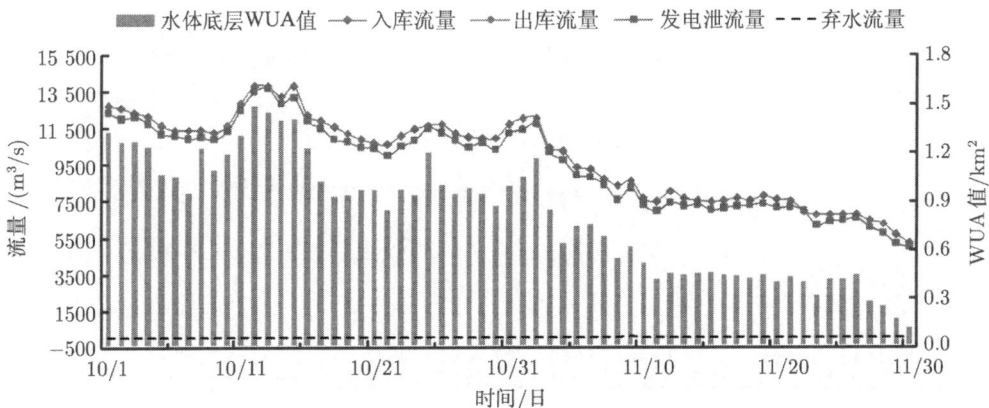

图 13.2　2007 年中华鲟产卵期葛洲坝水库调度过程

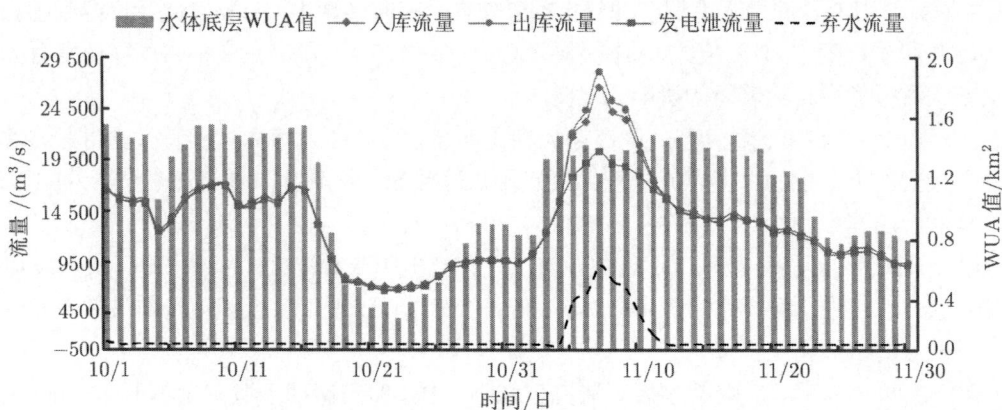

图 13.3　2008 年中华鲟产卵期葛洲坝水库调度过程

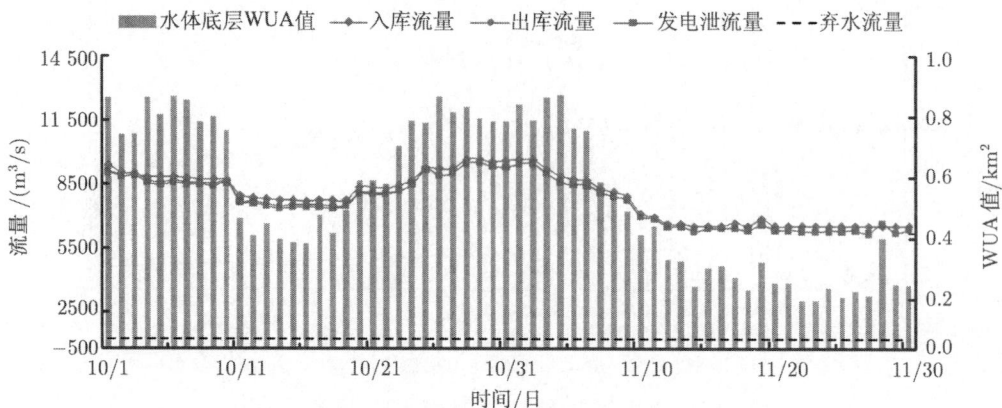

图 13.4　2009 年中华鲟产卵期葛洲坝水库调度过程

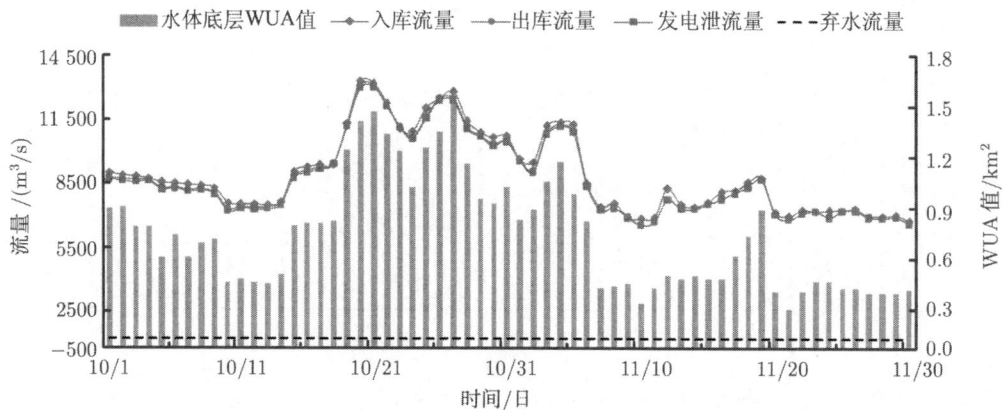

图 13.5　2010 年中华鲟产卵期葛洲坝水库调度过程

(4) 根据表 11.1 三峡蓄水运行后 (2006~2010 年) 监测到的中华鲟实际产卵日对比各年份产卵期产卵场产卵适合度, 得出中华鲟产卵行为并非发生在产卵场产卵适合度最大的时期。这一方面是由于三峡蓄水运行后, 水库的 "滞温" 作用推迟了产卵场出现产卵适宜水温的时间, 致使中华鲟产卵时间推迟至 11 月中下旬; 另一方面也说明依据水动力参数并非是决定中华鲟产卵行为发生的唯一因素, 水动力环境的满足只是中华鲟产卵行为发生的必要条件之一。

(5) 根据各年中华鲟产卵期产卵场产卵适合度变化过程可见, 在中华鲟实际产卵日, 其产卵场产卵适合度较低, 这说明在此水动力环境中中华鲟虽仍能自然繁殖, 但水动力环境并非其繁殖所需的最佳环境, 这将使中华鲟的产卵质量和数量受到影响, 这一点从实际监测资料 (图 10.1) 中也得到了证实。因此, 在满足水温需求的中华鲟产卵期通过水库优化调度, 提高产卵场产卵适合度可增加中华鲟自然繁殖的概率, 提高中华鲟产卵的质量和数量。

13.3 兼顾中华鲟繁殖需求的生态调度

在河流上修建大型水利工程后, 对于河流上下游生态环境的负面影响主要反映在两个方面 [7,8]: 一方面是栖息地地形、地貌、底质特征发生变化, 进而影响水生环境质量变化; 另一方面是生态水文过程的变化, 即流量、流速、水温、水质等变化。前者主要依靠河流生态修复工程加以解决, 通过本书前述章节的研究可见水库调度与坝下水动力条件息息相关, 因此后者可通过水库生态调度方法进行调整。流域水库多目标生态调度的基本思路是统筹防洪、兴利与生态, 在满足坝区及下游生态保护要求的基础上, 充分发挥水库的防洪、发电、灌溉、供水、航运、旅游等功能, 使水库对河流生态系统的负面影响控制在可承受的范围内, 并逐步修复生态系统。因此, 中华鲟产卵期兼顾中华鲟自然繁殖的生态调度优化目标是在满足水库原有发电效益、航运效益、水资源效益等综合效益的基础上, 使坝下水动力环境最大程度满足中华鲟自然繁殖需求, 并以此作为水库调度的生态效益目标。

13.3.1 生态调度优化模型

本章建立的兼顾中华鲟繁殖需求的生态调度模型, 以中华鲟产卵期 (10~11 月) 为调度周期, 将中华鲟产卵场产卵适合度作为水库生态效益评价指标, 结合水利工程调度期内需发挥的社会经济效益, 建立在满足水库防洪效益、航运效益、水资源利用效益基础上, 以发电效益与生态效益最大为双目标的水库生态调度模型。

根据建立的评价中华鲟产卵场水动力环境对于其自然繁殖适合程度的产卵场产卵适合度模型, 将对大坝下游水动力环境的数值模拟结果输入产卵场产卵适合度模型, 得出表征该大坝运行工况下产卵场水动力参数适合中华鲟产卵的加权可利用面积 (WUA), 将其作为评价该运行工况的生态效益指标。中华鲟产卵期 (10~11 月) 主要为水库蓄水运行期, 因此水库在该时期除发挥一定生态效益以外, 主要发挥的效益为发电效益、航运效益、水资源利用效益。因此, 兼顾中华鲟自然繁殖的生态调度模型是以中华鲟产卵场产卵适合度表征水库生态效益; 以水电厂发电量表征水库发电效益; 水库上下游航运水位及水位变幅的限制确保水库航运效益; 最小下泄水量及下游最低水位的控制保证水库水资源效益, 依此在中华鲟产卵期 (10~11 月) 建立水库综合效益最大化的水库优化调度模型 (图 13.6)。

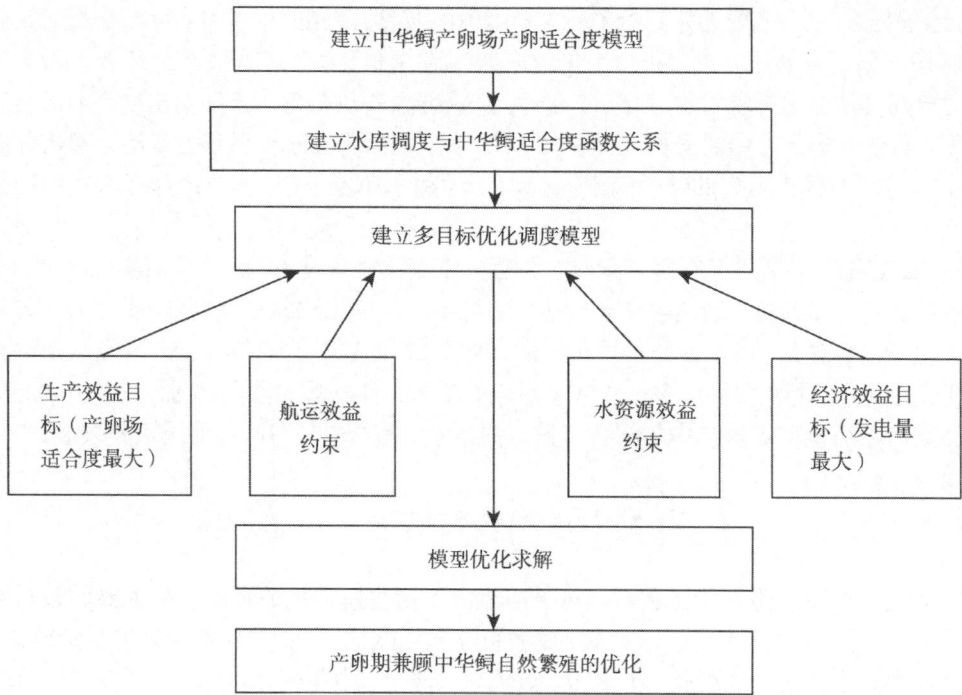

图 13.6　生态调度模型建立步骤框图

目标函数：在满足航运、水资源、水轮机优化运行等各种约束的条件下，求取中华鲟产卵场产卵适合度和水电厂发电量最大。

1) 目标函数

$$\begin{cases} \max \sum_{t=1}^{T} \left(\sum_{i=1}^{20} W_2(i) f \left(\sum_{j=1}^{3} (W_1(i,j)x(j) + Theta_1(i)) \right) + Theta_2 \right) \\ \max \sum_{t=1}^{T} N_t \times \Delta t \end{cases} \tag{13.1}$$

式中，T 为计算时段总数；N_t 为 t 时段水轮机出力；Δt 为计算时段长度，本书取一天，即 $\Delta t = 24\text{h}$。

Δt 时段出力计算式为

$$N_t = \begin{cases} AH_tQ_t, & N_t \leqslant N_{\max} \\ N_{\max}, & N_t > N_{\max} \end{cases} \tag{13.2}$$

式中，A 为水轮机出力系数；Q_t 为水电站发电流量；$N_{\max}$ 为水轮机最大限制出力，由水轮机工作水头和水轮机特性曲线确定；H_t 为水轮机工作水头。

2) 约束条件

兼顾中华鲟繁殖需求的生态调度模型将水库需发挥的航运效益和水资源利用效益作为约束条件考虑，其模型包括的约束条件有水量平衡约束、航运上游水位变幅约束、航运上游通航水位约束、下游航运最低水位约束、水库最大下泄流量约束、供水最小下泄流量约束、水轮机工作水头约束、水轮机出力限制约束、水轮机最大过水量约束。

(1) 水量平衡约束:

$$(S_t - Q_t) \times \Delta t = V_{t+1} - V_t \tag{13.3}$$

式中, S_t 为 t 时段入库流量; Q_t 为 t 时段出库流量; Δt 为计算时段; V_{t+1} 为 $t+1$ 时段水库库容; V_t 为 t 时段水库库容。

(2) 航运上游水位变幅约束:

$$|ZS_{t+1} - ZS_t| < \Delta Z_{\max} \tag{13.4}$$

式中, $\Delta Z_{\max}$ 为航运允许上游水位最大变幅。

(3) 航运上游水位通航约束:

$$ZS_{\min} \leqslant ZS_t \leqslant ZS_{\max} \tag{13.5}$$

式中, $ZS_{\min}$ 为上游最小通航水位; ZS_t 为 t 时段上游库水位; $ZS_{\max}$ 为上游最大通航水位。

(4) 下游航运最低水位约束:

$$ZL_t \geqslant ZL_{\min} \tag{13.6}$$

式中, $ZL_{\min}$ 为下游航运要求最低水位。

(5) 水库最大下泄流量约束、供水最小下泄流量约束:

$$Q_{g\min} \leqslant Q_t \leqslant Q_{x\max} \tag{13.7}$$

式中, $Q_{g\min}$ 为供水最小下泄流量; Q_t 为 t 时段水库下泄流量 (出库流量); $Q_{x\max}$ 为水库允许最大下泄流量。

(6) 水轮机工作水头约束:

$$H_{\min} \leqslant |ZS_t - ZL_t| \leqslant H_{\max} \tag{13.8}$$

式中, $H_{\min}$ 为水轮机运行的最小水头; ZL_t 为 t 时段下游水位; $H_{\max}$ 为水轮机运行的最大水头。

(7) 水轮机出力限制约束:

$$NN \leqslant N_t \leqslant NT \tag{13.9}$$

式中, N_t 为 t 时段水电站水力发电机组出力; NN 为水轮机技术最小出力; NT 为水轮机限制最大出力, 与水轮机工作水头有关。

(8) 水轮机最大过水量约束:

$$QE_t \leqslant QE_{\max} \tag{13.10}$$

式中, QE_t 为 t 时段水电站发电用水流量; $QE_{\max}$ 为水电站水轮机最大过水流量, 为水轮机设计流量。

13.3.2　生态调度优化模型求解

由于所建水库优化调度模型较为复杂，求解变量不仅为总下泄流量，还包括代表大坝泄流方式的各泄水建筑物下泄流量，变量和目标函数之间不但存在电力方面的联系，还存在水力方面的联系，约束条件众多，是一个具有多约束的多目标非线性优化问题。水库生态调度模型从形式上看是一个多阶段决策过程，动态规划方法是 Bellman 于 20 世纪 50 年代提出的专门用于求解多阶段最优决策过程问题的方法。因此，从理论上说，水库的生态调度模型适于采用动态规划 (DP) 方法求解。由于水库生态调度模型计算阶段多，状态变量多，原始动态规划法的"维数灾"成为计算时的障碍，为克服"维数灾"问题，本研究采用逐步优化算法 (progressive optimization algorithm，POA) 求解。

1. POA 算法

POA 算法是 Howsan 和 Sancho 于 1975 年提出的，它是动态规划最优性原理的一个推论 [15,16]。后由 Turgeon 等首先将其应用于水库优化计算。POA 算法将多阶段决策问题分解成若干子问题，子问题之间由系统状态联系。每个子问题仅考虑某个时段的状态及相邻两时段的子目标值，逐个时段进行寻优，直到收敛。

子问题为一非线性约束优化问题，可用一般非线性规划方法求解。

Howsan 在提出 POA 法时，已证明了在一定条件下算法的收敛性。POA 算法对初始近似解有一定的要求，初始近似解直接影响迭代计算次数和计算时间，同时也影响计算结果的好坏，当初始近似解比较接近最优解时，可很快收敛到全局最优解；但当初始近似解离最优解较远时，迭代次数和计算量较大，且可能收敛不到全局最优解，而只是收敛到局部最优解。但当模型是凸规划问题，初始解的好坏只影响迭代计算次数和计算时间，不会影响最优解的计算结果，这时一定收敛到全局最优解。

由于 POA 算法中没有递推方程，每个子问题都是一个约束最优化问题，所以状态变量不必离散化，可根据具体情况灵活选用约束非线性规划方法直接搜索得到较精确的解。实践证明，对确定性多状态、多阶段问题，POA 是一个较好方法。

任给一系统，设其状态方程为

$$S_{i+1} = f_i(S_i, R_i) \tag{13.11}$$

式中，S_i, R_i 分别为 i 时段的状态和决策变量；f_i 为 i 时段状态转移函数。

目标函数：

$$F = \max \sum_{i=1}^{N} g_i(S_i, R_i) \tag{13.12}$$

式中，g_i 是 i 时段系统效应函数。

由式 (13.11) 有

$$R_i = f^{-1}(S_i, S_{i+1}) = h_i(S_i, S_{i+1}) \tag{13.13}$$

代入式 (13.12) 有

$$F = \max \sum_{i=1}^{N} g_i'(S_i, S_{i+1}) = h_i(S_i, S_{i+1})$$
$$g_i'(S_i, S_{i+1}) = g_i(S_i, h_i) \tag{13.14}$$

展开上式有

$$
F = \max_{S_i} \left\{ g_1'(S_1, S_2) + g_2'(S_2, S_3) + \cdots + g_N'(S_N, S_{N+1}) \right\}
$$
$$
i = 1, 2, \cdots, N \tag{13.15}
$$

设一满足约束条件的初始轨迹 $F = \max \sum_{i=1}^{N} g_i(S_i, R_i)$，代入后有

$$
F = \max \left\{ g_1'(S_1^0, S_2^0) + g_2'(S_2^0, S_3^0) + \cdots + g_N'(S_N^0, S_{N+1}^0) \right\} = F^0 \tag{13.16}
$$

POA 算法求解过程为：

设 $S_i = S_i^0, i = 1, 3, 4, \cdots, N+1, i \neq 2$，则

$$
F = \max_{S_i} \left\{ g_1'(S_1^0, S_2) + g_2'(S_2, S_3^0) + \cdots + g_N'(S_N^0, S_{N+1}^0) \right\} \tag{13.17}
$$

所以求解 S_2 的最优决策等价于

$$
F^{12} = \max_{S_2} \left\{ g_1'(S_1^0, S_2) + g_2'(S_2, S_3^0) \right\} \tag{13.18}
$$

上式本质上是一个多元非线性规划问题，有许多成熟的优化算法可以求解。

当 S_2 的最优值 S_2^{10} 得到后，以此作为初始值，同理对 S_3 求解两阶段问题：

$$
F^{13} = \max_{S_3} \left\{ g_2'(S_2^{10}, S_3) + g_3'(S_3, S_4^0) \right\} \tag{13.19}
$$

重复上述过程。一般地，对第 n 个子问题有

$$
F^{jn} = \max_{S_n} \left\{ g_{n-1}'(S_{n-1}^{j0}, S_n) + g_n'(S_n, S_{n+1}^{j-1,0}) \right\}
$$
$$
n = 2, \cdots, N \tag{13.20}
$$

当 $n = 2$ 到 N 计算完成后，即完成一次迭代，j 为迭代次数。所有状态有了第一次迭代的改进值，以此改进值作为初始值进行下次迭代。当两相邻迭代的状态轨迹变化最大值在一定精度范围内时，迭代收敛。

2. 采用 POA 算法求解生态调度优化模型

兼顾中华鲟繁殖需求的水库生态调度模型求解采用 POA 逐步优化算法进行求解，将调度期下泄流量优化过程分解成若干子优化问题，子优化问题之间由系统状态联系。每个子优化问题仅考虑两个计算时段的状态及相邻两时段的子目标值，逐个计算时段进行寻优，直到收敛。由于生态调度模型的目标函数为双目标函数，求取每个计算时段的目标函数问题转化为一般有约束的多目标非线性优化问题，为便于求解，通常首先将多目标优化函数转化为单目标函数，本研究采用理想点法将生态调度模型 Δt 计算时段内的双目标函数转化为单目标函数 (式 (13.21))。

$$
g(y_t, E_t) = \min \sqrt{ \left(\frac{y_t - Y_{\max}}{Y_{\max}} \right)^2 + \left(\frac{E_t - E_{\max}}{E_{\max}} \right)^2 } \tag{13.21}
$$

式中，$Y_{\max}$ 为固定下泄流量下产卵场最大适合度，其与流量下泄方式有关；y_t 为 Δt 时段产卵场适合度；E_t 为 Δt 时段水电站发电量；$E_{\max}$ 为固定下泄流量下 Δt 时段内水电站可能最大发电量。

在每个计算时段,通过理性点法调度模型转化为一般有约束非线性优化问题,在给定的下泄流量下寻找目标函数最小的大坝泄流方式,因此其优化变量为 X (大江电厂发电泄流量 x_1,二江电厂发电泄流量 x_2,二江泄水闸弃水泄流量 x_3)。其优化方法较多,由于该模型目标函数较为复杂,本章对于单个计算时段内的目标函数优化采用复合形优化方法。

13.4　生态调度实例分析

采用 2010 年葛洲坝产卵期 (10~11 月) 来流实测资料作为已知条件,进行兼顾中华鲟繁殖需求的生态调度实例计算。

13.4.1　葛洲坝水库基本资料

葛洲坝水利枢纽位于长江西陵峡出口、南津关以下 3km 处的湖北宜昌市境内,是长江干流上修建的第一座大型水电工程,是三峡工程的反调节和航运梯级。坝址以上控制流域面积 100 万 km^2,为长江总流域面积的 55.5%。坝址处多年平均流量 14 300m^3/s,平均年径流量 4510 亿 m^3。多年平均输沙量 5.3 亿 t,平均含沙量 12kg/m^3,90% 的泥沙集中在汛期。葛洲坝水利枢纽具有发电、改善航道等综合效益。电站装机容量 2715MW,单独运行时保证出力 1040MW,年发电量 157 亿 kW·h。电站以 500kV 和 220kV 输电线路并入华中电网,并通过 500kV 直流输电线路向距离 1000km 的上海输电 120 万 kW。库区回水 110~180km,使川江航运条件得到改善。水库总库容 15.8 亿 m^3,由于受航运限制,近期无调洪削峰作用。三峡工程建成后,对三峡工程因调洪下泄不均匀流量起反调节作用,有反调节库容 8500 万 m^3。

现行水库调节总任务是:对三峡水利枢纽日调节下泄的非恒定流过程进行反调节,在保证航运安全和通畅的条件下充分发挥发电效益。

葛洲坝水库特征值如表 13.1 所示。

表 13.1　葛洲坝水利枢纽特征指标表

名称	特征值	单位
坝址以上流域面积	1.00×10^6	km^2
校核洪水位	67.00	m
校核洪水位相应库容	7.41×10^8	m^3
设计洪水位	66.00	m
设计洪水位相应库容	7.11×10^8	m^3
正常运行水位	66.00	m
正常运行水位相应库容	7.11×10^8	m^3
最低运行水位	62.00	m
最低运行水位相应库容	6.00×10^8	m^3
坝顶高程	70.00	m
总库容	15.80×10^8	m^3

注: 库容为三峡-葛洲坝两坝间库容

13.4.2 初始条件

根据兼顾中华鲟繁殖需求的生态调度模型，需输入的初始条件包括调节周期内上游入库流量时间序列、水库及下游初始水位时间序列、下泄流量初始时间序列。这里采用 2010 年 10~11 月葛洲坝实测入库流量及上下游水位日平均值时间序列 (图 13.7，图 13.8)，采用现行调度方式下同期下泄流量为初始决策变量初值输入生态调度模型。

根据图 13.7、图 13.8 可见，由于葛洲坝水库调节能力仅为日调节，因此在中华鲟产卵期葛洲坝出库流量接近入库流量，上、下游水位幅度较小。

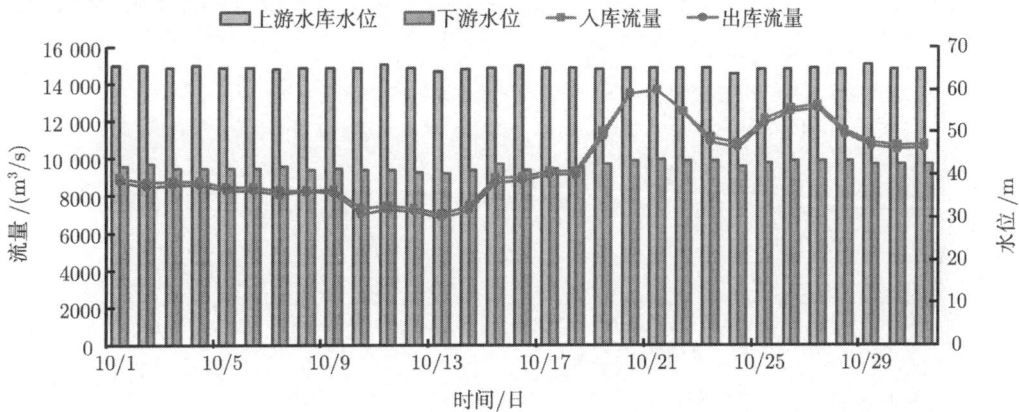

图 13.7 2010 年 10 月葛洲坝水库运行过程

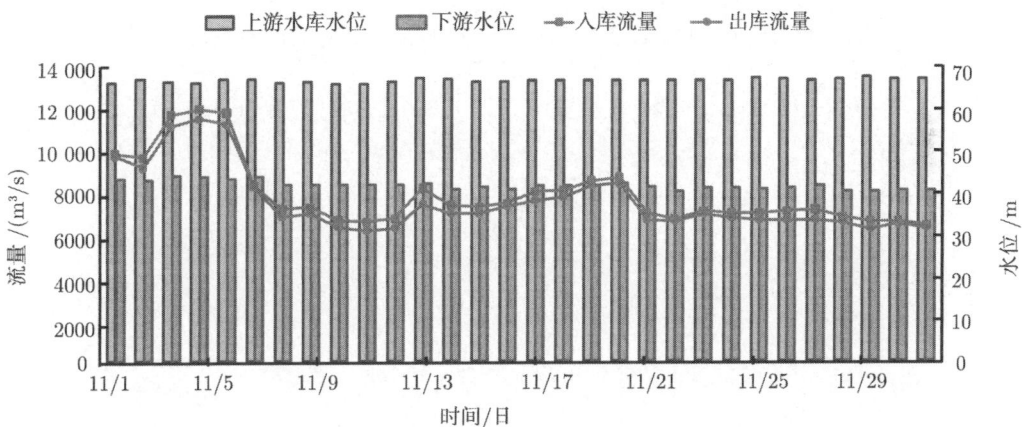

图 13.8 2010 年 11 月葛洲坝水库运行过程

13.4.3 约束条件

生态调度模型以中华鲟产卵期为调节周期，在调节期内水库在使中华鲟产卵场产卵适合度及水电厂发电量最大的同时要满足该时期水库上、下游航运、供水要求。因此生态模型需满足的约束条件有水量平衡约束、航运上游水位变幅约束、航运上游通航水位约束、下游航运最低水位约束、水库最大下泄流量约束、供水最小下泄流量约束、水轮机工作水头约束、水轮机出力限制约束、水轮机最大过水量约束。

13.4.4　生态调度结果及分析

根据 2010 年产卵期 (10~11 月) 葛洲坝水库实际入库流量时间序列等初始条件代入建立的生态模型，得出同时使中华鲟产卵场产卵适合度及水电厂发电量最大的最优流量下泄过程及泄流方式。

1. 计算结果

将 2010 年葛洲坝中华鲟产卵期 (10~11 月) 现行调度方式与根据生态调度模型计算得到的优化调度方式以及相应坝下中华鲟产卵场适合度及水电厂发电量进行比较，得到结果如图 13.9 和图 13.10 所示。

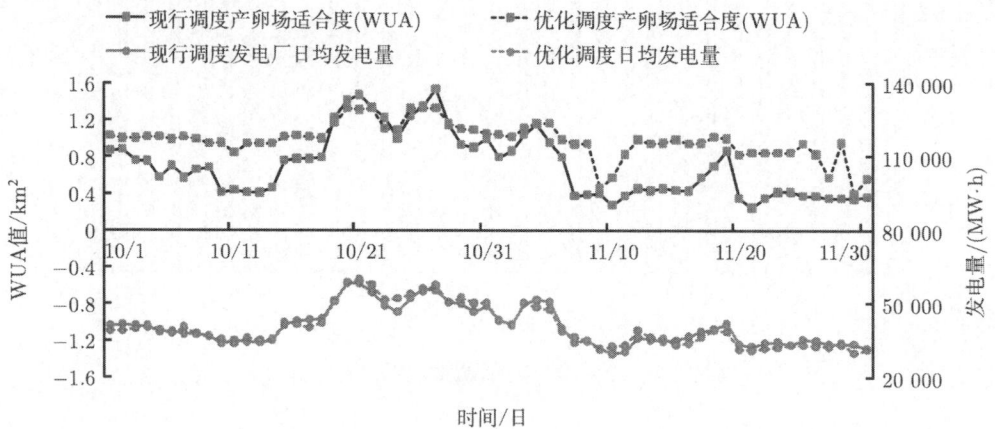

图 13.9　现行调度与优化调度中华鲟产卵场产卵适合度及日均发电量比较图

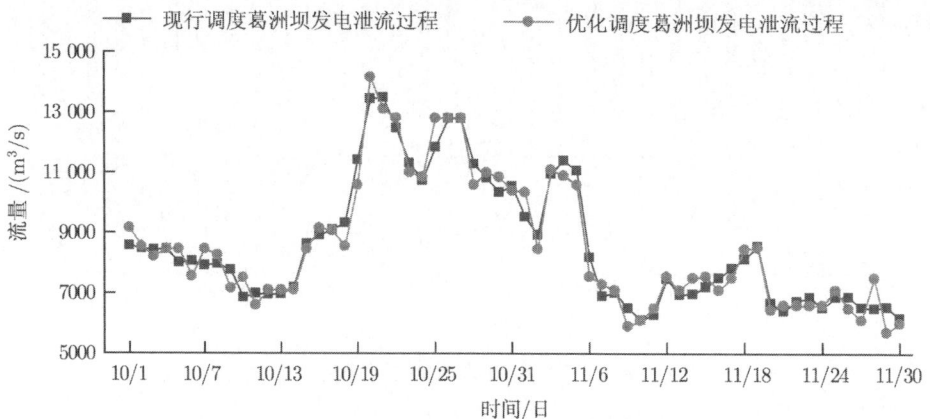

图 13.10　现行调度与优化调度同期发电泄流量对比图

2. 结果分析

根据图 13.9 得出优化调度方式下中华鲟产卵场产卵适合度高于现行调度方式，其产卵期 (10~11 月) 优化调度方式下累计产卵适合度 (产卵加权可利用面积 WUA) 比现行调度方式下的产卵适合度多 16.76km²，增加 39% 产卵适合面积，其同期水电厂总发电量比现行调度方式减少 3885.4MW·h, 损失仅 0.15%。三峡蓄水造成的 "滞温" 效应, 致使三峡蓄水运行 (2003 年) 后中华鲟产卵期推迟到 11 月, 特别是蓄水运行至 156m(2006 年) 后中华鲟产卵日推迟至 11 月中下旬, 根据图 13.9 可见在 11 月中下旬, 优化调度方式下的产卵适合度均远高于现行调度方式下的产卵适合度, 其 11 月累计产卵适合度比现行调度方式多出 10.77km², 比现行调度方式下同期产卵场产卵适合度高出 69%, 这使该时期中华鲟获得更大的产卵概率。可见兼顾中华鲟繁殖需求的生态调度方式可在满足水库产卵期其他调度目标的同时使中华鲟产卵场有更大的产卵适合度, 为中华鲟的自然繁殖提供有利水动力环境。

从图 13.10 可见优化调度方式与现行调度方式在中华鲟产卵期都以水电厂发电泄流的方式为主下泄出库流量, 但其发电泄流量在大江、二江电厂的分配极为不同, 优化调度方式主要以大江发电泄流的方式下泄出库流量, 而现行调度方式以大江电厂、二江电厂按机组均分下泄流量的方式泄流。这说明采用以大江发电泄流的泄流方式使坝下中华鲟产卵场有较大的产卵适合度, 适宜中华鲟的自然繁殖, 这与 12.2 节得出的结果相同。根据胡德高、张辉等对于中华鲟繁殖对水流状态的需求研究 [17,18], 复杂、紊流的水流可能刺激中华鲟的性腺发育及产卵, 因此优化调度方式使坝下中华鲟产卵场流态更加复杂, 对中华鲟自然产卵行为的发生极为有利。

参 考 文 献

[1] 郭文献, 夏自强, 王远坤, 等. 三峡水库生态调度目标研究 [J]. 水科学进展, 2009, 20(4): 554-559.

[2] 王俊娜, 董哲仁, 廖文根, 等. 美国的水库生态调度实践 [J]. 水利水电技术, 2011, 42(1): 15-20.

[3] Czvallo A, Dinatale M. A fuzzy control strategy for the regulation of an artificial reservoir[J]. Sustainable World, Sustainable Planning and Development, 2003, (6): 629-639.

[4] Higgins J M, Brock W G. Overview of reservoir release improvement at 20 TVA dams[J]. Joumal of Energy Engineering, 1999,125(1): 1-17.

[5] Robinson B W, Wilson D S, Margosian A S, et al. Ecological and morphological differentiation of pumpkinseed sunfish in lakes without bluegill sunfish[J]. Evolutionary Ecology, 1993, 7(5): 451-464.

[6] 毛劲乔, 李智, 戴会超, 等. 水库调度影响下中华鲟产卵场的水动力特征 [J]. 排灌机械学报, 2014, 32(5): 399-403.

[7] 陈庆伟, 刘兰芬, 刘昌明. 筑坝对河流生态系统的影响及水库生态调度研究 [J]. 北京师范大学学报: 自然科学版, 2007, 43(5): 578-582.

[8] 王俊娜, 李翀, 廖文根. 三峡 - 葛洲坝梯级水库调度对坝下河流的生态水文影响 [J]. 水力发电学报, 2011, 30(2): 84-90.

[9] 纪道斌, 刘德富, 杨正健, 等. 三峡水库香溪河库湾水动力特性分析 [J]. 中国科学: 物理学力学天文学, 2010, 40(1): 101-112.

[10] 程香菊, 陈永灿. 大坝泄洪下游水体溶解气体浓度超饱和的理论分析及应用 [J]. 水科学进展, 2007, 18(3): 346-350.

[11] 李建, 夏自强, 王远坤, 等. 葛洲坝下游江心堤对中华鲟产卵场河道动能梯度影响 [J]. 水电能源科学, 2009, 11(2): 79-82.

[12] 唐建华, 赵升伟, 刘玮祎, 等. 三峡水库对长江河口北支咸潮倒灌影响探讨 [J]. 水科学进展, 2011, 22(4): 554-560.

[13] 杨德国, 危起伟, 陈细华, 等. 葛洲坝下游中华鲟产卵场的水文状况及其与繁殖活动的关系 [J]. 生态学报, 2007, 27(3): 862-869.

[14] 王煜, 戴会超. 中华鲟产卵场适合度与大坝泄流相关性分析 [J]. 水力发电学报, 2013, 32(4): 64-70.

[15] Wurbs R A. Reservoir-system simulation and optimization models[J]. Journal of Water Resources Planning and Management, 1993, 119(4): 455-472.

[16] Grygier J C, Stedinger J R. Algorithms for optimizing hydropower system operation[J]. Water Resources Research, 1985, 21(1): 1-10.

[17] 张辉, 危起伟, 杨德国, 等. 葛洲坝下中华鲟自然繁殖流速场的初步观测 [J]. 中国水产科学, 2007, 14(2): 183-191.

[18] 胡德高, 柯福恩, 张国良. 葛洲坝下中华鲟产卵情况初步调查及探讨 [J]. 淡水渔业, 1983, (3): 15-18.

第14章 补偿四大家鱼自然繁殖条件水库生态调度研究

14.1 四大家鱼产卵栖息地水文水环境需求

本章进一步以四大家鱼自然繁殖为实例介绍相关的水库生态调度研究成果。水温是鱼类繁殖所要求的重要条件之一，四大家鱼繁殖主要集中在 4 月底至 7 月初，水温在 14~30℃ 之间变动。天然情况下四大家鱼在 20~24℃ 之间产卵活动最为频繁；在 27~28℃ 还能见到产卵；水温低于 18℃ 时，则从未见过产卵。18℃ 水温，可以认为是家鱼产卵所要求的温度下限 [1]。

同时，鱼类的胚胎发育也与水温关系非常密切。家鱼胚胎发育的水温为 18~30℃，适宜水温为 22~28℃。在适宜温度范围内水温越高，孵化率越高；而水温低于 18℃ 或高于 30℃ 就会引起胚胎发育停滞或产生畸形而死亡。在一定温度范围内孵化，胚胎发育的速度也是随水温的升高而加快。水温的急剧下降如寒潮、冰雹及水温的急剧上升如阳光曝晒都会引起胚胎和鱼苗的不适应而大量死亡，对孵化率产生严重的影响。

四大家鱼产卵与江水的流量和水位也密切相关，产卵行为绝大多数发生在涨水期。在繁殖季节中，产卵场的水温条件适合时，凡涨水都有可能产卵。因为水位上涨是流量增加的结果，流量加大，流速相应加大，流速加大的过程会刺激成熟的家鱼，促使家鱼产卵排精。在长江，从水位起涨至家鱼产卵时的流速，一般增加了 0.1~0.3m/s。当水位下降，流速减小，产卵随即停止。至于有少量平水或退水时产卵的现象，也一定是先受了涨水的刺激，而于平水或微退时产卵的。

涨水产卵的产卵规模取决于水位相对增长的幅度，而与起点水位无关。在 5 月初至 6 月中旬家鱼繁殖盛期，产卵规模与涨水幅度成正比：洪峰大，规模大；洪峰小，规模小。江水上涨后，经过一定的时间才开始产卵，其相隔的时间与流速的大小相关。流速大，刺激产卵所需要的时间短；流速小，刺激产卵所需要的时间长。在同一个产卵场上，当流速为 2m/s 时，经过半天就可产卵，流速为 1.0~1.2m/s 时，涨水后 2 天左右才产卵。

四大家鱼所要求的涨水条件，在各个种类之间略有差异：鳙鱼要求条件稍高，要求较大的涨幅才大规模产卵；草鱼和鲢鱼相仿，只要是涨水都可以产卵，也有平水、微退时产卵的现象；青鱼要求较低，除涨水产卵外，平水、微退时的产卵量比草鱼、鲢鱼略多。

邱顺林等[2] 统计了 1997~1999 年在监利断面监测到四大家鱼发江时的江水水文特性：江水水位涨幅 0.73~6.92m，平均涨幅 3.77m，流量增加 5300~16 900m³/s，平均增加 9833m³/s。

李翀等[3] 结合四大家鱼发江 (产卵) 的水文历史过程，基于 1900~2004 年宜昌站的日径流资料，选取每年 5~6 月涨水过程数、总涨水日数、平均每次涨水过程日数 3 项生态水文指标，分析"四大家鱼"发江量与 3 项生态水文因子的变化关系，认为产卵场所处江段每年 5~6 月的总涨水日数是决定家鱼鱼苗发江量多寡的一个重要环境因子。他建议三峡水库的调度以保障长江中游每年 5~6 月的总涨水日数维持在 22.1±7.2 范围内为生态水文目标，即可从生态环境流量过程方面补偿水利工程对中游四大家鱼鱼苗发江量的影响。

王尚玉等[4]选取了涨水过程数、涨水持续时间、断面初始流量、流量日增长率、前后两个洪峰间隔时间、洪峰的初始水位、水位日上涨率、洪峰水位上涨持续时间、前后两个洪峰水位的差异共 9 个生态水文指标分别针对产卵场江段和非产卵场江段,分析了家鱼产卵时生态水文学指标的异同。他们发现所选取的指标在产卵场江段和非产卵场江段并无显著差异,认为涨水过程只是刺激"四大家鱼"产卵的必要条件而非充分条件。

四大家鱼产卵的水力学条件包括流速、流态、水体的透明度等。家鱼产卵需要一定流速条件,但各产卵场江面流速一般并不是很大,从 0.33~0.9m/s 都有。江面流场是由多流向的水流交错而成,并往往出现一些局部回流区域。根据室内试验的研究结果,鱼卵可以在流水中安全漂浮的垂向平均流速是 0.25m/s。因此,家鱼产卵场及其下游一定范围内的流速需要达到 0.25m/s 以上,鱼卵才能发育成具有游泳能力的幼鱼。

"泡漩水"是产卵场所的一个重要的水力学特点。"泡漩水"俗称"打泡水"。它是由崎岖不平的复杂河床地形所引起的。当下泄的底层急流为前方礁岩阻挡时,这股水流便向上移动,使得上层水流不断向四周翻滚。泡漩水的作用是促使鱼卵可以安全漂浮而不会沉底。

关于水体透明度对四大家鱼产卵影响的研究成果,存在一定的争议,长江水产研究所学者认为在不同的透明度条件下 (15~25cm) 皆有产卵行为发生,可认为家鱼产卵与江水浑浊度无关。而张晓敏等认为水体透明度可能是四大家鱼自然繁殖的制约性因子,并初步认为家鱼自然繁殖对透明度的需求阈值在 14.5~21.4cm 之间。

四大家鱼的产卵场通常位于大江两岸地形发生较大变化的地段,如江面宽窄相间的江段。当涨水时,流量从宽的江面进入窄隘江段,流速迅速增加,形成家鱼产卵所需的复杂流态。长江干流家鱼的产卵场可分为两类:一是峡谷型产卵场,这些产卵场江面狭窄,山岩交错,水流湍急,流态纷乱;二是平原产卵场,多是在河道的弯曲处,发育有沙洲、沙滩或有伸入江中的山岩,这些地形的流态也较复杂。

综上所述,四大家鱼产卵主要受水温条件、水文学条件、水力学条件和地形地貌的影响,归纳总结四大家鱼的重要生境因子如表 14.1 所示。

表 14.1　四大家鱼产卵场生境因子需求条件

生境因子		研究进展
水温		大于等于 18℃,适宜温度为 20~24℃
水文学条件		大部分发生在涨水过程,对涨水持续时间、涨水流量和水位变化率、 初始流量和水位等有一定的要求
水力学条件	流速	至少大于 0.25m/s,一般 0.33~0.9m/s
	流态	"泡漩水"
	透明度	尚存争议:长江水产研究所认为家鱼产卵与江水透明度无关; 张晓敏等认为可能家鱼对透明度的需求应该在 14.5~21.4cm 之间
产卵场地貌		大江两岸地形发生较大变化的地段,如江面宽窄相间的江段。当涨水时, 流量从宽的江面进入窄隘江段,流速迅速增加,形成家鱼产卵所需的复杂流态

14.2 水利水电工程运行对四大家鱼胁迫问题研究

14.2.1 产卵场规模减少

20 世纪 60 年代调查结果表明,在长江干流,自四川巴县至江西彭泽一带 1700km 江段间就有四大家鱼产卵场 36 处。自葛洲坝水利枢纽截流后,长江干流上、中游四大家鱼产卵的地理分布同 60 年代调查结果基本相同,但其产卵总量仅为 60 年代调查结果的 15.7%,资源量已严重衰减。葛洲坝枢纽兴建以后,除原来的宜昌产卵场位置和产卵规模发生改变外,长江上游家鱼产卵场依然存在,产卵规模发生变化不大,三峡大坝合拢后,由于水库蓄水,库区水位抬高、流速减缓,处于库区内的 8 个四大家鱼产卵场全部消失。根据文献报道,四大家鱼产卵需要外界水流条件的刺激,其产卵场一般位于急流弯道、江面狭窄、江心有沙洲或一岸有矶头伸入江面的江段,其产卵规模与涨水过程的流量增加量和洪水的持续时间有关,根据洪水大小可形成相应的大小苗汛,而三峡大坝修建后引起下游河道冲刷,三口分流比减小,三峡大坝蓄水后,家鱼产卵时间有推后的趋势,且大坝下游的产卵场质量有所下降。

14.2.2 产卵场水文及水动力条件变化

三峡–葛洲坝梯级水电工程的运行改变了坝下河段天然径流过程,使坝下四大家鱼产卵场的水文及水动力特性 (流量、流速、涨水条件等) 发生变化。

对比分析三峡水库蓄水前后 5、6 月份宜昌站水文要素 (表 14.2),其中三峡水库蓄水后为 2003~2006 年,蓄水前为 1982~2002 年:三峡水库蓄水前 5 月和 6 月多年平均流量分别为 11 803m³/s 和 18 651m³/s,蓄水后分别为 11 319m³/s 和 16 671m³/s,分别减少了 4.1% 和 10.6%,5 月和 6 月的水温下降较小,5 月和 6 月的泥沙含沙量下降较为明显,减少量分别为蓄水前多年平均的 95%,由此可见,流量减少可能会给四大家鱼繁殖带来影响,而水温则不会影响四大家鱼产卵,此外,三峡水库蓄水拦截大量泥沙,清水下泄,可能对四大家鱼产卵场河床进行改变,进而影响四大家鱼产卵繁殖。

表 14.2 三峡水库蓄水前后 5、6 月份宜昌站水文要素 [15]

水文变量	5 月			6 月		
	蓄水前	蓄水后	变化	蓄水前	蓄水后	变化
流量/(m³/s)	11 803	11 319	484	18 651	16 671	1980
水位/m	43.7	42.6	1.2	45.6	44.7	0.9
水温/°C	21.2	21.1	0.1	23.5	23.2	0.3
含沙量/(kg/m³)	0.61	0.03	0.58	1.04	0.05	0.99

14.2.3 水库下泄水温对四大家鱼自然繁殖的影响

根据三峡–葛洲坝建坝前后宜昌江段最低水温日期数据分析可知,葛洲坝水库对水温在四大家鱼产卵季节并无明显变化,对四大家鱼的繁殖活动并无影响。三峡水库 2003 年 6 月蓄水后,对水库下泄水温有一定的调节作用,5 月和 6 月平均水温呈上升趋势,上升趋势度分别为 0.008°C/a 和 0.002°C/a,5 月平均水温上升 0.41°C,6 月上升 0.1°C,在每年的 4~5 月份下泄低温水平均比天然情况下低 1°C 左右。在 2004~2006 年四大家鱼产卵季节,日平均水温稳定在产卵温度最低要求水温 18℃的时间分别为 4 月 25 日、4 月 26 日和 4 月 30 日，比三峡蓄水前出现时间平均推迟 10 天左右。根据相关监测部门监测结果，1997~2002 年调查资料，产卵高峰主要集中在 5 月中旬和 6 月中旬，2003 年蓄水后产卵时间推迟到 6 月下旬至 7 月中旬，其中 2007 年监利断面发现 3 次苗汛，出现时间分别在 6 月 8~9 日、7 月 14~19 日和 7 月 26~28 日。可见，三峡水库蓄水对四大家鱼产卵繁殖具有一定的影响，致使产卵时间以及产卵高峰期向后推迟，其中产卵高峰期推迟可能与涨水过程变化有关。

　　三峡水库库容巨大，在流量较小的枯水期和平水期，水库的"滞温"效应明显，随着蓄水水位的逐渐升高，"滞温"效应也随之增强，根据蓄水前 (1983~2002 年) 和蓄水后 (2004~2009 年) 三峡坝下宜昌站的平均水温对比图 (图 14.1) 及 1997~2009 年监利首次监测到的四大家鱼卵苗日期所对应的三峡水库蓄水水位变化情况 (图 14.2) 分析可知，在三峡蓄水前，监利首次发现四大家鱼卵苗日期主要在 5 月上旬；蓄水后，首次发现卵苗日期有逐年后延的趋势。蓄水位达到 139m 时 (2004~2006 年)，首次发现日期在 5 月中旬，当蓄水位升高到

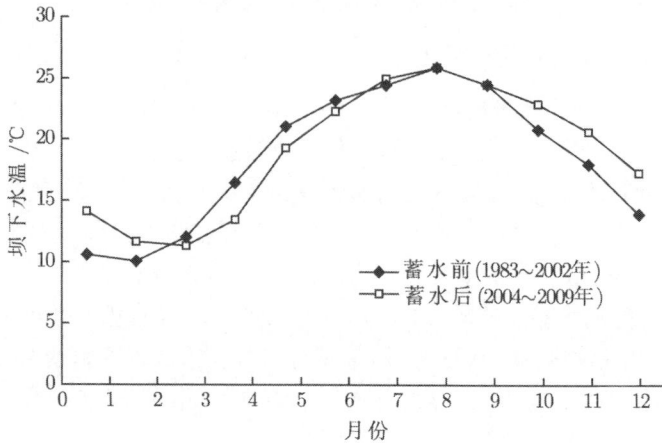

图 14.1　蓄水前后三峡坝下水温对比

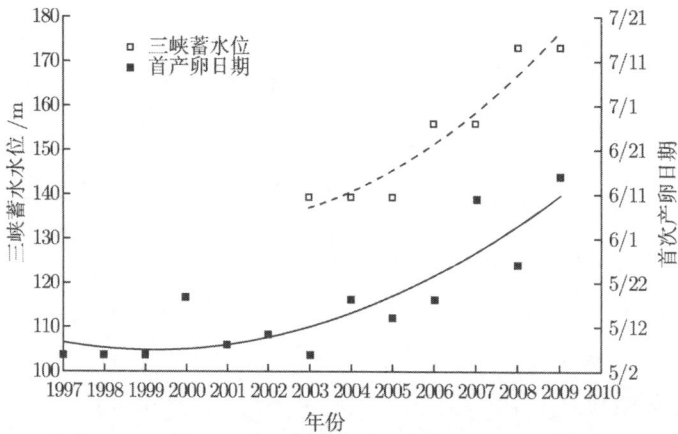

图 14.2　四大家鱼产卵首次发现日和三峡水库蓄水水位变化情况

156m 和 175m 试验蓄水时, 首次发现卵苗日期推迟到 5 月下旬甚至 6 月中旬, 故而首次发现日期较天然情况下最多推迟 1 个月以上, 总体上来看, 产卵日期后移比水温达到 18℃ 推迟的时间要长。这证实了水库下泄水温变化对四大家鱼产卵繁殖的影响。

14.2.4 溶解气体过饱和对产卵场水质的影响

三峡工程最大坝高为 185m, 最大泄流量高达 100 000m³/s 以上, 水气界面的强烈交换, 导致下游水体中常含有过量溶解气体。根据有关调查, 在葛洲坝建成初期, 泄流导致坝下鱼苗死亡现象; 三峡蓄水后, 葛洲坝库区至洪湖长达 482km 江段中, 不同程度地出现过捕捞鱼类于船体活鱼仓中暂养无法存活的问题。初步分析表明, 鱼苗及暂养鱼类的死亡与水体中溶解气体含量增加有密切的关系。

彭期冬等根据三峡水库蓄水后枝城 (宜昌以下约 60km)、沙市 (宜昌以下约 200km) 和螺山 (宜昌以下约 400km) 的常规水质监测资料分析 2005 年 4~9 月的溶解氧饱和度情况 (图 14.3), 可知坝下的枝城和沙市均出现了较为明显的溶解氧过饱和现象, 枝城饱和度达到 120%。同时选取不同级别流量模拟了三峡过坝及葛洲坝过坝水流气体饱和度情况 (图 14.4), 表明三峡正常运行后, 泄水时间主要出现在 6~9 月份, 因此过饱和现象也将主要出现在这段时间, 而四大家鱼在三峡工程运行后的自然繁殖时间主要集中在 6~7 月, 由此可见, 三峡大坝泄洪引起的气体过饱和问题可能对四大家鱼卵苗发育造成不利影响。

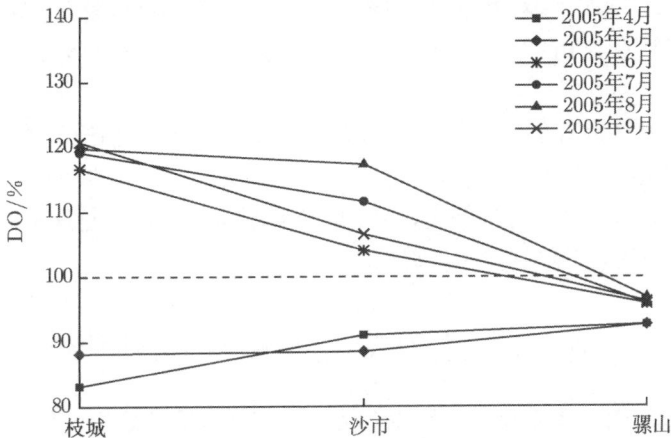

图 14.3 葛洲坝以下河道溶解氧饱和度变化

14.2.5 大坝阻隔效应引起产卵群体结构及卵苗成色变化

筑坝建闸导致江湖隔绝, 截断了四大家鱼产卵的洄游通道, 导致鱼类在群体结构及卵苗成色上发生显著变化。1982 年长江四大家鱼产卵场调查队针对长江干流的川、鄂两省主要江段, 对四大家鱼生殖群体结构和鱼卵成色进行调查, 就群体中数量比较集中部分而言, 草鱼的体长由过去的 76~88cm 下降到现在的 68~85cm, 体重由 7~12kg 下降到 4~9kg; 青鱼的年龄由 5~9 龄下降到 4~7 龄, 体长由 80~140cm 下降为集中在 95~115cm; 鲢鱼的体长由 70~86cm 下降到 55~80cm, 体重由 6~8kg 下降为 2~7kg。现在的生殖群体中大都以低龄鱼为主, 草鱼和鲢鱼初次性成熟个体在生殖群体中占主要地位, 如草鱼和鲢鱼的初次性成熟

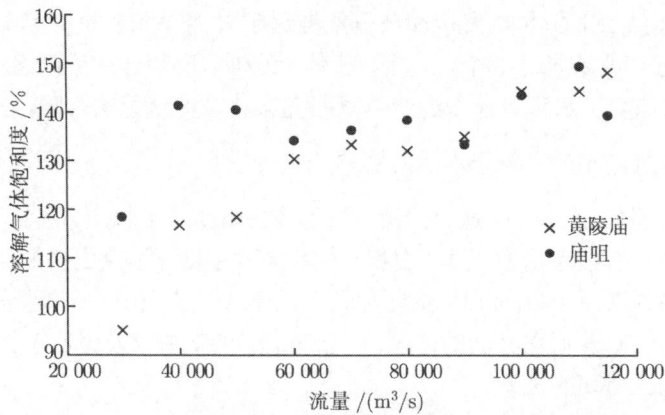

图 14.4   不同流量情况下黄陵庙及庙咀溶解气体饱和度变化

个体就占群体数量的 62.9%和 44.4%，而且年龄组限简化，重复生殖龄组数量减少，个体小型化。这种生殖群体结构的简化 (破坏) 是资源破坏的显著标志。由于群体结构的简化，亲鱼的怀卵数量也相对大大减少，不仅是绝对怀卵量随着个体变小而减少，就是相对怀卵量也明显降低。以相对怀卵量的平均值来看，草鱼由过去每千克体重 9.02 万粒降低到现在的 8.83 万粒；青鱼由 9.02 万粒降到 6.24 万粒；鳙鱼由 9.02 万粒降到 7.40 万粒；鲢鱼降低更大，由 11.60 万粒降到 4.68 万粒 (标本太少，只供参考)。这就大大地降低群体的繁殖力，从而加快资源的衰退。从长江中鱼苗产量的急剧下降的结果来看，也说明四大家鱼资源衰退的严重程度。

虽然造成亲鱼资源破坏的原因是多方面的，但大坝导致江湖隔绝可能是其主要原因。鲢鱼、鳙鱼是滤食性鱼类，多数在湖泊等水体中生长、肥育的。由于江湖隔绝，致使长江中鲢鱼、鳙鱼的生殖群体得不到应有的补充，江中幼鱼和亲鱼又不能大量地进入湖泊里生长、肥育，以致资源日益衰退，生殖群体越来越小。

14.3   补偿四大家鱼繁殖条件的生态调度模型

四大家鱼繁殖期间的生态调度模型可分为：考虑四大家鱼繁殖时段生态调度和不考虑四大家鱼繁殖时段生态调度模块。调度目标函数和约束条件见表 14.3 [5-8]。

14.3.1   调度模型求解

四大家鱼繁殖期 (如选取 6 月 15 日 ~7 月 20 日) 生态调度模型的两个模块都属于多目标优化调度模型。多目标优化调度模型的求解需分两步 [9-11]：先求出调度模型的 Pareto 最优解集；然后再根据决策者的偏好从 Pareto 最优解集中选择决策者最满意的解。本书采用多目标进化算法 [12,13]—— 非支配排序遗传算法 II (NSGA 序) 求解汛期调度模型的 Pareto 最优解集。最满意解优选则是结合所建立的调度方案评价指标体系，应用多目标多级模糊优选方法从 Pareto 最优解集中选取 [14]。

表 14.3 补偿四大家鱼繁殖的生态调度模型的目标函数和约束条件

调度模块	考虑四大家鱼繁殖时段生态调度的 目标函数	不考虑四大家鱼繁殖时段生态调度的 目标函数
防洪目标	最大下泄流量大于安全下泄流量 ($43\,000\text{m}^3/\text{s}$ 约为沙市站的警戒流量) 的 值最小; 水库水位高于防洪汛限水位 (145m) 的均值最小	最大下泄流量大于安全下泄流量 ($43\,000\text{m}^3/\text{s}$ 约为沙市站的警戒流量) 的值最小; 水库水位高于防洪汛限水位 (145m) 的均值最小
发电目标	三峡电站的平均水头最高; 三峡电站的平均弃水流量最小	调度期内的发电量最大
生态保护目标	四大家鱼的卵苗丰度最大	无
常规约束条件	水量平衡约束;水位约束 流量约束;电站出力约束	水量平衡约束;水位约束 流量约束;电站出力约束
生态相关约束条件	四大家鱼繁殖的环境水流需求	无

14.3.2 典型丰平枯水年调度模拟结果

从宜昌站历史水文系列中选择典型丰水年 (1947 年, 25% 的保证率)、平水年 (1991 年, 50% 的保证率)、枯水年 (2002 年, 75% 的保证率)6 月 15 日 ~7 月 20 日的流量作为入库流量 [15–18],模拟了兼顾生态保护的三峡水库优化调度方式下,水库的下泄流量、坝前水位、电站的出力、发电量以及涨水过程对应的鱼苗丰度。丰平枯水年的调度模拟结果如图 14.5~ 图 14.7 所示。

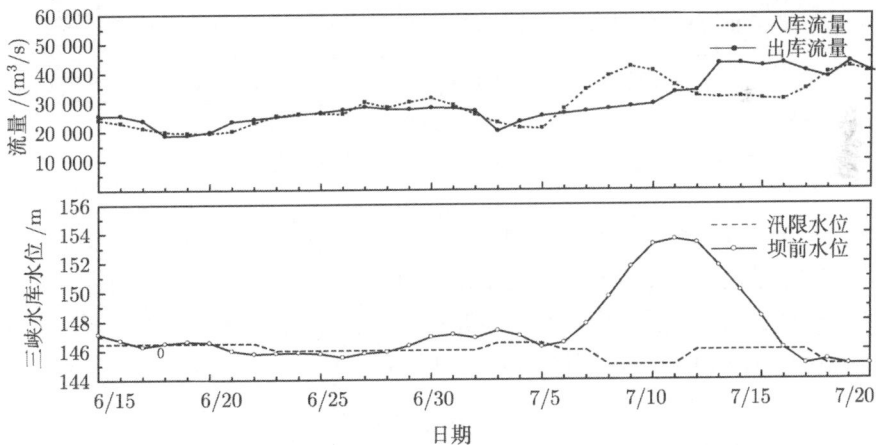

图 14.5 丰水年补偿四大家鱼繁殖条件的生态调度模拟结果

14.3.3 生态调度方案建议

6 月 15 日 ~7 月 20 日,当水文预报显示明、后两天入库流量将发生涨水持续时间不少于 3d、涨水幅度不低于 $3000\text{m}^3/\text{s}$、最大流量小于 $35\,000\text{m}^3/\text{s}$ 的涨水过程时,即可开展补偿下游河流四大家鱼繁殖的生态调度。开展生态调度时,三峡水库的出库流量过程应满足涨水持续时间为 6~8d、日均涨水率为 900~3100 $(\text{m}^3/\text{s})/\text{d}$、流量在 $7630\text{m}^3/\text{s}$——三峡水电站最大过机流量之间的环境水流需求。三峡水库具体的出库流量和坝前水位与入库涨水过程有

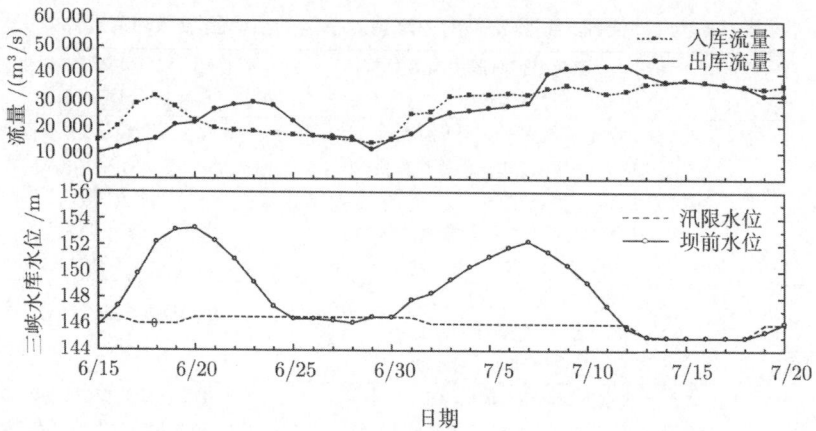

图 14.6 平水年补偿四大家鱼繁殖条件的生态调度模拟结果

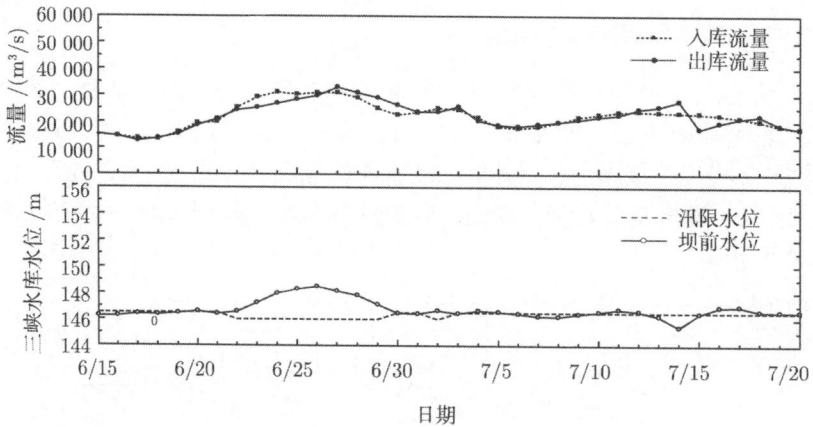

图 14.7 枯水年补偿四大家鱼繁殖条件的生态调度模拟结果

关，由汛期考虑四大家鱼繁殖时段的调度模型求出。一次生态调度结束后，根据长江中游的家鱼鱼卵和仔鱼监测结果，确定是否开展第二次生态调度。如果 6 月入库涨水过程的最大流量均在 35 000m³/s 以上或者入库没有明显的涨水过程时，7 月中上旬可选择在入库涨水过程的最大流量超过 35 000m³/s 或者长江中游即将有大暴雨时，开展第二次生态调度。

参 考 文 献

[1] 戴会超, 张培培, 董坤, 等. 面向四大家鱼繁殖需求的水库生态调控模拟研究 [J]. 水利水电技术, 2014, 45(8): 130-133.

[2] 邱顺林, 刘绍平, 黄木桂, 等. 长江中游江段四大家鱼资源调查 [J]. 水生生物学报, 2002, 26(6): 716-718.

[3] 李翀, 廖文根, 陈大庆, 等. 三峡水库不同运用情景对四大家鱼繁殖水动力学影响 [J]. 科技导报, 2008, 26(17): 55-61.

[4] 王尚玉, 廖文根, 陈大庆, 等. 长江中游四大家鱼产卵场的生态水文特性分析 [J]. 长江流域资源与环境, 2008, 17(6): 892-897.

[5] 赵越, 周建中, 许可, 等. 保护四大家鱼产卵的三峡水库生态调度研究 [J]. 四川大学学报 (工程科学版), 2012, 4(4): 45-50.

[6] Yang Q, Wei Q, Qiao Y, et al. The response of the spawning of the Four Major Chinese Carps to the Flow Re-operation of the Three Gorges Reservoir in the Yangtze River, China[J]. Advanced Materials Research, 2014, 1065-1069: 3223-3234.

[7] 李彭静, 廖文根. 长江中游四大家鱼发江生态水文因子分析及生态水文目标确定 [J]. 中国水利水电科学研究院学报, 2006, 4(3): 170-176.

[8] 蔺秋生, 范北林, 黄莉. 宜昌水文站年径流量演变多时间尺度分析 [J]. 长江科学院院报, 2009, 26(4): 1-3.

[9] 胡国强, 贺仁睦. 梯级水电站多目标模糊优化调度模型及其求解方法 [J]. 电工技术学报, 2007, 22(1): 154-158.

[10] Dong Z, Sun D, Zhao J. Multi-objective ecological operation of reservoirs[J]. Water Resources and Hydropower Engineering, 2007, 38(1): 28-32.

[11] 王兴菊, 赵然杭. 水库多目标优化调度理论及其应用研究 [J]. 水利学报, 2003, (3): 104-109.

[12] Zitzler E, Deb K, Thiele L. Comparison of multiobjective evolutionary algorithms: empirical results[J]. Evolutionary Computation, 2000, 8(2): 173-195.

[13] Wardlaw R, Sharif M. Evaluation of genetic algorithms for optimal reservoir system operation[J]. Journal of Water Resources Planning and Management, 1999, 125(1): 25-33.

[14] 卢玉海, 多佳, 习树峰. 北引渠首泄洪闸方案的多目标多级模糊优选 [J]. 东北水利水电, 2009, 27(9): 4-6.

[15] 郭文献, 王鸿翔, 徐建新, 等. 三峡水库对下游重要鱼类产卵期生态水文情势影响研究 [J]. 水力发电学报, 2011, 30(3): 22-26.

[16] 黄悦, 范北林. 三峡工程对中下游四大家鱼产卵环境的影响 [J]. 人民长江, 2008, 39(19): 38-41.

[17] 陈永柏, 廖文根, 彭期冬, 等. 四大家鱼产卵水文水动力特性研究综述 [J]. 水生态学杂志, 2009, 2(2): 130-133.

[18] Guo W X, Wang H X, Xu J X, et al. Ecological operation for Three Gorges Reservoir[J]. Water Science and Engineering, 2011, 4(2): 143-156.

第15章 结 论

针对大坝运行对中华鲟珍稀水生动物自然繁殖造成不利影响的问题，开展中华鲟繁殖所需水环境、大坝运行影响中华鲟产卵的机理、对中华鲟自然繁殖进行有效补偿的水库生态调度模型进行相关研究。研究完成的主要工作有：借助大坝运行相关水环境参数及中华鲟自然繁殖同步监测资料，分析长江中华鲟自然繁殖习性及繁殖所需的水文、水动力条件；利用建立的中华鲟产卵场水动力数学模型及产卵适合度模型分析大坝运行对中华鲟自然繁殖产生的影响，建立大坝运行关键因子与中华鲟产卵适合度关系模型；结合中华鲟自然繁殖需求及大坝运行效益建立中华鲟产卵期水库生态调度优化模型，并进行优化求解。

通过对中华鲟特性及影响中华鲟自然繁殖的生境因子进行大量资料收集、调研及分析的基础上，综合国内外学者的相关研究成果，得出中华鲟的繁殖洄游特性及自然繁殖对环境因子的需求及相关阈值，葛洲坝修建前后中华鲟主要产卵场分布位置及水域面积。

利用三维浅水方程建立中华鲟产卵场水动力数学模型，对三峡蓄水运行后 (2006~2010年) 中华鲟产卵日产卵场水动力条件进行数值反演，得出三峡蓄水至 156m 后中华鲟产卵位置水动力特性，以此统计分析得出在三峡蓄水运行后，中华鲟自然繁殖对水动力条件的选择范围为：流速为 0.97~1.48m/s、水深为 5.47~8.67m、紊动强度范围为 0.17~0.19。其水动力偏好选择范围与三峡蓄水前较为接近，但值偏小，这说明在新的水动力环境中，中华鲟选择尽量接近自己水动力繁殖需求的流场位置进行产卵繁殖。通过三峡蓄水运行后中华鲟自然繁殖情况的同步监测资料表明，蓄水后虽中华鲟仍能进行自然繁殖活动，但其质量和数量都有所下降，这说明蓄水后新的水动力环境参数并非中华鲟最偏好范围，仅属于其繁殖对于水动力的一个耐受区间。

根据河流内流量增量法 (IFIM) 及综合分析得出的中华鲟产卵水动力适宜性曲线建立中华鲟产卵场产卵适合度模型，以产卵场产卵加权可利用面积 (WUA) 作为中华鲟产卵场产卵适合度评价指标，绘制产卵场满足产卵水动力条件需求的水域位置及面积，以预测大坝不同运行工况下，中华鲟可能的产卵位置及产卵概率。

通过三峡–葛洲坝运行前后中华鲟产卵场位置、水环境及分布面积的对比得出大坝运行对中华鲟自然繁殖的影响主要表现为：大坝阻隔效应改变了中华鲟产卵场的位置及面积，引起适合中华鲟自然繁殖的水域面积减小；大坝运行改变了天然河道的水文变化规律，引起中华鲟产卵场流场分布、水动力特性以及水质的改变，恶化中华鲟赖以生存的水生环境；葛洲坝下游河势调整改变了产卵场水下地形、底质以及流场分布，进一步加剧产卵场水生环境的变化。

运用针对中华鲟产卵场建立的三维水动力学模型和产卵适合度评估模型，对大坝调度方式与中华鲟产卵场产卵适合度进行相关性分析得出：适宜中华鲟自然繁殖的最佳出库流量范围约为 15 000~25 000m³/s；兼顾中华鲟自然繁殖的最佳大坝泄流方式为先大江电厂发电泄流，后二江泄水闸弃水泄流，最后二江电厂发电泄流；小流量下最佳的机组泄流方式为大江电厂靠右岸机组发电泄流。运行三层 BP 人工神经网络模型得出水库调度与中华鲟产卵场适合度关系模型,并对其进行优化求解得出中华鲟产卵场适合度最大的最优水库调度方式。

针对中华鲟产卵期 (10~11 月),根据中华鲟繁殖水动力需求及同期水库原有调度目标,建立兼顾中华鲟繁殖需求的生态调度模型。以 2010 年中华鲟产卵期葛洲坝实际入库径流过程为例计算兼顾中华鲟繁殖需求的生态调度过程及调度方式,并将计算结果与同期现有调度方式进行比较,结果得出:调度周期内优化调度方案发电厂发电量仅比现行调度方式下发电量减小 0.15%,产卵场总产卵适合度比现行调度方式下产卵场产卵适合度增加 39%,特别在蓄水后适宜中华鲟产卵水温的 11 月,优化调度使中华鲟产卵场产卵适合度增加了 69%,显著增加了该时期中华鲟繁殖概率。

Part 3

第3篇

水利水电工程对通江湖泊生态环境的影响与调控

第 16 章 引 言

长江中下游湖泊群曾是我国湖泊分布最集中的两大湖群之一，大中型湖泊在沿江各省均有分布[1]，这些湖泊都曾与长江连通，江湖水沙自由交换，被称为通江湖泊[2]。然而自20 世纪 60 年代以来，由于气候变化、不合理的开发利用以及大范围高强度人为干扰等多重因素的影响，通江湖泊数量锐减[3-5]，目前与长江直接连通的湖泊仅剩洞庭湖和鄱阳湖，简称为"两湖"(图 16.1)。两湖与长江连为一体，对长江有"江涨湖蓄"的作用，两湖通过吞吐调蓄，可以削减干流洪峰，滞后下游洪峰时间，从而大为缓解洪水过大与长江中下游河槽泄洪能力不足之间的矛盾。同时两湖还孕育了大片生机勃勃的湿地，具有丰富的水生生物和鸟类资源，均已被列为国际湿地名录，两湖通江不仅对两湖地区经济发展和生态环境有重要作用，也对长江中下游及河口地区有十分重要的作用。近年来，由于受气候变化、区域经济发展及三峡水库蓄水等因素影响，两湖地区在洪水威胁没有解除的前提下，出现了长江入洞庭湖三口河系的明显衰退、通江湖泊水位提前并持续偏低等现象，通江湖泊季节性缺水问题日益突出，两湖在蓄水期及枯水期已经出现多次供水危机，不但威胁着湖泊湿地的生态环境健康，对生活用水、工农业生产、通航、渔业也造成巨大影响[6]。

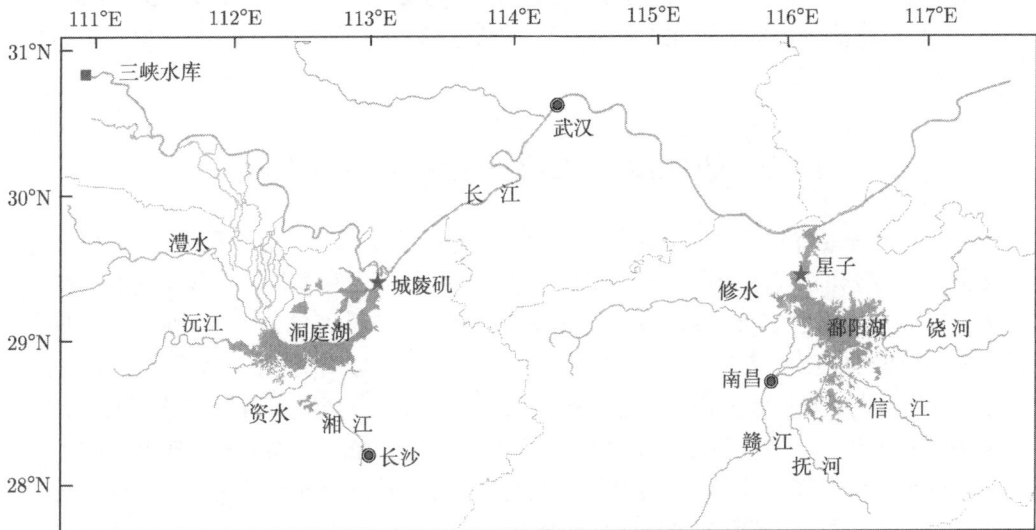

图 16.1　三峡水库与通江湖泊位置示意图 (见彩图)

通江湖泊水位降低会引起各种植物、鸟类和栖息动物的种类和数量明显减少，生物多样性大大降低，多种生态环境问题日趋严峻。如何处理好长江水资源利用与两湖湿地生态环境保护之间的关系仍然面临较大的挑战。为充分利用水资源，在河流上筑坝建库调节径流，在取得巨大的经济效益的同时，也将改变水库上下游河道天然水文情势，并对影响区内的生态环境造成一定的影响，如三峡水库自 2003 年蓄水以来，由于清水下泄，长江中下游开始出现长距离的冲刷，长江中游通江湖泊江湖关系发生一些变化。水库群蓄水期长江干流流量明显减少，对于两湖水资源格局产生一些影响。因此，开展生态友好型水库优化调度研究很有必要[7]。

国内外诸多学者对江湖关系进行了深入研究，较多侧重于江湖水沙交换特征的研究，主要解决的是干流河道的防洪问题，如 Bonnet 等[8] 通过卫星数据计算分析了亚马孙河下游洪泛区与主河道之间水量交换的动态变化趋势；Rudorff 等[9] 通过历史数据分析了亚马孙流域洪泛区的防洪问题，着重分析了通江湖泊对防洪的作用；Yi 等[10] 研究了加拿大北部的通江湖泊 Great Slave Lake、Great Bear Lake 的防洪问题；Cross 等[11] 研究了 Rhine River 及与之连通的通江湖泊 Gravel Pit Lake 洪水泛滥问题。鉴于江湖关系主要为我国特有，国内诸多学者对江湖关系的演变进行了深入的研究，陈绍金[12] 分析了三峡工程的建设和运行后，进入洞庭湖的泥沙与水量减少，湖区的淤积速度减慢，有利于洞庭湖的调蓄作用，而在汛期下泄流量的减少，也有利于洞庭湖的防洪。李义天等[13] 分析了三口分流变化的原因，得到影响三口分流最主要的因素是荆江水位和三口分流洪道的冲淤变化，而造成这些变化的主因是长江干流水沙条件的改变。但大多研究仅限于水沙关系，针对三峡水库蓄水对通江湖泊生态环境的影响研究与解决方案仍处于起步阶段，如何在保证防洪、供水、航运等基本需求的同时，通过水利工程优化调控维系通江湖泊健康，是当前的难题。因此，在进行改善通江湖泊生态环境的水库调度时，要重视水利工程运行引起的生态环境问题，在遵循变化环境下整个流域水循环规律的前提下，开展面向通江湖泊生态环境的水库群一体化联合优化调控，通过优化水库群蓄泄水方案，避免湖泊提前出现过低水位，进而保障下游通江湖泊供水安全，是减轻或消除水利工程建设和运行的不利影响、维持通江湖泊生态环境健康的最为经济可行的手段。

16.1   通江湖泊水位变化趋势定性分析

适宜的水位是维持湖泊生态健康的重要因素，特别在通江湖泊生态系统中，其影响显得更为突出。水位变化不仅改变湖泊蓄水量和热容量，而且还改变湖泊的水动力过程，引起湖泊内环境容量、生态过程的连锁反应，受到国内外学者的广泛重视[14-16]。湖泊水位变化与流域水文循环密切相关，是出入湖流量平衡的结果。一旦通江湖泊水位变化规律被人为改变，湖泊内不同类型水单元的规模和分布会发生相应变化，如天然湿地分布格局被打破，新的湿地格局将影响不同类型湿地的淹没及暴露时间，进而对植被、鸟类和鱼类等生物的生境条件产生影响[17]。因此，分析通江湖泊的水位变化规律显得十分有意义，本书基于长序列历史资料，分析洞庭湖、鄱阳湖水位变化规律。

16.1.1   洞庭湖水位变化趋势定性分析

洞庭湖是我国第二大淡水湖，同时也是长江中游最大的调蓄湖泊，地处荆江南岸，并与"三口"(松滋口、太平口、藕池口) 相通，湖体呈东西向狭带状分布，现已演变为东、南和西等多个水道相连的湖群，在枯水季节这种特征尤其明显。洞庭湖防洪作用十分明显，多年平均可削减入湖洪峰流量 30% 以上，当干流水位较高而洞庭湖水位较低时，水流从城陵矶进入洞庭湖，进行暂时性调蓄。洞庭湖水系主要由长江三口水系、"四水"(湘江、资水、沅江、澧水) 以及入湖小河流等组成, 而三口和四水是洞庭湖水量的主要来源。洞庭湖水位变化是长江和四水共同作用的结果, 受气候、降水以及人为活动等因素的影响, 洞庭湖水位降低, 水域和湿地面积减少, 原有的湿地生物群落演替、时空分布格局被打破, 呈陆地化演替趋势, 湿地生态安全受到威胁。9~10 月长江入湖水量是洞庭湖维护湿地生态水量的主要来源, 由于长江来水水量减少, 洞庭湖水位下降迅速, 如城陵矶站历年 9 月平均水位为 28.21m, 2006 年仅 22.0~23.0m, 致使湖泊湿地面积缩小, 湿地植被干枯 [18]。由于城陵矶水位对整个洞庭湖的面积、容积等具有很好的指示作用, 故采用城陵矶水位代表洞庭湖整体水位。图 16.2 表明洞庭湖年平均水位整体均呈上升趋势, 但分阶段来看, 20 世纪 60~80 年代水位总体偏低, 80 年代至 21 世纪初期水位偏高, 重要原因是泥沙淤积使得湖盆抬高, 进入 2000 年以来, 特别是三峡水库 2003 年蓄水以来, 水位呈显著的下降趋势, 如图 16.3 洞庭湖 10 月水位在 2000 年以前呈稳定波动趋势, 2003 年发生突变后水位持续降低。

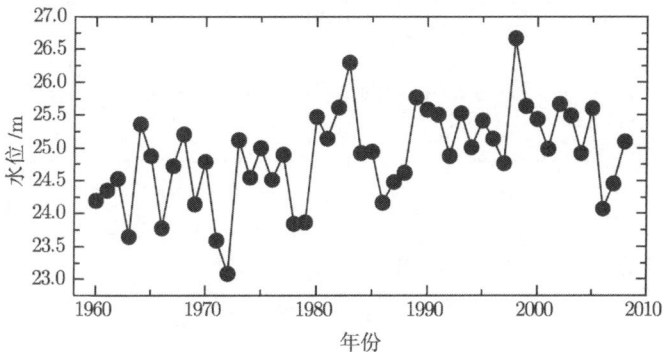

图 16.2　洞庭湖年平均水位变化趋势

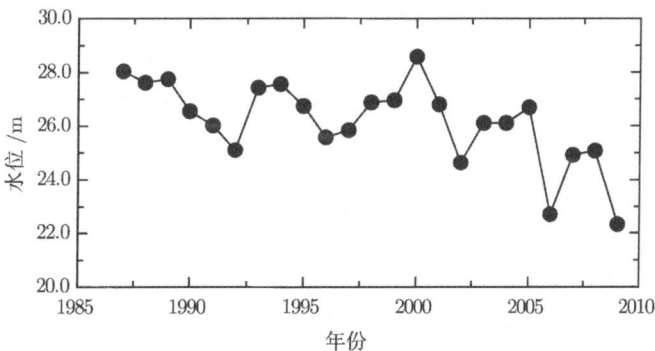

图 16.3　洞庭湖 10 月平均水位变化趋势

16.1.2　鄱阳湖水位变化趋势定性分析

鄱阳湖位于长江中下游交界处南岸, 江西省北部, 是长江流域最大的通江湖泊, 也是中国最大的淡水湖泊。鄱阳湖承接五河 (赣江、抚河、信江、饶河、修水) 之水, 经调蓄后由湖口注入长江。鄱阳湖水位受五河来水与长江顶托的双重作用, 在长江流域发挥着调蓄洪水的巨大作用, 洪、枯水的湖体面积、容积相差极大, 洪水季节, 水位升高, 湖面宽阔; 枯水季节,水位下降,蜿蜒一线,类似河道。由于星子站位于鄱阳湖中段,水位受长江和五河的影响较小,选择星子站水位为鄱阳湖水位。由图 16.4 和图 16.5 看出,鄱阳湖年平均水位和 9~10 月平均水位均呈显著的下降趋势,年平均水位在 2003 年发生了突变,10 月平均水位在 2001 年发生了突变。

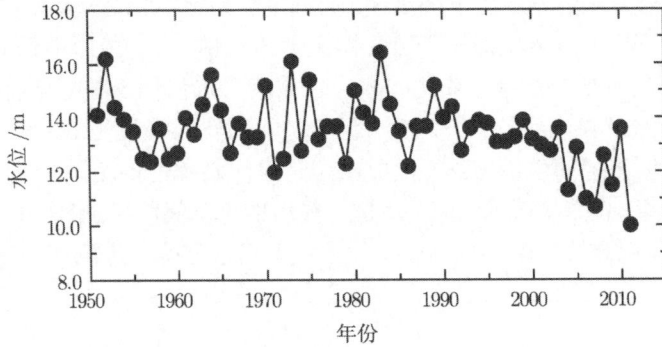

图 16.4   鄱阳湖年平均水位变化趋势

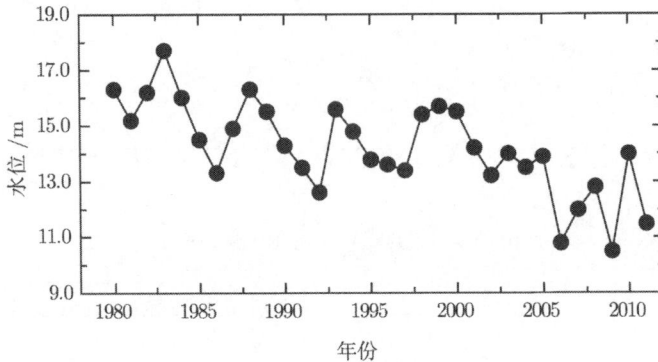

图 16.5   鄱阳湖 10 月平均水位变化趋势

16.2   通江湖泊最低生态水位及最小生态需水量

16.2.1   生态需水内涵及评估方法

　　湖泊生态需水问题是当前生态学和水文学研究的热点问题之一。湖泊最小生态需水量是维持湖泊水生态系统基本功能不严重退化所需的水量,生态需水量的减少,将直接影响到湖泊生态系统的动态平衡及其功能的正常发挥[19]。湖泊最小生态需水量由入湖最小生态需水、湖区最小生态需水与出湖最小生态需水三个部分组成[20],见图 16.6。

　　入湖生态需水是指为满足维持湖泊最低生态水位及满足下游河道最小生态需水所必须流入湖泊的水量,包括地表入流、地下入流、降雨等。湖区最小生态需水是维持湖泊生态系统基本功能不严重退化湖泊水体所需要消耗的水量,具体来讲是为了维持湖泊最低生态水位而必须存储的水量。出湖最小生态需水是为满足下游河流生态需水的水量,出湖生态需水包括地表出流、地下出流、蒸发、渗漏、生产生活用水等。

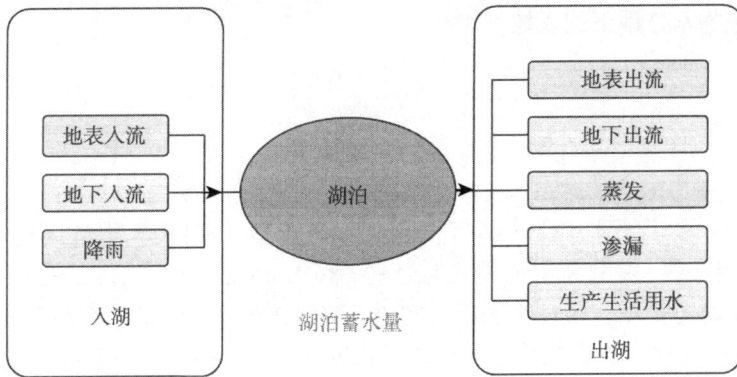

图 16.6　湖泊生态需水计算模型

　　根据生态耐受性定律，每一种生态因子都有一个适应范围，称为生态幅。因此，作为湖泊主要生态因子之一的湖区生态需水，应在一个合理的范围之内，其上限是湖泊最大生态需水量，下限是湖泊最小生态需水量，只有当水量处于适宜范围内，才能保证水生动植物具有最优的生长条件，以维持湖泊系统的动态平衡。吞吐型湖泊最小生态需水量对应的水位即为最低生态水位。

　　计算湖区最小生态需水量，首先要计算湖泊的最低生态水位，然后再根据湖泊水位–湖容关系得到维持湖泊自身存在的最小生态需水量。最低生态水位常用的计算方法有：天然水位资料统计法、湖泊形态分析法、生物空间最小需求法、功能法、综合指标法等 [21–24]，各主要计算方法如下所述。

　　1) 天然水位资料统计法

　　在天然情况下，虽然湖泊水位发生年际和年内的变化，对生态系统的扰动是非常剧烈。然而湖泊在长期生态演变中，生态系统已经适应了这样的扰动，天然情况下的低水位对生态系统的干扰在生态系统的弹性范围内，并不影响生态系统的稳定。但在人类强烈干扰或极端气候年份下，如在特枯年份或在枯水期大量取用湖泊水源等，可能导致湖泊水位低于天然最低水位，或者在发生大洪水时，湖泊水位高于天然最高水位，这种变化在时间上是突然的，是生态系统在长期的演变过程中没有碰到的，因此，可采用 3σ 原理筛选掉极枯年份水位后将剩余年份的最低水位作为该时段湖泊的最低生态水位 H_1。

　　2) 湖泊形态分析法

　　天然水位资料统计法要求有长序列的水位资料，在水位资料缺乏的条件下，可采用湖泊形态分析法求出湖泊的最低生态水位。用湖容作为湖泊水文的指标，用湖面面积作为湖泊功能指标。随着湖泊面积减少，湖泊也随之减少。两者在关系曲线上，湖容变化率有一个最大值，在此最大值相应水位每降低一个单位，湖泊功能的减少量将显著增加。超过此值，湖泊水文和地形子系统功能将出现严重退化，因此最大值相应水位就是最低生态水位，湖泊水位和湖面面积关系如下：

$$A = f(H) \tag{16.1}$$

式中，A 为湖面面积，m^2；H 为湖泊水位，m。

湖泊最低生态水位用下式表达：

$$\frac{\partial^2 A}{\partial H^2} = 0 \tag{16.2}$$

求解式便可得出湖泊最低生态水位 H_2。

3) 生物空间最小需求法

生长在湖泊中的主要水生生物都有一个生活的空间，如鲢鱼和鳙鱼适宜生存在水深为 1.5m 左右的上层水体，鲫鱼和鲤鱼适宜生存在水深 1.0m 左右的下层水体。因此，在计算湖泊最低生态水位时需根据代表性生物的适宜水深确定水位，如果湖泊还兼有航运、旅游等功能，在计算最低生态水位时还应将这些因素考虑其中，考虑多方面因素对水位的要求，最后结果取各项指标的最大值。

$$H_3 = H_b + h_t \tag{16.3}$$

式中，H_b 为湖底高程，m；h_t 为 t 时段考虑重要水生生物或其他因素所需要的最小水深 (可根据实测资料或经验法确定)，m。

4) 功能法

水资源既是一种自然资源，又是生态环境的最基本、最重要的要素。对于湖泊而言，水资源主要包括环境功能、生态功能、生产功能三大功能，而湖泊蓄水量和水资源各个功能之间密切相关，基于功能法的湖泊最低生态水位的计算方法如下：

$$H_4 = \sum_{i=1}^{n} \beta_i h_i / n \tag{16.4}$$

式中，H_4 为湖泊最低生态需水量对应的水位，m；β_i 为湖泊第 i 个水资源功能系数，且 $\sum \beta_i = 1$，h_i 是为满足湖泊第 i 个水资源功能所需的最小生态水量对应的水位，m；n 为湖泊水资源功能数。

5) 综合指标法

采用上述 4 种方法计算的最低生态水位仅考虑了单个因素，而最低生态水位通常是由许多因素共同作用的结果，因此，可先根据上述 4 种方法求出不同的最低生态水位，再通过仔细比较和咨询专家，给定各个指标的权重，按下式得出综合最低生态水位：

$$H_{e\min,t} = \sum_{i=1}^{4} \lambda_i H_i \tag{16.5}$$

式中，$H_{e\min,t}$ 为考虑多种因素的湖泊最低生态水位，m；λ_1、λ_2、λ_3、λ_4 分别为各种因素所占的比重，且 $\sum \lambda_i = 1$。

由于采用湖泊形态分析法、生物空间最小需求法、功能法求出的最低生态水位是针对湖泊全年而言，而本书在调度时是以旬为调度时段，即调度目标也是分时段的，因此上述三种方法不适用于本研究对最低生态水位评估的特定需求。因此，本书是基于历史资料，采用天然水位资料统计法求各时段的湖泊最低生态水位，再通过水位–湖容关系曲线得出湖区分时段的最小生态需水量。

16.2.2 洞庭湖最低生态水位及最小生态需水量

洞庭湖存在明显的周期性水文变化特征,长江干流汛期在每年的 7~9 月,而主汛期是 7~8 月,洞庭湖汛期在每年 4~9 月;在此时间段,生态需水并非通江湖泊生态系统的制约因素。综合考虑水库群蓄水对洞庭湖的影响,洞庭湖的生态需水主要集中体现在蓄水期和枯水期,即每年 9 月至次年的 3 月。本研究聚焦长江中游水库群集中蓄水期,因此本章节仅对洞庭湖 9~10 月最小生态需水量进行探讨。

关于洞庭湖最小生态需水的研究,前人研究多是以年为时间尺度,且仅给出了一个代表性站点的最低生态水位:如谭晓明得出的东洞庭湖最低生态水位为 25.0m[25];而谢永宏等计算结果表明洞庭湖不同时段最低生态水位有所不同,1974 年和 1988 年的最小生态水位均为 24.0m,而 1998 年为 24.6m[26],同时由于洞庭湖水位存在空间差异,因此在计算时应针对不同湖区计算各自最低生态水位。本书根据现有水文资料并配合水库优化调度时段的划分,以旬为时段计算湖泊动态最小生态需水量。

洞庭湖湖体现已演变为东洞庭湖、南洞庭湖和西洞庭湖等多个其间有水道相连的湖群,并呈东西向狭带状分布,水位分布具有明显的空间异值性,因此本书选择鹿角站作为东洞庭湖水位代表站,选择杨柳潭站和营田站作为南洞庭湖水位代表站,选择南咀站和小河咀站作为西洞庭湖的水位代表站,城陵矶水文站位于长江与洞庭湖交汇处,其水位可反映干流对湖泊的拉空或顶托作用。在具体分析不同湖区水位变化时,以杨柳潭站和营田站的平均水位作为南洞庭湖的水位,以南咀站和小河咀站的平均水位作为西洞庭湖的水位 (图 16.7)。根据 5 个代表性站点 1953~1985 年、1988~2002 年共 49 年逐旬水位数据,利用 3σ 原理筛选掉极枯年 (1963 年、1966 年、1971 年、1972 年) 和洪水年 (1983 年、1998 年),得出洞庭湖各湖区最低、最适宜及最高生态水位,见图 16.8。

根据洞庭湖 2003 年地形数据,利用 ArcGIS 空间分析模块进行空间插值,通过构建不规则三角网格 (TIN) 使计算模型贴近湖底地形情况,对 TIN 做 Area and Volume 运算,分别获得东洞庭湖、南洞庭湖和西洞庭湖的水位–湖容曲线,见图 16.9。

图 16.7 洞庭湖不同湖区代表性水文站

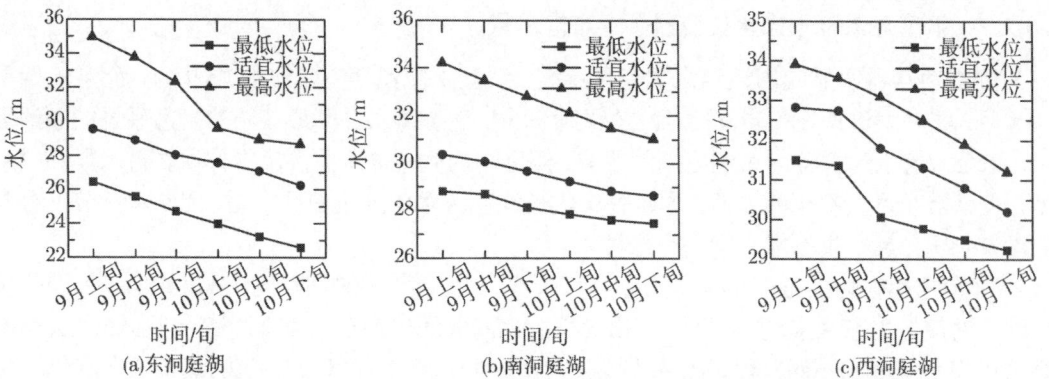

图 16.8　洞庭湖不同湖区 9~10 月逐旬最低、适宜及最高生态水位

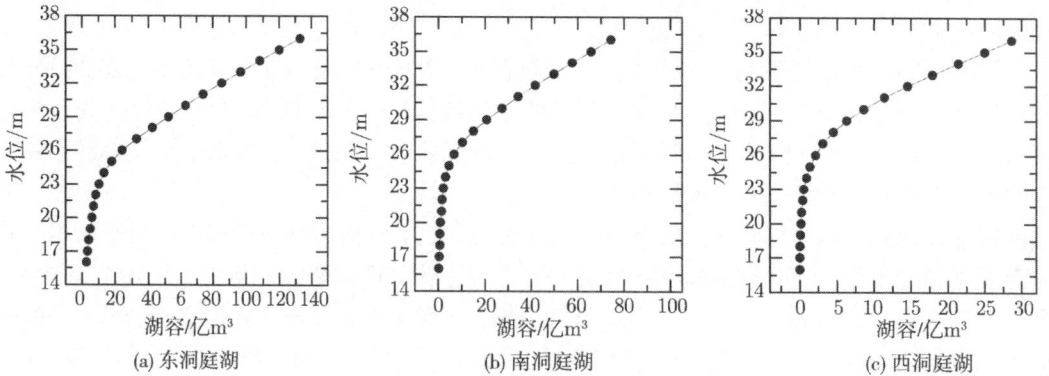

图 16.9　洞庭湖不同湖区水位-湖容关系曲线

根据各个湖区的水位-湖容关系，得出不同时段湖区最小生态需水量，见表 16.1。

表 16.1　洞庭湖 9~10 月最小生态需水量

时段	东洞庭湖/亿 m³	南洞庭湖/亿 m³	西洞庭湖/亿 m³	合计/亿 m³
9 月上旬	27.83	19.61	12.98	60.42
9 月中旬	21.46	18.97	12.51	52.94
9 月下旬	16.34	15.79	8.82	40.95
10 月上旬	13.04	14.33	8.11	35.48
10 月中旬	10.76	13.20	7.43	31.39
10 月下旬	9.29	12.50	6.85	28.64

16.2.3　鄱阳湖最低生态水位及最小生态需水量

由于鄱阳湖湖内各站水位存在一定的空间差异。鄱阳湖在枯水位状态下呈河相，存在明显的水位梯度，因而这种空间差异则更为明显，无法获得湖面每一点的水位值。湖区以吴城站分界，分南、北两部分。南部湖区为鄱阳湖主体，约占湖泊总面积的 4/5，汇纳五河来水。北部湖区为鄱阳湖入长江水道，狭窄、较深，长 65km，宽 3~14km，约占湖泊总面积的 1/5(图 16.10)。本研究在鄱阳湖北部湖区选择星子水文站为代表。南部湖区选择棠荫站为代表性水文站，棠荫位于鄱阳湖区的中心，具有极好的水文、生态、气象代表性[24]。湖口水文站位于鄱阳湖出口段末端，距出口只有约 1km，其水位主要受长江干流水位控制，可用来分析干流水位对鄱阳湖的影响。利用 3σ 原理筛选掉极枯年 (1971 年、1979 年、1986 年、1992 年) 和洪水年 (1952 年、1964 年、1973 年、1983 年)，得出鄱阳湖各湖区最低、最适宜及最高生态水位，见图 16.11。

图 16.10 鄱阳湖不同湖区代表性水文站

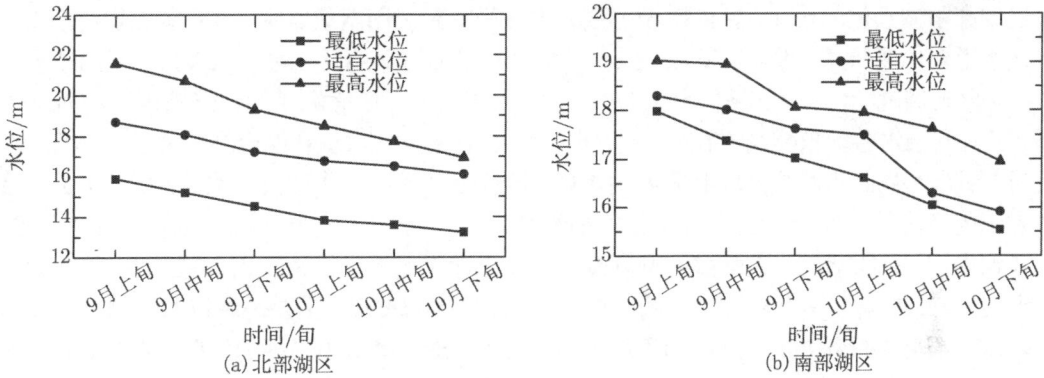

图 16.11 鄱阳湖不同湖区 9～10 月最低、适宜及最高生态水位

根据鄱阳湖 1998 年地形散点数据，利用 ArcGIS 空间分析模块，分别获得鄱阳湖北部湖区及南部湖区的水位–湖容曲线，见图 16.12。

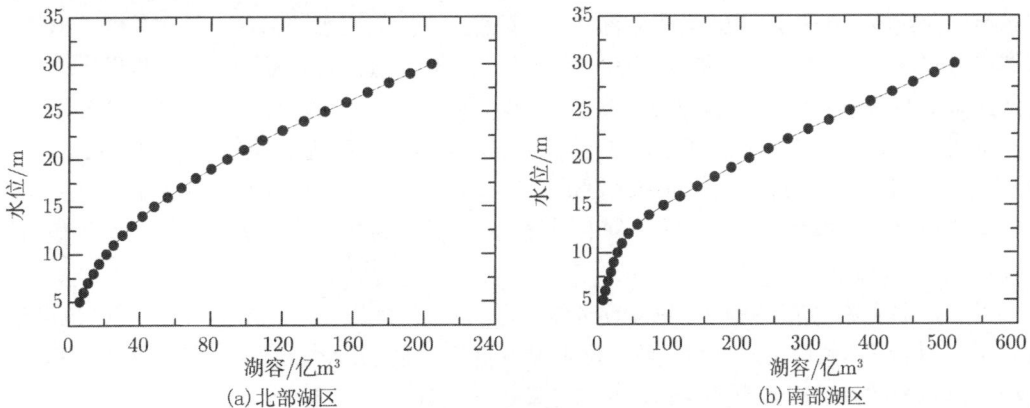

图 16.12 鄱阳湖不同湖区水位–湖容关系曲线

根据各个湖区的水位–湖容关系，得出不同时段不同湖区最小生态需水量，见表 16.2。

表 16.2　鄱阳湖 9~10 月最小生态需水量

时段	北部湖区/亿 m^3	南部湖区/亿 m^3	合计/亿 m^3
9 月上旬	54.88	163.44	218.32
9 月中旬	49.70	148.64	198.34
9 月下旬	44.92	140.15	185.07
10 月上旬	40.41	130.47	170.88
10 月中旬	39.16	117.25	156.41
10 月下旬	36.88	105.39	142.27

16.3　改善通江湖泊生态环境的措施

16.3.1　工程措施

为维持鄱阳湖枯水期合理的水位，改善湖泊生态环境，有关方面和部门提出了通过建闸来控制鄱阳湖水位的设想，目前比较一致的方案是在鄱阳湖湖口建闸，该方案规划在鄱阳湖入江水道建一座防洪、发电、航运、供水等综合功能的水利枢纽工程。工程按照"调枯不控洪"的原则调度，3~8 月，闸门全部敞开，保持江湖连通，既有利于维护当前的江湖防洪体系，又有利于水生动植物洄游繁殖。9 月至次年 3 月按生态保护和综合利用要求，对湖区水位进行控制，控制相对稳定的鄱阳湖枯水位，缓解湖区水位下降过快导致的问题。因此，除了发电的经济效益外，给渔业、航运、水稻灌溉、生产生活用水等方面带来的好处显而易见。而在洞庭湖，有关部门正在酝酿在洞庭湖入江口上建设城陵矶枢纽工程，在三口河道上提出了通过"三口"建闸引江济湖的方案，按"三口"建闸的设想，主要是通过深水闸在枯期引长江水入洞庭湖缓解水荒，解决因河道下切、长江入湖门槛逐年提高的问题。方案遭到了一些质疑，一些观点认为：工程建成后，会改变现有的水流状态及水动力条件，可能会对湖区枯水期部分尾闾和浅水湾水域水环境产生影响；鱼类的江湖交流减少，洄游通道受阻，生物种群衰退；湖滩草洲和水禽栖息地被大大改变，随长江的生态节律而脉动的河湖涨落区不复存在，湿地生态系统和生物多样性将受到极大破坏。两湖地区还有较大的节水潜力，应该通过调整产业结构，加强废污水排放控制和水资源保护，提高用水的效率；其次是调整原有水库调度方式，在特枯水时间，加强已建水库联合调度和应急调度，可以在很大程度上解决两湖地区季节性缺水问题；第三，在条件许可的情况下，在两湖入湖支流上新修一些控制性水库，如赣江上的峡江工程、昌江上的浯溪口工程，两座枢纽工程除发挥传统的防洪、发电、供水、灌溉等综合效益外，同时对鄱阳湖的水量有着巨大的调节作用，尤其为鄱阳湖枯水期的用水安全提供了保障程度。这些工程的建设，对于解决两湖缺水问题有重要作用，而对江湖关系和湖区湿地影响较少。

当下，长江中下游江湖阻隔引起的弊端引起了人们的深入反思，在许多阻隔湖泊正在开展恢复江湖连通、闸口生态调度、鱼苗汛期开闸灌江纳苗的行动。此时，对于两湖湖口、洞庭湖三口的闸坝修建应当更加谨慎，相关方案目前仍处于争议之中。

16.3.2 非工程措施

通过已有的实践表明: 除了采用工程措施外, 还可以通过调整水库原有的调度方案, 使下泄流量尽可能贴近自然水文情势, 避免下游河道及通江湖泊提前出现过低水位, 在获取经济效益的同时, 可以减轻工程建设对河流及湖泊生态的负面效应, 甚至补偿和修复下游河流及湖泊生态环境。湖南省共有大中小型水库 11 466 座, 总库容为 392.6 亿 m^3, 江西省有各类水库 9783 座, 总蓄水能力 293 亿 m^3。这一有利的水利条件为湖泊补水提供了较好条件。因此, 需将长江三峡水库与洞庭湖入湖四水和鄱阳湖入湖五河流域大中型水库纳入统一的调度系统, 通过重大水利工程联调联控一体化调度改善下游水沙条件和水生态环境状况, 正受到各方面的高度重视。在本书中, 主要考虑长江干流和两湖流域支流上具有较大调节能力的控制性水库作为调控对象, 在长江干流选取三峡水库作为调控对象, 在洞庭湖流域则选择东江水库、柘溪水库、五强溪水库、江垭水库、凤滩水库、托口水库、洮水水库、黄石水库 8 座水库, 在鄱阳湖流域选择柘林水库、万安水库、上犹江水库、洪门水库、峡江水库、大坳水库、廖坊水库共 7 座水库, 下文中将进行详细介绍。

参 考 文 献

[1] Yin H F, Liu G R, Pi J G, et al. On the river–lake relationship of the middle Yangtze reaches[J]. Geomorphology, 2007, 85(3): 197-207.

[2] Du Y, Xue H P, Wu S J, et al. Lake area changes in the middle Yangtze region of China over the 20th century[J]. Journal of Environmental Management, 2011, 92(4): 1248-1255.

[3] Chen X Q, Zong Y Q, Zhang E F, et al. Human impacts on the Changjiang (Yangtze) River basin, China, with special reference to the impacts on the dry season water discharges into the sea[J]. Geomorphology, 2001, 41(2–3): 111-123.

[4] Yin H F, Li C A. Human impact on floods and flood disasters on the Yangtze River[J]. Geomorphology, 2001, 41(2–3): 105-109.

[5] Li L Q, Lu X X, Chen Z Y. River channel change during the last 50 years in the middle Yangtze River, the Jianli reach[J]. Geomorphology, 2007, 85(3–4): 185-196.

[6] 任宪友, 蔡述明, 王学雷, 等. 长江中游湿地生态恢复研究 [J]. 华中师范大学学报 (自然科学版), 2004, 38(1): 114-120.

[7] 梅亚东, 杨娜, 翟丽妮. 雅砻江下游梯级水库生态友好型优化调度 [J]. 水科学进展, 2009, (5): 721-725.

[8] Bonnet M P, Barroux G, Martinez J M, et al. Floodplain hydrology in an Amazon floodplain lake (Lago Grande de Curuaí)[J]. Journal of Hydrology, 2008, 349(1): 18-30.

[9] Rudorff C M, Melack J M, Bates P D. Flooding dynamics on the lower Amazon floodplain: 2 Seasonal and interannual hydrological variability[J]. Water Resources Research, 2014, 50(1): 635-649.

[10] Yi Y, Gibson J J, Hélie J F, et al. Synoptic and time-series stable isotope surveys of the Mackenzie River from Great Slave Lake to the Arctic Ocean, 2003 to 2006[J]. Journal of Hydrology, 2010, 383(3-4): 223-232.

[11] Cross I D, McGowan S, Needham T, et al. The effects of hydrological extremes on former Gravel Pit Lake ecology: management implications[J]. Fundamental and Applied Limnology, 2014, 185(1):

71-90.

[12] 陈绍金. 浅析三峡工程建成后对洞庭湖水环境的影响 [J]. 水资源保护, 2004, (5): 33-37, 70.

[13] 李义天, 郭小虎, 唐金武, 等. 三峡建库后荆江三口分流的变化 [J]. 应用基础与工程科学学报, 2009, 17(1): 21-31.

[14] Coops H, Beklioglu M, Crisman T L. The role of water-level fluctuations in shallow lake ecosystems-workshop conclusions[J]. Hydrobiologia, 2003, 506(1-3): 23-27.

[15] 丁庆章, 刘学勤, 张晓可. 水位波动对长江中下游湖泊湖滨带底质环境的影响 [J]. 湖泊科学, 2014, 26(3): 340-348.

[16] 刘永, 郭怀成, 周丰, 等. 湖泊水位变动对水生植被的影响机理及其调控方法 [J]. 生态学报, 2006, 26(9): 3117-3126.

[17] 谢冬明, 郑鹏, 邓红兵, 等. 鄱阳湖湿地水位变化的景观响应 [J]. 生态学报, 2011, 31(5): 1269-1276.

[18] 李正最, 谢悦波, 徐冬梅. 洞庭湖水沙变化分析及影响初探 [J]. 水文, 2011, 31(1): 45-53, 40.

[19] Smakhtin V, Revenga C, Döll P. A pilot global assessment of environmental water requirements and scarcity[J]. Water International, 2004, 29(3): 307-317.

[20] 徐志侠, 王浩, 董增川, 等. 河道与湖泊生态需水理论与实践 [M]. 北京: 中国水利水电出版社, 2005.

[21] 刘静玲, 杨志峰. 湖泊生态环境需水量计算方法研究 [J]. 自然资源学报, 2002, 17(5): 604-609.

[22] 赵翔, 崔保山, 杨志峰. 白洋淀最低生态水位研究 [J]. 生态学报, 2005, 25(5): 1033-1040.

[23] 刘剑宇, 张强, 孙鹏, 等. 鄱阳湖最小生态需水研究 [J]. 中山大学学报 (自然科学版), 2014, 53(4): 149-153.

[24] 崔保山, 赵翔, 杨志峰. 基于生态水文学原理的湖泊最小生态需水量计算 [J]. 生态学报, 2005, 25(7): 1788-1795.

[25] 谭晓明. 浅析洞庭湖区最小生态需水量 [J]. 人民长江, 2009, 40(14): 30, 31, 37.

[26] 谢永宏, 李峰, 陈心胜. 洞庭湖最小生态需水量研究 [J]. 长江流域资源与环境, 2012, 21(1): 64-70.

第17章 通江湖泊水情驱动因素变化及其对生态环境影响

水情一般指湖泊、河流、水库等自然水体水文要素的时间和空间变化情况，如水位、流量、流速、水温等。而对于湖泊而言，水位是最具代表性的水情要素，既能用于直接度量湖泊储水量的变化，也直接影响着湖泊水动力过程、化学过程和生态过程[1]。因此，本书所指的通江湖泊水情主要特指湖泊水位。具体而言，水位变化不仅改变湖泊蓄水量和热容量，而且还改变湖泊的水动力过程，引起湖泊内环境容量、生态过程的连锁反应，受到国内外学者的广泛重视[2-4]。湖泊水位变化与流域水文循环密切相关，是出入湖流量平衡的结果。一旦通江湖泊水位变化规律被人为改变，湖泊内不同类型水单元的规模和分布会发生相应变化，如天然湿地分布格局被打破，新的湿地格局将影响不同类型湿地的淹没及暴露时间，进而对植被、鸟类和鱼类等生物的生境条件产生影响[5]。因此，研究湖泊水位变化的驱动因素，对于综合分析其演变规律显得十分有意义。本章基于长序列历史资料，采用 Mann-Kendall 检验方法详细分析了长江干流来流、洞庭湖四水来流及鄱阳湖五河来流及洞庭、鄱阳湖水位变化趋势，为分析两湖水位变化提供依据；本书进而采用天然水位资料统计方法评估了洞庭湖、鄱阳湖不同时段内的保证湖泊生态健康的湖泊最低、适宜及最高生态水位及对应的最小生态需水量，以支撑后续的优化调控模型。

17.1 通江湖泊水情及其驱动因素变化特征分析

17.1.1 Mann-Kendall 检验原理及其实现

时间序列是指采集研究对象不同时刻的统计指标值，按时间顺序排列而成的序列，它反映了某一标值随时间的变化过程。目前趋势检测方法主要有斯皮尔曼 (Spearman) 秩相关系数、丹尼尔 (Daniel) 趋势检验法、滑动平均法、曼–肯德尔 (Mann-Kendall) 非参数检验法等，斯皮尔曼秩相关系数及丹尼尔趋势检验法虽然可以判断时间序列的变化趋势，但不具有时间序列突变分析的功能。而 Mann-Kendall 法除了可以检验一个时间序列变化趋势外，还可以分析该时间序列是否有突变点，以及何时开始发生突变[6]。Mann-Kendall 法是 Mann 在首次提出，Kendall 在此基础上改进了该方法，故称 Mann-Kendall 法，简称 M-K 法。其优点是样本分布是随机的，不受少数异常值干扰，国内外学者常用此方法来分析时间序列变量的变化趋势和突变现象，被广泛应用于检验流量、水位、气象序列的趋势与突变分析中[7-11]。

1. Mann-Kendall 趋势检验方法的基本原理

在 Mann-Kendall 趋势检验中，原假设 H_0：时间序列 $X_t = (x_1, x_2, \cdots, x_n)$ 是 n 个随机分布、相互独立的样本；备择假设：H_1 是双边检验，对于所有的 $k, j \leqslant n$，且 $k \neq j$，x_k 和 x_j 的分布是不相同的，构造检验统计量 S：

$$S = \sum_{k=1}^{n-1} \sum_{j=k+1}^{n} \text{sgn}(x_j - x_k) \tag{17.1}$$

S 呈正态分布, 其均值和方差分别为

均值: $E(S) = 0$

方差: $\sigma^2 = \mathrm{var}(S) = n(n-1)(2n+5)/18$

当 $n > 10$, Z 收敛于标准正态分布, 用下式计算正态分布的 Mann-Kendall 统计量:

$$Z = \begin{cases} (S-1)/\sqrt{\mathrm{var}(S)}, & S > 0 \\ 0, & S = 0 \\ (S+1)/\sqrt{\mathrm{var}(S)}, & S < 0 \end{cases} \tag{17.2}$$

在给定的 α 置信水平上, 如果统计量 $|Z| \geqslant Z_{1-\alpha/2}$, 则拒绝原假设 H_0, 说明该时间序列呈显著的上升或下降趋势, 当 $Z > 0$ 时表示序列呈增加趋势, $Z < 0$ 时表示序列呈减少趋势, $|Z| \geqslant 1.28, 1.64, 2.32$ 时表示分别通过了置信度 90%、95%、99% 的检验。而变化趋势的大小可用 Kendall 倾斜度 β 来体现, 按下式计算:

$$\beta = \mathrm{median}\left(\frac{x_i - x_j}{i - j}\right), \quad j < i \tag{17.3}$$

式中, $1 < j < i < n$, 当 $\beta > 0$ 时, 表示上升趋势, 反之则表示下降趋势。

2. 非参数 Mann-Kendall 突变检测的原理及方法

时间序列的变化方式一般分为连续的变化和不连续的飞跃两种基本形式, 不连续变化现象的基本特点是突发性, 即突变现象。20 世纪 60 年代, 法国科学家 Rene 创立了突变理论, 其要点在于某时间序列从一个统计特征到另一个统计特征的急剧变化。受降水突变、河床改变因素和人类活动的影响, 天然径流量也可能发生突变, 进而引起湖泊水位的突变。突变检测常见的方法有低通滤波法、滑动 t 检验法、小波分析法、Mann-Kendall 法, 不同检验方法略有不同。本书采用 Mann-Kendall 法进行突变分析, 步骤如下:

对于时间序列 X_t, 构造一秩序列 r_i, 表示 $x_i > x_j (1 \leqslant j \leqslant i)$ 的样本累计数, 定义 s_k 为

$$s_k = \sum_{i=1}^{k} r_i, \quad k = 2, 3, \cdots, n \tag{17.4}$$

s_k 的均值与方差分别为

$$E(s_k) = k(k-1)/4, \quad \mathrm{var}(s_k) = k(k-1)(2k+5)/72, \quad 2 \leqslant k \leqslant n$$

由于时间序列的随机独立性, 定义如下统计量:

$$UF_k = \frac{s_k - E(s_k)}{\sqrt{\mathrm{var}(s_k)}} \tag{17.5}$$

式中, $UF_1 = 0$, 按时间序列 X_t 逆序 $(x_n, x_{n-1}, \cdots, x_1)$, 再重复上述过程, 同时使序列的逆序值 $UB_k = -UF_k (k = n, n-1, \cdots, 1)$, $UB_0 = 0$。给定 $\alpha = 0.05$ 的显著性水平, $UF_{0.05} = \pm 1.96$, 将 UF_k 和 UB_k 曲线和 $UF_{0.05} = \pm 1.96$ 两条直线绘制在同一张图上。若 $UF_k > 0$, 说明序列呈上升趋势; 若 $UF_k < 0$, 说明序列呈下降趋势。当两曲线超过临界值时, 表示呈显著的上升或下降趋势。如果 UF_k 和 UB_k 两条曲线存在交点且位于临界线 $UF_{0.05} = \pm 1.96$ 之间, 交点对应的时刻便是发生突变起始时间。

17.1.2　通江湖泊水情驱动因素变化特征分析

长江中游入湖水情是通江湖泊水情变化的主要驱动因素,因此若要掌握两湖水情变化趋势,首先须对入湖水情变化趋势进行分析。如洞庭湖城陵矶水位主要受长江干流和四水入湖流量的影响,鄱阳湖星子站水位受长江干流和五河入湖流量的影响。本章分别以城陵矶站、星子站水位为例,运用 Mann-Kendall 检验方法分析水位及其影响因素的变化趋势。采用的资料如下:①长江宜昌水文站 1950~2010 年径流量、9~10 月径流量;②三口 1955~2005 年径流量、分流比;③四水 1988~2008 年径流量、9~10 月径流量,四水流量分别为澧水津市水文站、沅江桃源水文站、资水桃江水文站、湘江湘潭水文站的流量数据;④五河 1983~2007 年径流量、9~10 月径流量,五河流量分别为修水修县水文站、赣江外洲水文站、抚河李家渡水文站、信江梅港水文站、饶河渡峰坑和虎山水文站的流量数据;⑤洞庭湖城陵矶站 1960~2008 年平均水位、1987~2009 年 10 月平均水位;⑥鄱阳湖星子站 1951~2011 年平均水位、1980~2011 年 10 月平均水位,各流量站点及水位站点分布图见图 17.1。运用前述的 Mann-Kendall 方法分析上述各水情要素的变化趋势,趋势检验结果见表 17.1。

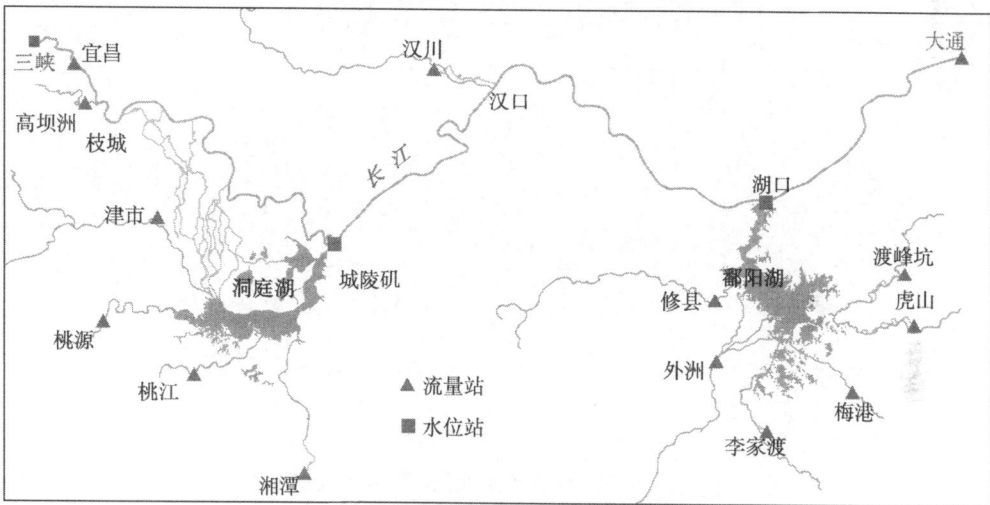

图 17.1　长江中游江湖水系水文站点分布图

表 17.1　长江中游江湖水情历时变化趋势检验结果

项目	样本量	Mann-Kendall 非参数检验	趋势	显著性
宜昌水文站流量	1950~2010 年径流量	−1.8109**	减小	显著
	1950~2010 年 9~10 月径流量	−1.9026**	减小	显著
三口流量、分流比	1955~2005 年径流量	−6.6765***	减小	显著
	1955~2005 年分流比	−7.6149***	减小	显著
四水流量	1988~2008 年径流量	1.1122	增大	不显著
	1988~2008 年 9~10 月径流量	−0.70027	减小	不显著
五河流量	1983~2007 年径流量	0.21019	增大	不显著
	1983~2007 年 9~10 月径流量	−0.11677	减小	不显著
洞庭湖水位(城陵矶)	1960~2008 年平均水位	3.0859***	增大	显著
	1987~2009 年 10 月平均水位	−2.958*	减小	显著
鄱阳湖水位(星子)	1951~2011 年平均水位	−2.7007***	减小	显著
	1980~2011 年 10 月平均水位	−4.0055***	减小	显著

*、**、*** 分别代表通过置信度 90%、95%、99%显著性检验

1. 宜昌水文站径流量趋势分析及突变检验

从表 17.1 可以看出，宜昌水文站年径流量统计量 $Z = -1.8109$，通过了置信度 90%、95% 的显著性检验，但未通过 99% 的显著性检验，说明宜昌水文站年径流量呈总体下降趋势，但下降趋势并不是特别明显。从图 17.2 可以看出，宜昌水文站年径流量在 1954 年达最大值 5751 亿 m^3，2006 年达最小值 2847 亿 m^3，不同年份有波动现象；9~10 月径流量统计量 $Z = -1.9026$，呈总体下降趋势，结合图 17.3 来看，9~10 月径流量与年径流变化过程相似，并且都有减少的趋势。利用 Mann-Kendall 法对宜昌水文站年径流量序列和 9~10 月径流量序列分别进行了突变分析，结果见图 17.2、图 17.3。图 17.2 显示统计量 UF 大部分都小于零，也印证了宜昌水文站年径流量呈总体下降趋势，年径流量序列的跳跃点分别是 1959 年、1961 年、1972 年、2001 年，分成各时段年均流量差值分别为 $-1521 m^3/s$、$1172 m^3/s$、$2253 m^3/s$、$-1764 m^3/s$，而 9~10 月径流量序列与年径流量序列跳跃点略有不同，径流量序列的跳跃点分别是 1959 年、1998 年、2003 年、2006 年，分成各时段平均流量差值分别为 $-9950 m^3/s$、$9198 m^3/s$、

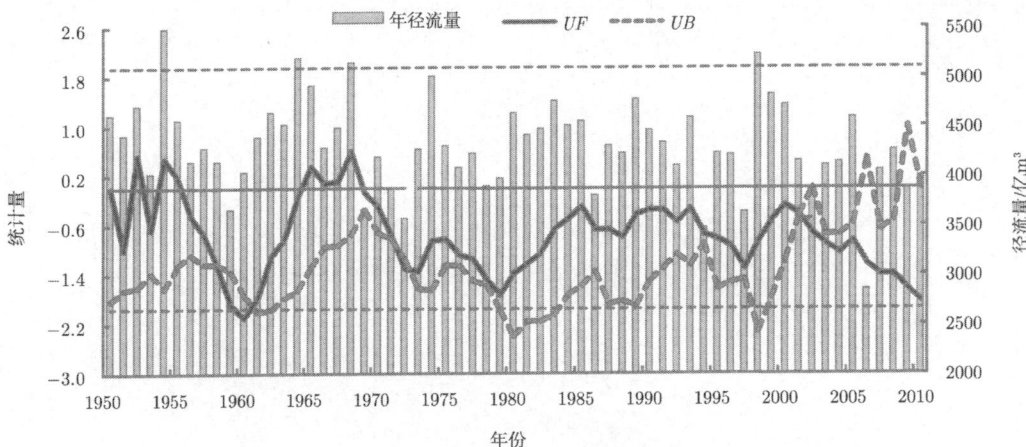

图 17.2　宜昌水文站年径流量变化趋势及突变检验曲线

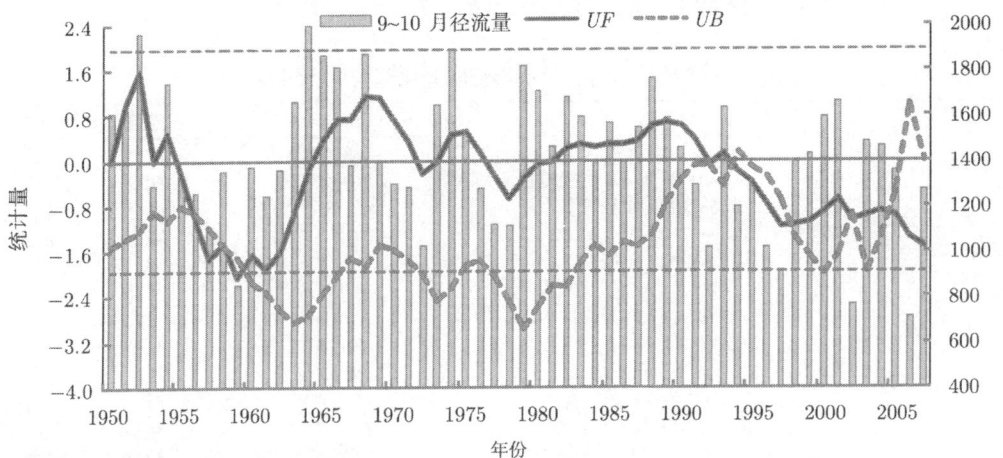

图 17.3　宜昌水文站 9~10 月径流量变化趋势及突变检验曲线

$-13\,880\mathrm{m}^3/\mathrm{s}$、$-12\,449\mathrm{m}^3/\mathrm{s}$，经分析 1959 年全国大部地区少雨，受旱面积大、时间长、程度重，而长江流域遭遇百年一遇的大旱，特别是 7、8 两月许多地区降雨量不及常年同期平均雨量的 1/4，长江出现了历史上同期的最枯水位。而 1998 年虽然长江流域发生了特大洪水，但持续时间主要集中在汛期 6~8 月，对全年的径流量影响相对较小，而对 9~10 月宜昌水文站流量有所增加。三峡水库分别于 2003 年、2006 年蓄水至 135.0m、156.0m，造成了蓄水期间下泄流量的显著减小，因此三峡水库蓄水是 9~10 月径流量序列降低的主要原因。

2. 荆江三口年径流量及分流比变化趋势分析及突变检验

荆江河段位于长江中游，上起枝城，下至城陵矶。荆江南岸有三口 (松滋口、太平口、藕池口；调弦口在 1959 年建闸控制，见图 17.4)，分别通过松滋河、虎渡河、藕池河分泄江

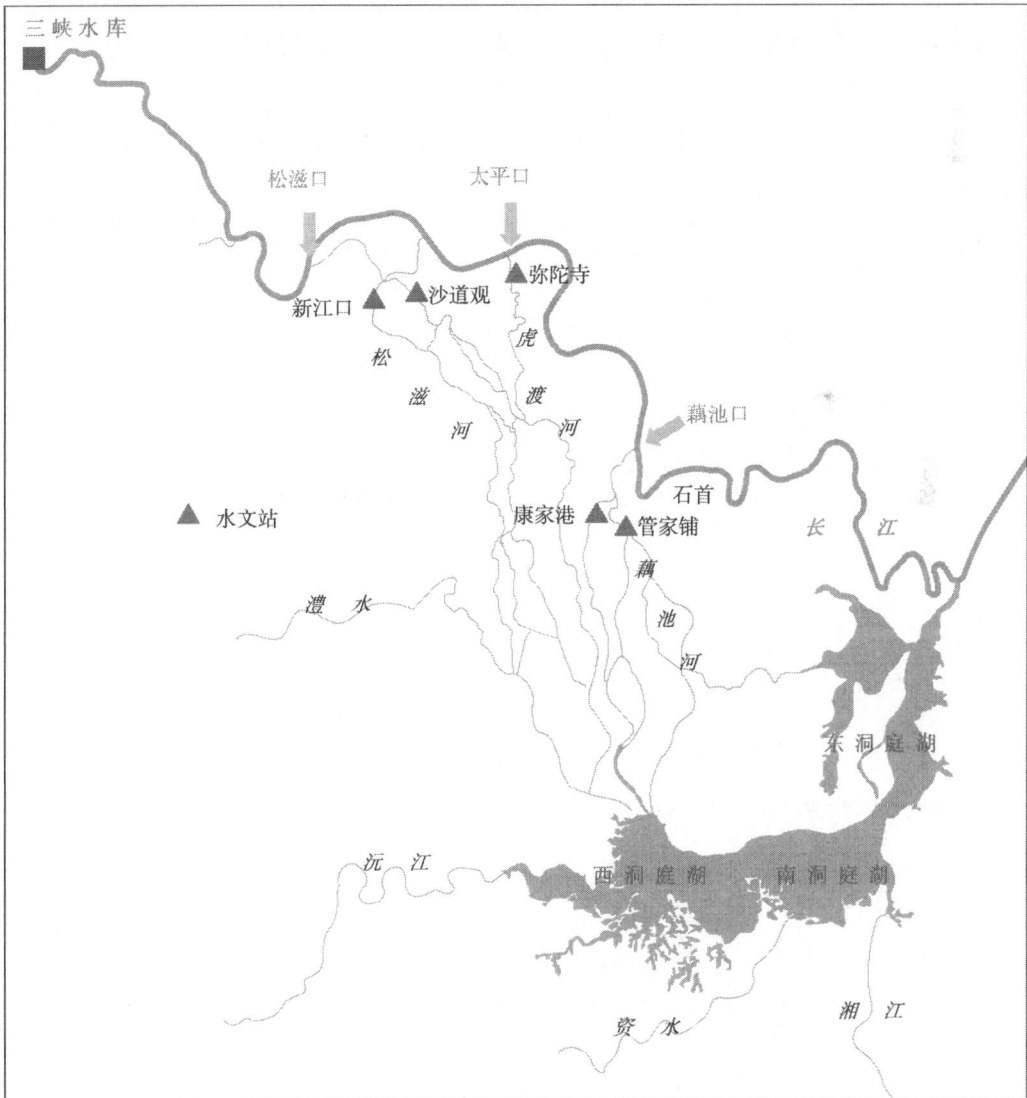

图 17.4　长江及洞庭湖水系分布及水文站分布图

水入洞庭湖, 与洞庭湖四水 (湘江、资水、沅江、澧水) 汇合, 经洞庭湖调蓄后由城陵矶再注入长江。荆江三口是连接荆江河段与洞庭湖区的重要纽带, 其分流分沙比的变化直接影响到洞庭湖江湖关系的变化, 且对荆江和洞庭湖区的防洪及河床冲淤起着决定性作用; 三口分流分沙比是表征长江和洞庭湖的连通性的主要参数, 一直是江湖关系研究的重点问题之一。鉴于本书重点在于分析江湖水情变化, 因此主要分析荆江三口年径流量、分流量及分流比的变化趋势。

影响长江上游来水的因素均能影响三口入湖径流, 主要包括大型水利工程、降水量等。由表 17.1 可以看出: 三口年径流量、分流比统计量 Z 均通过了 99% 的显著性检验, 说明三口年径流量、分流比均有显著的下降趋势, 见图 17.5。三口在 1955~2005 年径流量多年平均为 899 亿 m^3, 占枝城站年平均径流量的比例 (分流比) 为 19.5%, 三口洪水过程与长江干流类似, 汛期为 5~9 月, 其来水量占全年的 90% 以上。由图 17.6 可知, 三口分流比总体上呈逐年递减趋势, 如 1956~1966 年 (裁弯前) 年径流量为 1344 亿 m^3, 分流比为 29.2%; 1967~1972

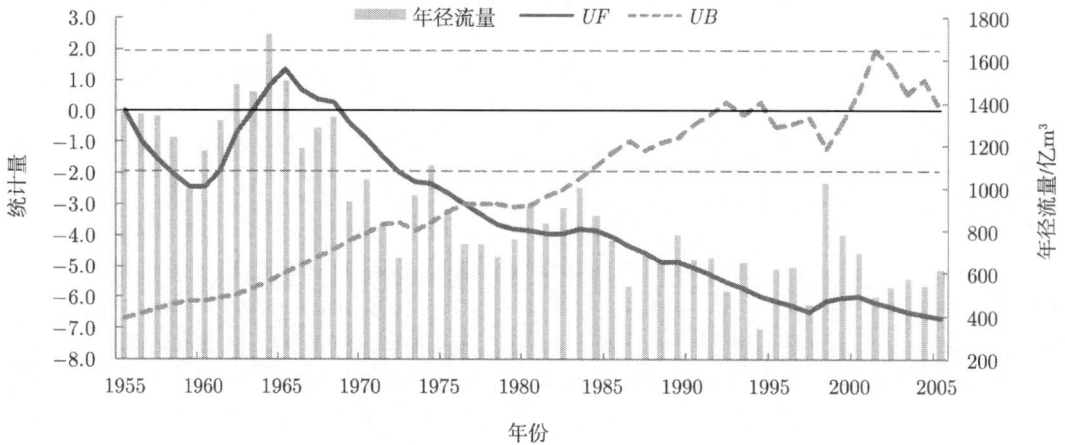

图 17.5 荆江三口年径流量变化趋势及突变检验曲线

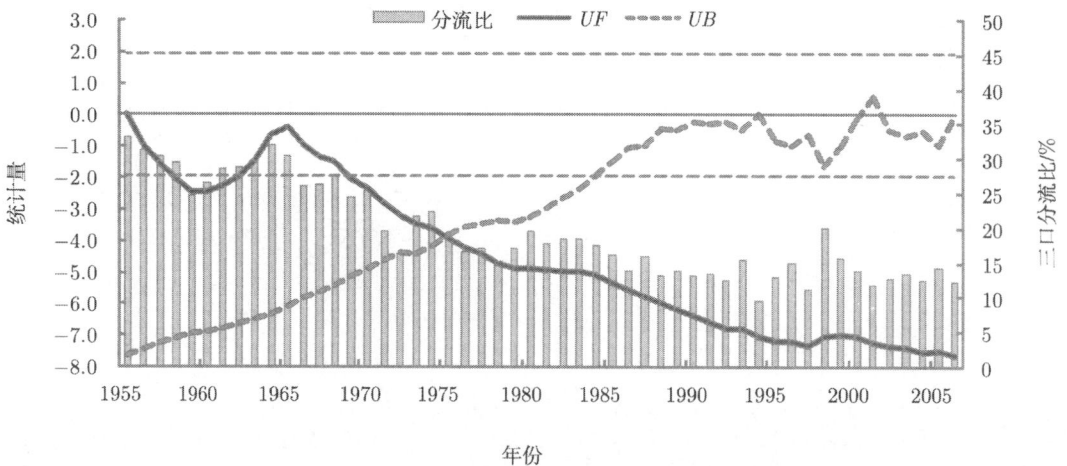

图 17.6 荆江三口分流比变化趋势及突变检验曲线

年 (裁弯中) 年径流量为 1014 亿 m³, 分流比为 23.3%; 1973~1980 年 (裁弯后) 年径流量为 850 亿 m³, 分流比为 18.6%; 1981~2002 年 (葛洲坝运行后) 年径流量为 687 亿 m³, 分流比为 14.7%; 2003~2005 年 (三峡水库蓄水运行后) 年径流量仅为 578 亿 m³, 分流比为 13.5%。利用 Mann-Kendall 法对荆江三口 1955~2005 年分流量序列和分沙比序列分别进行了突变分析, 显示统计量 UF 大部分都小于零, 说明分流量及分流比总体处于下降趋势, 1975 年是唯一的突变点, 主要原因是该时段处于荆江干流裁弯时期, 荆江水力梯度增加, 导致三口分流的流量迅速降低。

3. 洞庭湖四水来水量变化趋势分析及突变检验

洞庭湖是我国第二大淡水湖, 同时也是长江中游最大的调蓄湖泊, 地处荆江南岸, 并与三口相通, 湖体呈东西向狭带状分布, 现已演变为东、南和西等多个水道相连的湖群, 在枯水季节这种特征尤其明显, 见图 17.4。洞庭湖防洪作用十分明显, 多年平均可削减入湖洪峰流量 30% 以上, 当干流水位较高而洞庭湖水位较低时, 水流也可以从城陵矶进入洞庭湖, 进行暂时性调蓄。洞庭湖水系主要由长江三口水系、四水以及入湖小河流等组成, 而三口和四水是洞庭湖水量的主要来源。

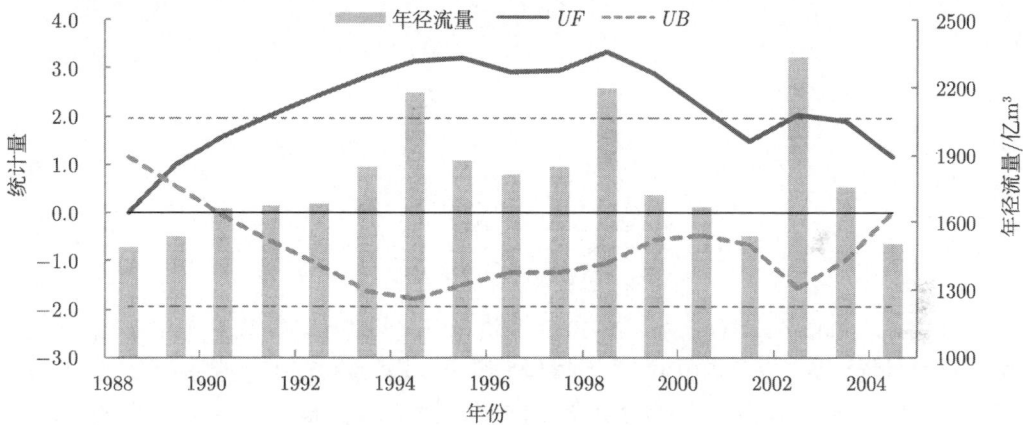

图 17.7 洞庭湖四水年径流量变化趋势及突变检验曲线

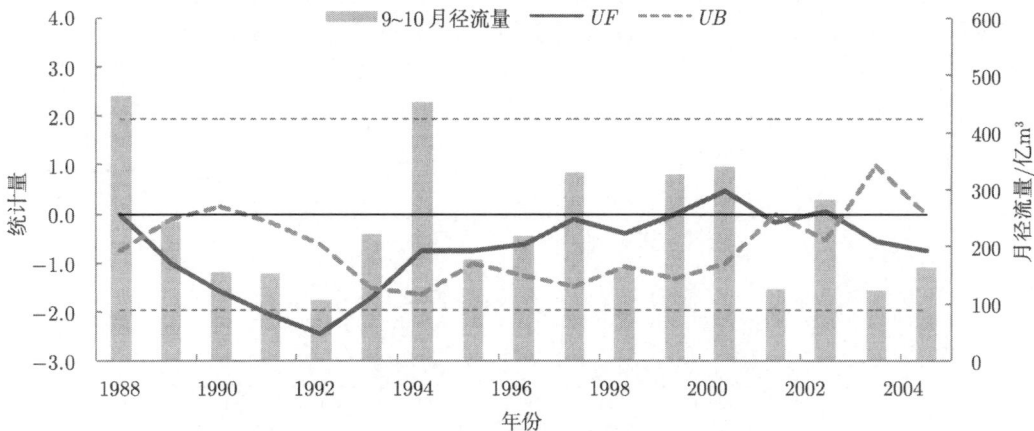

图 17.8 洞庭湖四水 9~10 月径流量变化趋势及突变检验曲线

由表 17.1 可以看出：四水 1988~2008 年年径流量统计量 $Z = 1.1122$，说明来流量有增大趋势，但趋势并不显著；而 1988~2008 年 9~10 月径流量统计量 $Z = -0.70027$，呈不显著的减小趋势。图 17.7 显示四水年径流量总体处于增大趋势，无突变现象。图 17.8 显示四水 9~10 月径流量在 1993 年、2001 年及 2003 年发生了突变，根据历史观测资料，流量的突变与当年秋季降雨量减小密切相关。

4. 鄱阳湖五河来水量变化趋势分析及突变检验

鄱阳湖位于长江中下游交界处南岸，江西省北部，是长江流域最大的通江湖泊，也是中国最大的淡水湖泊。鄱阳湖承接五河 (赣江、抚河、信江、饶河、修水) 之水，经调蓄后由湖口注入长江，见图 17.9。

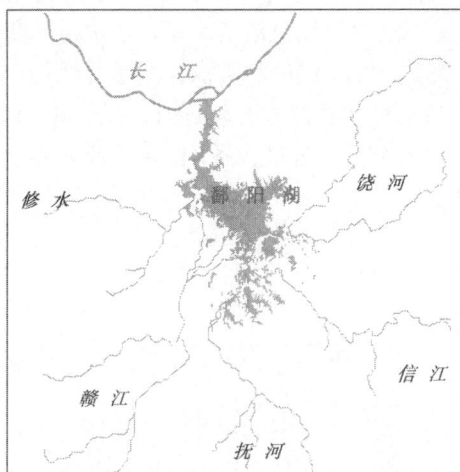

图 17.9 长江及鄱阳湖水系分布图

五河 1983~2007 年年径流量及 9~10 月径流量变化趋势检验结果见表 17.1，由表可知五河年径流量统计量 $Z = 0.21019$，说明整体来流量有增大趋势，但趋势并不显著，但从局部来看，进入 21 世纪后，江西省降水量显著偏少，五河流量大幅减少；9~10 月径流量统计量 $Z = -0.11677$，呈不显著的减小趋势。五河 1983~2007 年年径流量趋势及突变检验曲线见图 17.10，仅 1988 年年径流量发生了突变。9~10 月径流量趋势及突变检验曲线见图 17.11，五河流量在 2003 年、2006 年发生了两次突变，均与流域降水减小有关。

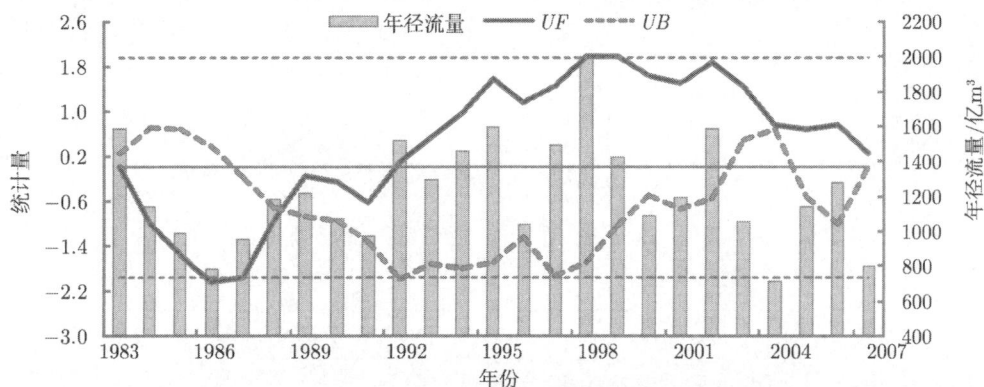

图 17.10 鄱阳湖五河年径流量变化趋势及突变检验曲线

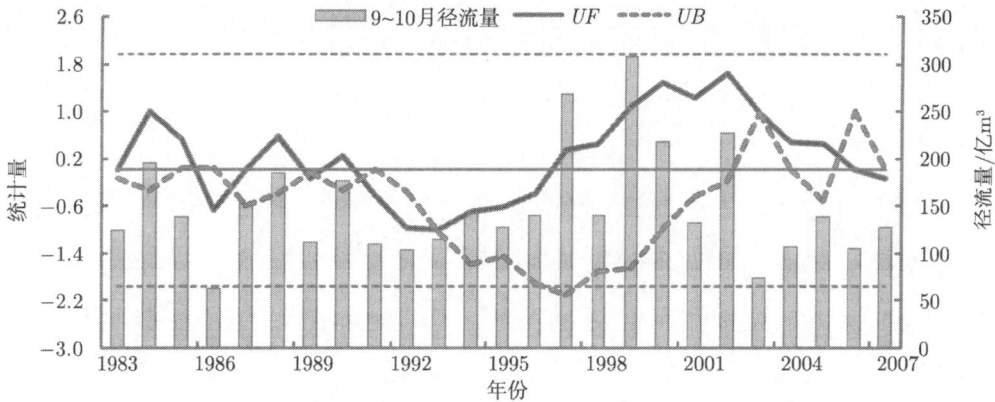

图 17.11 鄱阳湖五河 9~10 月径流量变化趋势及突变检验曲线

17.1.3 通江湖泊水情变化特征分析

1. 洞庭湖水位变化趋势分析

洞庭湖多年平均水位 (城陵矶站) 最低的是 1 月，平均为 20.19m，水位最高的是 7 月，平均为 30.24m，存在着明显的洪、枯水位变化。4~9 月是丰水期，占全年径流量的 76.8%，其中 7~8 月为主汛期，湖水位偏高，12 月至次年 2 月为枯水期，水位较低，其余月份为平水期，呈现出洪水一大片、枯水一条线的湿地景观。

洞庭湖的水情变化是长江和四水共同作用的结果，受气候、降水以及人为活动等因素的影响，洞庭湖水位降低，水域和湿地面积减少，原有的湿地生物群落演替、时空分布格局被打破，呈陆地化演替趋势，湿地生态安全受到威胁。9~10 月长江入湖水量是洞庭湖维护湿地生态水量的主要来源，由于长江来水水量减少，洞庭湖水位下降迅速。如西洞庭湖南咀站 9 月平均水位 31.50m，而 2006 年下降到 28.5m。洞庭湖出口城陵矶站历年 9 月平均水位为 28.21m，2006 年仅 22.0~23.0m，致使南洞庭湖和东洞庭湖湿地面积缩小，湿地植被干枯[12]。从表 17.1 可以看出，城陵矶水位统计量 $Z = 3.0859$，说明 1960~2008 年洞庭平均水位整体均呈上升趋势，但从分阶段来看，20 世纪 60~80 年代水位总体偏低，20 世纪 80 年代至 21 世纪初期，水位偏高，重要原因是泥沙淤积使得湖盆抬高，进入 2000 年以来，特别是三峡水库 2003 年蓄水以来，水位呈显著的下降趋势 (图 17.12)，而洞庭湖 10 月份水位在 2000 年以前呈稳定波动趋势，2003 年发生突变，其后水位持续降低 (图 17.13)。

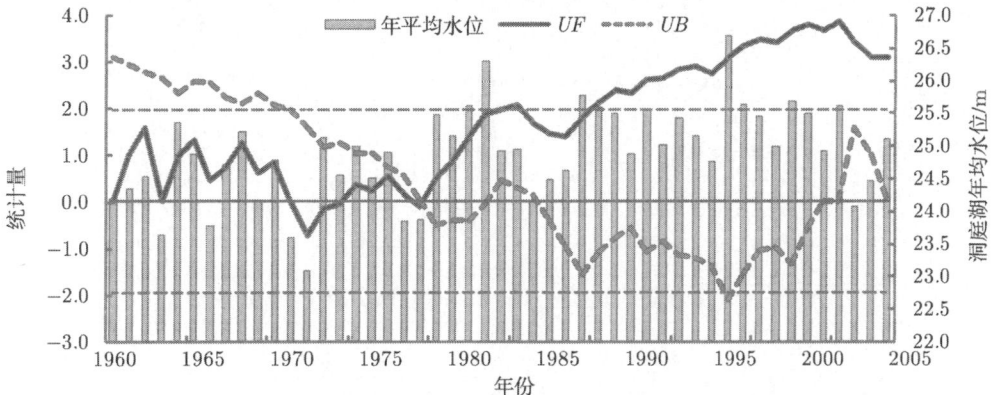

图 17.12 洞庭湖年平均水位 (城陵矶站) 变化趋势及突变检验曲线

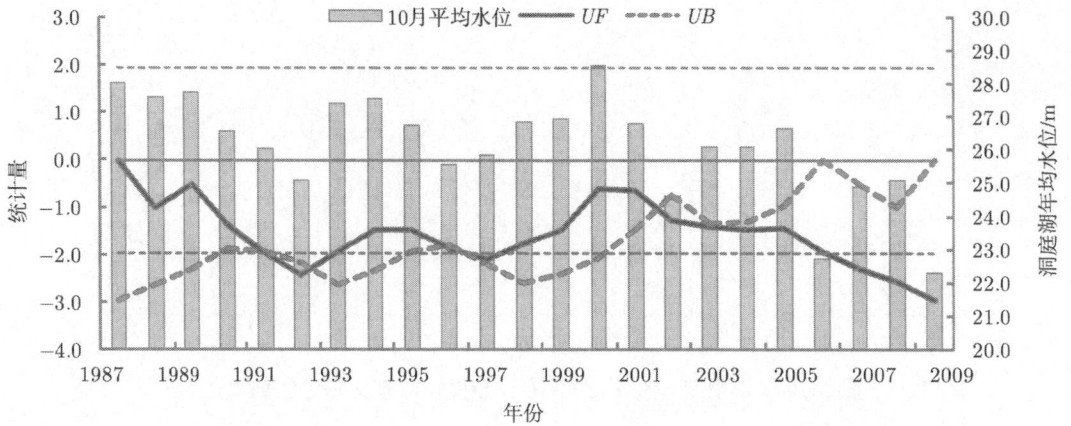

图 17.13   洞庭湖 10 月平均水位 (城陵矶站) 变化趋势及突变检验曲线

2. 鄱阳湖水位变化趋势分析

鄱阳湖水位受五河来水与长江顶托的双重作用，在长江流域发挥着调蓄洪水的巨大作用，洪、枯水的湖体面积、容积相差极大，洪水季节，水位升高，湖面宽阔；枯水季节，水位下降，蜿蜒一线，类似河道。

从表 17.1 可以看出，鄱阳湖 (星子站)1951~2011 年年平均水位，统计量 $Z = -2.7007$，而 1980~2011 年 10 月水位，统计量 $Z = -4.0055$，均通过了 95% 的统计检验，说明鄱阳湖年平均水位和 9~10 月平均水位均呈显著的下降趋势。鄱阳湖平均水位 (星子站) 变化趋势及突变检验曲线见图 17.14，可见星子站水位在 2003 年发生了突变；鄱阳湖 10 月平均水位 (星子站) 变化趋势及突变检验曲线见图 17.15，在 2001 年发生了突变。

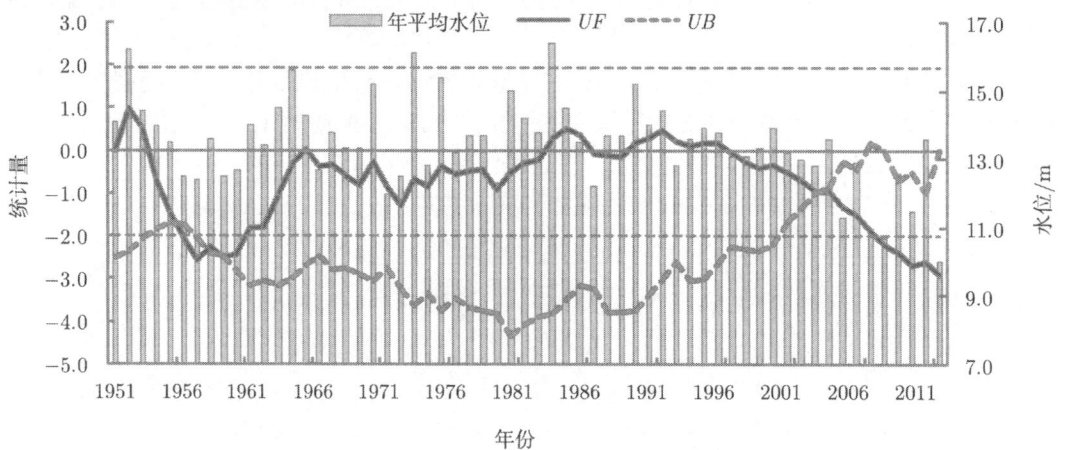

图 17.14   鄱阳湖平均水位 (星子站) 变化趋势及突变检验曲线

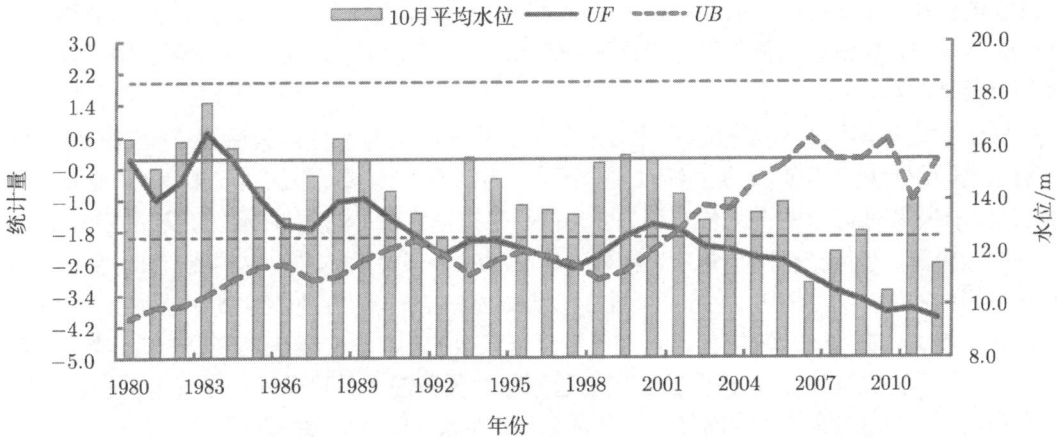

图 17.15 鄱阳湖 10 月平均水位 (星子站) 变化趋势及突变检验曲线

3. 通江湖泊水位变化的影响因素分析

通江湖泊水位变化的主要影响有三个方面：① 气候变化因素，长江中上游降水量减少。通常降雨量是个随机或呈周期波动，年降雨不可能常年偏少或者偏多；但 8 月份以后降雨量少的年份，与其他水位降低因素同时存在时，将加剧 "低枯水位" 程度。② 人类活动影响，主要包括采砂和航道治理影响。采砂等人类活动因素事实上已形成，其对水位降低的影响不会改变，属长期现象，但采取必要措施后可得到控制。③ 长江干支流水库群集中蓄水。根据长江中上游干支流各水库的工程运用调度方案，长江中上游干支流水库群蓄水期主要集中在 9~10 月 (少数水库 7~8 月开始蓄水)，这些水库每年在汛后都会蓄水，必然会对长江中下游水情和通江湖泊的水位产生深远影响。通过对四水来流量分析可知，四水年径流量及 9~10 月径流量均未出现显著变化，而洞庭湖、鄱阳湖 9~10 月水位在 2000 年以后呈显著下降趋势，与此同时，长江干流宜昌站 9~10 月流量却呈显著的下降趋势，可以说明两湖水位变化的主要驱动因素并不在于其本身支流来流量的变化，而长江干流水库集中蓄水作用应是洞庭湖水位变化的最主要原因之一。

17.2 通江湖泊水情变化对生态环境影响

长江中游通江湖泊枯水期的洲滩湿地是珍稀候鸟的理想场地，洞庭湖湖区现有 2 个珍稀鸟类自然保护区，主要集中在东洞庭湖自然保护区、南洞庭湖自然保护区、西洞庭湖自然保护区的洲滩、河汊和内湖湿地，保护区内有大量经济鸟类和众多濒危珍稀物种，如白鹤、灰鹤、东方白鹳、大鸨、中华秋沙鸭等国家一级保护动物。候鸟是洞庭湖鸟类的重要组成部分，湖区鸟类的个体数量和物种数的季节变化明显，在洞庭湖的停留时间集中在每年 10 月底至次年 3 月。

鄱阳湖湿地是国际著名的候鸟栖息地，自然保护区及周边大面积的湖洲草滩、水面、岗丘、沙山、森林以及农田，构成了湖区独特而复杂的生态系统，加上湖区独特的渔业生产方式，每年秋冬数以万计的候鸟来到以保护区为中心的鄱阳湖湿地越冬，随着枯水期水位降落和升高的变化，在各自适合的生态位上采食不同高程浅层水域和草滩上的水、陆生动物和植物；次年 3 月，鄱阳湖水位上涨淹没洲滩，候鸟北去。由此可见，鄱阳湖湿地在保护湿地水禽的重要地位和作用。

鉴于候鸟对环境的重要指示作用，本书所提的最低生态水位是为保证通江湖泊越冬候鸟的栖息面积及枯水期通江湖泊供水安全而言。为给候鸟提供理想的越冬地，必须维持最低的水位，保持最低限度的湿地面积，对应为最小生态需水量。湖区水位过低或者过高，都不利于候鸟栖息。水位在下落过程中，次第出露的洲滩上有大量的水生生物残留体，便于各种候鸟在不同的生态位上享用不同的饵料。但若水位提前下降，将使依赖浅水湿地觅食、栖息的涉禽饵料大大减少；洲滩提前显露和连续显露天数的增加，使湿地提前变干，人类活动对候鸟栖息环境的影响增加，迫使部分候鸟迁离保护区范围，不利于候鸟和湿地保护。另外，候鸟密度增大，过度取食，也将影响植物的繁衍、生长，导致生态失衡 [13-15]。

进入 21 世纪以来，长江流域多次出现洪旱灾害，洞庭湖、鄱阳湖流域作为长江流域的一部分，洪旱交替现象常有发生。例如，2006~2007 年九江站枯水水位在 12m 以下，星子站枯水水位在 10m 以下，这两种情况的出现时间远比正常年份偏早，持续时间较正常年份显著偏长；2006 年鄱阳湖区创造了枯水出现时间最早、持续时间最长的历史记录；2012 年 8 月，鄱阳湖经历干枯水情之后迎来丰水年，湖区水体面积超过 4000km²，但之后水位却急剧下跌，相应的湖区水体面积缩为 2740km²，鄱阳湖出现短时间被拉空的现象，洲滩湿地提前显露，影响水生植物的生长，减少白鹤、天鹅等植食性候鸟的越冬饵料。

综上所述，水情变化对长江中下游及两湖湖区的防洪、水资源合理利用、水生态环境均有重要影响。

(1) 在供水方面：长江来流变化会直接影响通江湖泊供水形势，水位若持续偏低会直接影响到依赖湖泊水生活生产的地区，影响到该地区沿线自流灌溉设施的正常运作并对供水安全带来不利影响，对该流域供水稳定和安全造成一定影响。

(2) 在生态环境方面：通江湖泊湖区水位变化影响到湿地植物物种组成、物种多样性和群落演替。这将导致通江湖泊不同区域湖滩草洲显露日期提前和显露时间有所增加，对珍稀候鸟栖息地环境造成不利影响。

参 考 文 献

[1] 姚鑫, 杨桂山, 万荣荣, 等. 水位变化对河流、湖泊湿地植被的影响 [J]. 湖泊科学, 2014, 26(6): 813-821.

[2] Coops H, Beklioglu M, Crisman T L. The role of water-level fluctuations in shallow lake ecosystems-workshop conclusions[J]. Hydrobiologia, 2003, 506(1-3): 23-27.

[3] 丁庆章, 刘学勤, 张晓可. 水位波动对长江中下游湖泊湖滨带底质环境的影响 [J]. 湖泊科学, 2014, 26(3): 340-348.

[4] 刘永, 郭怀成, 周丰, 等. 湖泊水位变动对水生植被的影响机理及其调控方法 [J]. 生态学报, 2006, 26(9): 3117-3126.

[5] 谢冬明, 郑鹏, 邓红兵, 等. 鄱阳湖湿地水位变化的景观响应 [J]. 生态学报, 2011, 31(5): 1269-1276.

[6] 于延胜, 陈兴伟. 基于 Mann-Kendall 法的径流丰枯变化过程划分 [J]. 水资源与水工程学报, 2013, 24(1): 60-63.

[7] Kisi O, Ay M. Comparison of Mann–Kendall and innovative trend method for water quality parameters of the Kizilirmak River, Turkey[J]. Journal of Hydrology, 2014, 513(1): 362-375.

[8] Hamed K H. Exact distribution of the Mann–Kendall trend test statistic for persistent data[J]. Journal of Hydrology, 2009, 365(1-2): 86-94.

[9] Hamed K H. Trend detection in hydrologic data: the Mann–Kendall trend test under the scaling hypothesis[J]. Journal of Hydrology, 2008, 349(3-4): 350-363.

[10] 于延胜, 陈兴伟. 基于 Mann-Kendall 法的径流丰枯变化过程划分 [J]. 水资源与水工程学报, 2013, 24(1): 60-63.

[11] 章诞武, 丛振涛, 倪广恒. 基于中国气象资料的趋势检验方法对比分析 [J]. 水科学进展, 2013, 24(4): 490-496.

[12] 李正最, 谢悦波, 徐冬梅. 洞庭湖水沙变化分析及影响初探 [J]. 水文, 2011, 31(1): 45-53, 40.

[13] 吴龙华. 长江三峡工程对鄱阳湖生态环境的影响研究 [J]. 水利学报, 2007, (1): 586-591.

[14] 徐卫明, 段明. 鄱阳湖水文情势变化及其成因分析 [J]. 江西水利科技, 2013, 39(3): 161-163.

[15] 胡茂林, 吴志强, 刘引兰. 鄱阳湖湖口水位特性及其对水环境的影响 [J]. 水生态学杂志, 2010, 3(1): 1-6.

第18章 通江湖泊水情特征动态模拟分析技术

通江湖泊各站点的水位与其众多影响因素之间存在定量关系但又十分复杂，如何准确描述长江干流及入湖支流流量与代表性水文站点水位的关系，是本书研究的一个重点和难点。湖泊水情预测的模型方法大致可分为基于数据驱动 (data-driven) 和基于数学模型 (theory-driven) 两类 [1]。在开展有利于改善通江湖泊生态环境的水库群优化调度问题求解过程中，随机产生决策变量 (水库库容)，决策变量确定后根据水量平衡推求出库流量。基于数据驱动方法的优点在于：当水库出库流量已知的情况下，输入经训练所得的 "求解器"，能迅速准确地得出代表性站点的水位；将基于数据驱动方法的预测模型嵌入水库调度模型中，一般可保证迭代过程的高效运行。而基于数学模型的水位预测方法，将出库流量作为其边界条件，在对长江干流、河网、湖泊内水流过程进行模拟时，往往计算量大、耗时长，无法保证迭代过程的顺利进行。但另一方面，基于数据驱动的水位预测方法仅可得出部分站点的水位，无法实现通江湖泊水情的全面评估，而基于数学模型的预测方法可实现对长江干流、河网、湖泊内水流过程的时空模拟。因此，本书开展的通江湖泊水情特征动态模拟分析技术相关思路是：将上述两种方法相结合，首先采用基于数据驱动的水位预测方法，量化各水库出库流量及支流入湖流量与代表性水文站点水位的关系，并嵌入水库群优化调度模型的求解中；其次当得出调度最优结果，并推求出对应的水库出库流量过程作为数学模型的边界条件，可对湖泊水情的时空分布进行较为细致的刻画，为全面准确验证调度效果提供可靠支撑。

18.1 基于数据驱动的通江湖泊水情动态模拟

数据驱动方法研究领域中，最为常用的一类方法为人工神经网络。经典神经网络通过对样本数据的学习 (训练过程) 调整神经元权重以及阈值，使得预先设定的训练目标得到最大程度的满足 [2]。然而该方法也具有显著的不足，即对于未参加训练过程的数据预测效果不够理想，泛化能力不足。其他数据驱动方法中，近年来基于统计学习理论提出的支持向量机回归 (support vector regression, SVR) 逐渐受到学者们的关注，尤其应用在在小样本、非线性回归问题时，展现了较好的泛化能力 [3-5]。本节首先采用传统的多元线性回归技术对两湖代表站点水位与三峡水库下泄水量和两湖入湖水量的响应关系进行初步分析，进而运用支持向量机回归技术对上述两者之间的关系进行建模。

18.1.1 多元线性回归技术在通江湖泊水位预测中的应用

1. 多元线性回归技术 (multiple linear regression)

回归分析 (regression) 利用统计学方法分析数据之间的关系，关注因变量、自变量之间的协同变化关系，并采用回归方程反映出该关系。回归分析可解决如下问题：明确自变量与因变量之间的关系式；确定它们关系的密切程度；影响因素分析，即从各影响因素中寻找出哪些因素对因变量产生了影响。

1) 回归分析中的相关参数

(1) 总体平方和、回归平方和、残差平方和。

$$\mathrm{TSS} = \sum (y_i - \overline{y})^2, \quad \mathrm{ESS} = \sum (\hat{y}_i - \overline{y})^2, \quad \mathrm{RSS} = \sum (y_i - \hat{y}_i)^2$$

式中，y_i 为观测值，即因变量；$\overline{y}$ 为观测值的平均值；$\hat{y}_i$ 为回归值；TSS(total sum of squares) 为总体平方和；ESS(explained sum of squares) 为回归平方和；RSS(residual sum of squares) 为残差平方和。

(2) 复相关系数。

复相关系数被用于衡量因变量与自变量相关程度，本书采用广泛使用的 Pearson 复相关系数来计算相关程度。

Pearson 复相关系数 R：

$$R = \frac{\sum\limits_{i=1}^{n} (x_i - \overline{x})(y_i - \overline{y})}{\sqrt{\sum\limits_{i=1}^{n} (x_i - \overline{x})^2 (y_i - \overline{y})^2}} \tag{18.1}$$

式中，n 为样本个数；x_i 为自变量；y_i 为因变量；R 即为两变量的复相关系数。当 $0 \leqslant |R| \leqslant 0.3$ 时，两变量为弱相关，当 $0.3 < |R| \leqslant 0.5$ 时，为低度相关，当 $0.5 < |R| \leqslant 0.8$ 时，为显著相关，当 $0.8 < |R| \leqslant 1.0$ 时，为高度相关。

(3) 决定系数 (R^2)。

决定系数是指模型能够解释结果总方差的比例。决定系数说明列入模型的所有解释变量对因变量的联合影响程度，即鉴定回归模型的整体好坏，不能说明模型中单个解释变量的影响程度。

$$R^2 = 1 - \frac{\sum\limits_{i=1}^{n} (y_i - f_i)^2}{\sum\limits_{i=1}^{n} (y_i - \overline{y})^2} \tag{18.2}$$

式中，n 为样本个数；y_i 为实测值；f_i 为模型预测值；$\overline{y}$ 为模型实测值的平均。

(4) 校正的决定系数 ($\overline{R^2}$)。

决定系数 R^2 只涉及变差，没有考虑到自变量个数的影响，需要调整决定系数，用自由度去修正 R^2，就是校正的决定系数 $\overline{R^2}$。需要考虑自变量个数的影响时，需使用校正的决定系数，校正的决定系数会在新增没有统计意义的变量时变小。校正的决定系数公式：

$$\overline{R^2} = 1 - (1 - R^2)\frac{n-1}{n-p-1} \tag{18.3}$$

式中，p 为解释变量的个数，若 $p = 0$，则 $\overline{R^2} = R^2$；若 $p > 0$，则 $\overline{R^2} < R^2$，且 $\overline{R^2}$ 可以为负。

2) 多元线性回归模型

对实际问题的研究发现，变量往往受多重因素的共同影响。在此情况下，用于解释因变量的自变量的个数往往不止一个，这样的回归方法称为多元回归。

设随机变量 y 随着 n 个自变量 $x_1, x_2, \cdots, x_n$ 变化，则回归方程为

$$y = \alpha_0 + \alpha_1 x_1 + \alpha_2 x_2 + \cdots + \alpha_n x_n + \varepsilon \tag{18.4}$$

式中，$\alpha_0, \alpha_1, \cdots, \alpha_n$ 为回归系数；ε 为随机变量，并服从标准正态分布。

回归分析的主要目的是根据 y 的 N 组观测数据 $(x_{k1}, x_{k2}, \cdots, x_{kn}, y_k)$，$k = 1, \cdots, N$，给出各回归系数 α_i 的估计值 $\hat{\alpha}_i$，同时估计值作显著性检验，以便确定估计值的可靠性。

将观测数据代入回归方程 (18.4)，得出如下结构式：

$$\begin{cases} y_1 = \alpha_0 + \alpha_1 x_{11} + \alpha_2 x_{12} + \cdots + \alpha_n x_{1n} + \varepsilon_1 \\ \qquad\qquad\qquad\qquad \vdots \\ y_N = \alpha_0 + \alpha_1 x_{N1} + \alpha_2 x_{N2} + \cdots + \alpha_n x_{Nn} + \varepsilon_n \end{cases} \tag{18.5}$$

利用最小二乘法可得回归系数 α_i 的估计值 $\hat{\alpha}_i$，则回归模型为

$$\hat{y} = \hat{\alpha}_0 + \hat{\alpha}_1 x_1 + \hat{\alpha}_2 x_2 + \cdots + \hat{\alpha}_n x_n \tag{18.6}$$

3) 显著性检验

初步建立的回归模型是否具备客观描述研究问题中各种变量间的关系，是否采纳了有效的影响因素，模型是否对问题具有相当的适用性，需要进行进一步的检验。模型的检验包括两个方面：一是检验回归模型对样本数据的拟合程度，通过决定系数和校正决定系数来分析；二是要检验回归方程的显著性，利用假设检验根据被解释变量和解释变量之间的线性关系是否在总体上显著成立做出判断，囊括回归方程显著性检验以及回归变量的显著性检验。仅当显著性检验都通过时，回归模型才成立。

拟合优度检验：该检验可确定回归方程对观测样本是否拟合良好。通过构建能够表征模型输出值和实测值的贴合程度的指标，进而说明模型采用的解释变量在何种程度上可解释被解释变量的变化，并将其视为模型对数据的拟合程度。

拟合优度检验系数包括决定系数和校正决定系数。$0 \leqslant R^2 (\overline{R^2}) \leqslant 1$，其值越接近于 1，说明拟合程度越好；越接近于 0，说明拟合程度越差。

方程显著性检验 (F 检验)：该检验根据被解释变量和解释变量之间的线性关系是否在总体上显著成立做出判断，即检验被解释变量 y 与所有解释变量 $x_1, x_2, \cdots, x_n$ 之间的线性关系是否显著，方程显著性检验应用数理统计学中假设检验。

在方程显著性检验中设计的原假设为自变量与因变量没有回归关系，即 H_0：$\alpha_i = 0$，而备择假设为自变量与因变量有回归关系 H_1：至少存在一个 $\alpha_i \neq 0$。

作为显著性检验统计量 F 按下式定义：

$$F = \frac{\text{ESS}/p}{\text{RSS}/(n - p - 1)} \tag{18.7}$$

即 F 统计量服从以 $(p, n - p - 1)$ 为自由度的 F 分布。首先根据样本观测值及回归值计算出统计量 F，在给定的显著性水平 α 下，若 $F > F_\alpha(p, n - p - 1)$，则拒绝 H_0，判断被解释变量与所有解释变量之间的回归效果显著，反之，则不显著。

变量显著性检验 (t 检验)：上述的两种检验均将模型所采用的解释变量视为整体。多元回归模型中，方程的总体显著性成立并不能说明任一解释变量对被解释变量的影响均显著。如果存在影响并不显著的解释变量，应将其从模型中去除，重新建立回归模型。该检验相当于对各个解释变量进行检验假设。

原假设 H_0：所有 $\alpha_i = 0$；备择假设 H_1：至少存在一个 $\alpha_i \neq 0$，构造如下统计量：

$$t_{\hat{\alpha}_i} = \frac{\hat{\alpha}_i}{S(\hat{\alpha}_i)} \sim t(n-p-1) \tag{18.8}$$

对于选定的显著性水平 β，可得出临界值 $t_{\beta/2}(n-k-1)$。根据样本计算得到 t 后，根据 $|t| > t_{\beta/2}(n-k-1)$ 或 $|t| \leqslant t_{\beta/2}(n-k-1)$ 分别拒绝或接受原假设 H_0，至此可判定该解释变量是否应包括在模型之中。

2. 多元线性回归在通江湖泊水位影响因素分析中的应用

通江湖泊水位受长江干流及湖泊流域本身支流入湖流量的影响，以东洞庭湖鹿角站为例，鹿角站水位与长江来流和四水来流均呈现出复杂的关系，见图 18.1、图 18.2。

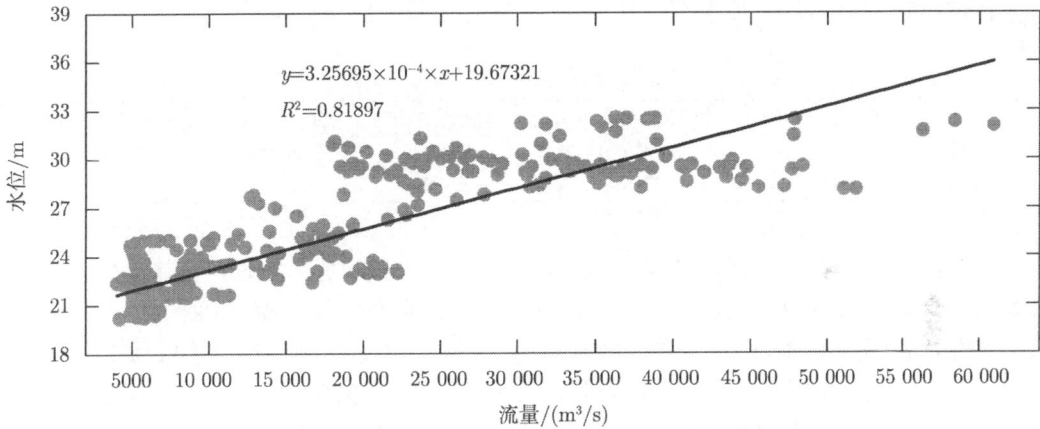

图 18.1 洞庭湖鹿角站水位与三峡水库出库流量关系

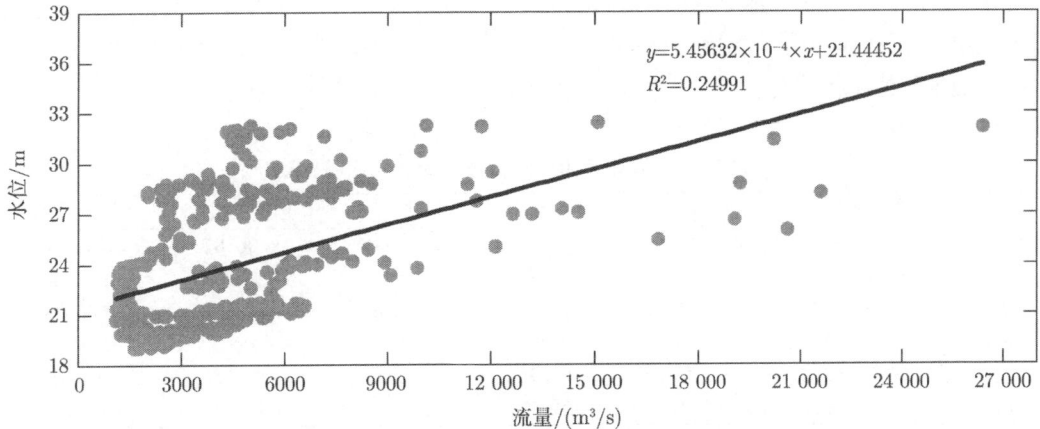

图 18.2 洞庭湖鹿角站水位与四水流量关系

为定量区分各影响因素的大小, 采用多元线性回归技术对洞庭湖鹿角站水位的影响因素进行分析。以 2007 年实测的数据为基础, 首先分析三峡水库下泄流量 x_1、清江流量 x_2、湘江入湖流量 x_3、资水入湖流量 x_4、沅江入湖流量 x_5、澧水入湖流量 x_6 与鹿角站水位 y 之间的相关性, 目的是观察各影响因素与鹿角站水位之间相关性强度。

鹿角站水位的影响因素回归统计表见表 18.1, 可以看出, 回归方程对于样本观测点拟合良好, 决定系数 $R^2 = 0.8514$, 说明在 y 的总变差中, 85.14% 可以由解释变量 $x_1, x_2, \cdots, x_6$ 或回归方程做出解释; 换言之, 鹿角站水位的变化有 85.14% 是由上述六个变量引起的。校正的决定系数 $\overline{R^2} = 0.8489$, 说明自变量能说明因变量 y 的 84.89%, 因变量 y 的 15.11% 要由其他因素来解释。

表 18.1　洞庭湖鹿角站水位影响因素回归统计表

R	R^2	$\overline{R^2}$	标准误差	观测值
0.9227	0.8514	0.8489	1.4276	364

鹿角站水位影响因素方差分析表见表 18.2, 该例中的 F(显著性统计量) 值为 1.8868×10^{-144}, 远远小于显著性水平 0.05, 说明该回归方程回归效果显著, 方程中至少有一个回归系数不为 0。

表 18.2　洞庭湖鹿角站水位影响因素方差分析表

	自由度 (df)	离差的平方和 (SS)	均方差 (MS)	F 统计量	F 显著性统计量
回归分析	6	4168.718	694.786	340.905	1.8868×10^{-144}
残差	357	727.589	2.03806		
总计	363	4896.307			

鹿角站水位影响因素回归参数表见表 18.3, x_1、x_2、x_6 的 t 统计量的 P 值为 1.46×10^{-60}、6.22×10^{-13}、0.000479, 均远远小于 0.05, 因此该三项的自变量与 y 相关, 而 x_3、x_4、x_5 的 t 统计量的 P 值远大于 x_1、x_2、x_6 的 t 统计量的 P 值, 说明这些项的自变量与因变量不存在相关性, 回归系数不显著。因此, 虽然回归方程通过了拟合优度检验和方程显著性检验 (F 检验), 回归方程整体回归效果显著, 然而并非所有参数都通过变量显著性检验 (F 检验), 说明某些解释变量并不显著。从图 18.3 也可以看出, 回归模型的误差较大, 特别是在汛期, 均方误差 (MSE) 为 0.997, 最大误差可达 3.0m 以上, 因此回归方程不适用于对鹿角站水位的准确预测。采用同样方法对洞庭湖杨柳潭站、营田站、南咀站、小河咀站及鄱阳湖的星子站、棠荫站的水位影响因素进行分析, 均有类似结果。

表 18.3　洞庭湖鹿角站水位影响因素回归参数表

自变量	回归系数	标准误差	t 统计量	P	下限 95.0%	上限 95.0%
x_1	0.000207	1.03×10^{-5}	20.08037	1.46×10^{-60}	0.000187	0.000227
x_2	0.004552	0.000609	7.469984	6.22×10^{-13}	0.003353	0.00575
x_3	-5.1×10^{-5}	0.000193	-0.26524	0.79098	-0.00043	0.000328
x_4	-0.00018	9.27×10^{-5}	-1.99156	0.047181	-0.00037	-2.3×10^{-6}
x_5	-0.00067	0.00413	-1.61212	0.107821	-0.00148	0.000146
x_6	0.000527	0.000149	3.524649	0.000479	0.000233	0.00082

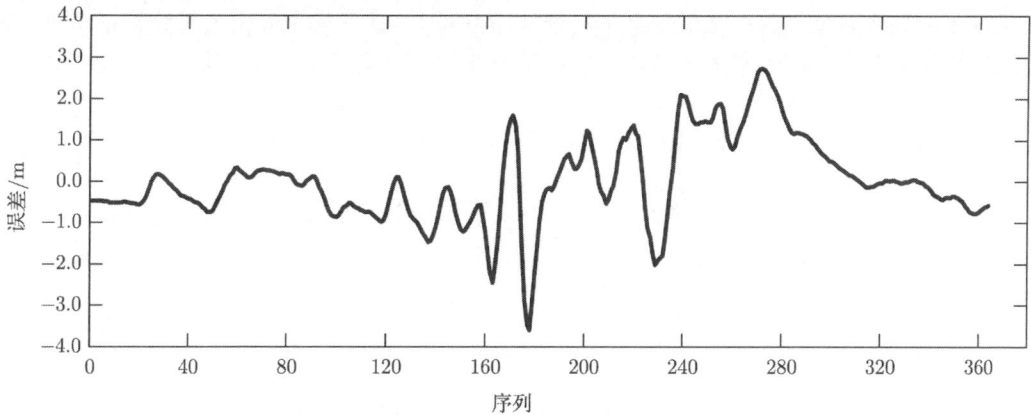

图 18.3 基于多元线性归的鹿角站水位预测误差

18.1.2 基于支持向量机技术的通江湖泊水情动态模拟

1. 支持向量机基本原理

在上一节中, 通过对通江湖泊代表性站点水文影响因素的回归分析发现, 多元回归技术不适合用于湖泊水位的准确预测, 因此在本节中尝试采用支持向量回归方法对通江湖泊水位预测问题进行建模。

1) 统计学习理论 (statistical learning theory, SLT)

现代智能技术的一个重要成果为基于数据的机器学习方法, 该方法通过学习已知数据, 描述刻画数据间的内在关系, 进而将这种内在关系推广至未知数据, 进行预测和判断。机器学习领域内, 人工神经网络 (artificial neural network, ANN) 以其对任意函数的逼近能力在分类、回归、图像识别等领域应用广泛。但 ANN 易于受到网络结构和样本的影响, 泛化能力常常不尽人意。

SLT 的重要理论基础为统计学, 主要针对研究样本有限条件下的机器学习问题 [6]。在 SLT 的基础之上发展了一种通用的学习方法——支持向量机 (support vector machine, SVM), 该方法已在诸多应用领域展现了不俗性能。

2) 支持向量机 (SVM) 基本原理

支持向量机是 20 世纪 90 年代末发展起来的一种新型的法, 其核心内容最早由 Vapnik 提出, 在解决小样本、非线性及高维模式识别问题中表现出独特的优势, 并可推广应用到函数拟合等其他机器学习问题 [7,8]。很多学者研究认为: 支持向量机正在成为继模式识别和神经网络研究之后机器学习领域中新的研究热点, 并将推动机器学习理论和技术的重大发展。该方法可克服维数灾和过学习等传统问题。它的理论基础是统计学习理论 VC 维理论 (Vapnik-Chervonenkis dimension) 和结构风险最小原理, 回归是它的一个重要应用方面。通过核函数, 它将原空间的样本通过一个非线性变换映射到高维特征空间。支持向量回归既考虑了训练样本的拟合性, 又考虑了训练样本的复杂性, 因而具有较好的概化能力, 在水文预测、水质评价、气象预报等领域得到了成功应用。支持向量机的基本思想是通过事先选择好的非线性函数将训练集数据映射到某个高维特征空间中, 在变换空间求最优分类超平面, 在最优分类超平面中采用适当的内积函数实现某一非线性变换后的线性分类 (图 18.4)。

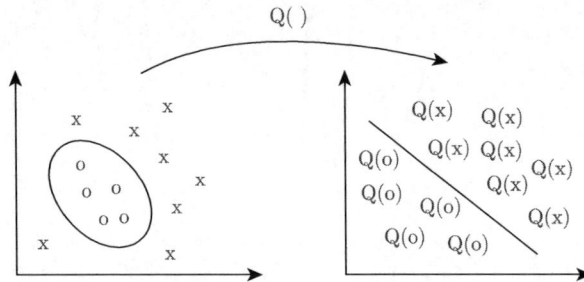

图 18.4　支持向量机中输入空间到特征空间的映射

机器学习的目的是根据给定训练样本求出输入变量与输出变量之间的依赖关系, 使其对未知的输出变量尽可能准确地预测。

设训练样本集为: $D = \{(x_1, y_1), \cdots, (x_l, y_l)\}$, $x \in R^n, y \in R$

其拟合的实质是从函数集中选出合适的函数 $f(x)$, 使风险函数式 (18.9) 为最小。

$$R[f] = \int_{X \times Y} (y - f(x))^2 P(x, y) \mathrm{d}x \mathrm{d}y \tag{18.9}$$

但因概率分布函数 $P(x, y)$ 未知, 无法求其极小值。传统的统计数学用经验风险函数 $R_{\mathrm{emp}}[f]$ 代替:

$$R_{\mathrm{emp}}[f] = \frac{1}{n} \sum_{i=1}^{n} (y - f(x_i))^2 \tag{18.10}$$

根据大数定律, 式 (18.10) 只有当样本数趋于无穷大时才成立。为此, SLT 用结构风险函数 $R_h[f]$ 替代 $R_{\mathrm{emp}}[f]$, 并证明了 $R_h[f]$ 可用下列函数求极小而得

$$\min_{S_h} \left\{ R_{\mathrm{emp}}[f] + \sqrt{\frac{h(\ln 2n/h + 1) - \ln(\delta/4)}{n}} \right\} \tag{18.11}$$

式中, n 为训练样本数; h 为 VC 维数; S_h 为 VC 维空间结构; δ 为表征计算的可靠程度的参数。

2. 支持向量回归技术

SVM 是针对经典的二分类问题提出的, 支持向量回归 (support vector regression, SVR) 是支持向量机在函数回归领域的应用, 其算法的基础主要是 ε 不敏感函数和核函数算法。与 SVR 不同的是, SVM 回归的样本点只有一类, 所寻求的最优超平面是使所有样本点离超平面的总偏差最小。若将拟合的数学模型表达为多维空间的某一曲线, 则根据 ε 不敏感函数所得的结果就是包络该曲线和训练点的 "ε 管道", 见图 18.5。在所有样本点中, 只有分布在管壁上的样本点决定管道的位置, 称为支持向量 (support vectors), 见图 18.6。对于非线性样本, 用多元线性回归提高拟合精度的常用方法是在方程后加高阶项, 此方法对提高预精度有效, 但增加了过拟合的风险, 而采用核函数解决的 SVR 解决了这一矛盾, 通过引入损失函数, SVM 可以很好地用于回归预测问题。

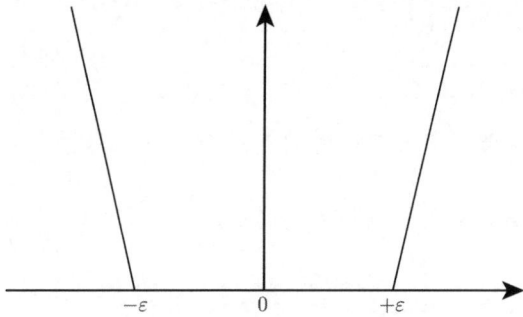

图 18.5 ε 不敏感损失函数示意图

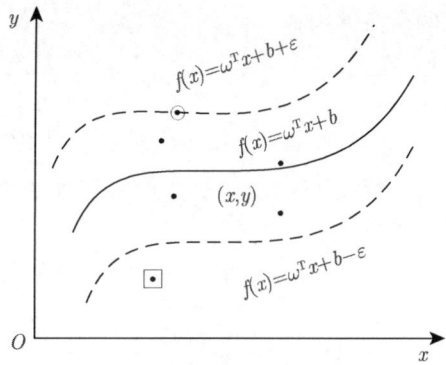

图 18.6 支持向量回归结构图

惩罚函数是学习模型在学习过程中对误差的一种度量,一般在模型学习前已经选定,不同的学习问题对应的损失函数一般也不同,同一学习问题选取不同的损失函数得到的模型也不一样。惩罚函数主要有:ε 不敏感函数、二次 ε 不敏感损失函数、Huber 损失函数。标准支持向量机采用 ε 不敏感损失函数,即假设所有训练数据在精度 ε 下用线性函数拟合,如式 (18.12) 所示:

$$\begin{cases} y_i - f(x_i) \leqslant \varepsilon + \xi_i \\ f(x_i) - y_i \leqslant \varepsilon + \xi_i^* \quad i = 1, 2, \cdots, n \\ \xi_i, \xi_i^* \geqslant 0 \end{cases} \tag{18.12}$$

式中,ξ_i, ξ_i^* 是松弛因子,当划分有误差时,ξ, ξ_i^* 都大于 0,误差不存在,取 0。这时,该问题转化为求优化目标函数最小化问题:

$$R(\omega, \xi, \xi^*) = \frac{1}{2}\omega \cdot \omega + C\sum_{i=1}^{n}(\xi_i + \xi_i^*) \tag{18.13}$$

式中,第一项使拟合函数更为平坦,从而提高泛化能力;第二项为减小误差;常数 $C > 0$ 表示对超出误差 ε 的样本的惩罚程度。求解式 (18.12) 和式 (18.13) 可看出,这是一个凸二次优化问题,所以引入 Lagrange 函数:

$$\begin{aligned} L = & \frac{1}{2}\omega \cdot \omega + C\sum_{i=1}^{n}(\xi_i + \xi_i^*) - \sum_{i=1}^{n}\alpha_i[\xi_i + \varepsilon - y_i + f(x_i)] \\ & - \sum_{i=1}^{n}\alpha_i^*[\xi_i^* + \varepsilon - y_i + f(x_i)] - \sum_{i=1}^{n}(\xi_i\gamma_i + \xi_i^*\gamma_i^*) \end{aligned} \tag{18.14}$$

式中,$\alpha, \alpha_i^* \geqslant 0$,$\gamma_i, \gamma_i^* \geqslant 0$,为 Lagrange 乘数,$i = 1, 2, \cdots, n$。求函数 L 对 ω, ξ_i, ξ_i^* 的最小化,对 $\alpha_i, \alpha_i^*, \gamma_i, \gamma_i^*$ 的最大化,代入 Lagrange 函数得到对偶形式,最大化函数:

$$\begin{aligned} W(\alpha, \alpha^*) = & \frac{1}{2}\sum_{i=1,j=1}^{n}(\alpha_i - \alpha_i^*)(\alpha_j - \alpha_j^*)(x_i \cdot x_j) \\ & + \sum_{i=1}^{n}(\alpha_i - \alpha_i^*)y_i - \sum_{i=1}^{n}(\alpha_i + \alpha_i^*)\varepsilon \end{aligned} \tag{18.15}$$

其约束条件为

$$
\begin{cases}
\displaystyle\sum_{i=1}^{n}(\alpha_i - \alpha_i^*) = 0 \\
0 \leqslant \alpha_i,\ \alpha_i^* \leqslant C
\end{cases}
\tag{18.16}
$$

求解式 (18.15)、式 (18.16) 其实也是一个求解二次规划问题, 由 Kuhn-Tucker 定理, 在鞍点处有

$$
\begin{aligned}
\alpha_i[\varepsilon + \xi_i - y_i + f(x_i)] = 0 &\quad \alpha_i^*[\varepsilon + \xi_i^* - y_i + f(x_i)] = 0 \\
\xi_i \cdot \gamma_i = 0 &\quad \xi_i^* \cdot \gamma_i^* = 0
\end{aligned}
\tag{18.17}
$$

得出 $\alpha_i \cdot \alpha_i^* = 0$, 表明 α_i, α_i^* 不能同时为零, 还可以得出:

$$
\begin{aligned}
(C - \alpha_i)\xi_i = 0 \\
(C - \alpha_i^*)\xi_i^* = 0
\end{aligned}
\tag{18.18}
$$

从式 (18.18) 可得出, 当 $\alpha_i = C$, 或 $\alpha_i^* = C$ 时, $|f(x_i) - y_i|$ 可能大于 ε, 与其对应的 x_i 称为边界支持向量 (boundary support vector, BSV), 对应图 18.6 中虚线带以外的点; 当 $\alpha_i^* \in (0, C)$ 时, $|f(x_i) - y_i| = \varepsilon$, 即 $\xi_i = 0$, $\xi_i^* = 0$, 与其对应的 x_i 称为标准支持向量 (normal support vector, NSV), 对应图 18.6 中落在 ε 管道上的数据点; 当 $\alpha_i = 0$, $\alpha_i^* = 0$ 时, 与其对应的 x_i 为非支持向量, 对应图 18.6 中 ε 管道内的点, 它们对 ω 没有贡献。因此 ε 越大, 支持向量数越少。对于标准支持向量, 如果 $0 < \alpha_i < C(\alpha_i^* = 0)$, 此时 $\xi_i = 0$, 由式 (18.17) 可以求出参数 b:

$$
\begin{aligned}
b &= y_i - \sum_{j=1}^{l}(\alpha_j - \alpha_j^*)x_j \cdot x_i - \varepsilon \\
&= y_i - \sum_{x_j \in \mathrm{SV}}(\alpha_j - \alpha_j^*)x_j \cdot x_i - \varepsilon
\end{aligned}
\tag{18.19}
$$

同样, 对于满足 $0 < \alpha_i^* < C(\alpha_i = 0)$ 的标准支持向量, 有

$$
b = y_i - \sum_{x_j \in \mathrm{SV}}(\alpha_j - \alpha_j^*)x_j \cdot x_i - \varepsilon
\tag{18.20}
$$

一般对所有标准支持向量分别计算 b 的值, 然后求平均值, 即

$$
\begin{aligned}
b = \frac{1}{N_{\mathrm{NSV}}} \left\{ \sum_{0 < \alpha_i < C} \left[y_i - \sum_{x_j \in \mathrm{SV}}(\alpha_j - \alpha_j^*)K(x_j, x_i) - \varepsilon \right] \right. \\
\left. + \sum_{0 < \alpha_i^* < C} \left[y_i - \sum_{x_j \in \mathrm{SV}}(\alpha_j - \alpha_j^*)K(x_j, x_i) - \varepsilon \right] \right\}
\end{aligned}
\tag{18.21}
$$

因此根据样本点 (x_i, y_i) 求得的线性拟合函数为

$$
f(x) = \omega \cdot x + b = \sum_{i=1}^{n}(\alpha_i - \alpha_i^*)x_i \cdot x + b
\tag{18.22}
$$

非线性 SVR 的基本思想是通过事先确定的非线性映射将输入向量映射到一个高维特征空间 (Hilbert 空间) 中，然后在此高维空间中再进行线性回归，从而取得在原空间非线性回归的效果。

首先将输入量 x 通过映射 $\Phi: R \to H$ 映射到高维特征空间 H 中，用函数 $f(x) = \omega \cdot \Phi(x) + b$ 拟合数据 (x_i, y_i)。则二次规划目标函数式 (18.15) 变为

$$W(\alpha, \alpha^*) = \frac{1}{2} \sum_{i=1, j=1}^{n} (\alpha_i - \alpha_i^*)(\alpha_j - \alpha_j^*)(\Phi(x_i) \cdot \Phi(x_j))$$
$$+ \sum_{i=1}^{n} (\alpha_i - \alpha_i^*) y_i - \sum_{i=1}^{n} (\alpha_i + \alpha_i^*) \varepsilon \tag{18.23}$$

式中涉及高维特征空间点积运算 $\Phi(x_i) \cdot \Phi(x_j)$，而且函数 Φ 是未知的、高维的。支持向量机理论只考虑高维特征空间的点积运算 $K(x_i, x_j) = \Phi(x_i) \cdot \Phi(x_j)$，而不直接使用函数 Φ。称 $K(x_i, x_j)$ 为核函数，目前常用的核函数形式主要有以下四类：

线性核函数：$K(x_i, x_j) = x_i \cdot x_j$

多项式核函数：$K(x_i, x_j) = (x_i \cdot x_j + 1)^q$

径向基 (RBF) 核函数：$K(x_i, x_j) = \exp(-\gamma \|x_i - x_j\|)^2$

多层感知机 Sigmoid 核函数：$K(x_i, x_j) = \tanh(v(x^T x_i) + c)$

在这四种核函数中，应用最广泛的是 RBF 核函数，无论是低维、高维、小样本、大样本等情况，RBF 核函数均适用，具有较宽的收敛域，是较为理想的分类依据函数。因此式 (18.23) 变成：

$$W(\alpha, \alpha^*) = \frac{1}{2} \sum_{i=1, j=1}^{n} (\alpha_i - \alpha_i^*)(\alpha_j - \alpha_j^*) \cdot K(x_i, x_j)$$
$$+ \sum_{i=1}^{n} (\alpha_i - \alpha_i^*) y_i - \sum_{i=1}^{n} (\alpha_i + \alpha_i^*) \varepsilon \tag{18.24}$$

可求得非线性拟合函数的表示式为

$$f(x) = \omega \cdot \Phi(x) + b = \sum_{i=1}^{n} (\alpha_i - \alpha_i^*) K(x, x_i) + b \tag{18.25}$$

支持向量机的性能取决于惩罚参数 C、核半径 γ、核函数类型及核参数。核函数类型的选择与所应用的领域有关，核函数特性的不同决定建立的模型也具有不同的特性，对于静态软测量建模，一般采用 RBF 核函数，因为其跟踪性能较好且没有记忆性，符合静态建模的特点。核参数反映了训练数据的范围或分布，它对模型的预测效果影响较大；惩罚参数 C 是模型复杂度和推广能力的折中，它决定了对损失大于 ε 的样本的惩罚程度，当 $C \to \infty$ 时，模型优化目标退化为经验风险最小化，C 过小，使经验风险所占比重太少，模型结构复杂度下降，但训练误差可能超出接受范围；ε 不灵敏函数是 SVR 的重要特征，它决定了支持向量的数目，保证了解的稀疏性，是模型推广性能的象征，但是太平滑的估计又会降低模型的精

度。目前没有一个理论的方法来设计 SVR 的参数，现有的软件都是基于建模者的经验在建模之前设定。常用的设定 SVR 参数的方法主要有以下两种。

1) 交叉检验法

交叉检验法是用得最多的一种参数选择方法，其基本思想是将样本集分为训练集和测试集，选择若干组模型参数，用训练集推导模型系数，选择其中使检验集误差测度最好的参数用于测试集。根据样本集的长度，可以设定交叉检验的次数。

2) 经验选择法

经验选择就是根据建模者的经验在建模之前选择参数。Vapnik[4] 提出了一种根据训练集数据特性选择模型参数的方法，其中：

$$C = \max(|\bar{y} + 3\sigma_y|, |\bar{y} - 3\sigma_y|) \tag{18.26}$$

式中，$\bar{y}, \sigma_y$ 分别表示训练数据集中 y 的均值和标准偏差。

$$\varepsilon = 3\sigma\sqrt{\ln n/n} \tag{18.27}$$

式中，σ 为噪声的标准偏差；n 为样本数。

本书采用交叉检验法，将所有数据划分为训练集 (占所有数据 70%) 和测试集 (占所有数据 30%)。以训练集为基础，使用经典遗传算法进行参数寻优，其中种群规模设置为 200，遗传代数设置为 200 代。参数寻优优化模型的性能指标为模型输出与实际值的均方根误差。惩罚参数 C 的搜索区间为 (0,256]，不敏感损失参数 ε 的搜索区间为 (0,256]，核半径 γ 的搜索区间为 [0,256]。

3. 支持向量回归技术在通江湖泊水位模拟中的应用

以鹿角站为例，将影响鹿角水位变化的 6 个因素：三峡水库下泄流量 x_1、清江流量 x_2、湘江入湖流量 x_3、资水入湖流量 x_4、沅江入湖流量 x_5、澧水入湖流量 x_6 按式 (18.28) 进行归一化：

$$[q_i - \min(Q)]/[\max(Q) - \min(Q)] \tag{18.28}$$

归一化后，全部数据标准化处理后分成训练集数据和测试集数据，分别用于 SVR 训练模型的建立和验证，本实例中训练集数据共有 246 组，测试集数据共有 108 组，采用 RBF 核函数 SVR 建立鹿角站水位的变化预测模型。由于河道及湖泊调蓄作用，湖泊水位过程比上游流量过程相对平缓，且存在一定的时滞，从观察数据系列的特征可以看出，鹿角站水位相对三峡出库、四水流量过程的时滞为 4d，因此水位的变化不仅取决于当期流量，还受到前期多个时段流量的影响，因此在训练时采用连续 5d 的流量作为输入数据，可使模拟精度得到大幅度提高。

图 18.7 显示了基于支持向量回归的实测值与训练值的比较，训练的均方误差 (MSE) 为 2.22524×10^{-6}。通过 108 组测试数据的比较结果 (图 18.8) 可以看出：实测值与模型的预测值相比误差远远小于多元线性回归模型，测试的均方误差 (MSE) 为 8.45×10^{-4}，说明所建立的模型可以对城陵矶的水位进行精确预测，模型的最优参数见表 18.4。采用同样方法对两湖其他代表性站点水位分别进行预测，误差均在合理范围内，可以用于这些站点的水位预测。

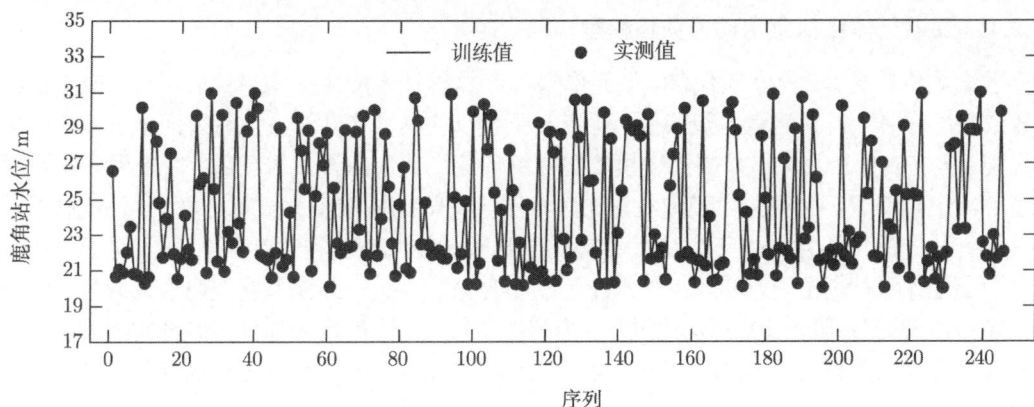

图 18.7 基于支持向量回归的鹿角站水位实测值与训练值比较

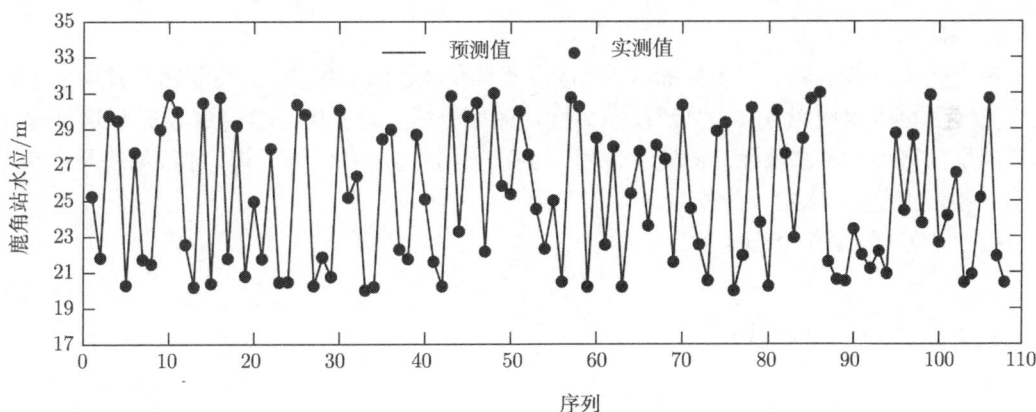

图 18.8 基于支持向量回归的鹿角站水位实测值与预测值比较

表 18.4 基于 RBF 核函数的 SVR 模型的最优参数

惩罚参数 (C)	核半径 (γ)	不敏感损失参数 (ε)
255.9973	0.1471	0.0021

18.2 基于数学模型的通江湖泊水情动态模拟

上节中的支持向量回归仅可得出固定站点的水位,无法实现通江湖泊水情空间变化的评估,为研究三峡水库及两湖水库群联合运行对两湖及江湖之间水流交换的影响,定量分析各水库蓄水后水文效应,本节依据长江中下游干流和两湖地区实测断面、地形资料,建立长江中游江湖耦合水动力模型。该模型旨在综合考虑长江和两湖地区江湖连通、河网交错、水流交换等复杂水动力学现象,力求对长江干流、河网、湖泊内水流过程进行精确模拟,探讨各水库不同调度方式影响下河道、湖泊内水流演进过程,分析水流在江湖耦合系统中的运动规律,为评估各水库蓄泄水对两湖水情影响提供有效手段,为提出有利于改善通江湖泊生态环境健康的水库群联合优化调度提供可靠支撑。

18.2.1　江湖一体化耦合水动力数值模型

水流数值模型是在 20 世纪 70 年代伴随着计算机技术应用而生。目前，一维模型已经比较成熟，可用于模拟河道水流问题，优点在于可以快速、准确地模拟复杂河网的水位、流量过程。但在实际应用中，如需描述模拟对象细部流场或河床冲淤等问题，须采用多维数学模型解决上述问题。二维数学模型在湖泊、海洋等宽阔水域水动力模拟方面取得丰硕成果，但其也有一定的局限性，如计算时间太长、需要详细的地形数据支持等 [9~11]。对于通江湖泊江湖交汇水域、湖泊内水流，由于水流运动呈复杂状态，一维模型存在明显局限性，此时二维模型能够较好地模拟湖泊水流过程。为解决一维、二维模型分别使用时经常遇到的空间分辨率和计算时间精度等问题，可将一维、二维模型相互耦合，发挥各自的优势，提高模拟精度和效率。

1. 一维水流数值模型

1) 基本方程

对于一维河道中每一河段内的水流，假设其具有浅水流动的特点，可认为水体中压强在垂直方向上呈静水压力分布，且流动阻力满足谢才公式。对流体力学的 N-S 方程进行垂向和横向积分得到一维水流运动的基本方程，包括连续性方程和动量方程，即常见的圣维南方程组，它是以流量、水位作为变量。

连续性方程 (质量守恒定律)：

$$\frac{\partial A}{\partial t} + \frac{\partial Q}{\partial x} = 0 \tag{18.29}$$

动量方程 (动量守恒定律)：

$$\frac{\partial Q}{\partial t} \frac{\partial \left(\alpha \dfrac{Q^2}{A} \right)}{\partial x} + gA\frac{\partial h}{\partial x} + \frac{gQ|Q|}{C^2 AR} = 0 \tag{18.30}$$

式中，A 为有效过水断面面积，m^2；t 为时间，s；Q 为流量，m^3/s；x 为沿河距离，m；R 为水力半径，m；C 为谢才系数，$\mathrm{m}^{1/2}/\mathrm{s}$，$C = R^{1/6}/n$，$n$ 为糙率系数；g 为重力加速度，m/s^2；α 为动量校正系数。

2) 数值离散

根据离散方法的不同，常见的解法有有限元法、有限差分法和有限体积法等。本书采用六点 Abbott-Ionescu 隐式有限差分格式对方程组进行离散，并结合初始条件及边界条件便可以通过消元法求解全河段的非恒定流过程。该计算方法是在每一个网格点处交替计算水位 (h 点) 和流量 (Q 点)，如图 18.9 所示，该格式在较大的 Courant 数下依然能保持计算的稳定性，因此可以设定更长的时间步长，节省计算时间，提高计算效率。

连续性方程的离散，在连续性方程 (18.29) 中引入蓄存宽度 B_s，则方程可表示为

$$\frac{\partial A}{\partial t} = B_s \frac{\partial h}{\partial t} \tag{18.31}$$

$$\frac{\partial Q}{\partial x} = \left(\frac{Q_{j+1}^n + Q_{j+1}^{n+1}}{2} - \frac{Q_{j-1}^n + Q_{j-1}^{n+1}}{2} \right) / \Delta x_{j-1,j+1} \tag{18.32}$$

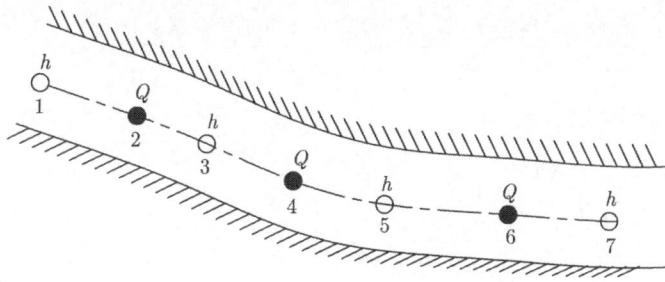

图 18.9 水位、流量点交替布置示意图

$$\frac{\partial h}{\partial t} = (h_j^{n+1} - h_j^n)/\Delta t \tag{18.33}$$

$$B_s = (A_{j-1,j} + A_{j,j+1})/\Delta x_{j-1,j+1} \tag{18.34}$$

式中, $A_{j-1,j}$ 为网格点 $j-1$ 至 j 之间的水表面面积; $\Delta x_{j-1,j+1}$ 为网格点 $j-1$ 至 $j+1$ 之间的距离, 其他以此类推。

则连续性方程可写为

$$B_s(h_j^{n+1} - h_j^n)/\Delta t + \left(\frac{Q_{j+1}^n + Q_{j+1}^{n+1}}{2} - \frac{Q_{j-1}^n + Q_{j-1}^{n+1}}{2}\right)/\Delta x_{j-1,j+1} = 0 \tag{18.35}$$

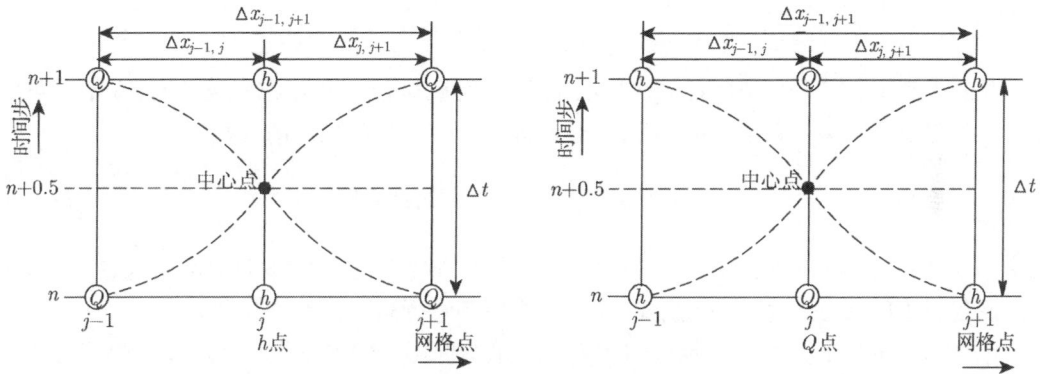

图 18.10 Abbott 六点中心差分格式

把各项的离散结果代入式 (18.30) 中, 得

$$\alpha Q_{j-1}^{n+1} + \beta_j h_j^{n+1} + \gamma_j Q_{j+1}^{n+1} = \delta j \tag{18.36}$$

式中, α, β, γ 是 B_s 和 δ 的函数, 并且依赖于 Q^n, h^n, $Q^{n+0.5}$。

动量方程的离散, 差分形式:

$$\frac{\partial Q}{\partial t} = (Q_j^{n+1} - Q_j^n)/\Delta t \tag{18.37}$$

$$\frac{\partial \left(\frac{Q^2}{A}\right)}{\partial x} = \left[\left(\frac{Q^2}{A}\right)_{j+1}^{n+0.5} - \left(\frac{Q^2}{A}\right)_{j-1}^{n+0.5}\right] \bigg/ \Delta x_{j-1,j+1} \tag{18.38}$$

$$\frac{\partial h}{\partial x} = \left(\frac{h_{j+1}^n + h_{j+1}^{n+1}}{2} - \frac{h_{j-1}^n + h_{j-1}^{n+1}}{2} \right) \bigg/ \Delta x_{j-1,j+1} \tag{18.39}$$

动量方程组离散格式写为

$$\frac{Q_j^{n+1} - Q_j^n}{\Delta t} + \frac{\left(\frac{Q^2}{A}\right)_{j+1}^{n+0.5} - \left(\frac{Q^2}{A}\right)_{j-1}^{n+0.5}}{\Delta x_{j-1,j+1}} + gA_j^{n+0.5} \frac{(h_{j+1}^n + h_{j+1}^{n+1}) - (h_{j-1}^n + h_{j-1}^{n+1})}{2\Delta x_{j-1,j+1}}$$
$$+ \left[\frac{g}{C^2 AR}\right]_j^{n+0.5} |Q|_j^n Q_j^{n+1} = 0 \tag{18.40}$$

当流向在某一个步长发生变化时, 式 (18.40) 中 Q^2 可以写为

$$Q^2 = \theta Q_j^{n+1} Q_j^n - (\theta - 1) Q_j^n Q_j^n \tag{18.41}$$

离散方程组的求解, 将各项离散结果代入动量方程 (18.30) 得

$$\alpha_j h_{j-1}^{n+1} + \beta_j Q_j^{n+1} + \gamma h_{j+1}^{n+1} = \delta_j \tag{18.42}$$

$$\begin{aligned}
\alpha_j &= f(A) \\
\beta_j &= f(Q_j^n, \Delta t, \Delta x, C, A, R) \\
\gamma_f &= f(A) \\
\delta_j &= f(A, \Delta t, \Delta x, \alpha, \theta, h_{j-1}^n, Q_{j-1}^{n+0.5}, Q_j^n, h_{j+1}^n, Q_{j+1}^{n+0.5})
\end{aligned} \tag{18.43}$$

联立求解上述方程可得出计算点处的水位和流量。此外, 通过方程组 (18.42) 消元可将河道内计算点的水力参数 (水位或流量) 表示为上下游已知水位值的函数:

$$Z_j^{n+1} = c_j - a_j H_u^{n+1} - b_j H_d^{n+1} \tag{18.44}$$

式中, a_j、b_j、c_j 为与式 (18.42) 中 α、β、γ、δ 有关的系数, 因此, 求解河网问题时, 可先求出河网各汊点的水位, 然后回代到式 (18.43) 求解任意网格点的水力参数。

上述由离散后的方程以及给定的边界、初始条件构成的方程组, 可形成一个三对角矩阵, 通常采用追赶法迭代求解。

3) 边界条件的处理方法

汊点的处理方法: 汊点附近网格点的布置如图 18.11 所示, 将汊点连续方程进行离散可得

$$\frac{H^{n+1} - H^n}{\Delta t} A_c = \frac{1}{2}(Q_{A,n-1}^n + Q_{B,n-1}^n - Q_{C,2}^n) + \frac{1}{2}(Q_{A,n-1}^{n+1} + Q_{B,n-1}^{n+1} - Q_{C,2}^{n+1}) \tag{18.45}$$

式中, A_c 为图 18.11 所示的汊点控制体内水面面积。利用式 (18.33) 将上式中 $n+1$ 时层的 Q 值用汊点水位值代替, 可得

$$\frac{H^{n+1} - H^n}{\Delta t} A_c = \frac{1}{2}(Q_{A,n-1}^n + Q_{B,n-1}^n - Q_{C,2}^n) + \frac{1}{2}(c_{A,n-1} - a_{A,n-1} H_{A,u}^{n+1} - b_{A,n-1} H^{n+1}$$
$$+ c_{B,n-1} - a_{B,n-1} H_{B,u}^{n+1} - b_{B,n-1} H^{n+1} - c_{c,2} + a_{c,2} H^{n+1} + b_{c,2} H_{C,d}^{n+1}) \tag{18.46}$$

式中，H 为所考虑的汊点水位；$H_{A,u}$ 和 $H_{B,u}$ 分别为支流 A 和 B 的上游端汊点水位；$H_{C,d}$ 为支流 C 的下游端汊点水位。利用式 (18.46) 即可将汊点的水位表示为与之直接相连的河道汊点水位的线性函数。若河网中共有 N 个汊点，则可以得到 N 个类似的方程，构成汊点方程组，求解这个方程组即可得到河网中各汊点的水位。

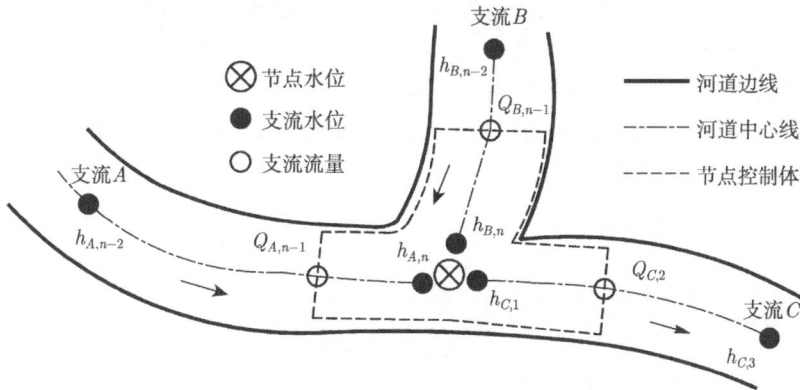

图 18.11　一维数学模型中河网汊点示意图

边界条件的设置主要有三种：流量过程、水位过程、水位流量关系。

若在河道上游边界处给定水位的时间变化过程 $h = h(t)$，则有

$$h_1^{n+1} = H_u^{n+1} \qquad (18.47)$$

若河道上游边界处给定流量过程 $Q = Q(t)$，则考虑到图 18.11 所示控制体，由连续性方程可得出：

$$\frac{H^{n+1} - H^n}{\Delta t} A_c = \frac{1}{2}(Q_b^n - Q_2^n) + \frac{1}{2}(Q_b^{n+1} - Q_2^{n+1}) \qquad (18.48)$$

用式 (18.44) 替代式 (18.48) 中的 Q_2^{n+1}，得

$$\frac{H^{n+1} - H^n}{\Delta t} A_c = \frac{1}{2}(Q_b^n - Q_2^n) + \frac{1}{2}(Q_b^{n+1} - c_2 - a_2 H_u^{n+1} + b_2 H_d^{n+1}) \qquad (18.49)$$

若在河道上游边界上已知水位流量关系 $Q = Q(h)$，边界条件的处理方法与已知流量过程的情况相同，最终得到形式同式 (18.49)，只是方程中的 Q_b^n 和 Q_b^{n+1} 由水位流量关系计算得到。

4) 断流河段的处理方法

由于水位下降，某一河段在一定时段内出现断流的现象是完全可能的。理论上，发生断流河段是不需要计算的。但是判断断流和处理断流发生后断流河段两端的边界条件都是十分繁琐的。为了简单起见，一维河网模型中采用窄缝法来处理断流问题。也就是说，当计算点处水深小于某一临界水深 Δh 时，在物理模型中引入一窄缝，窄缝从水面向下延深至 $5\Delta h$ 处，窄缝的上部宽度假设为

$$B = \frac{\sqrt{z + 5\Delta h}}{\sqrt{6\Delta h}} B_\Delta \qquad (18.50)$$

式中，z 为临界水深对应的水位；B_Δ 为相应的河床宽度。

由于窄缝的引入，断流河段在数值处理上变得和非断流河段完全一样，不需要作任何特殊处理。

5) 初始及边界条件

初始条件通常先以恒定流计算各断面流量和水位，再以此水位作为计算的初始条件。边界条件包括流量过程 $Q = Q(t)$、水位过程 $Z = Z(t)$、水位流量关系 $Q = Q(z)$。

6) 方程组的求解

对于一条具有 n 个河段的河道，有 $2(n+1)$ 个未知变量，可以列出 $2n$ 个方程，加上河道两端的边界条件，可以形成封闭的线性代数方程组，进行迭代求解，则可以求得唯一解，便可以求出对应的水位、流量。

2. 平面二维水流数值模型

1) 模型方程

连续性方程：

$$\frac{\partial h}{\partial t} + \frac{\partial h\overline{u}}{\partial x} + \frac{\partial h\overline{v}}{\partial y} = hS \tag{18.51}$$

x 方向动量方程：

$$\frac{\partial h\overline{u}}{\partial t} + \frac{\partial h\overline{u^2}}{\partial x} + \frac{\partial h\overline{vu}}{\partial y} = f\overline{v}h - gh\frac{\partial \eta}{\partial x} - \frac{gh^2}{2\rho_0}\frac{\partial \rho}{\partial x} + \frac{\tau_{sx}}{\rho_0} - \frac{\tau_{bx}}{\rho_0}$$
$$- \frac{1}{\rho_0}\left(\frac{\partial S_{xx}}{\partial x} + \frac{\partial S_{xy}}{\partial y}\right) + \frac{\partial}{\partial x}(hT_{xx}) + \frac{\partial}{\partial y}(hT_{xy}) + hu_s S \tag{18.52}$$

y 方向动量方程：

$$\frac{\partial h\overline{v}}{\partial t} + \frac{\partial h\overline{v^2}}{\partial x} + \frac{\partial h\overline{v}}{\partial y} = f\overline{u}h - gh\frac{\partial \eta}{\partial y} - \frac{h}{\rho_0}\frac{\partial P_a}{\partial y} - \frac{gh^2}{2\rho_0}\frac{\partial \rho}{\partial y} + \frac{\tau_{sy}}{\rho_0} - \frac{\tau_{by}}{\rho_0}$$
$$- \frac{1}{\rho_0}\left(\frac{\partial S_{yx}}{\partial x} + \frac{\partial S_{yy}}{\partial y}\right) + \frac{\partial}{\partial x}(hT_{xy}) + \frac{\partial}{\partial y}(hT_{yy}) + hv_s S \tag{18.53}$$

式中，u、v 分别为 x、y 方向上的速度分量，m/s；t 为时间，s；$h = \eta + d$ 为总水深，m；η 为水面高程，m；d 为静水深度，m；g 为重力加速度，m/s^2；ρ 为水流水体密度，m^3/s；S_{xx}、S_{xy}、S_{yx}、S_{yy} 为辐射应力张量分量；P_a 为大气压力，Pa；ρ_0 为水体参考密度，m^3/s，$\overline{u}$、$\overline{v}$ 分别表示深度方程沿 x 方向、y 方向的平均速度：

$$h\overline{u} = \int_{-d}^{\eta} u\mathrm{d}z \tag{18.54}$$

$$h\overline{v} = \int_{-d}^{\eta} v\mathrm{d}z \tag{18.55}$$

2) 河床阻力系数

河床阻力系数是体现河床粗糙程度、形态等因素对水流阻力影响的的重要因素。河床阻力系数有三种形式：无底床摩擦力、曼宁系数、谢才系数。通常考虑水深相关变量时，采用设定曼宁系数的方法，建议河床阻力系数取 $32\mathrm{m}^{1/3}/\mathrm{s}$。

3) 涡黏系数

水平涡黏系数设定有三种方式: 无漩涡、定常涡黏公式、Smagorinsky 公式。选择定常涡黏公式需要给定涡黏系数, 选择 Smagorinsky 公式要设定 Smagorinsky 系数。本书二维流场模拟区中采用 Smagorinsky 公式设定水平涡黏系数, 取 0.28。Smagorinsky 方程为

$$A = c_s^2 l^2 \sqrt{2 s_{ij} s_{ji}}, \quad s_{ij} = \frac{1}{2}\left(\frac{\partial u_i}{\partial x_j} + \frac{\partial u_j}{\partial x_i}\right) (i, j = 1, 2) \tag{18.56}$$

式中, c_s 是常系数; l 是未求解涡运动的特征长度; s_{ij} 为拉伸率张量。

4) 动边界处理

动边界是指模拟区域中有水和无水区域界线的划分问题。二维水动力模型存在干湿边界交替浅滩区域, 涨水时滩面会被逐渐淹没, 水位降低时又会逐渐干出, 处理好水陆边界的运动或者说是计算区域内部分区域的干湿变化十分重要。根据模型特点, 使用干湿判别法对网格的二维潮流动边界进行处理。首先取一标准水深, 当某时刻网格点的实际水深 $H \leqslant H_0$ 时, 该点的流速值和水深值视为零, 即为干地。在之后的每个时间步长的计算中, 干出点的潮位值由周围非干出点值线性插值而得到; 当某一时刻网格点的水深 $H > H_0$ 时, 则认为该网格点被淹没, 即为湿地, 恢复正常计算。

5) 方程组的求解

目前针对二维水动力模型常用的数值解法有: 解析法、有限差分法、有限元法、有限体积法等[12]。本书采用隐式交替技术对模型进行离散, 用追赶法求解所得的矩阵, 各微分项采用中心差分格式。

3. 一、二维耦合水流模型

一、二维模型常用的耦合连接方式有标准连接和侧向连接。一维模型的终端和二维模型的网格相连, 为二维计算提供流量边界, 二维模型为一维模型提供水位边界。一维模型与二维模型之间进行完全的动量交换, 一维模型为二维模型提供下一个时间步长的连接数值。

1) 标准连接

标准连接是指一个或者多个二维网格连接到一个或多个一维河道的始端或者末端。一、二维模型通过双扫描耦合方法实现自动耦合。原理上, 一、二维模型耦合处存在水量交换和维度变化过程, 故在侧向连接处水动力条件会呈现出一定过渡特征。具体耦合过程为: 从二维模型中提取 n 步时的总水深 h_n, 一维模型计算出 n 步时流量 Q_n 及 $n + 1/2$ 步流量 $Q_{n+1/2}$, 并作为源项提供给二维模型; 二维模型再根据 $Q_{n+1/2}$ 计算出 $n + 1$ 步的总水深 h_{n+1}, 以此类推。

$$\frac{\partial Q_{n+1/2}}{\partial t} = -\left(gA\frac{\partial h_n}{\partial s} + g\frac{Q_n|Q_n|}{AC^2 R}\right) \tag{18.57}$$

2) 侧向连接

侧向连接是指二维模型中的一系列网格以旁侧的方式与一维模型的部分网格相连。模型认为水流是从沿垂直于河流流动的方向流出一维模型的模拟区域, 这种连接方式特别适合从河道到洪泛区的洪水模拟。通过如下堰流公式计算流入到二维模型的流量。该堰的几何

参数由一维河流断面岸堤几何设置及同一地点的二维地形的最高点确定。

$$Q = WCh_1^k \left[1 - \left(\frac{h_2}{h_1} \right)^k \right]^{0.385} \tag{18.58}$$

式中，W 为堰宽，m；C 为堰因子系数，一般取 $1.838\mathrm{m}^{1/2}/\mathrm{s}$；$h_1$ 为堰上游高于堰顶的水深，m；k 为指数系数，一般取 1.5；h_2 为堰下游水位与堰顶水位差，m。

18.2.2　模型率定和验证

1. 水动力模型计算范围的确定

本研究将建立涵盖长江干流河道 (三峡坝址至大通段)、通江湖泊 (洞庭湖、鄱阳湖)、流域支流尾闾、连接河道等多种水单元的耦合模型。根据各水文单元特征，分别构建一维、二维两种不同维度的水动力数学模型，并建立相应的耦合机制。一维模型用于模拟窄长型河道 (如干支流河道等) 的水力特征。二维模型则主要应用于水位面积较大而且水流作用复杂的区域 (湖区及江湖交汇区等)，模型的计算范围见图 18.12。

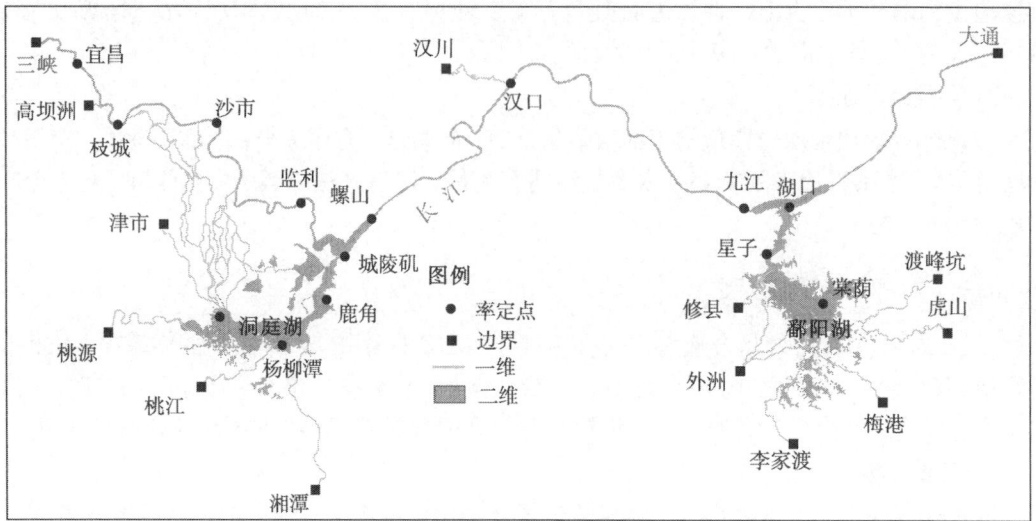

图 18.12　江湖耦合水动力模型计算范围及模型率定点

一维模型：长江干流及其主要支流 (清江、汉江)、两湖入湖支流、三口分流河段。

长江干流：自三峡大坝至安徽大通水文站，全长约 1200km。以三峡出库流量为上游入流边界，以大通站水位–流量关系为下游控制边界，沿程有清江 (高坝洲出库流量)、汉江 (汉川站)，构建宜昌–大通一维水动力学模块。长江支流：考虑清江、汉江，清江计算范围从高坝洲至入江口，长度 12km，汉江计算范围从汉川至武汉，全长 70km。

洞庭湖支流 (四水)：湘江、资水、沅江、澧水。湘江：自湘潭站至湖区；资水：桃江水文站至湖区，沅江：自桃源至湖区，澧水：自津市至湖区。鄱阳湖支流 (五河)：修水、赣江、抚河、信江、鄱江 (乐安江、昌江)；修水：自修县水文站至湖区；赣江：自外洲水文站至湖区；抚河：自李家渡水文站至湖区；信江：自梅港水文站至湖区；乐安江：自虎山水文站至湖区；昌江：自渡峰坑水文站至湖区。

二维模型：洞庭湖、鄱阳湖、三口分流河段、江湖交汇区。

2. **网格划分**

(1) 一维模型：长江干流河道断面很不规则，断面沿程变化也较为剧烈。遇到曲折河段时，选择断面应尽量满足断面间水流符合一维渐变流的假定。在一般数值计算中，常取均匀步长，考虑到长江一级河流水流较长、断面复杂的特点，充分考虑河道沿程变化，在已有资料的基础上尽可能多取河段断面，以准确反映河道沿程变化和过水能力。干流河段平均5~10km 布设一个断面，共 150 个断面。

(2) 二维模型：根据两湖历史水文资料，确定湖区最高水位及水面面积，据此绘制模型陆地边界，设定模型的计算边界，根据确定的模型边界和地形数据划分网格。本书模拟采用无结构三角形网格，能较为精细地刻画该计算区域的岸线条件，洞庭湖节点总数 9424 个，单元总数 14 289 个，最长边长 1396m，最短边长 119m(图 18.13)。鄱阳湖节点总数 11 652 个，单元总数 7374 个，最长边长 1213 m，最短边长 110m(图 18.14)。地形资料采用洞庭湖 2003年地形散点数据，针对不同的数据源查询各自的坐标体系，并应用 ArcGIS 使所有数据统一配准于 Krasovsky_1940_Albers 坐标体系下并空间插值。

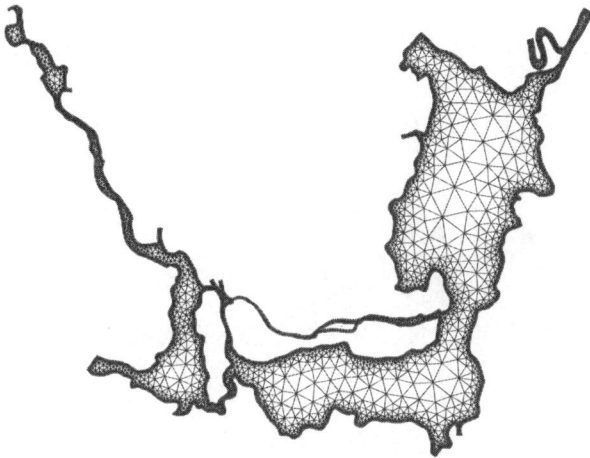

图 18.13　洞庭湖网格划分图　　　　　图 18.14　鄱阳湖网格划分图

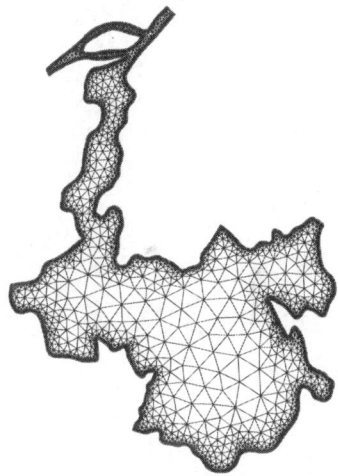

3. **模型参数设置**

糙率设置：模型参数的率定主要是河道和湖泊糙率的率定，以合理反映河道和湖泊的阻力。天然河道的糙率受河床组成、河床形状、河滩覆盖情况以及流量、含沙量等多种因素的影响，不同河段的糙率不尽相同。根据文献的查阅以及前人的研究成果表明，长江流域河床的糙率即 Manning(n) 范围在 0.15~0.85 之间，但具体的取值还需要在模型计算中经过不断地率定才能确定。本研究根据长江中下游沿程各河段比降值和各水文站实测水力因子，采用曼宁公式估算出曼宁糙率系数，再通过实测资料加以率定。以主要站点水位为主要特征值率定模型，长江干流选取宜昌、沙市、螺山、汉口为率定点，洞庭湖选取城陵矶和鹿角站、鄱阳湖选取湖口、星子、都昌、棠荫为率定点。边界条件：模型的上游边界条件为各支流的流量，三峡出库流量见图 18.15，四水入湖流量见图 18.16、五河入湖流量见图 18.17，下游边界为大通站水位–流量关系。因此在模型计算时，只需给定上游三峡水库下泄流量、四水流量、五河流量、各直接汇入长江的支流流量和初始条件即可计算出整个区域内部的水位、流量、流速等时空变化过程。

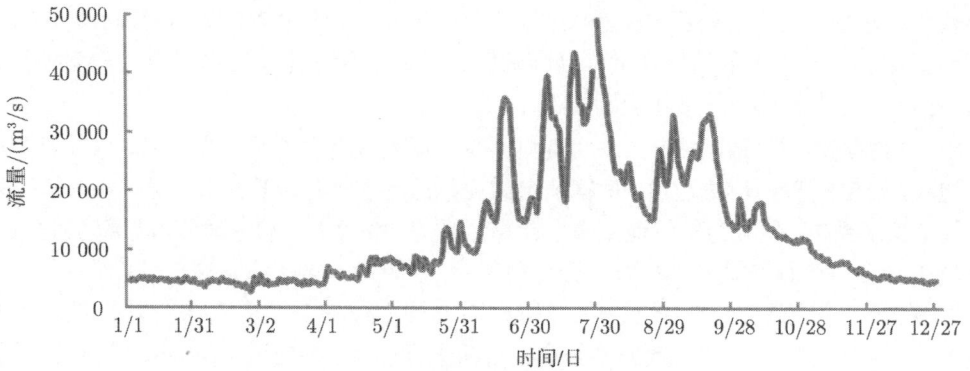

图 18.15 三峡水库 2007 年出库流量

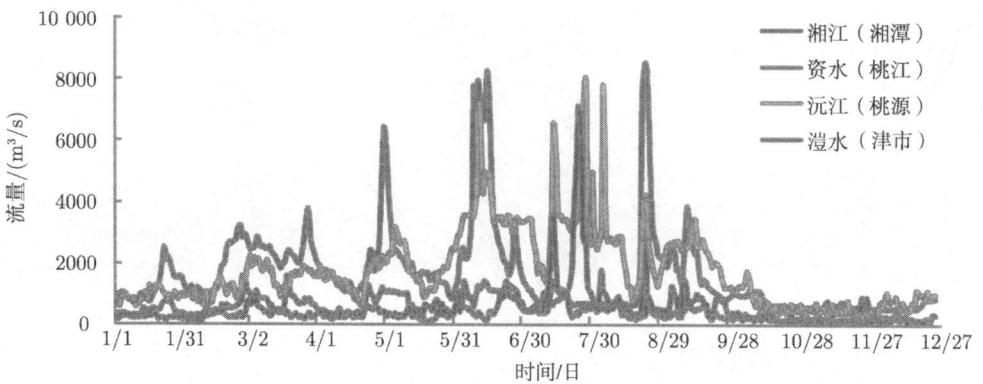

图 18.16 洞庭湖四水 2007 年入湖流量 (见彩图)

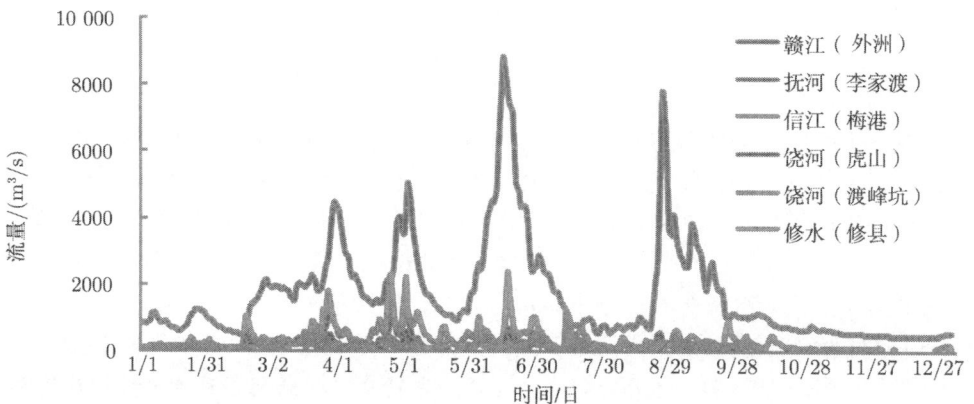

图 18.17 鄱阳湖五河 2007 年入湖流量 (见彩图)

主要水文站点水位率定结果如图 18.18 所示。

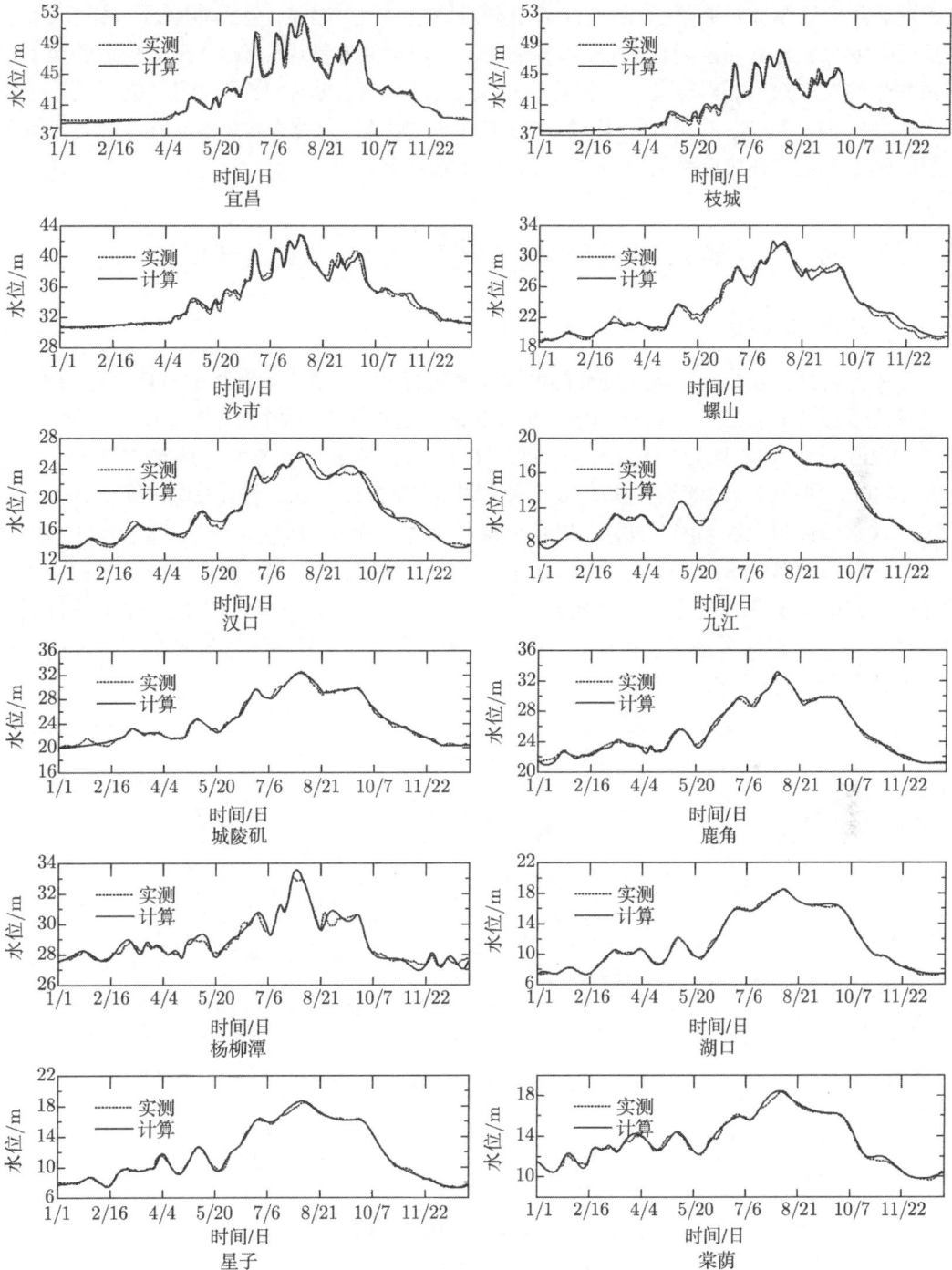

图 18.18 各站点水位计算值与实测值对比图

对比水动力模型模拟水位和实测水位可知：一维模型计算的长江干流的 6 个水文站的水位模拟结果与实测水位吻合较好，计算值与实测值的相对误差不超过 6%，说明模型所取的参数较合理。湖泊水位的实测值与计算结果见图 18.18，由图可知，与实测水位结果相比，洞庭湖城陵矶站模拟效果较好，鹿角站和杨柳潭站模拟效果略差；分析其原因，城陵矶水位受长江干流水位影响明显，而洞庭湖内站点受四水影响更为复杂，因此离干流较远的鹿角站和杨柳潭站模拟效果相对较差，但相对误差也控制在 10% 以内；鄱阳湖的水位模拟效果较好，绝对误差在 −0.24~0.54m 之间，相对误差在 6% 以内。总体来看，本书所建水动力耦合模型的模拟误差均在可接受范围内，可以满足计算要求。

18.3　三峡水库运行对通江湖泊水情及生态环境影响

18.3.1　三峡水库简介

三峡工程是开发长江流域水资源的的关键性工程，水库蓄水后将形成一座大型的水库，东起湖北省宜昌市，西迄重庆市江津区，涉及湖北省及重庆市 20 个县 (市、区)，库区幅员面积 5.79 万 km^2，总库容 393 亿 m^3，其中调节库容 165 亿 m^3，当蓄水位达到 175.0m，平均水深 70.0m，坝前最大水深约为 125.0m，水库回水长约 600.0km，水面平均宽度 1100.0m。

三峡水库最主要的功能是防洪，以保证荆江大堤的安全，减轻长江中下游的洪涝灾害。初步设计提出的常规调度方案为：在汛期 6~9 月，为满足防洪需要，水库水位尽量维持在汛限水位 145.0m，汛末 9 月底水库开始蓄水，水位逐渐升高至正常蓄水位 175.0m；11 月至次年 4 月水库对下游河道进行补偿泄水，但 4 月底水位应高于枯季消落低水位 155.0m，6 月中旬水位又重新降至汛限水位 (图 18.19)。

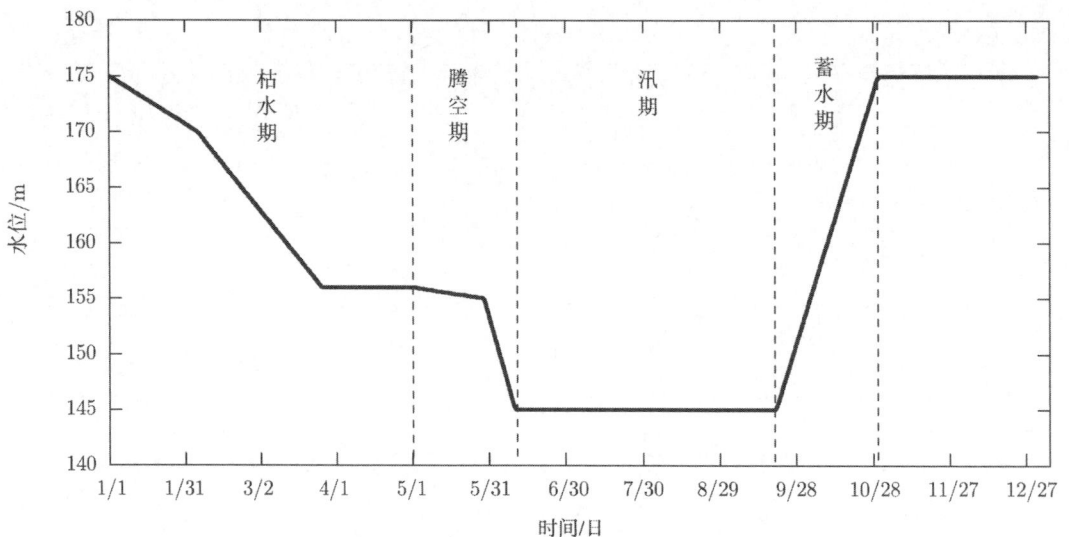

图 18.19　三峡水库常规调度运行方式

18.3.2　三峡水库运行对长江中游水情的影响

水库运行后改变了下游河道的水文情势，特别是在蓄水期对长江中下游水情、生态环境的影响备受关注 [13-16]。应用上一节所建长江中游江湖一体化耦合水动力数值模型开展三峡水库运行对长江中下游水情的影响研究, 重点分析水库蓄水期对两湖水情的影响。

1) 三峡水库运行前后下泄流量变化特征

三峡水库蓄水改变了水库下泄流量, 使其年内分配发生变化, 主要集中体现在汛前腾空期和汛后水库蓄水期 (图 18.19)。上述变化的表现形式为: 下泄流量增减变化, 引起长江干流水位的抬升或降低, 进而改变通江湖泊湖区水情, 对湖区防洪、水资源利用及湿地水生环境和洲滩植被等带来不利影响。采用水量平衡原理, 推演了平水年三峡水库蓄水前后下泄流量的变化, 见图 18.20。在汛期 (6~9 月): 总流量基本不变, 对洪峰流量有所削减; 汛后蓄水期 (9~10 月): 平均流量减小了 6514.14m³/s, 特别是 10 月下旬流量减少较多, 且小于 11 月份平均流量 26%~33%。枯水期 (11 月至次年 4 月): 建库后与建库前相比, 下泄流量平均增加 2183.06m³/s。汛前腾空期 (5~6 月): 出库流量平均值增大 5448.75m³/s, 对坝下游的春汛排涝不利 (图 18.21)。

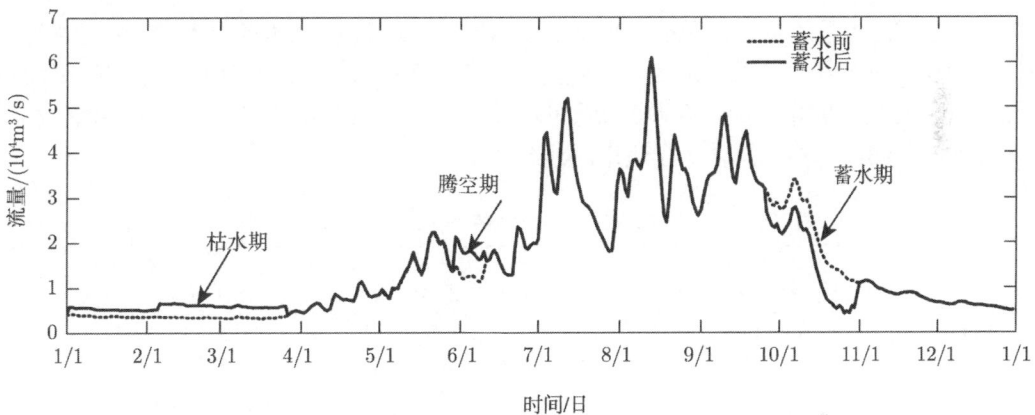

图 18.20　三峡水库蓄水前后下泄流量变化

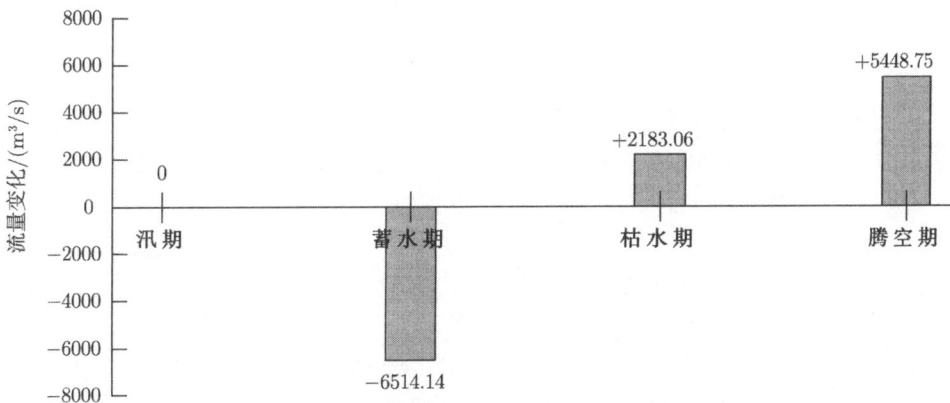

图 18.21　三峡水库蓄水前后不同时期下泄流量对比

2) 三峡水库蓄水对长江中游主要站水位的影响

三峡水库运行后, 蓄水期和泄水期改变了坝下游来水过程及年内水量分布, 沿程水位也相应发生变化, 依次选取宜昌、枝城、沙市、螺山、汉口、九江站为代表性站点, 以蓄水前后三峡水库下泄流量为边界条件, 采用已建立的水动力模型分析由于水库下泄水变化引起的沿程水位的改变。

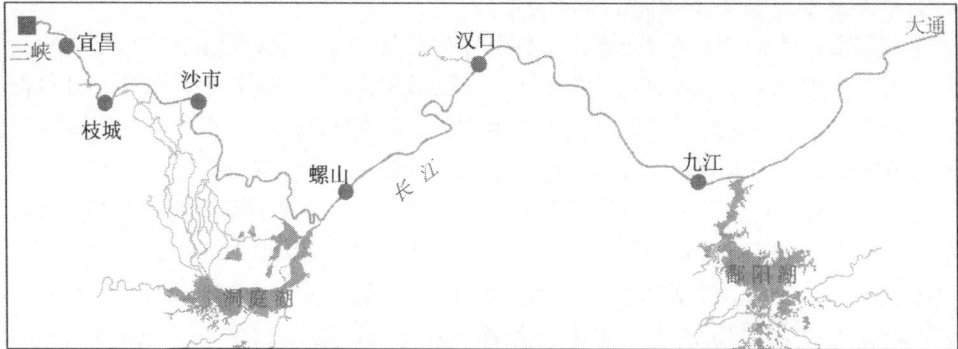

图 18.22　长江中游代表性水文站点分布图

长江中下游沿程水位变化明显，见表 18.5。计算结果表明：枯水期和腾空期由于水库下泄流量增加，坝下游水位相对蓄水前普遍抬高，其中有枯水期各站点平均枯水位抬高均在 1.0m 以上；相反，在蓄水期水库下泄流量平均减少 6514.14m³/s，下游沿程旬平均水位相对下降 0.829~2.259m，沿程总体上呈逐渐减弱趋势。

表 18.5　三峡水库运行后长江中下游主要站点水位变化

站点	枯水期 (最小/平均/最大)/m	腾空期 (最小/平均/最大)/m	蓄水期 (最小/平均/最大)/m
宜昌站	0.136/1.44/1.871	0.081/1.021/1.921	−0.871/−2.259/−3.046
枝城站	0.324/1.155/1.463	0.305/1.098/1.773	−0.404/−1.668/−2.28
沙市站	1.392/2.052/2.537	0.389/1.305/1.967	−0.015/−2.327/−3.17
螺山站	0.706/0.998/1.286	0.113/0.654/0.953	−0.003/−1.498/−2.13
汉口站	0.706/0.987/1.229	0.117/0.738/1.062	0.099/−1.085/−1.644
九江站	0.743/1.015/1.171	0.144/0.466/0.751	0.085/−0.829/−1.767

18.3.3　三峡水库蓄水对通江湖泊水情及生态环境的影响分析

1) 对洞庭湖水情及生态环境的影响

三峡水库蓄水对洞庭湖的影响主要体现在蓄水期间下泄流量减小，加之含沙量降低，长江荆江河段河床冲刷剧烈，进而通过三口进入洞庭湖的水量减小 [17,18]。三峡水库蓄水后，10 月下泄流量减少超过5000m³/s，入湖水量进一步减小，2003~2008 年入湖流量约为498 亿m³，荆江三口分流比为 12%，较蓄水前 1981~2002 年的分流比 15% 有一定降低，三口分流量减少值的 60% 由水库蓄水位抬高、下泄流量减小造成的，若遇长江上游枯水季，这种叠加效应更为明显。而在三峡水库蓄水期的 9~10 月，长江入湖水量是洞庭湖维护湿地生态水量的主要来源，由于长江来水水量减少，干流水位偏低，对洞庭湖水位起到拉空作用，加剧洞庭湖出流，造成湖区水位下降。

由图 18.20 可以看出，三峡水库按常规调度正常运行后，在蓄水期平均减小出库流量 6514.14m³/s，下泄流量减小最大发生在 10 月中旬，减幅达 8063.70m³/s，流量的减小导致的直接后果是荆江三口流量的减少和长江干流同时段水位的偏低。根据郭小虎等 [19] 研究成果，松滋口新江口站断流时枝城站临界流量为 4000m³/s，沙道观站断流时枝城站临界流量为 10 300m³/s；太平口弥陀寺站断流时沙市站临界流量为 7274m³/s；藕池口康家港站处于断流时沙市站临界流量为 14 235m³/s，管家铺断流时沙市站临界流量为 8893m³/s(各站点分布见图 17.4)。蓄水后藕池口康家港站断流时间由 10 月 27 日提前至 10 月 10 日，较蓄水前提前 17 天，松滋口沙道观站在 10 月下旬会出现短暂的断流，其他各站点均不会出现断流，但三口总流量总体呈下降趋势，较蓄水前减小 2688.76m³/s。

　　三峡水库蓄水对洞庭湖整个湖区水位均产生不同程度的影响，但具有明显的空间异质性，由东北向西南逐渐减弱，与长江干流联系紧密的东洞庭湖北部、南洞庭湖东部和西洞庭湖北部受影响较大，而西洞庭湖南部影响较小。蓄水期城陵矶站水位平均降低 1.129m，最大降幅达 1.570m，长江干流的水位的降低，对洞庭湖的水位起着拉空作用，如东洞庭湖鹿角站水位平均下降 0.721m，最大下降 0.942m，南洞庭湖杨柳潭站水位平均下降 0.576m，最大下降 0.761m，西洞庭湖南咀站水位平均下降 0.708m，最大下降 0.880m，西洞庭湖小河咀站水位平均下降 0.206m，最大下降 0.478m。说明三峡水库按常规调度方式蓄水已经对洞庭湖水情产生较大影响，常规调度方式已难以适应洞庭湖生态环境对水位的需求，亟需对水库的蓄水过程进行优化。

　　水位下降导致最直接的后果就是湖区面积和容积的减小，部分洲滩提前出露水面，加速水面以上滩地失水，显著影响部分植物生长，减少白鹤、天鹅等植食性候鸟的越冬饵料与栖息地面积，原有的湿地生物群落演替、时空分布格局被打破，呈陆地化演替趋势，湿地生态安全受到威胁。从 2003~2010 年，洞庭湖国家自然保护区的水鸟数量呈显著减少趋势，到 2010 年总数不到 3 万只，见图 18.23。

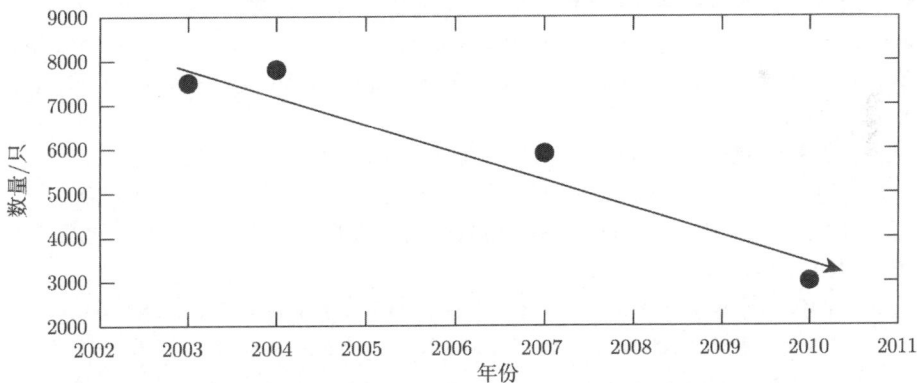

图 18.23　东洞庭湖国家自然保护区核心区水鸟总数变化趋势

2) 对鄱阳湖水情及生态环境的影响

　　在三峡工程初步论证时，以洞庭湖为重点，开展了长江江湖关系及三峡蓄水的影响研究，而认为鄱阳湖距三峡坝址较远，受三峡水库蓄水的影响理应较小，因而研究相对较少 [19]。但从三峡水库运行情况来看，蓄水对鄱阳湖的影响已经显现，蓄水期间降低了鄱阳湖水位，对湖区防洪、泥沙冲淤、滩地显露、水生生物和鸟类活动环境等均可产生不同程度的影响，进而对鄱阳湖湖岸生境格局、草滩群落物种组成、水体浮游动植物种类等也产生影响 [20,21]。三峡水库在蓄水期，由于下泄流量显著减小，湖口站水位下降，对鄱阳湖水位起到拉空作用[22]。根据鄱阳湖的特点，北部湖区选择星子站、南部湖区选择棠荫站作为其水位代表站，见图 16.10。在蓄水期水库下泄流量平均减小 $6514\text{m}^3/\text{s}$，湖口水文站水位平均降低 0.862m，星子站水位平均降低 0.573m，棠荫站水位平均降低 0.041m，说明水库蓄水对鄱阳湖影响呈自北向南逐渐减小的特点，对南部湖区影响很小。

参 考 文 献

[1] Mimen M, Kisi O. Comparison of two different data-driven techniques in modeling lake level fluctuations in Turkey[J]. Journal of Hydrology, 2009, 378(3-4): 253-262.

[2] 焦李成. 神经网络系统理论 [M]. 西安: 西安电子科技大学出版社, 1990.

[3] 杜树新, 吴铁军. 用于回归估计的支持向量机方法 [J]. 系统仿真学报, 2003, 15(11): 1580-1585.

[4] Vapnik V N. Statistical learning theory[J]. Encyclopedia of the Science of Learning, 2010, 41(4): 3185.

[5] Pednault E P D. Statistical Learning Theory[M]. IBM TJ Watson Research Center, 1997.

[6] Vapnik V N. The Nature of Statistical Learning Theory[M]. Springer Science & Business Media, 2013.

[7] 白鹏, 张喜斌, 张斌. 支持向量机理论及工程应用实例 [M]. 西安: 西安电子科技大学出版社, 2008.

[8] Hipni A, El-shafie A, Najah A, et al. Daily forecasting of dam water levels: comparing a support vector machine (SVM) model with adaptive neuro fuzzy inference system (ANFIS)[J]. Water Resources Management, 2013, 27(10): 3803-3823.

[9] 戴会超, 槐文信, 吴玉林, 等. 水利水电工程水流精细模拟理论与应用 [M]. 北京: 科学出版社, 2006.

[10] 陈永灿, 刘昭伟, 朱德军. 水动力及水环境模拟方法与应用 [M]. 北京: 科学出版社, 2012.

[11] 康玲, 黄云燕, 杨正祥, 等. 水库生态调度模型及其应用 [J]. 水利学报, 2010, 41(2): 134-141.

[12] Zhang H, Culver D A, Boegman L. A two-dimensional ecological model of Lake Erie: application to estimate dreissenid impacts on large lake plankton populations[J]. Ecological Modelling, 2008, 21(4): 219–241.

[13] 董哲仁. 河流生态系统研究的理论框架 [J]. 水利学报, 2009, 40(2): 129-137.

[14] 廖文根, 李翀, 冯顺新. 筑坝河流的生态效应与调度补偿 [M]. 北京: 中国水利水电出版社, 2013.

[15] 陈庆伟, 刘兰芬, 刘昌明. 筑坝对河流生态系统的影响及水库生态调度研究 [J]. 北京师范大学学报 (自然科学版), 2007, 43(5): 578-582.

[16] Cushman R M. Review of ecological effects of rapidly varying flows downstream from hydroelectric facilities[J]. North American Journal of Fisheries Management, 1985, 5(3A): 330-339.

[17] Shi X, Xia W, Yang B. Sediment Deposition and Erosion in Dongting Lake (1956—1995)[J]. Journal of Lake Sciences, 1999, 11(3): 205-211.

[18] Chen Z, Li J, Shen H, et al. Yangtze River of China: historical analysis of discharge variability and sediment flux[J]. Geomorphology, 2001, 41(2): 77-91.

[19] 郭小虎, 姚仕明, 晏黎明. 荆江三口分流分沙及洞庭湖出口水沙输移的变化规律 [J]. 长江科学院院报, 2011, 28(8): 80-86.

[20] 方春明, 毛继新, 鲁文. 长江中游与洞庭湖泥沙问题研究 [M]. 北京: 中国水利水电出版社, 2003.

[21] 胡振鹏, 葛刚, 刘成林, 等. 鄱阳湖湿地植物生态系统结构及湖水位对其影响研究 [J]. 长江流域资源与环境, 2010,19(6): 597-605.

[22] Guo H, Hu Q, Zhang Q, et al. Effects of the three gorges dam on Yangtze river flow and river interaction with Poyang Lake, China: 2003—2008[J]. Journal of Hydrology, 2012, 4(16-17): 19-27.

第 19 章　水库群联合优化调度模型与方法

水库群联合调度是指优化各水库运行方式，充分利用各水库调节库容，对各水库进行统一的联合调度，从而更有效、更合理地利用有限的水资源，因而水库群联合调度研究在理论和生产实际中有着重要的价值 [1-3]。水库群是一个复杂的系统，调度过程往往需要考虑多个目标，且各个目标之间存在相互竞争，甚至矛盾的关系 [4-7]。我国水库调度大多注重经济效益等单一目标的最大化，而对生态环境等因素指标考虑较少。在开展水库群联合调度模型研究时，随着水库群数目的增多及入库流量的不确定性，使得建模与求解变得十分复杂和困难，需要根据实际情况寻找能兼顾计算时间、计算精度、鲁棒性的求解新方法 [8-10]。本章的重点在于建立面向通江湖泊生态需水的水库群联合优化调度模型，并寻求对目前的算法进行改进，确保优化的过程顺利进行。

19.1　目标函数及约束条件

本研究结合长江干流及两湖流域支流径流特征及水库群调度，将生态目标引入水库群调度中来，要求水库群在蓄水过程中，在满足水库防洪、航运、河道最低生态流量的前提下，通过合理调配各水库出库流量过程，达到保证长江典型通江湖泊——洞庭湖、鄱阳湖供水和水生态环境对水量的需求。为此在设定本模型的目标函数时，应在保证水库正常运行的条件下，以改善江湖关系、确保湖泊健康为核心目标，将防洪和河道生态流量作为约束处理，通过合理调配各成员水库供水蓄泄过程，实现湖区最小生态需水满足率最大、缺水量最小，发挥最佳的社会效益和生态环境效益。最小生态需水满足率是指在计算时段内湖泊水量与对应时段最小生态需水量的比值，该值越大，表明该时段水量能够满足湖泊的生态环境需水的要求，生态满足度越高，湖泊生态系统越健康。最小生态需水满足率公式为

$$\delta = \sum_{t=1}^{T} \gamma_t W_t / W_{t,\min} \tag{19.1}$$

式中，δ 为通江湖泊最小生态需水满足率；γ_t 为各时段所占的权重；W_t 为湖泊时段 t 的蓄水量，m^3；$W_{t,\min}$ 为湖泊时段 t 的最小生态需水量，m^3；T 为调度期内的时段数。时段 t 的蓄水量的求解首先是得出该时段内的水位，再通过水位–湖容关系求出对应的湖泊蓄水量，同样时段 t 的最小生态需水量则是通过该时段的最低生态水位并结合湖泊水位–湖容关系求出。

约束条件如下：

1) 水库库容约束

$$V_{i,t}^{\min} \leqslant V_{i,t} \leqslant V_{i,t}^{\max} \tag{19.2}$$

式中，$V_{i,t}^{\min}$ 表示 t 时段水库 i 的蓄水量下限，m^3；$V_{i,t}^{\max}$ 表示 t 时段水库 i 的蓄水量上限，m^3。

2) 水量平衡约束

水量平衡约束方程表示如下：

$$V_{i,t+1} - V_{i,t} = (qin_{i,t+1} - qout_{i,t}) \times \Delta t \qquad (19.3)$$

式中，$V_{i,t+1}$ 表示 $t+1$ 时段水库 i 的蓄水量，m^3；$V_{i,t}$ 表示 t 时段水库 i 的蓄水量，m^3；$qin_{i,t+1}$ 表示水库 i 第 $t+1$ 个时段的入库流量，m^3/s；$qout_{i,t}$ 表示水库 i 第 t 个调度时段的出库流量，m^3/s。

3) 下泄流量约束

下泄最大流量为下游河道所能承受的最大过流要求，须满足防洪要求；最小流量应满足下游河流生态环境所需要的最低需水量：

$$QE_{k,t}^{\min} \leqslant qout_{k,t} \leqslant QF_{k,t}^{\max} \qquad (19.4)$$

式中，$qout_{k,t}$ 表示水库泄流量，m^3/s；$QF_{k,t}^{\max}$ 表示 t 时段、河段 k 能承受的最大流量，m^3/s；$QE_{k,t}^{\min}$ 表示 t 时段河段 k 所需的最小流量，m^3/s。

19.2　聚合水库的构建与分解

19.2.1　聚合水库的构建

聚合水库调度模型包括总调度模型和分解调度模型，即聚合水库的构建与分解。在总调度模型中，不考虑聚合对各成员水库供水过程的影响，将各成员水库入库径流及供水任务按理想的方式进行合并，并作为聚合水库的输入项；聚合以后的等效水库的入库水量等于各个成员水库入库水量之和，蓄水量亦为各成员相应时段的蓄水量之和，下游需水量即为最后一个水库的下泄流量。以此聚合水库代替各单库，不仅可以避免各单库的水量、库容的分配不均，以计算出聚合水库理想的供水过程，争取获得最大的供水量，而且可以大大减少运行参数，提高计算效率，保证计算的合理性和准确性。

聚合水库是由研究涉及的若干成员水库虚拟聚合而成，并不具备物理形态，是一个假想的虚拟等效水库。成员水库在聚合时须满足如下条件。

1) 虚拟水库库容约束

$$V_{i,t}^{\min} \leqslant V_{i,t} \leqslant V_{i,t}^{\max} \qquad (19.5)$$

式中，$V_{i,t}^{\min}$ 表示 t 时段聚合水库 i 的蓄水量下限，m^3，对应各成员水库蓄水量下限之和；$V_{i,t}^{\max}$ 表示 t 时段聚合水库 i 的蓄水量上限，m^3，对应各成员水库蓄水量上限之和。

2) 水量平衡约束

水量平衡约束方程表示如下：

$$V_{i,t+1} - V_{i,t} = (qin_{i,t+1} - qout_{i,t}) \times \Delta t \qquad (19.6)$$

式中，$V_{i,t+1}$ 表示 $t+1$ 时段聚合水库 i 的蓄水量，m^3；$V_{i,t}$ 表示 t 时段聚合水库 i 的蓄水量，m^3；$qin_{i,t+1}$ 表示聚合水库 i 第 $t+1$ 个调度时段的入库流量，m^3/s；$qout_{i,t}$ 表示聚合水库 i 第 t 个调度时段的出库流量，m^3/s。

19.2.2 聚合水库的分解

应用聚合水库构建的模型只能得到水库群理想状态下的最优下泄流量过程,若要得到各成员水库在该时段对联合供水单元的供水量,从而保证调度过程可操作,须将各时段的水库群总供水量进行分配。在分解调度模型中,须考虑水库群聚合调度对各水库供水过程的影响,明确水库群中各成员水库供水任务,再结合水库实际的库容、水量等限制条件,逐时段采用动态库容系数进行水库群内各水库的供水量、水库间的引水量的分解调度。通过上述两个子模型使水库群总供水任务在各水库间得到有效分配,以发挥水库群间的补偿作用。

本书采用供水量分配因子对水库群联合供水单元进行分解。设有 N 个成员水库构成供水水库群,成员水库 j 时段 t 的兴利蓄水量为 $V_{j,t}$,聚合水库 i 在时段 t 对联合供水单元 k 的供水量为 $S_{i,t}$,则成员水库 j 对供水单元 k 的供水量为

$$S_{j,t}^k = \eta_{j,t} \times S_{i,t} = (\alpha_{j,t}^k \times V_{j,t} / \sum_{j=1}^{N} V_{j,t}) \times S_{i,t} \tag{19.7}$$

式中,$\eta_{j,t}$ 为成员水库 j 时段 t 供水量分配因子;$\alpha_{j,t}^k$ 为比例系数,其中:$\sum_{j=1}^{N} \alpha_{j,t}^k = 1$。

在对聚合水库进行分解时,须遵循如下约束条件。

1) 水量平衡约束

$$V_{j,t+1} - V_{j,t} = (qin_{j,t} - qout_{j,t}) \times \Delta t \tag{19.8}$$

式中,$V_{j,t+1}$ 为 $t+1$ 时段成员水库 j 的蓄水量,m^3;$V_{j,t}$ 为 t 时段成员水库 j 的蓄水量,m^3;$qin_{j,t}$ 为 t 时段成员水库 j 的入库流量,m^3/s;$qout_{j,t}$ 为 t 时段成员水库 j 的出库流量,m^3/s。

2) 水库水位约束

$$Z_{j,t}^{\min} \leqslant Z_{j,t} \leqslant Z_{j,t}^{\max} \tag{19.9}$$

式中,$Z_{j,t}^{\min}$ 表示 t 时段成员水库 j 的水位下限,m;$Z_{j,t}^{\max}$ 表示 t 时段成员水库 j 的水位上限,m。

3) 下游河段防洪约束

下游河段防洪约束指的是根据防洪需要,下游河道所能承受的最大过流要求。根据流域防洪规划要求,防洪系统优化目标为

$$qout_{k,t} < QF_{k,t}^{\max} \tag{19.10}$$

式中,$qout_{k,t}$ 表示成员水库泄流量,m^3/s;$QF_{k,t}^{\max}$ 表示 t 时段河段 k 能承受的最大流量,m^3/s。

4) 下游河段生态需水流量约束

生态需水流量是指满足下游河流生态环境所需要的最低需水量:

$$qout_{k,t} \geqslant QE_{k,t}^{\min} \tag{19.11}$$

式中,$QE_{k,t}^{\min}$ 表示 t 时段河段 k 所需的最小流量,m^3/s。

19.3　水库群优化调度的算法研究

19.3.1　传统的遗传算法的不足及改进

水库群优化调度是一个比较复杂的优化问题,具有非线性、离散性等特点。按照模型的求解方法可分为规划优化模型和智能优化模型,遗传算法 (genetic algorithm, GA) 作为智能优化模型被广泛应用于各个领域[11–13]。然而仍有一些不尽人意的地方,标准遗传算法不是完全遍历的马尔可夫过程,存在收敛速度慢、接近全局最优解时很难收敛、容易早熟收敛的问题,因此遗传算法具有较强的鲁棒性。针对标准遗传算法存在的不足,将遗传算法与混沌算法结合,在初始种群生成方面、选择运算方面、交叉和变异运算方面进行改进,形成了改进的混沌遗传算法。

1) 初始种群生成

初始种群分布性质严重影响遗传算法的收敛性能,对于水库群编码,工作量是单库编码的数倍,算法搜索空间呈几何增长,若初始种群在不可行解空间,通过有限代的进化操作可能很难搜索到可行解。

混沌能在一定范围内重复地遍历所有状态,因此可采用混沌初始化种群,以提高种群质量,利用 Logistic 映射进行解空间优化搜索。

Logistic 映射如下式:

$$\varepsilon_{i+1} = \mu\varepsilon_i(1-\varepsilon_i) \tag{19.12}$$

式中,μ 为控制变量,当 $0 < \varepsilon_i < 1(\varepsilon_i \neq 0.25, 0.5, 0.75)$,$\mu = 4$ 时,系统处于完全混沌状态,具有混沌运行的所有特征,因此可作为优化算法中的混沌变量迭代方程。

采用 Logistic 映射公式得到不同的混沌变量序列后,再按式 (19.13) 放大到决策变量的取值范围,作为初始种群。

$$X_i = a_i + (b_i - a_i)\varepsilon_i \tag{19.13}$$

式中,a_i、b_i 分别为混沌变量 X_i 的上限、下限。

2) 选择运算

在标准遗传法中,最常用的个体选择方式为轮盘赌选择法。在采用轮盘赌选择法时,适应值高的个体复制到下一代的概率就更高,但当某个个体的适应值大大地高于种群的平均适应值时,它在整个种群中的数量会急剧地增加,甚至支配整个种群,产生 "早熟" 收敛现象。对于水库群优化调度问题,将约束条件以惩罚函数的形式加入到适应度函数中,这样就很难保证适应度非负。因此,传统选择算子存在局限性。本书中,将适应度函数值转化为三角函数值,不仅能保证适应值较优的个体被选中,且能处理适应值为负值的情况。常用的选择算子有正弦选择算子、余弦选择算子、正切选择算子、余切选择算子,本书在计算中选择正弦选择算子。

正弦选择算子:　　　　　$$P_i = \sin\left(\frac{\pi}{2} \times \frac{f_i - f_{\min}}{f_{\max} - f_{\min}}\right) \tag{19.14}$$

余弦选择算子:　　　　　$$P_i = \cos\left(\frac{\pi}{2} \times \frac{f_i - f_{\min}}{f_{\max} - f_{\min}}\right) \tag{19.15}$$

正切选择算子：
$$P_i = \tan\left(\frac{\pi}{4} \times \frac{f_i - f_{\min}}{f_{\max} - f_{\min}}\right) \tag{19.16}$$

余切选择算子：
$$P_i = \cot\left(\frac{\pi}{4} \times \frac{f_{\max} - f_i}{f_{\max} - f_{\min}}\right) \tag{19.17}$$

3) 交叉和变异

交叉和变异是产生新个体的主要方法。交叉运算决定遗传算法的全局搜索能力，变异运算决定遗传算法的局部搜索能力。水库群优化调度采用以水库为单位进行的多点交叉和多点变异方式。交叉运算考虑水库调度中初始和期末水位编码固定的特殊性，采用有限制单点交叉方式，变异则采用非均匀变异模式进行变异操作。利用混沌搜索较容易在当前最优解附近找寻更优解，克服 GA 搜索接近全局最优解时速度变慢的缺陷。

由于遗传算法采用浮点编码，传统的交叉方式均不适用于浮点编码，因此本书中交叉算子采用算术交叉。假设有个体 X_A、X_B，算术交叉产生的两个新个体为

$$\begin{cases} X_A^{t+1} = \alpha X_A^t + (1-\alpha)X_B^t \\ X_B^{t+1} = \alpha X_B^t + (1-\alpha)X_A^t \end{cases} \tag{19.18}$$

式中，若 α 是一个常数，$0 < \alpha < 1$。

变异则采用非均匀变异模式，利用混沌搜索在当前最优解附近找寻更优解，克服遗传算法搜索接近全局最优解时速度变慢的缺陷。混沌优化变异相当于对基因进行启发式变异操作：

$$\begin{aligned} x'_{i,j} &= (1-\theta)x_i^* + \theta x_{i,j} \\ \theta &= 1 - [(k-1)/k]^n \end{aligned} \tag{19.19}$$

式中，x_i^* 为当前最优解 $(K_1^*, K_2^*, \cdots, K_n^*)$ 映射到 $[0,1]$ 区间后形成的混沌向量，即最优混沌向量；$x_{i,j}$ 为迭代 j 次后的混沌向量；$x'_{i,j}$ 为加入随机扰动后 $(K_1, K_2, \cdots, K_T)$ 对应的混沌退化变异后向量，其中 $0 < \theta < 1$，由自适应控制，搜索初期较大，随着迭代次数 k 的增加逐渐减小，n 是根据优化目标函数而定的整数。

19.3.2　改进遗传算法在水库群优化调度中的应用

本书采用混沌遗传算法对调度模型进行求解，模型求解算法的步骤如下。

1) 编码设计

本书采用浮点数进行编码设计，在水库优化调度中常选择时段 t 相应的水库上游平均水位作为决策变量，而在本书中，需要将通江湖泊流域支流水库聚合成一个虚拟水库，因此采用各水位的蓄水量作为决策变量。根据总体目标，确定优化调度期，将调度期分为 T 个时段，以各时段的顺序编号，选择各成员水库的蓄水量值作为优化变量，根据各时段内成员水库水位的上下限，结合水库的库容–水位曲线，确定各时段内成员水库蓄水量的上下限。

(1) 约束条件。各时段内成员水库水位的上下限：

$$\begin{cases} Z_{\min} = [Z_{1,\min}^1, \cdots, Z_{1,\min}^T, Z_{2,\min}^1, \cdots, Z_{2,\min}^T, \cdots, Z_{N,\min}^1, \cdots, Z_{N,\min}^T] \\ Z_{\max} = [Z_{1,\max}^1, \cdots, Z_{1,\max}^T, Z_{2,\max}^1, \cdots, Z_{2,\max}^T, \cdots, Z_{N,\max}^1, \cdots, Z_{N,\max}^T] \end{cases} \tag{19.20}$$

根据水库的库容–水位曲线, 求出各时段成员水库的水库约束:

$$V_i = f(Z_i) \tag{19.21}$$

$$\begin{cases} V_{\min} = [V_{1,\min}^1, \cdots, V_{1,\min}^T, V_{2,\min}^1, \cdots, V_{2,\min}^T, \cdots, V_{N,\min}^1, \cdots, V_{N,\min}^T] \\ V_{\max} = [V_{1,\max}^1, \cdots, V_{1,\max}^T, V_{2,\max}^1, \cdots, V_{2,\max}^T, \cdots, V_{N,\max}^1, \cdots, V_{N,\max}^T] \end{cases} \tag{19.22}$$

式中, $Z_{\min}$ 为水库 i 在时段 t 的最低水位值, $i = 1, 2, \cdots, N$; $t = 1, 2, \cdots, T$; $Z_{\max}$ 为水库 i 在时段 t 的最高水位值。

(2) 通过 Logistic 映射得出 $M \times P$ 个在 $[0, 1]$ 区间内不同的混沌序列:

$$\varepsilon_{M \times P} = \begin{bmatrix} \varepsilon_{1,1}, & \varepsilon_{1,2}, & \cdots, & \varepsilon_{1,P} \\ \vdots & \vdots & & \vdots \\ \varepsilon_{M,1}, & \varepsilon_{M,2}, & \cdots, & \varepsilon_{M,P} \end{bmatrix} \tag{19.23}$$

混沌序列的长度为 $T \times N$, T 为调度时段数, N 为成员水库总数; M 为种群规模。

(3) 根据公式 (19.24) 将序列初值放大到优化变量的取值空间, 得到 M 组代表水库运行过程中的蓄水量值序列 (式 (19.25)), 并作为初始种群。

$$X_i = a_i + (b_i - a_i)\varepsilon_i \tag{19.24}$$

$$V_{M \times P} = \begin{bmatrix} V_{1,1}, & V_{1,2}, & \cdots, & V_{1,P} \\ \vdots & \vdots & & \vdots \\ V_{M,1}, & V_{M,2}, & \cdots, & V_{M,P} \end{bmatrix} \tag{19.25}$$

2) 适应度函数

适应度函数即目标函数, 通过初始种群计算的适合度如下:

$$F_{M \times 1}^0 = [f_1^0, f_2^0, \cdots, f_M^0]^{\mathrm{T}} \tag{19.26}$$

3) 选择和交叉算子

根据公式 (19.14), 采用正弦选择算子对适合度进行转化, 再根据转换后的适合度进行选择。

$$F_{M \times 1}^{0'} = \left[\sin\left(\frac{\pi}{2} \times \frac{f_1^{0'} - f_{\min}}{f_{\max} - f_{\min}} \right), \cdots, \sin\left(\frac{\pi}{2} \times \frac{f_M^{0'} - f_{\min}}{f_{\max} - f_{\min}} \right) \right]^{\mathrm{T}} \tag{19.27}$$

交叉算子采用算术交叉, 具体计算公式见式 (19.18)。

4) 变异算子

混沌遗传算法的变异算子设计采用均匀变异, 即用分布随机数的概率来替换原有的基因值, 具体计算过程见式 (19.19)。

5) 混沌扰动算子

混沌遗传优化算法与纯粹的遗传算法最根本的区别之一在于在优化的过程中增加一个微小的混沌扰动算子[14,15]; 主要体现在: 一是遗传操作过程中染色体的微小扰动, 用于得到新的种群以避免早熟现象; 二是对初始最优解的微小扰动, 从而进行局部搜索优化。

(1) 遗传操作过程中的混沌扰动。对于经过选择、交叉和变异操作后得到的染色体，再采用混沌的方法增加一个微小的扰动，得到新的种群，该扰动按如下方法进行：

设 g 为当前迭代次数，$V_{M \times P}^{g}$ 为经过 g 次迭代后，所有染色体经过选择、交叉和变异操作后得到的种群。

设 $\varepsilon_{M \times P}^{g}$ 为 Logistic 映射产生的混沌时间序列，则可将原种群 $X_{m \times n}^{g}$ 与混沌映射得到的数组对应相加，得到新的种群 $V_{M \times P}^{g'} = V_{M \times P}^{g} + \varepsilon_{M \times P}^{g}$，然后再进行选择运算。

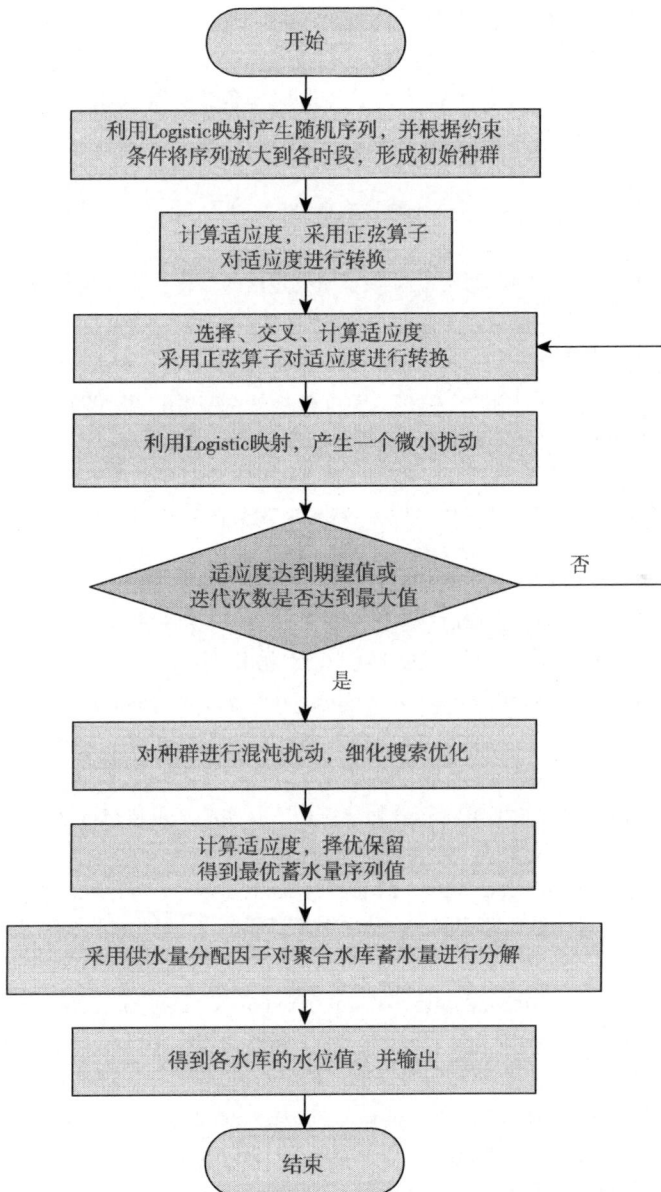

图 19.1 基于混沌遗传算法的水库调度计算流程图

(2) 初始最优解的微小扰动。假设 $(V_1, V_2, \cdots, V_p)$ 是迭代 h 次后的最优解，而 $v = (v_1, v_2, \cdots, v_P)$ 是当前最优解映射到 $[0,1]$ 区间后形成的向量，称为初始最优解对应的初始最优决策变量，v_k 是迭代 k 次后的初始最优解对应的初始决策向量，通过下式随机扰动后得到新的初始决策变量 v'_k，再进行局部细搜索，进而得到最终的最优解。

$$v'_k = (1 - \alpha)v + \alpha v_k \tag{19.28}$$

6) 算法终止条件

算法的终止条件有：①连续几代的平均适应度不变；②最优化适应度与平均适应度接近同一水平；③连续几代迭代过程中最好的解没有变化；④迭代次数到达设定值；⑤种群适应度的方差小于指定值。本书采用第 1 种方法，改进遗传算法在水库群优化调度中应用的步骤如图 19.1 所示。

参 考 文 献

[1] 郭生练, 陈炯宏, 刘攀, 等. 水库群联合优化调度研究进展与展望 [J]. 水科学进展, 2010, 21(4): 496-503.

[2] 陈进, 黄薇. 长江水库群联合调度可能性分析 [J]. 长江科学院院报, 2008, 2(2): 1-5.

[3] Reddy M J, Kumar D N. Optimal reservoir operation using multi-objective evolutionary algorithm[J]. Water Resources Management, 2006, 20(6): 861-878.

[4] Afshar A, Sharifi F, Jalali M R. Non-dominated archiving multi-colony ant algorithm for multi-objective optimization: application to multi-purpose reservoir operation[J]. Engineering Optimization, 2009, 41(4): 313-325.

[5] 张勇传, 李福生, 熊斯毅, 等. 水电站水库群优化调度方法的研究 [J]. 水力发电, 1981, (11): 48-52.

[6] 张玉新, 冯尚友. 多维决策的多目标动态规划及其应用 [J]. 水利学报, 1986, (7): 1-10.

[7] 董哲仁, 孙东亚, 赵进勇. 水库多目标生态调度 [J]. 水利水电技术, 2007, 38(1): 28-32.

[8] Jager H I, Smith B T. Sustainable reservoir operation: can we generate hydropower and preserve ecosystem values?[J]. River Research and Applications, 2008, 24(3): 340-352.

[9] 董增川, 叶秉如. 水电站库群优化调度的分解方法 [J]. 河海大学学报, 1990, (6): 70-78.

[10] 倪建军, 徐立中, 李臣明, 等. 水库调度决策研究综述 [J]. 水利水电科技进展, 2005, 24(6): 63-66.

[11] Wardlaw R, Sharif M. Evaluation of genetic algorithms for optimal reservoir system operation[J]. Journal of Water Resources Planning and Management, 1999, 125(1): 25-33.

[12] 王大刚, 程春田, 李敏. 基于遗传算法的水电站优化调度研究 [J]. 华北水利水电学院学报, 2001, 22(1): 5-10.

[13] Vasan A, Raju K S. Comparative analysis of simulated annealing, simulated quenching and genetic algorithms for optimal reservoir operation[J]. Applied Soft Computing, 2009, 9(1): 274-281.

[14] Jothiprakash V, Arunkumar R. Optimization of hydropower reservoir using evolutionary algorithms coupled with chaos[J]. Water Resources Management, 2013, 27(7): 1963-1979.

[15] Cheng C T, Wang W C, Xu D M, et al. Optimizing hydropower reservoir operation using hybrid genetic algorithm and chaos[J]. Water Resources Management, 2008, 22(7): 895-909.

第 20 章　改善通江湖泊生态环境的水库群优化调度

20.1　调度对象的选取与概化

对长江干流及两湖流域支流水库分布状况及特性进行调研和资料收集，收集整理了长江干流及两湖流域支流 48 座大型水库的水位、兴利库容和总库容等关键特征数据 (图 20.1, 图 20.2)，本书选择具有较大调节能力的控制性水库作为调控对象，具体选择如下所述。

图 20.1　洞庭湖流域主要水库及选定水库 (见彩图)

20.1.1　长江干流控制性水库的选择

三峡工程兼具防洪、发电、航运和供水等综合效益。按常规调度运行方式，在汛期利用 221 亿 m³ 的调节库容发挥防洪功能，在汛末蓄水至 175.0m 正常蓄水位，并在枯水期时为大坝下游地区持续补水，水位在次年汛前降至 145.0m 防洪限制水位，库容系数 0.037，属于不完全年调节水库 [1,2]。三峡水库调节库容 221 亿 m³，在长江干流属于控制性水库，因此在长江干流选取三峡水库作为调控对象。

图 20.2　鄱阳湖流域主要水库及选定水库 (见彩图)

20.1.2　洞庭湖流域支流控制性水库的选择

湖南省大多数水库为季调节或径流式，调节性能差。湖南省内湘、资、沅、澧四水干流已建成各类水库、电站 35 座，本书中选择的控制性水库共 8 座：东江水库、柘溪水库、五强溪水库、江垭水库、凤滩水库、托口水库、洮水水库、黄石水库，如图 20.1 所示，这 8 座水库占所有水库可调节库容的 90% 以上，各水库基本特征见表 20.1，各水库的概况详见参考文献 [3-9]。

表 20.1　洞庭湖流域支流选定的控制性水库的基本特征

序号	水库名称	一级支流	死水位/m	正常蓄水位/m	兴利库容/亿 m^3	总库容/亿 m^3
1	东江水库	湘江	242.0	285.0	52.5	91.5
2	柘溪水库	资水	144.0	169.5	22.58	35.7
3	五强溪水库	沅江	90.0	108.0	20.2	42.9
4	江垭水库	澧水	188.0	236.0	11.64	17.41
5	凤滩水库	沅江	170.0	205.0	10.6	17.3
6	托口水库	沅江	235.0	250.0	6.15	12.49
7	洮水水库	湘江	170.0	205.0	3.87	5.15
8	黄石水库	沅江	77.0	90.0	3.38	6.02

20.1.3 鄱阳湖流域支流控制性水库的选择

鄱阳湖流域已建大型水库多数以灌溉为主，控制面积较小，且建成时间较早[10,11]。在开展面向湖泊生态需水，进而改善鄱阳湖生态环境时，选择的控制性水库共 7 座：柘林水库、万安水库、上犹江水库、洪门水库、峡江水库、大坳水库、廖坊水库 (占鄱阳湖所有水库可调节库容的 86%) 作为鄱阳湖流域支流调度目标，如图 20.2 所示，各水库基本特征见表 20.2，各水库的概况详见参考文献 [10]。

表 20.2 鄱阳湖流域支流选定的控制性水库的基本特征

序号	水库名称	一级支流	死水位/m	正常蓄水位/m	兴利库容/亿 m³	总库容/亿 m³
1	柘林水库	修水	50.0	65.0	34.7	79.2
2	万安水库	赣江	85.0	100.0	7.97	22.16
3	上犹江水库	赣江	183.0	198.4	4.71	8.22
4	洪门水库	抚河	92.0	100.0	3.738	12.14
5	峡江水库	赣江	44.0	46.0	2.14	11.87
6	大坳水库	信江	197.0	217.0	1.427	2.757
7	廖坊水库	抚河	61.0	65.0	1.14	4.32

20.1.4 调度水库的聚合

在开展有利于改善洞庭湖生态环境的水库群优化调度时，选取的控制性水库共有 9 座，针对鄱阳湖调度时，控制性水库有 16 座，数目众多，调度程序中以这些水库库容作为决策量，再乘以时段数，状态变量数目达 224 个 (计算总时段数为 14)，将导致模型维数过高，造成求解效率低下，难以收敛。因此采用 19.2 节的聚合分解法对上述水库进行聚合。由于不同支流对湖泊影响的区域不同，将同一支流上的若干水库聚合成一座单一虚拟 "水库" 进行优化调度，得出最优的库容后再进行成员水库的分解调度。按照上述原则，在开展有利于改善洞庭湖生态环境的水库群优化调度时，将湘江上的洮水水库和东江水库虚拟成一座 "水库"，沅江上的五强溪水库、凤滩水库、黄石水库虚拟成一座 "水库"，这样就等效于仅对 5 座水库进行调度，见图 20.3。

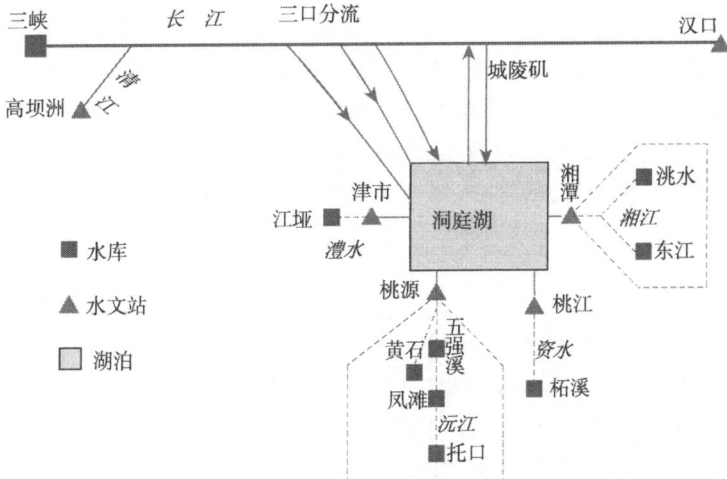

图 20.3 面向洞庭湖生态需水的水库群优化调度系统概化图

　　而在开展有利于改善鄱阳湖生态环境的水库群优化调度时，将洞庭湖流域支流水库虚拟成一座 "水库"，赣江上的峡江水库、万安水库、上犹江水库虚拟成一座 "水库"，抚河上的廖坊水库、洪门水库虚拟成一座 "水库"。这样就等效于仅对 6 座水库进行调度，大大减少了变量的个数，聚合后的水库群优化调度系统概化图见图 20.4。

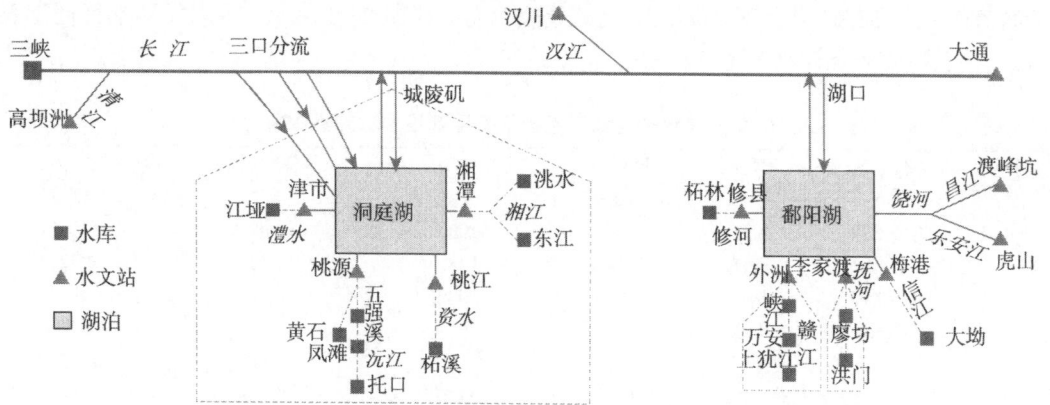

图 20.4　面向鄱阳湖生态需水的水库群优化调度系统概化图

20.2　关键调度期和计算时段

20.2.1　关键调度期的确定

　　本书是以提高通江湖泊最小生态需水满足率，进而改善通江湖泊生态环境为目标进行水库群联合调度，而从水库群蓄水过程来看下泄流量变化主要体现在汛前腾空期、汛后水库蓄水期、枯水期。结合通江湖泊水情年内变化规律，湖泊在水库群集中蓄水期间，易提前出现过低水位，对湖泊生态环境产生了不利的影响。长江干流洪水期在每年的 7~9 月，洞庭湖汛期在每年 4~9 月，鄱阳湖主汛期在每年的 4~6 月，7 月后虽然五河入湖流量已明显减小，但此时长江干流流量仍较大，星子站仍维持较高的水位。长江 8 月末还处于汛期，来水多，可调控的水量也主要集中在这一时段，此时可在保证防洪安全的前提下，实施水库群联合水量调度，对各支流上游来水进行合理预蓄，有效地完成水量调度任务，在 9 月下旬 ~10 月下旬再正式蓄水。因此，对整个水库群而言，调度时间主要集中在每年 7~10 月，综合分析长江中游各水库实际运行情况，本次以 7 月上旬 ~11 月中旬作为长江中游水库群联合调度的关键调度期，而在分析通江湖泊生态需水满足率时选择通江湖泊受蓄水影响最为严重的 9 月下旬 ~10 月下旬。

20.2.2　计算时段划分

　　水库群通常以年为计算周期，也可以月和旬为计算时段，而本研究与整年的水库调度不同，只是选取特定时段 7~11 月为调度期，若以月为计算时段不能真实反映水库的调度过程，同时又根据优化调度模型的敛散性和各水库的调节性能，采用以旬为计算时段。根据混沌遗传算法的算子设计，开展有利于改善通江湖泊生态环境的优化调度的应用研究，考虑不同典型年汛末及蓄水期为典型水文背景条件。关键调度期自 7 月 1 日起至 11 月 20 日，以旬为计算时段, 则整个调度期共划分为 14 个时段, 对三峡水库而言, 第 1~8 时段 (7 月 1 日至 9 月 20 日) 为主汛期及汛末期, 8~12 时段 (9 月 20 日至 10 月 30 日) 为蓄水期, 13~14 时段水库水位已蓄至正常蓄水位。

20.3　情景及工况设置

某一频率典型年及其年内径流过程的推求, 对水库规划阶段各种参数的确定、运行阶段调度方案的制定以及对未来年水量过程的预测均有较大的影响, 是整个规划方案和调度方案的重要环节之一。某一站点针对某一频率典型年的选择, 通常采用的方法是以河道控制性站点关键调度期内平均流量系列为基础, 根据调度期内径流总量的多少, 从大到小排序, 按经验频率公式计算各自所对应的频率。若以年径流量为依据, 界定典型年, 其逐月水量并不一定具有长序列的代表性, 本书以调度期内径流量的大小作为选择典型年的依据。

长江中下游干流各主要控制站径流组成复杂, 干支流来水不同频。通过对 1955~2002 年宜昌站日平均流量、洞庭湖流域水系来水及鄱阳湖水系来水的调度期内径流量进行排频, 选取 1974 年干流来水和两湖流域支流来水均为平水年; 选取 1978 年为干流和两湖都枯的年份, 典型年的选取得到了长江水利委员会水文局的认可, 根据典型年的选取, 结合调度的目标, 在开展有利于改善通江湖泊生态环境水库群调度时, 选取如表 20.3 所示两种情景, 针对洞庭湖调度时设置 4 种工况, 见表 20.4, 其中工况 0 表示所有水库均未蓄水, 即不考虑水库的影响, 作为其他工况的对比工况。针对鄱阳湖调度设置 5 种工况, 见表 20.5, 工况 0 表示所有水库均未蓄水, 作为其他工况的对比工况。

表 20.3　改善通江湖泊生态环境的水库群优化调度情景设置

情景	情景描述	对应年份
情景 1 平水年	长江干流来水和两湖流域支流来水均为平水年	1974 年 (9~10 月)
情景 2 枯水年	长江干流来水和两湖流域支流来水均为枯水年	1978 年 (9~10 月)

表 20.4　改善洞庭湖生态环境的水库群优化调度工况设置

工况	组合
工况 0	不考虑水库的影响, 出库流量等于入库流量
工况 1	所有水库常规调度
工况 2	仅三峡水库优化调度
工况 3	仅洞庭湖流域支流水库群联合优化调度
工况 4	三峡水库、洞庭湖流域支流群联合优化调度

表 20.5　改善鄱阳湖生态环境的水库群优化调度工况设置

工况	组合
工况 0	不考虑水库的影响, 出库流量等于入库流量
工况 1	所有水库常规调度
工况 2	仅三峡水库优化调度
工况 3	三峡水库、洞庭湖流域支流水库群联合优化调度
工况 4	仅鄱阳湖流域支流水库群联合优化调度
工况 5	所有水库联合优化调度

20.4　面向洞庭湖生态需水的水库群蓄水期优化调度

20.4.1　调度目标

在开展改善洞庭湖生态环境的水库群蓄水期优化调度时，将洞庭湖湖区最小生态需水满足率作为调度目标，即时段内湖泊水量与对应时段最小生态需水量的比值，该值越大，表明该时段水量能够满足湖泊的生态环境需水的要求，生态满足度越高，湖泊生态系统越健康 [12−14]。由于洞庭湖湖体已演变为东、南、西 3 个湖区，因此在计算各个湖区最小生态需水满足率时，应分别计算不同湖区的生态需水满足率，再按相应的权重求和得到湖泊整体的最小生态需水满足率。以鹿角站水位作为东洞庭湖的水位，以杨柳潭站和营田站的平均水位作为南洞庭湖的水位，以南咀站和小河咀站的平均水位作为西洞庭湖的水位，见图 16.8，根据水位求出对应的最小生态需水量 (表 16.1)。根据 19.1 节的总体调度目标，则针对洞庭湖的具体调度目标为

$$\delta_d = \sum_{t=1}^{14} \gamma_t \sum_{i=1}^{3} \lambda_i \frac{W_{t,i}}{W_{t,i,\min}} \tag{20.1}$$

式中，t 表示调度时段，关键调度期自 7 月 1 日起至 11 月 20 日，以旬为调度时段，共划分为 14 个时段。γ_t 为各时段的权重，由于洞庭湖蓄水量偏低主要集中在水库群的蓄水期，因此在水库群蓄水期 9 月下旬 ~10 月下旬所占权重较大，而其他时段不存在生态需水量不满足的情况，故权重为 0；λ_i 为各湖区生态需水量满足率所占的权重，各权重的确定采用专家经验法结合试算法，东洞庭湖生态需水量满足率所占的权重取 0.5，南洞庭湖取 0.3，西洞庭湖取 0.2；$W_{t,i}$ 表示 t 时段东洞庭湖、南洞庭湖、西洞庭湖的实际蓄水量 $(i = 1, 2, 3)$，m^3；$W_{t,i,\min}$ 表示 t 时段不同湖区的最小生态需水量，m^3，据表 16.1 选取。

20.4.2　约束条件

根据《三峡–葛洲坝水利枢纽梯级调度规程》，三峡水库在汛期原则上按汛限水位 145.0m 运行，实际运行中水库水位可在 144.9~146.0m，汛限水位以下 0.1m 至以上 1.0m 范围内变动，当沙市站水位在 41.0m 以下，城陵矶站水位在 30.5m 以下且三峡水库入库流量小于 30 000m^3/s，水库水位可在汛限水位以下 0.1m 至以上 2.0m 范围内波动。若水库水位在 146.0m 以上，当沙市站水位达到 41.0m 或城陵矶站水位达到 30.5m 且预报继续上涨，或三峡水库入库流量达到 25 000m^3/s 时，应根据水库上下游水情状况，及时将水库水位降至 146.0m 以下。水库 9 月上旬的运行水位可进一步逐渐向上浮动，9 月 10 日水库水位可控制在 150.0~155.0m，9 月底控制水位 165.0m，10 月底可蓄至 175.0m。三峡水库枯水期主要满足不低于电站保证出力 (4990MW) 及葛洲坝下游 39.0m 最低航深对应的流量要求，大约 5500m^3/s，为满足荆江大堤防洪的要求，最大流量为 56 700m^3/s。

湖南省水利厅颁发的《湖南省水资源调度方案及系统建设规划》(简称《规划》) 确定了省内各主要河道断面最小控制流量 [16]。根据《规划》，要确保湘江下游的用水及生态安全，澧水石门站最小流量不得低于 60m^3/s，沅江桃源站最小流量不得低于 301m^3/s，资水桃江站最小流量不得低于 130m^3/s，湘江湘潭站最小流量不得低于 570m^3/s。最大流量限制以考虑防洪为主，澧水下游河道安全泄量不超过 12 000m^3/s；五强溪水库汛期 5~7 月防洪限制

水位为 98.0m，当水库水位在 108.0m 以下时，按着满足尾闾防洪要求调度，沅江下游尾闾河段安全泄量为 20 000m³/s；为结合防洪和汛末蓄水的要求，资水柘溪水库 7 月 15 日前汛限水位为 162.0m，7 月 16~31 日汛限水位为 165.0m，8 月 1 日后视水文气象变化情况灵活调度，最高控制蓄水位 169.0m，资水桃江站河道安全泄流量为 8950m³/s；东江水库下游末水两岸农田防洪，控制下泄流量不超过 1500m³/s，东江水库汛期为每年 4~8 月，防洪限制水位 284.0m，9 月开始允许蓄水至 285.0m[17]。

20.4.3 调度结果及分析

将不同典型年调度时段内三峡及四水水库出库流量序列代入建立的水库群联合优化调度模型，得出不同情景不同工况下使得洞庭湖生态需水满足率最大的各水库或虚拟水库最优流量下泄过程及洞庭湖代表性站点城陵矶站、杨柳潭站、南咀站的水位过程。

1. 平水年调度结果分析

1) 仅三峡水库优化调度对洞庭湖代表性站点水位的影响

图 20.5、图 20.6 分别显示了平水年不同工况下三峡水库优化调度下的水库下泄流量及水位变化过程。工况 2 设置为仅三峡水库优化调度对提高洞庭湖最小生态需水满足率的作用，由图 20.5 可知，通过三峡水库优化调度，蓄水期较常规调度下泄流量平均增加 2377.00m³/s，累计向长江中下游补水 82.15 亿 m³。三峡水库下泄流量的增加对洞庭湖的影响体现在以下两个方面：一是可以增加通过三口河段进入洞庭湖的水量，蓄水期平均增加流量 631.06m³/s，通过三口累计向洞庭湖增加补水 0.909 亿 m³；二是提高城陵矶站的水位，对洞庭湖的入江水流起着顶托作用，可使城陵矶水位较常规调度水位平均提高 0.304m，最大抬升 0.510m，对维持通江湖泊的正常水位起着顶托作用，与之对应，东洞庭水位平均提高 0.138m，最大提高 0.347m，南洞庭湖平均抬升 0.149m，最大抬升 0.157m，西洞庭湖受三口分流河道流量增加和城陵矶水位的顶托的双重影响，水位平均提高 0.171m，最大提高 0.253m。

从水库水位变化过程看，8 月下旬长江还处于主汛期末，三峡水库入流量为 28 452m³/s，小于 30 000m³/s，可以使三峡水库水位较汛限水位提高 0.5m 左右，水位预蓄至 145.53m；至 9 月中旬，三峡水库正式蓄水时，水位水库达到 148.18m，至 10 月下旬水位蓄水至正常蓄水位 175.0m，见图 20.6，通过预蓄的方式，可减缓三峡水库的蓄水过程，增加出库流量。

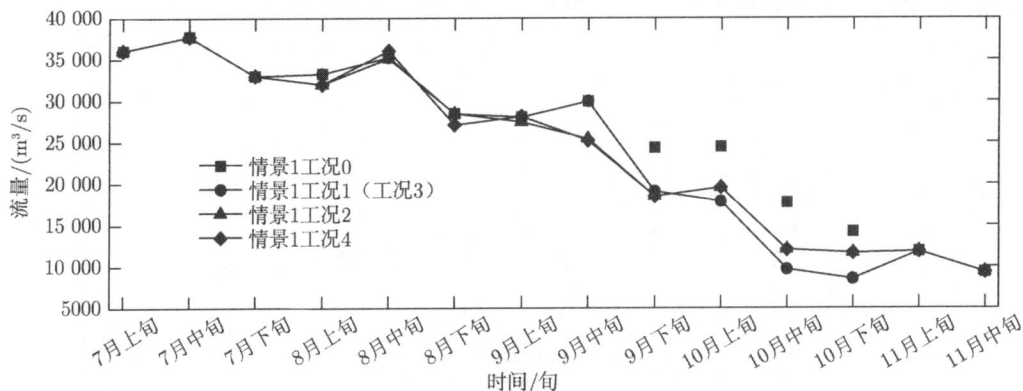

图 20.5 平水年不同工况下三峡水库出库流量过程 (洞庭湖)

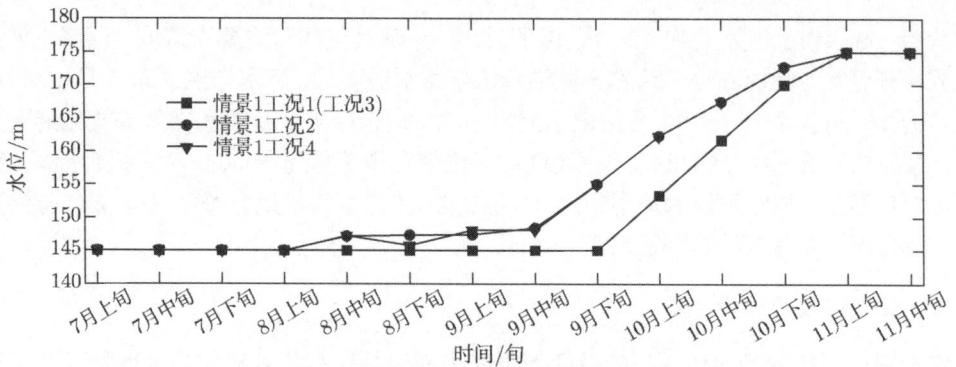

图 20.6　平水年不同工况下三峡水库水位变化过程 (洞庭湖)

2) 仅洞庭湖支流水库调度对洞庭湖代表性站点水位的影响

由于洞庭湖流域支流汛期在每年 4~9 月, 支流水库群在汛末及汛后开始蓄水, 常规调度蓄水时段与三峡水库蓄水基本相同, 在平水年, 四水在蓄水期平均流量为 3160.70m³/s, 其中澧水平均流量 267.25m³/s, 沅江平均流量 1176.95m³/s, 资水平均流量 489.25m³/s, 湘江平均流量 1227.25m³/s。通过实施优化调度, 四水累计增加出库流量 461.70m³/s, 澧水江垭水库平均出库流量增加 43.21m³/s, 见图 20.7 和图 20.8, 沅江虚拟水库 (包括五强溪水库、凤滩水库、黄石水库、托口水库) 下泄流量平均增加 234.48m³/s, 出库流量过程见图 20.9。资水柘溪水库下泄流量平均增加 104.17m³/s, 见图 20.14 和图 20.15; 湘江虚拟水库 (包括东江水库、洮水水库) 出库流量平均增加 79.84 m³/s, 见图 20.16。城陵矶水位受四水的联合影响, 水位最大提高 0.139m, 东洞庭湖水位最大提高 0.170m, 南洞庭湖水位主要受资水和湘江的影响, 最大提高 0.188m, 西洞庭湖水位主要受澧水及沅江的影响, 最大提高 0.059m, 见表 20.6。采用 19.2 节聚合水库分解原则, 对沅江虚拟水库、湘江虚拟水库进行分解, 得出各成员水库不同时段的可调节库容, 再根据水库的水位–库容关系得出各成员水库的水位, 不同工况下五强溪水库水位变化过程见图 20.10, 凤滩水库水位变化过程见图 20.11, 黄石水库水位变化过程见图 20.12, 托口水库水位变化过程见图 20.13, 东江水库水位变化过程见图 20.17, 洮水水库水位变化过程见图 20.18, 各水库水位变化趋势总体与三峡水库水位变化趋势相同, 即在汛末预蓄, 在正式蓄水时可减轻蓄水压力, 加大出库流量。对于虚拟水库, 结合同期入库流量, 推求成员水库的下泄流量。由于本书的目标主要是针对洞庭湖的生态需水量, 而对于虚拟水库中各单个成员水库的下泄流量不做着重分析。

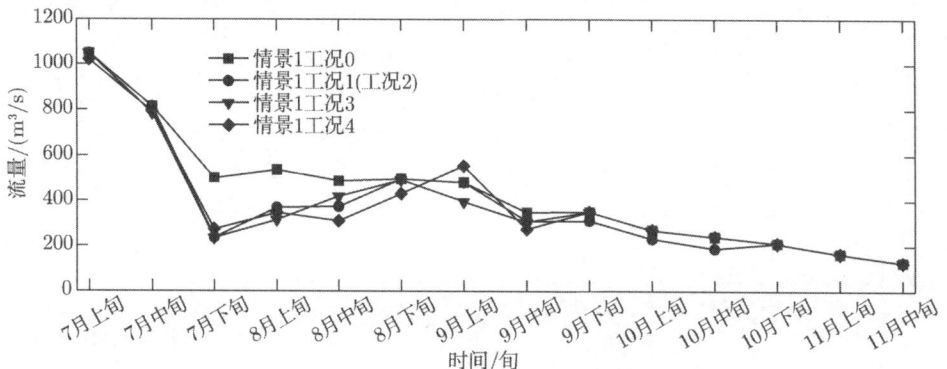

图 20.7　平水年不同工况下江垭水库出库流量过程 (洞庭湖)

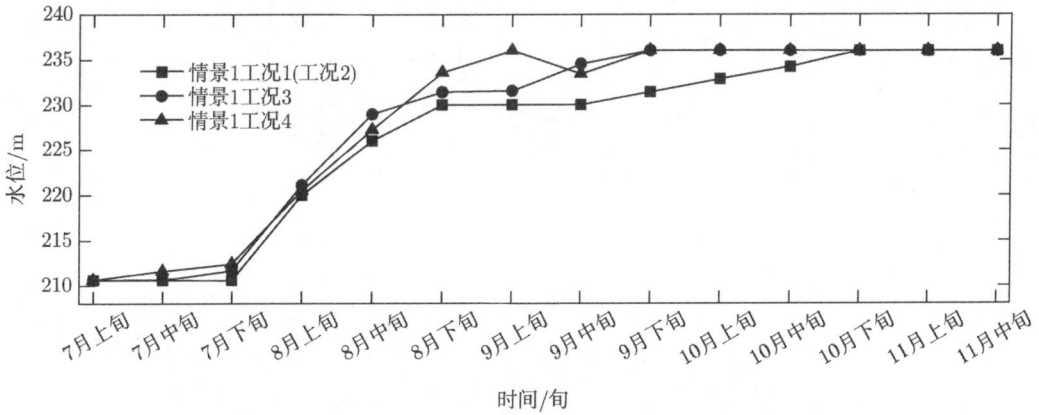

图 20.8 平水年不同工况下江垭水库水位变化过程 (洞庭湖)

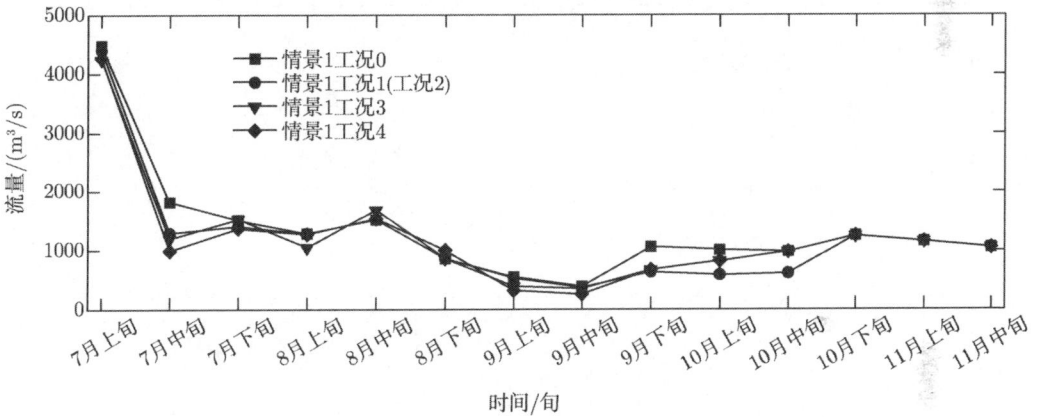

图 20.9 平水年不同工况下沅江虚拟水库出库流量过程 (洞庭湖)

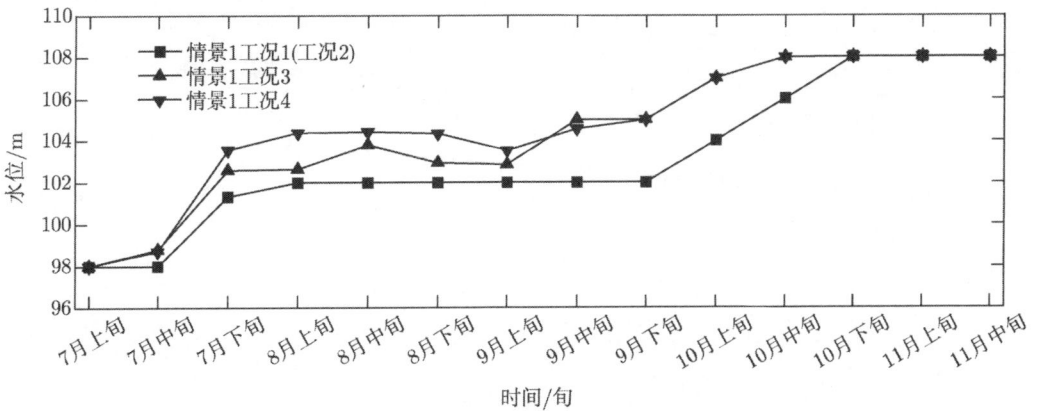

图 20.10 平水年不同工况下五强溪水库水位变化过程 (洞庭湖)

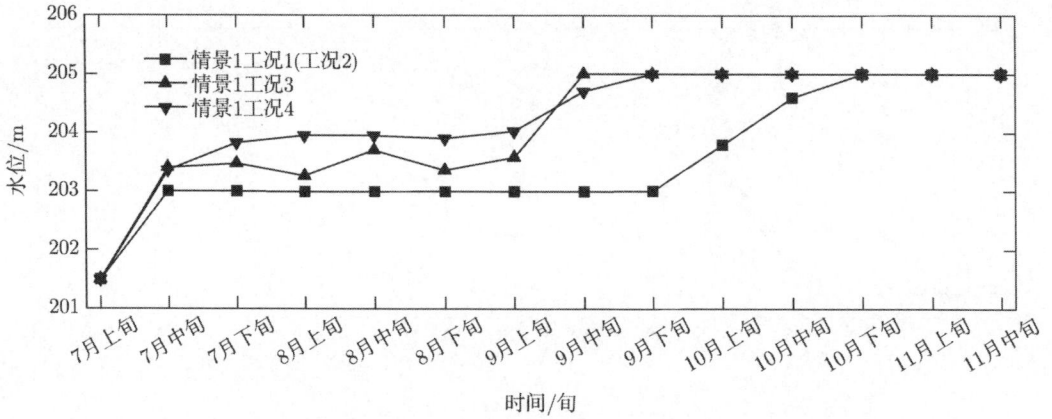

图 20.11　平水年不同工况下凤滩水库水位变化过程 (洞庭湖)

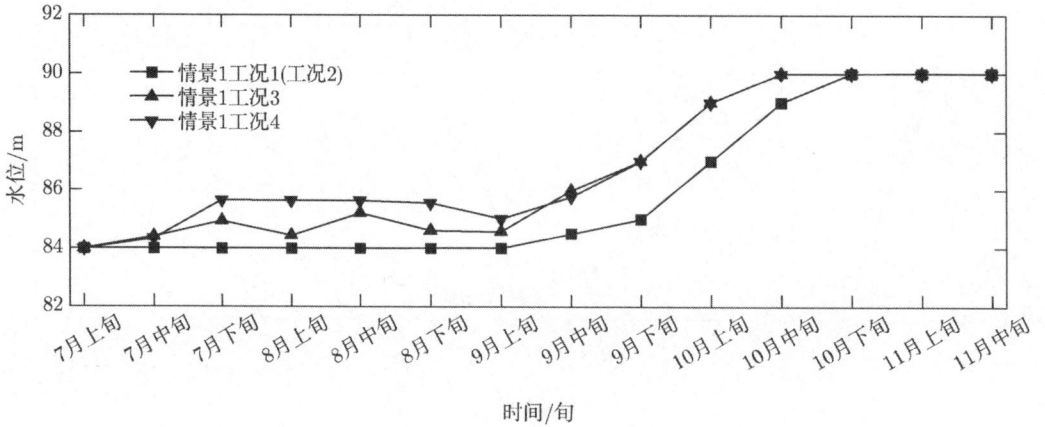

图 20.12　平水年不同工况下黄石水库水位变化过程 (洞庭湖)

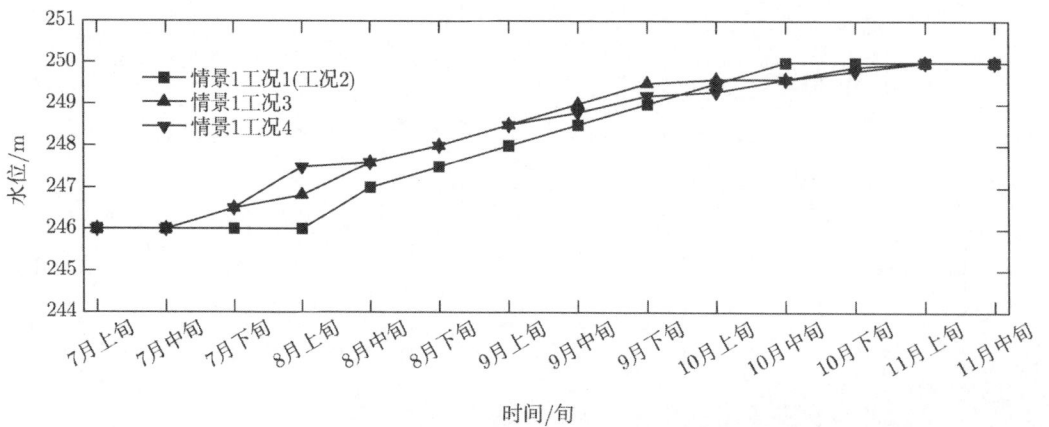

图 20.13　平水年不同工况下托口水库水位变化过程 (洞庭湖)

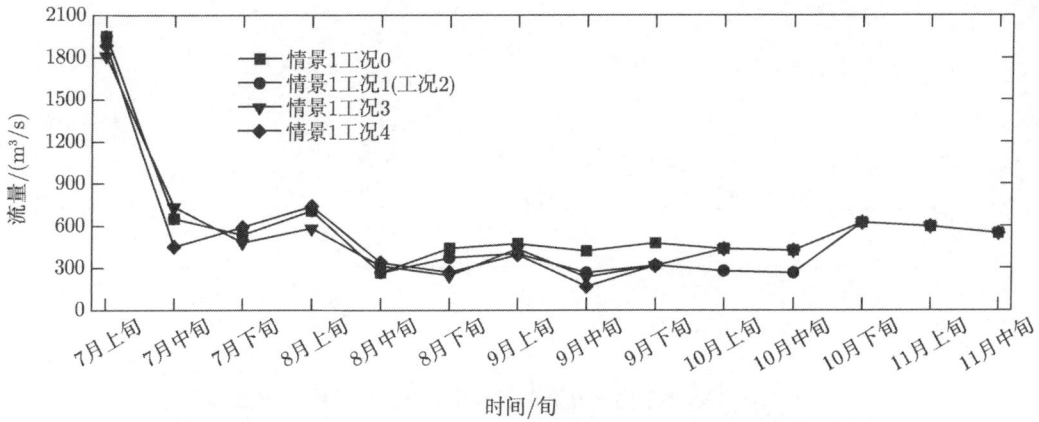

图 20.14 平水年不同工况下柘溪水库出库流量过程 (洞庭湖)

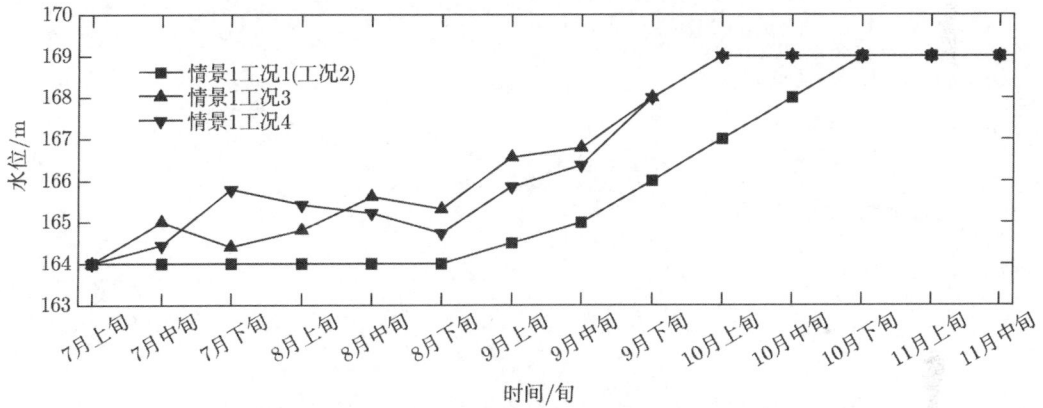

图 20.15 平水年不同工况下柘溪水库水位变化过程 (洞庭湖)

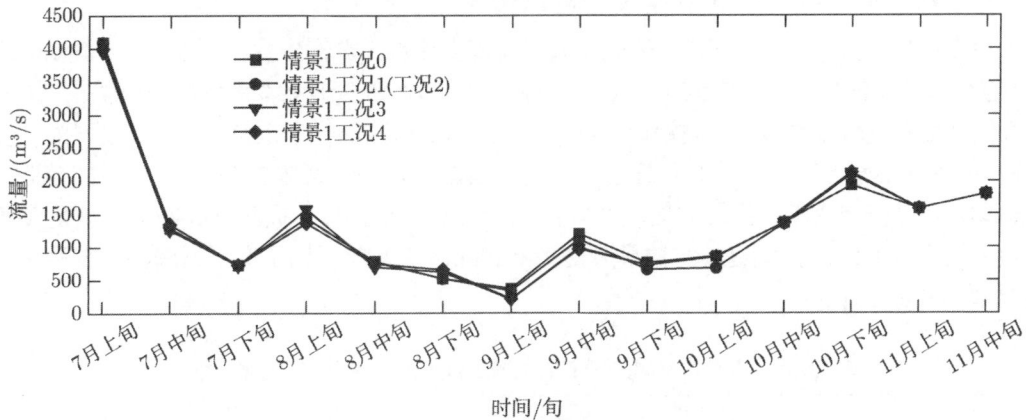

图 20.16 平水年不同工况下湘江虚拟水库出库流量过程 (洞庭湖)

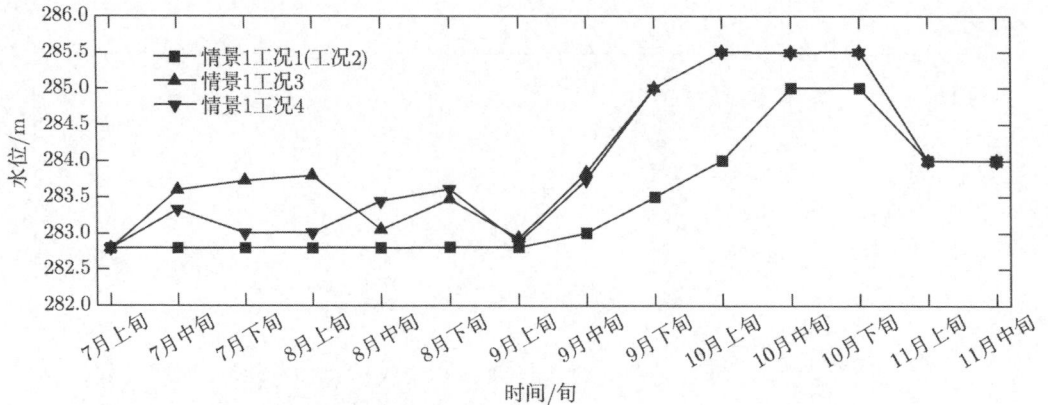

图 20.17　平水年不同工况下东江水库水位变化过程 (洞庭湖)

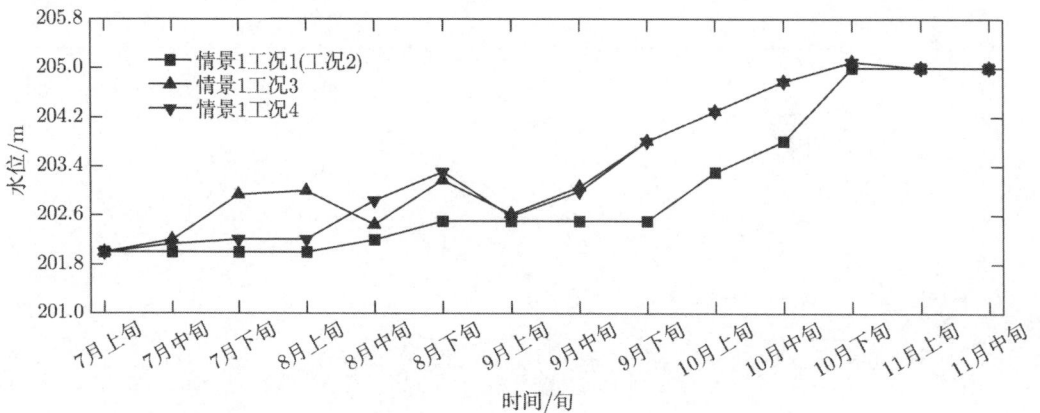

图 20.18　平水年不同工况下洮水水库水位变化过程 (洞庭湖)

3) 三峡水库与洞庭湖支流水库联合调度对洞庭湖代表性站点水位的影响

由上述分析得知, 仅对三峡水库或洞庭湖流域支流水库群实施优化调度, 对于提高洞庭湖水位, 改善湖泊生态环境起到了一定的促进作用, 如何通过干支流水库群联调联控, 进而最大限度地减缓水库蓄水对洞庭湖的不利影响, 是本书研究的一个重点。工况 4 设置为三峡水库、洞庭湖流域支流水库联合调度对于提高洞庭湖代表性站点水位的作用。通过实施联合优化调度, 可使城陵矶水位最大提高 0.579m, 东洞庭湖水位最大提高 0.402m, 南洞庭湖水位最大提高 0.333m, 西洞庭湖水位最大提高 0.290m, 平水年不同工况下洞庭湖代表性站点水位增幅见表 20.6。

表 20.6　平水年不同工况下优化调度对于提高洞庭湖水位的效果

湖区	站点	工况 2 平均/最大/m	工况 3 平均/最大/m	工况 4 平均/最大/m
东洞庭湖	鹿角	0.138/0.347	0.101/0.170	0.147/0.402
南洞庭湖	杨柳潭、营田	0.149/0.157	0.109/0.188	0.157/0.333
西洞庭湖	南咀、小河咀	0.171/0.253	0.027/0.059	0.211/0.290

4) 优化调度对洞庭湖水情影响的整体评估

在开展有利于改善洞庭湖生态环境的水库群调度程序中，采用基于支持向量机技术 (SVM) 仅给出了洞庭湖 5 个代表性水文站点的数据，为全面反映洞庭湖不同区域的水位状况，采用第 18 章已建立的长江中游江湖一体化耦合水动力模型，得出不同调度方案下对洞庭湖整个湖区的影响。在本书中，虽然水库坝址与水动力模型边界上存在着空间差异，下泄流量出库后到水动力边界需要一定的传输时间，但由于调度是以旬为时段，因此传播时间基本可以忽略不计。不同工况下水库群优化调度对于提高水位的作用见图 20.19(以 10 月中旬为例)，工况 2 仅通过三峡水库的调度，对东洞庭湖北部、西洞庭湖北部的水位提升起到明显的作用，东洞庭湖水位提高 0.08~0.40m，西洞庭湖提高 0.08~0.32m，而对于南洞庭湖作用甚微，水位提高 0.08~0.16m。工况 3 仅洞庭湖流域支流水库优化调度对提高南洞庭湖及东洞庭湖有明显的效果，对西洞庭湖作用有限，主要原因是西洞庭湖入湖水量增加的主要来源为澧水上的江垭水库，江垭水库增加出库流量 43.21 m³/s，仅占四水增加流量的 10%。通过三峡水库及洞庭湖流域支流水库联合调度，可使东洞庭湖水位提高 0.12~0.52m，南洞庭湖水位提高 0.16~0.40m，西洞庭湖水位提高 0.20~0.40m。

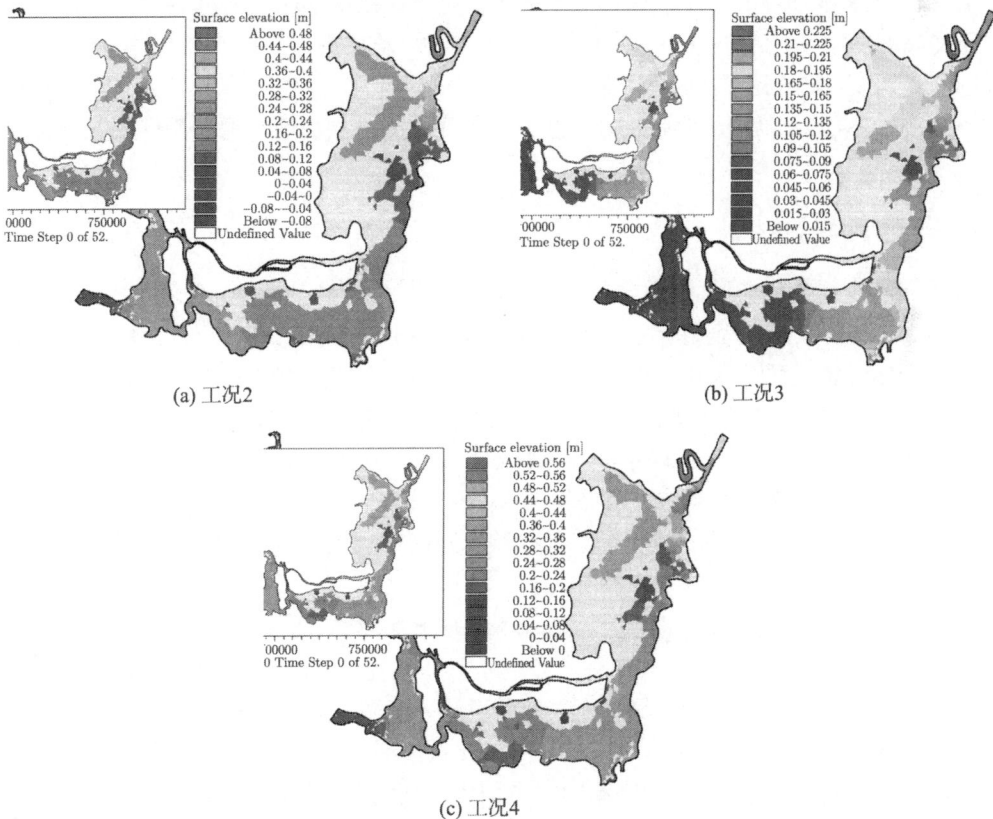

(a) 工况2

(b) 工况3

(c) 工况4

图 20.19　平水年优化调度下洞庭湖水位变化情况 (10 月中旬)(见彩图)

5) 洞庭湖湖区最小生态需水满足率分析

本书将洞庭湖湖区最小生态需水满足率作为调度目标，平水年不同工况下洞庭湖最小生态需水满足率见表 20.7。

表 20.7　平水年不同工况下洞庭湖最小生态需水满足率

湖区	工况 0	工况 1	工况 2	工况 3	工况 4
东洞庭湖	111.60%	82.38%	87.16%	83.64%	97.86%
南洞庭湖	114.10%	89.26%	91.65%	92.22%	94.44%
西洞庭湖	139.47%	87.14%	91.83%	87.66%	92.30%
整体	117.92%	85.40%	89.44%	87.02%	95.73%

由表 20.7 知，在湖区最小生态需水满足率方面，水库群在蓄水前东洞庭湖、南洞庭湖、西洞庭湖均可满足最小生态需水要求。水库群的蓄水导致湖区不同区域最小生态需水满足率均有不同程度的下降，对西洞庭湖的影响最为明显；通过三峡水库实施优化调度，可使东洞庭湖最小生态需水满足率由常规调度的 82.38% 提高至 87.16%，提高了 4.78%，而对于南洞庭湖最小生态需水满足率由常规调度的 89.26% 提高至 91.65%，提高了 2.39%；西洞庭湖最小生态需水满足率由常规调度的 87.14% 提高至 89.44%，提高了 4.04%；对洞庭湖整体而言，仅三峡水库的调度可使洞庭湖湖区最小生态需水满足率从 85.40% 提高到 89.44%，提高了 4.04%；而仅洞庭湖流域支流水库群的优化调度，可使洞庭湖湖区最小生态需水满足率从 85.40% 提高到 87.02%，提高了 1.62%，说明仅三峡水库或洞庭湖支流水库单独调度对于提高洞庭湖湖区最小生态需水满足率作用有限，需要开展三峡水库、洞庭湖流域支流水库的联合调度，联合调度后，湖区最小生态需水满足率从 85.40% 提高到 95.73%，提高了 10.33%，可基本消除长江干支流水库群蓄水对洞庭湖的不利影响，确保洞庭湖的生态供水安全。

2. 枯水年调度结果分析

1) 仅三峡水库优化调度对洞庭湖代表性站点水位的影响

图 20.20、图 20.21 分别显示了枯水年仅三峡水库优化调度下的水库入库流量、下泄流量及水位变化过程。可以看出，在枯水年，三峡水库在蓄水期平均入库流量为 14 422m³/s，仅为平水年的 71.5%，平均下泄流量 8009.33m³/s，下泄流量平均减小 6412.68m³/s，其中三口分流量减小 613.88 m³/s。三峡水库按常规调度方式运行后城陵矶水位平均降低 1.261m，最大下降 1.531m。南洞庭湖水位平均下降 0.591m，最大下降 0.734m，西洞庭湖水位平均下降 0.606m，最大下降 0.709m，说明枯水年三峡水库按常规调度方式蓄水对洞庭湖水情影响较大。

通过三峡水库的优化调度，蓄水期下泄流量平均增加2376.53m³/s，最大增加3072.90m³/s，见图 20.20，其中三口分流量平均增加 367.75m³/s。对应在的洞庭湖城陵矶水位平均抬升 0.285m，最大抬升 0.517m；而东洞庭湖、南洞庭湖、西洞庭湖水位平均分别提高 0.282m、0.007m、0.006m，说明在枯水年通过三峡水库优化调度对于南洞庭湖、西洞庭湖的影响作用有限；因此若提高南洞庭湖、西洞庭湖的生态需水量满足率，需要开展洞庭湖流域支流水库群的联合调度。

三峡水库的水位变化过程见图 20.21，从水库水位来看，由于枯水年来流量仅为平水年的 71.5%，因此水库水位在汛末可适当提高，8 月下旬水库水位达到 148.96m，9 月下旬三峡水库正式蓄水时可达 155.00m，可以确保蓄水任务的完成。

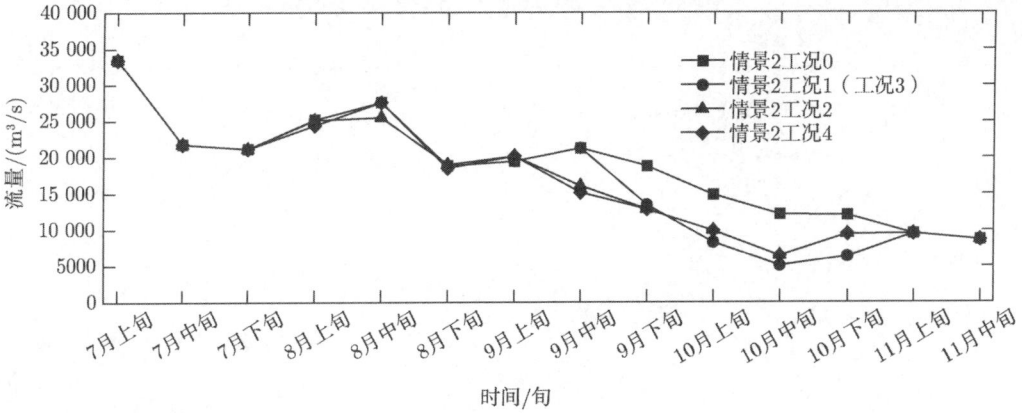

图 20.20 枯水年不同工况下三峡水库出库流量过程 (洞庭湖)

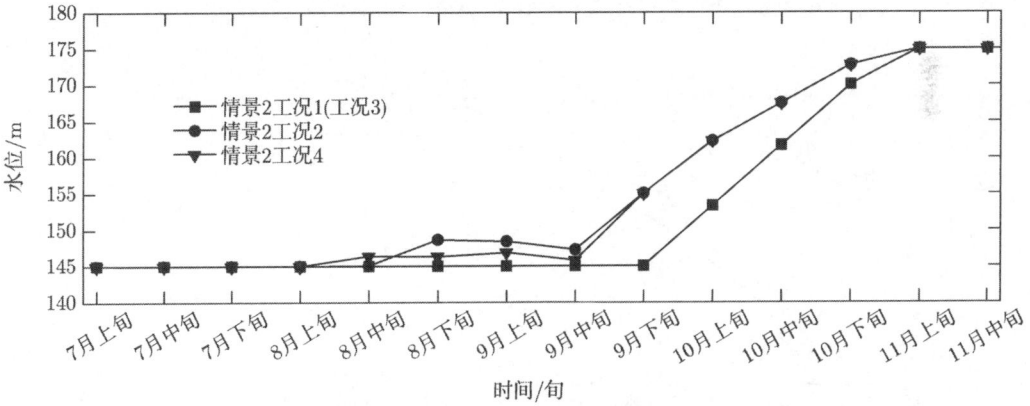

图 20.21 枯水年不同工况下三峡水库水位变化过程 (洞庭湖)

2) 仅洞庭湖支流水库调度对洞庭湖代表性站点水位的影响

在枯水年,四水在蓄水期平均流量为 1926.5m³/s,仅为平水年的 59%,其中澧水平均流量为 161.00m³/s,沅江平均流量 720.5m³/s,资水平均流量 360.5m³/s,湘江平均流量 684.5m³/s。通过实施优化调度,累计出库流量增加 511.44m³/s。澧水江垭水库出库流量见图 20.22 和图 20.23,平均出库流量增加 43.21m³/s,沅江虚拟水库出库流量过程见图 20.24,下泄流量平均增加 232.12m³/s,资水柘溪水库出库流量见图 20.29 和图 20.30,平均出库流量 156.25m³/s,湘江虚拟水库出库流量见图 20.31,平均增加 79.86m³/s。城陵矶水位受长江干流和四水的联合影响,水位最大提高 0.126m,东洞庭湖水位最大提高 0.273m,南洞庭湖水位主要受资水和湘江的影响,最大提高 0.312m,西洞庭湖水位主要受澧水及沅江的影响,水位最大提高 0.073m。采用 19.2 节聚合水库分解原则,对沅江虚拟水库、湘江虚拟水库进行分解,得出各水库不同量段的兴利库容,根据水库的水位-库容曲线得出各成员水库的水位,不同工况下五强溪水库水位变化过程见图 20.25,凤滩水库水位变化过程见图 20.26,黄石水库水位变化过程见图 20.27,托口水库水位变化过程见图 20.27,东江水库水位变化过程见图 20.32,洮水水库水位变化过程见图 20.33。

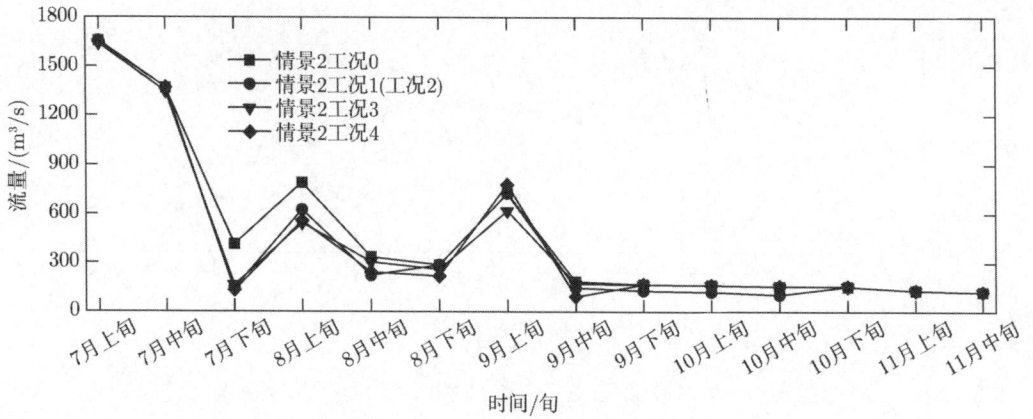

图 20.22　枯水年不同工况下江垭水库出库流量过程 (洞庭湖)

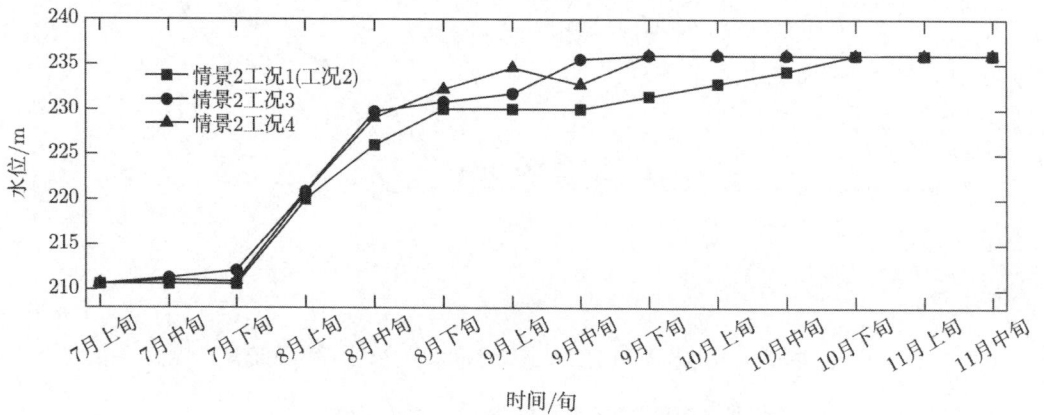

图 20.23　枯水年不同工况下江垭水库水位变化过程 (洞庭湖)

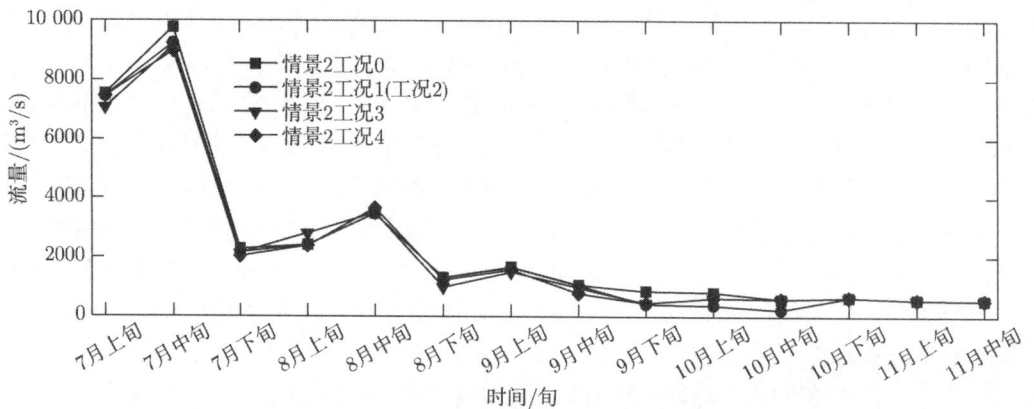

图 20.24　枯水年不同工况下沅江虚拟水库出库流量过程 (洞庭湖)

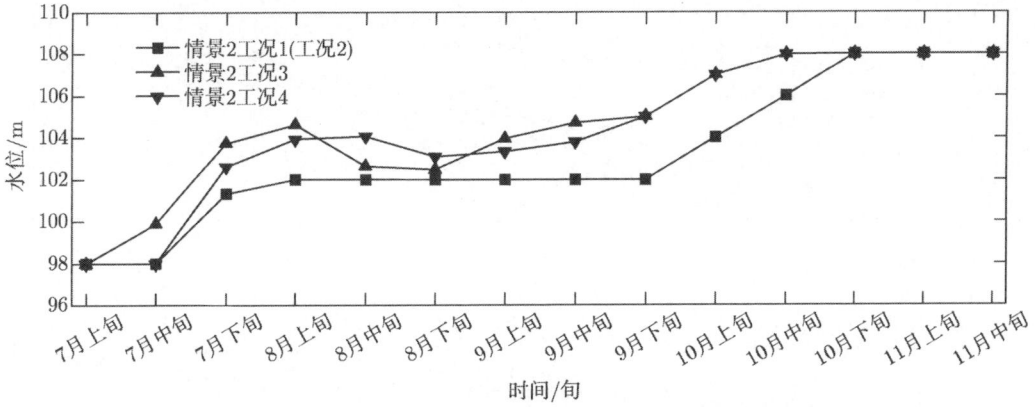

图 20.25 枯水年不同工况下五强溪水库水位变化过程 (洞庭湖)

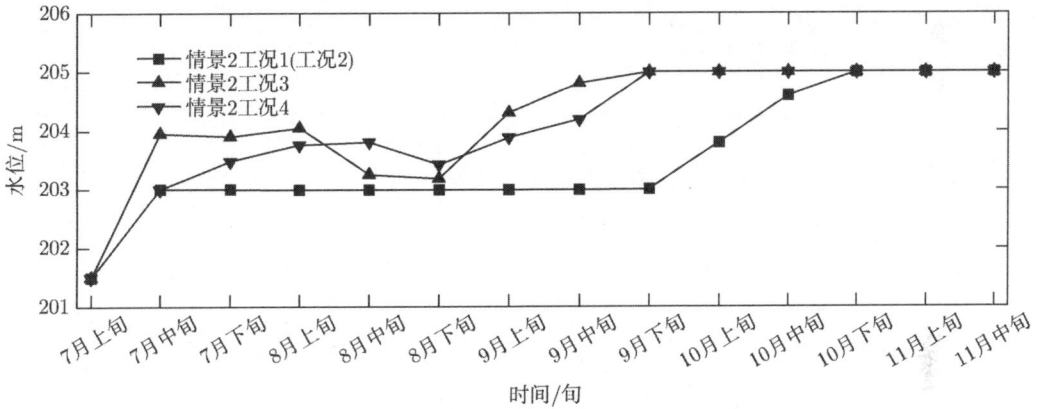

图 20.26 枯水年不同工况下凤滩水库水位变化过程 (洞庭湖)

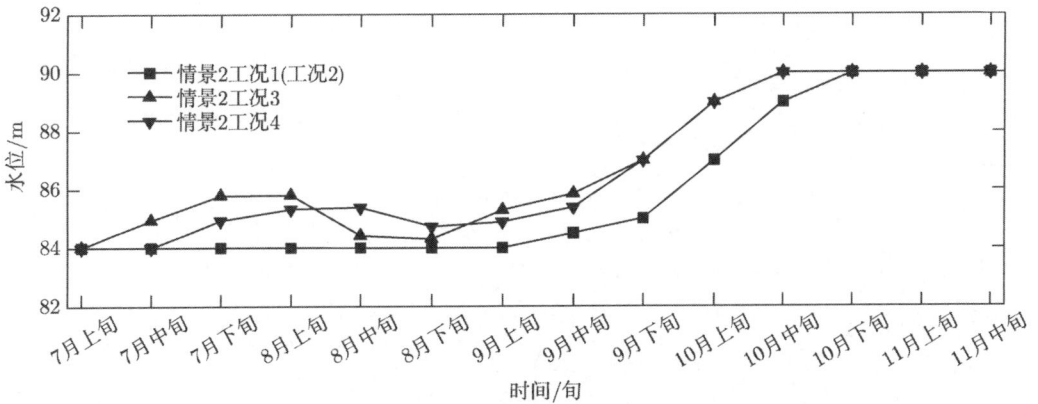

图 20.27 枯水年不同工况下黄石水库水位变化过程 (洞庭湖)

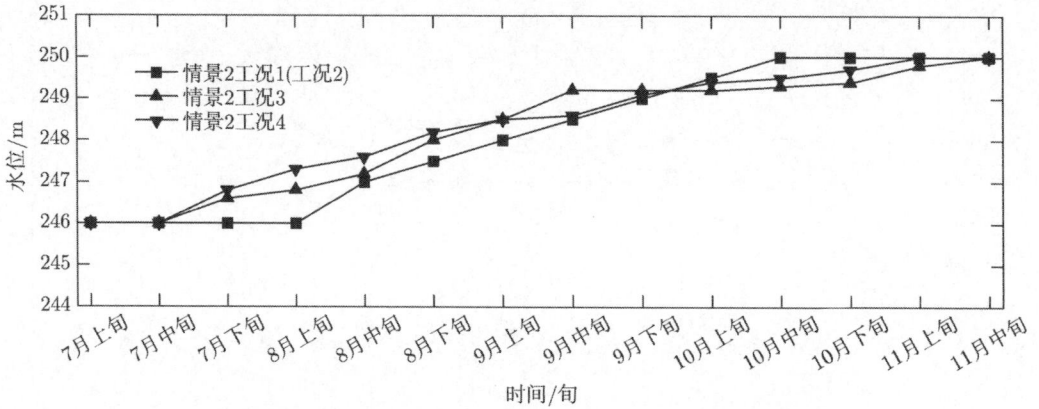

图 20.28 枯水年不同工况下托口水库水位变化过程 (洞庭湖)

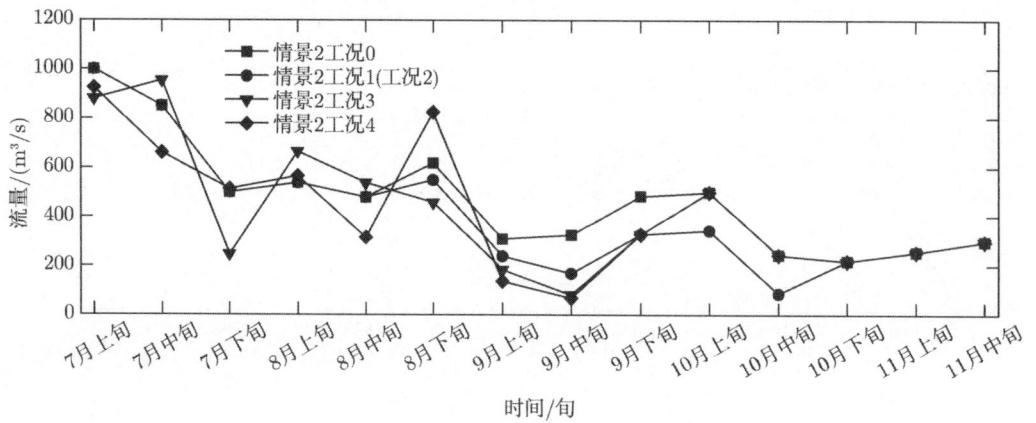

图 20.29 枯水年不同工况下柘溪水库出库流量过程 (洞庭湖)

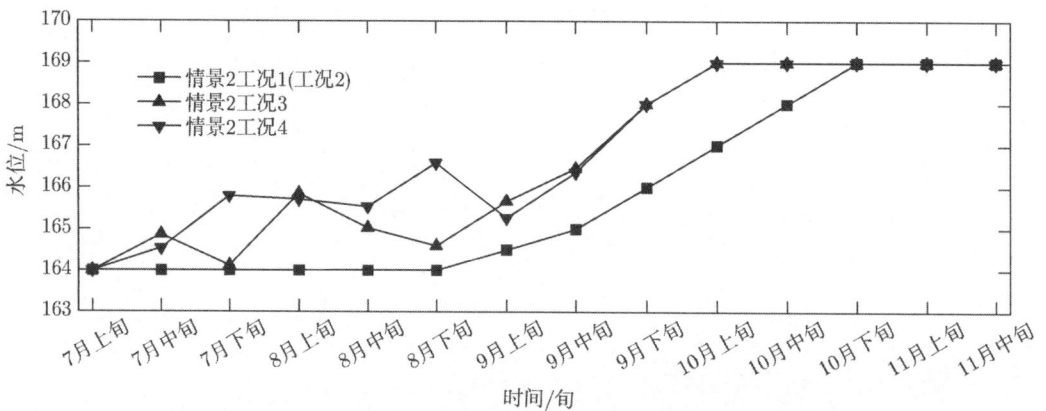

图 20.30 枯水年不同工况下柘溪水库水位变化过程 (洞庭湖)

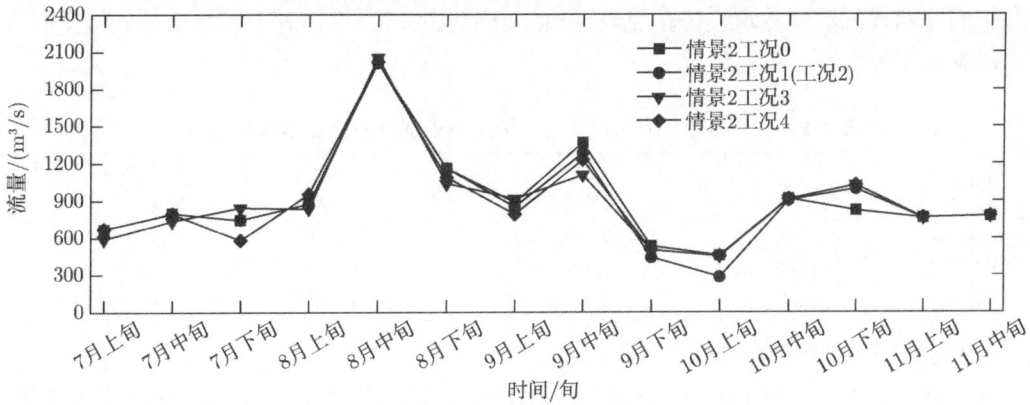

图 20.31 枯水年不同工况下湘江虚拟出库流量过程 (洞庭湖)

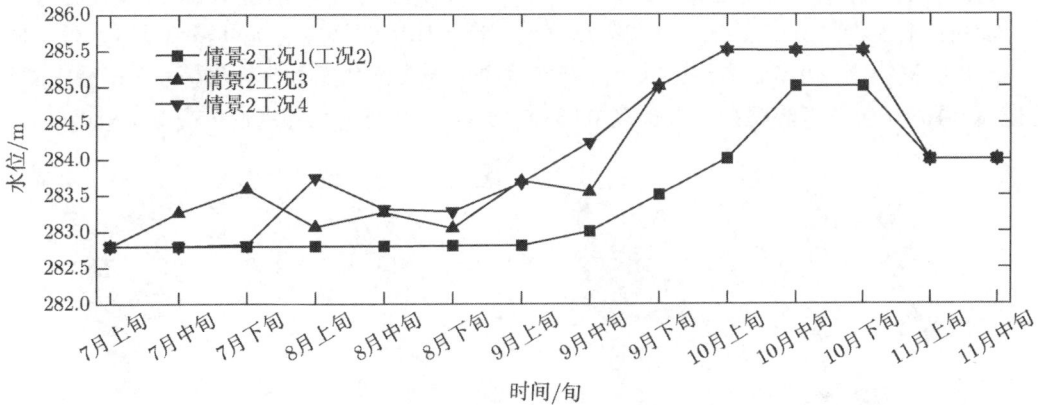

图 20.32 枯水年不同工况下东江水库水位变化过程 (洞庭湖)

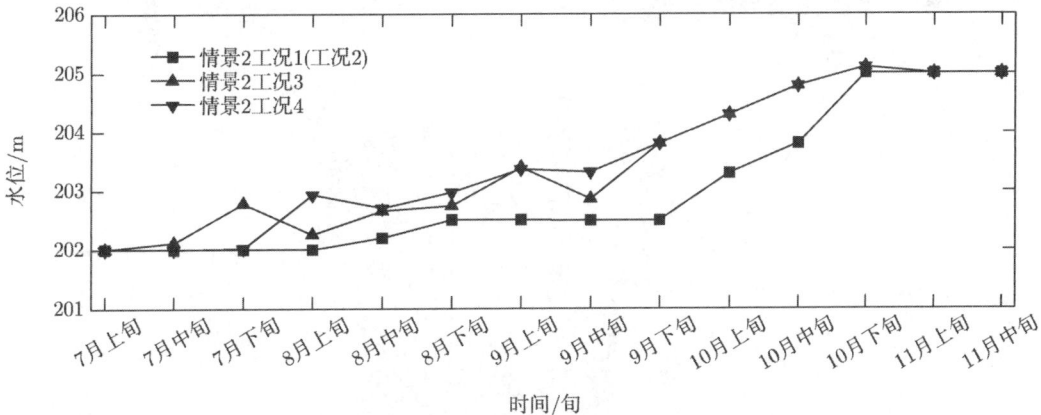

图 20.33 枯水年不同工况下洮水水库水位变化过程 (洞庭湖)

3) 三峡水库与洞庭湖支流水库联合调度对洞庭湖代表性站点水情的影响

工况 4 设置为三峡水库、洞庭湖流域支流水库联合调度对于提高洞庭湖代表性站点水位的作用。通过实施联合优化调度，可使得城陵矶水位最大提高 0.542m，东洞庭湖水位最大提高 0.381m，南洞庭湖水位最大提高 0.320m，西洞庭湖水位最大提高 0.077m，枯水年不同工况下洞庭湖代表性站点水位增幅见表 20.8,由于水位增幅是相对于枯水年常规调度而言,所以增幅与平水年不具有可比性。

表 20.8 枯水年不同工况下优化调度对于提高洞庭湖水位的效果

湖区	站点	工况 2 平均/最大/m	工况 3 平均/最大/m	工况 4 平均/最大/m
东洞庭湖	鹿角	0.282/0.426	0.162/0.273	0.365/0.381
南洞庭湖	杨柳潭、营田	0.007/0.017	0.176/0.312	0.179/0.320
西洞庭湖	南咀、小河咀	0.006/0.013	0.028/0.073	0.032/0.077

4) 优化调度对洞庭湖水情影响的整体评估

基于建立的长江中游江湖一体化耦合水动力模型,得出不同工况下水库群优化调度对于提高水位的作用与平水年类似,见图 20.34。仅通过三峡水库的调度,对提高东洞庭湖北部水位起到明显的作用,东洞庭湖水位提高 0.08~0.48m,而对南洞庭湖和西洞庭湖作用甚微,水位提高仅 0.08~0.16m。工况 3 仅洞庭湖流域支流水库优化调度对提高整个湖区水位有限,水位平均提高小于 0.01m。通过三峡水库与洞庭湖流域支流水库联合调度,可使东洞庭湖水位提高 0.16~0.4m,南洞庭湖水位提高 0.08~0.16m,西洞庭湖北部水位提高 0.0~0.08m。

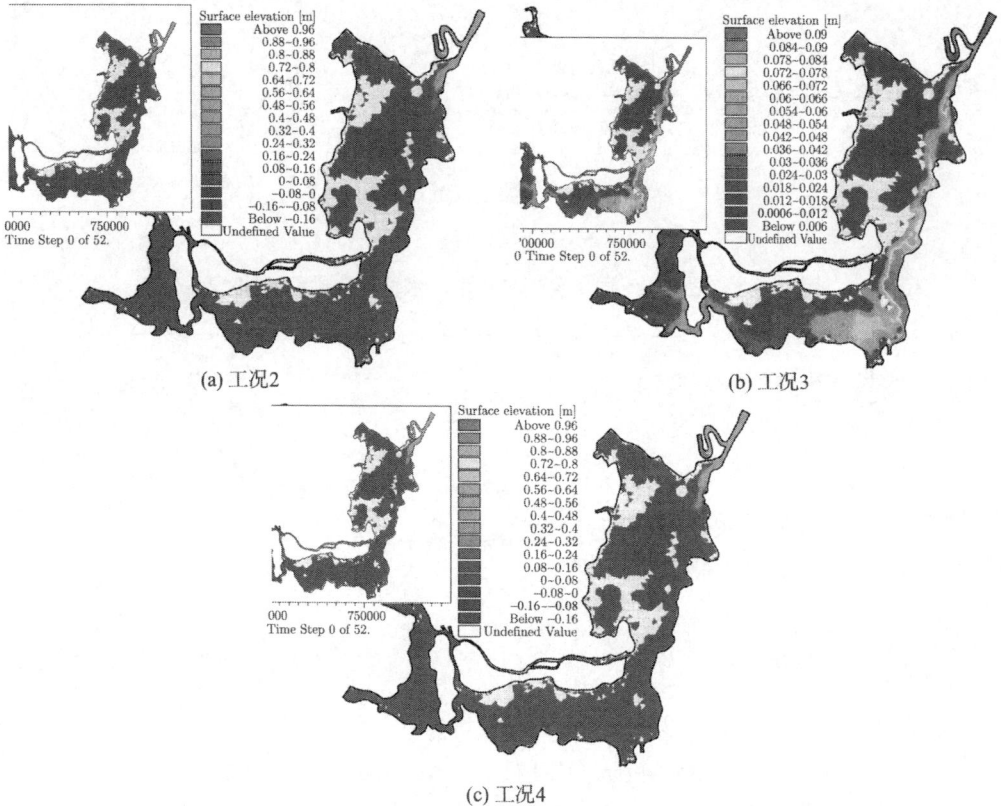

(a) 工况2   (b) 工况3

(c) 工况4

图 20.34 枯水年优化调度下洞庭湖水位变化情况 (10 月中旬)

5) 洞庭湖湖区最小生态需水满足率分析

枯水年不同工况下洞庭湖最小生态需水满足率见表 20.9。

表 20.9 枯水年不同工况下洞庭湖最小生态需水满足率

湖区	工况 0	工况 1	工况 2	工况 3	工况 4
东洞庭湖	80.67%	63.90%	66.70%	64.48%	67.32%
南洞庭湖	80.24%	64.78%	63.48%	68.30%	66.69%
西洞庭湖	85.48%	70.96%	70.14%	71.49%	70.35%
整体	81.50%	65.58%	66.42%	67.03%	67.74%

由表 20.9 知，在湖区最小生态需水满足率方面，枯水年湖区整体最小生态需水满足率为 81.50%，而水库群集中蓄水将导致湖区最小生态需水满足率降为 65.58%，对湖区生态环境造成不良影响；由于枯水年干流及支流来水量均偏低，实施联合调度后，湖区最小生态需水满足率从 65.58% 提高到 67.74%，提高 2.16%，可以一定程度上改善洞庭湖的水情，但作用有限。

20.5 面向鄱阳湖生态需水的水库群蓄水期优化调度

20.5.1 调度目标

在开展改善鄱阳湖生态环境的水库群蓄水期优化调度时，将鄱阳湖湖区最小生态需水满足率作为调度目标。根据 19.1 节的总体调度目标，则针对鄱阳湖的具体调度目标为

$$\delta_p = \sum_{t=1}^{14} \gamma_t \sum_{i=1}^{2} \lambda_i \frac{W_{t,i}}{W_{t,i,\min}} \tag{20.2}$$

式中，t 表示调度时段，关键调度期自 7 月 1 日起至 11 月 20 日，以旬为调度时段，共划分为 14 个时段。γ_t 为各时段的权重，由于鄱阳湖蓄水位可能提前出现偏低的现象主要集中在水库群的蓄水期，在水库群蓄水期 9 月下旬 ~10 月下旬所占权重较大，而其他时段不存在生态需水量不满足的情况，故权重为 0；γ_i 为各湖区生态需水量满足率所占的权重，本书中鄱阳湖北部湖区权重取 0.3，南部湖区取 0.7；$W_{t,i}$ 表示第 t 时段鄱阳湖北部、鄱阳湖南部的实际蓄水量 $(i=1,2)$，m^3；$W_{t,i,\min}$ 表示第 t 时段鄱阳湖北部、南部湖区的最小生态需水量，m^3。

20.5.2 约束条件

最大流量约束主要考虑下游河道的防洪需求。修水：在保证柘林水库安全的前提下，当坝址洪水小于 50 年一遇时，为承担下游防洪任务，修水尾闾流量不超过 6500m^3/s；赣江：下泄流量按 8800m^3/s 控制；信江：大坳水库本身而言，设计泄洪流量 1414m^3/s，最大泄洪流量 1846m^3/s，而水库下游设计安全泄流量为 800m^3/s，但实际下游局部低洼堤防只有 450m^3/s 的行洪能力，下泄流量小于 450m^3/s 为正常下泄流量，小于 800m^3/s 为安全下泄流量 [18,19]。最小流量约束按河道最小生态流量控制 [20,21]，修水最小流量为 17m^3/s，赣江最小流量为 275 m^3/s，抚河最小流量为 52.8m^3/s，信江最小流量为 34m^3/s。

20.5.3 调度结果及分析

1. 平水年调度结果分析

1) 仅三峡水库优化调度对鄱阳湖代表性站点水位的影响

　　根据平水年及枯水年水库调度时段内三峡、洞庭湖四水及鄱阳湖五河水库实际出库流量时间序列代入建立的水库群联合优化调度模型，得出不同情景不同工况下使得鄱阳湖在水库群蓄水期最小生态需水满足率最大的各水库最优流量下泄过程及鄱阳湖代表性站点星子站、棠荫站水位过程。

　　工况 2 设置为仅三峡水库优化调度对提高鄱阳湖最小生态需水量满足率的作用，由图 20.35 可知，通过三峡水库优化调度，蓄水期下泄流量平均增加 2377.00m³/s，对江湖关系具有一定的潜在调控能力，调控对鄱阳湖湖区内水位的影响具有自北向南逐渐减小的特点，鄱阳湖湖口水位可较常规调度平均提高约 0.53m，而对北部湖区代表性站点星子站水位平均提高仅 0.0439m，而南部湖区棠荫站水位基本不受三峡水库调控的影响，对应的三峡水库水位变化见图 20.36。

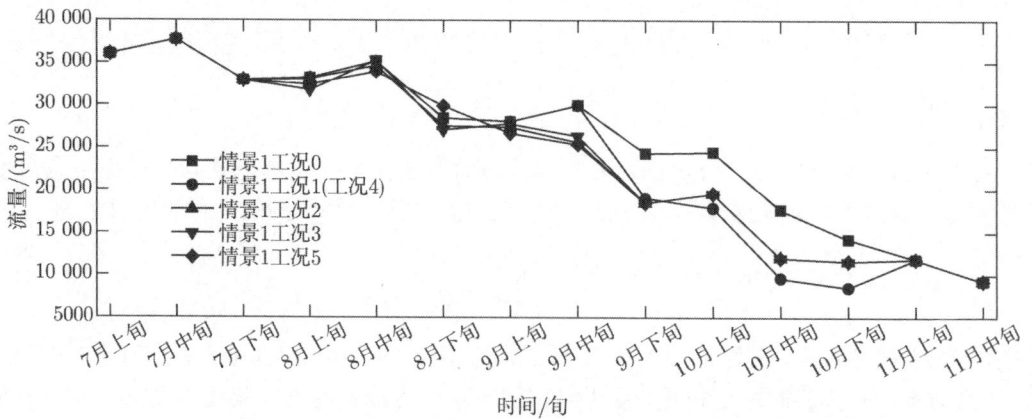

图 20.35　平水年不同工况下三峡水库出库流量过程 (鄱阳湖)

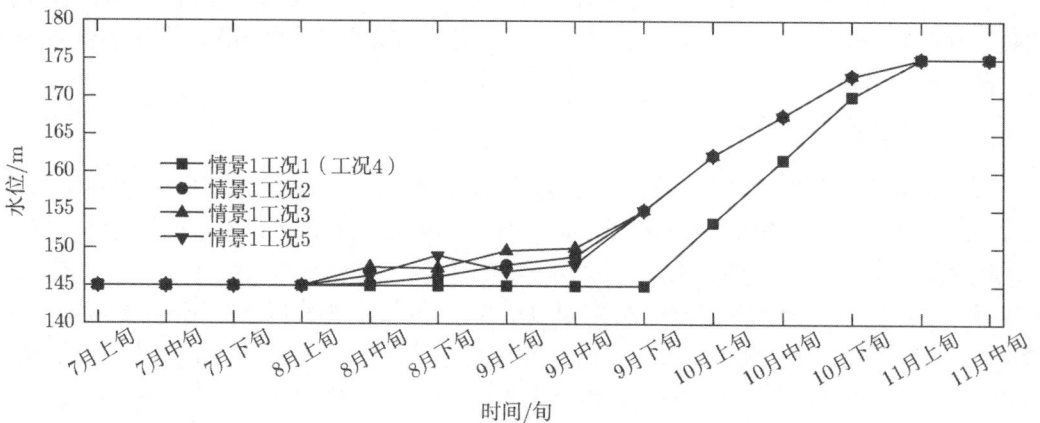

图 20.36　平水年不同工况下三峡水库水位变化过程 (鄱阳湖)

　　鉴于鄱阳湖的生态湿地系统主要集中在南部的实际情况，上述研究结果也表明，仅靠长江干流的三峡水库实施优化调度，对于改善江湖关系、维护通江湖泊生态健康的作用相对有限。

2) 三峡水库、洞庭湖流域支流水库联合调度对鄱阳湖代表性站点水位的影响分析

通过实施优化调度，累计平均增加出库流量 $4881.78\text{m}^3/\text{s}$，其中三峡水库出库流量过程见图 20.35，平均增加 $2377.00\text{m}^3/\text{s}$，四水出库流量平均增加 $2504.78\ \text{m}^3/\text{s}$，见图 20.37。优化调度后鄱阳湖湖口水位较常规调度水位平均提高 0.484m，最大抬升 0.616m，对维持通江湖泊的正常水位起着顶托作用，北部湖区代表性站点星子站水位平均提高 0.035m，最大提高 0.091m，而南部湖区棠荫站水位受水库调控的影响较小，平均提高仅 0.019m，对应的三峡水库水位变化见图 20.36。

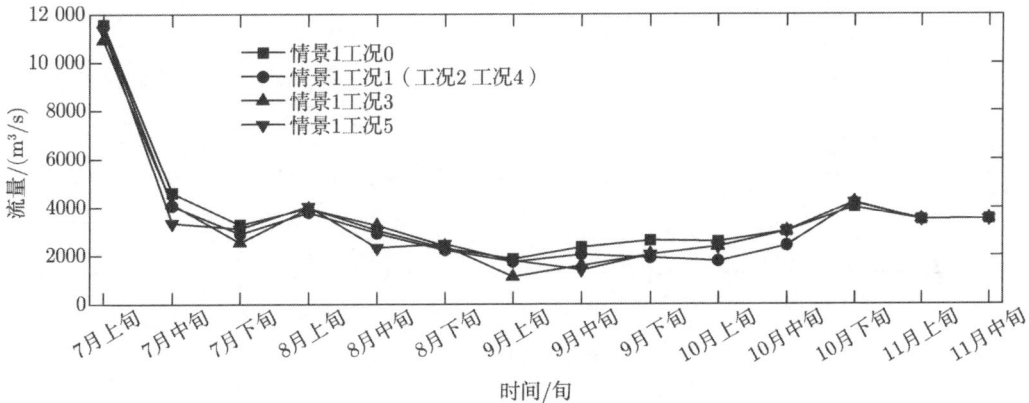

图 20.37　平水年不同工况下四水虚拟水库流量过程 (鄱阳湖)

3) 仅鄱阳湖流域支流水库调度对鄱阳湖代表性站点水位的影响分析

在平水年，五河在蓄水期平均流量为 $2440.75\text{m}^3/\text{s}$，其中修水平均流量 $329.75\text{m}^3/\text{s}$，赣江平均流量 $1052.00\text{m}^3/\text{s}$，抚河平均流量 $575.25\text{m}^3/\text{s}$，信江平均流量 $340.75\text{m}^3/\text{s}$，饶河平均流量 $143.00\text{m}^3/\text{s}$。通过实施优化调度，柘林水库出库流量见图 20.38，赣江虚拟水库出库流量见图 20.40，抚河虚拟水库出库流量见图 20.44，信江大坳水库出库流量见图 20.47，累计增加出库流量 $487.44\text{m}^3/\text{s}$，其中柘林水库平均增加出库流量 $53.55\ \text{m}^3/\text{s}$，赣江虚拟水库平均增加出库流量 $220.8\ \text{m}^3/\text{s}$，抚河虚拟水库平均增加出库流量 $38.95\ \text{m}^3/\text{s}$，信江大坳水库平均增加出库流量 $174.14\ \text{m}^3/\text{s}$，由于增加流量较小，对下游河段水位抬高值也较小，湖口水位较常规调度水位平均提高 0.080m，最大抬升 0.157m，对维持通江湖泊的正常水位起着顶托作用，对北部湖区代表性站点星子站水位平均提高 0.037m，最大提高 0.052m，南部湖区棠荫站水位平均提高 0.057m，平均提高仅 0.069m。采用 19.2.2 节聚合水库分解原则，对赣江虚拟水库、抚河虚拟水库进行分解，得出各水库不同时段的兴利库容，根据水库的水位--库容曲线得出各成员水库的水位，平水年不同工况下柘林水库水位变化过程见图 20.39，万安水库水位变化过程见图 20.41，上犹江水库水位变化过程见图 20.42，峡江水库水位变化过程见图 20.43，廖坊水库水位变化过程见图 20.45，洪门水库水位变化过程见图 20.46，大坳水库水位变化过程见图 20.48。

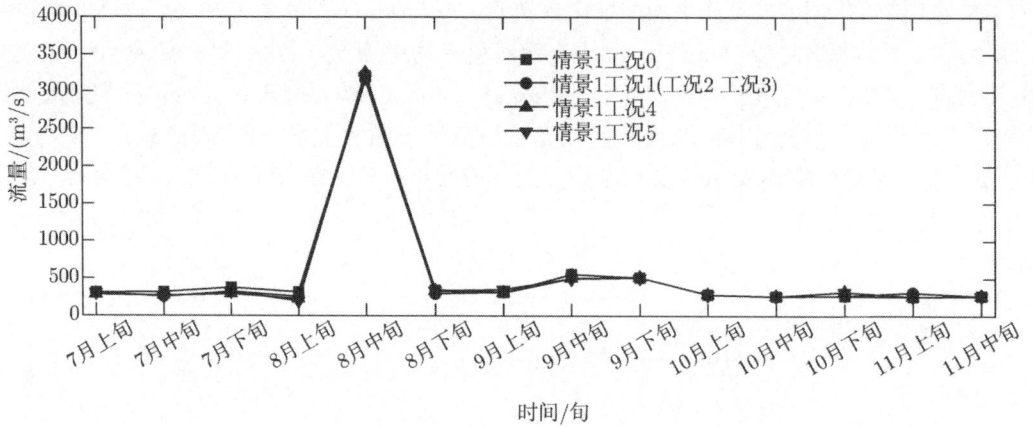

图 20.38　平水年不同工况下柘林水库流量过程 (鄱阳湖)

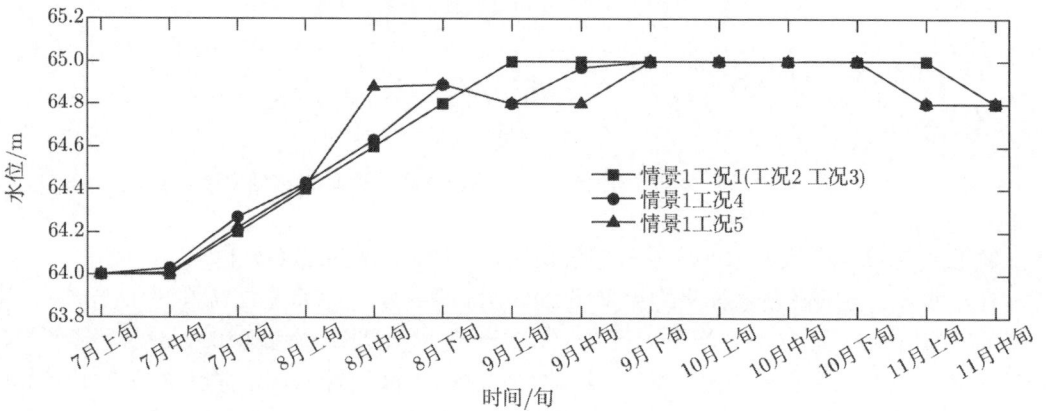

图 20.39　平水年不同工况下柘林水库水位变化过程 (鄱阳湖)

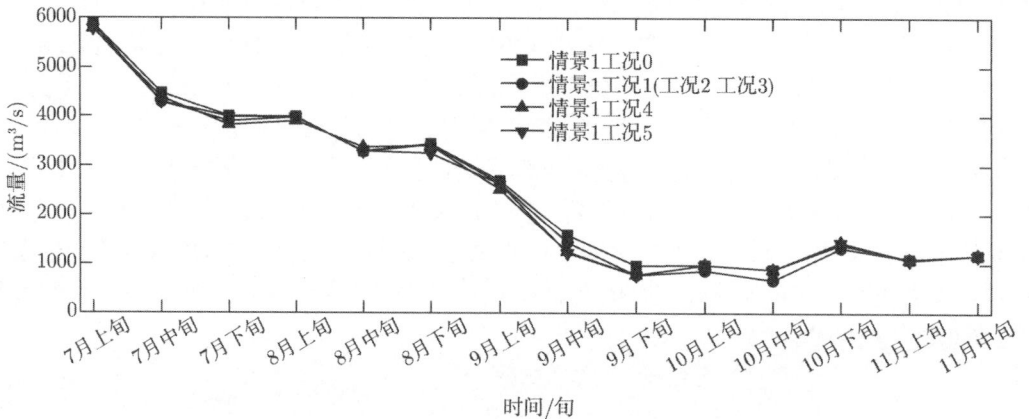

图 20.40　平水年不同工况下赣江虚拟水库流量过程 (鄱阳湖)

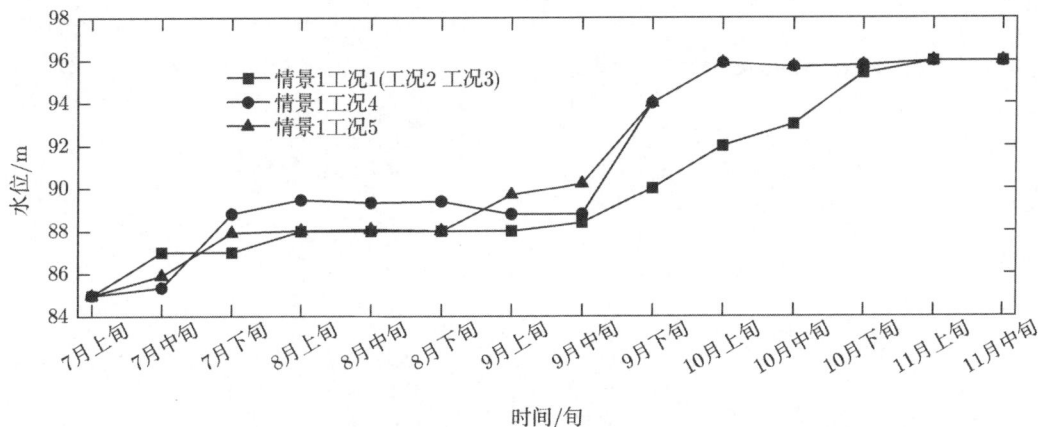

图 20.41　平水年不同工况下万安水库水位变化过程 (鄱阳湖)

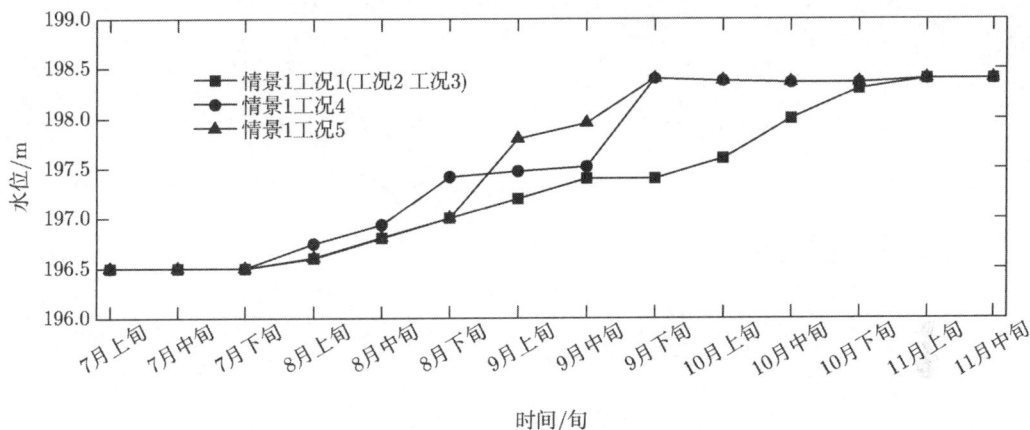

图 20.42　平水年不同工况下上犹江水库水位变化过程 (鄱阳湖)

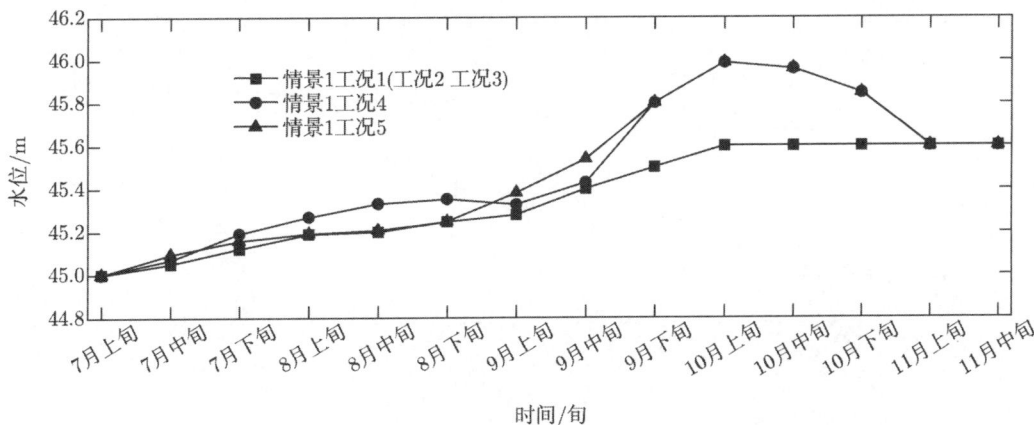

图 20.43　平水年不同工况下峡江水库水位变化过程 (鄱阳湖)

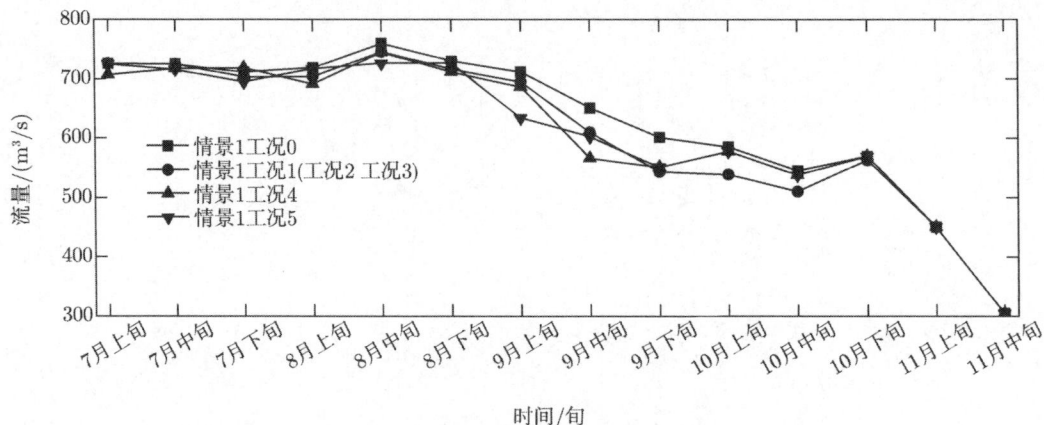

图 20.44 平水年不同工况下抚河虚拟水库流量过程 (鄱阳湖)

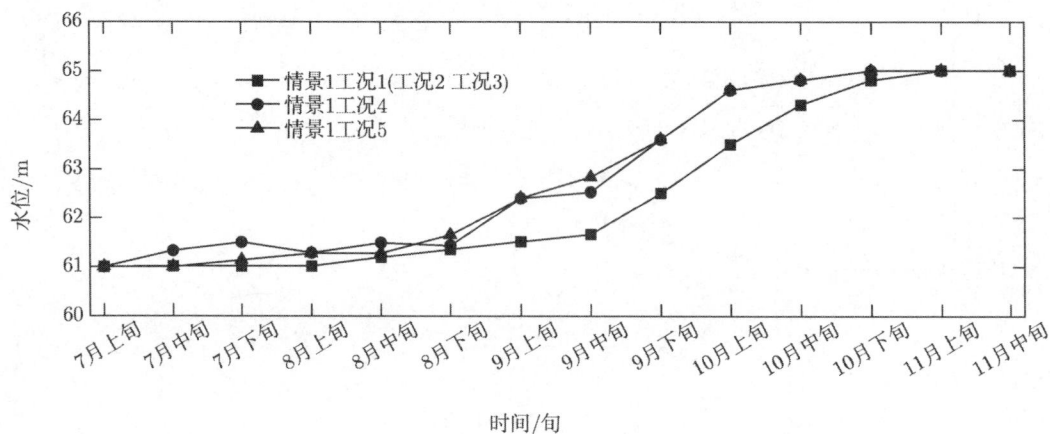

图 20.45 平水年不同工况下廖坊水库水位变化过程 (鄱阳湖)

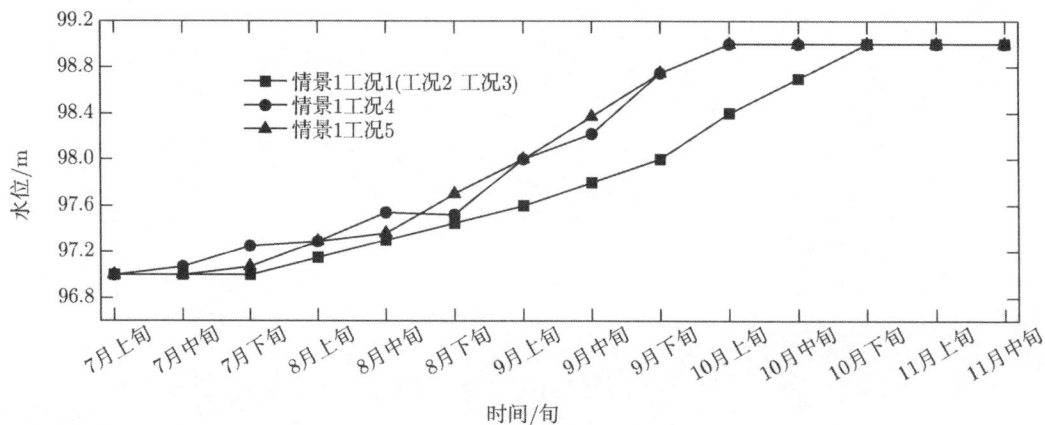

图 20.46 平水年不同工况下洪门水库水位变化过程 (鄱阳湖)

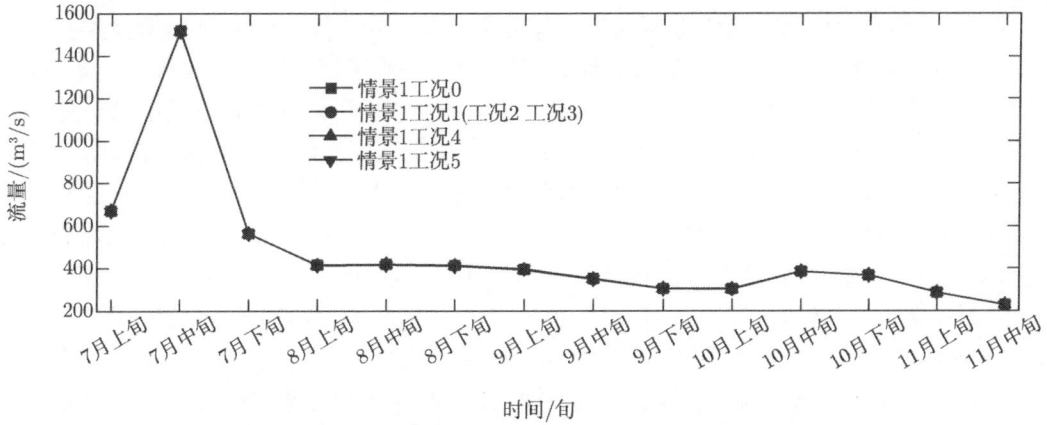

图 20.47 平水年不同工况下大坳水库流量过程 (鄱阳湖)

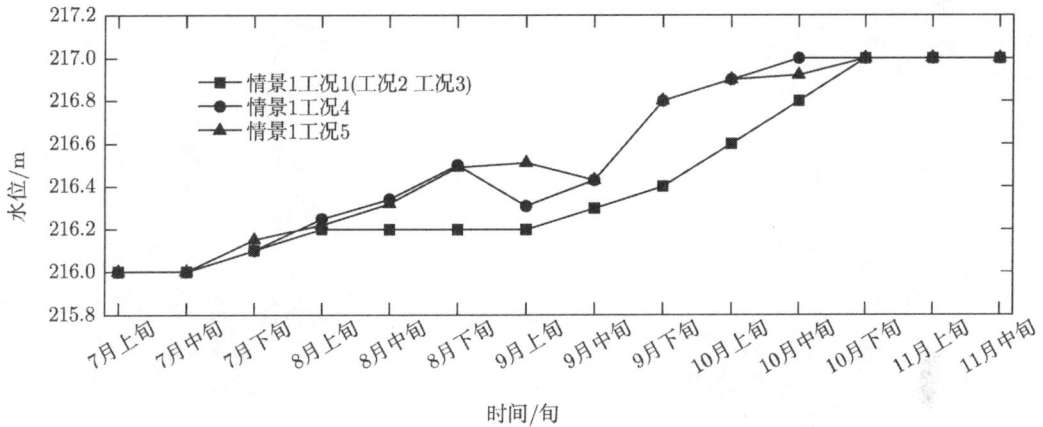

图 20.48 平水年不同工况下大坳水库水位变化过程 (鄱阳湖)

4) 三峡水库、洞庭湖流域、鄱阳湖流域支流水库群联合调度对鄱阳湖代表性站点水位的影响

由上述分析得知, 仅对三峡水库或洞庭湖流域或鄱阳湖流域支流水库群实施优化调度, 对于提高鄱阳湖水位, 改善湖泊生态环境起到了一定的促进作用, 如何通过干支流水库群联合调度, 最大限度地减缓水库蓄水对鄱阳湖的不利影响, 是本书研究的一个重点, 平水年不同工况下鄱阳湖代表性站点水位增幅见表 20.10, 可以看出, 通过实施联合优化调度, 可使得北部湖区星子站水位最大提高 0.121m, 南部湖区棠荫站水位最大提高 0.081m。

表 20.10 平水年不同工况下优化调度对于提高鄱阳湖水位的效果

湖区	站点	工况 2 平均/最大/m	工况 3 平均/最大/m	工况 4 库 平均/最大/m	工况 5 平均/最大/m
北部湖区	星子	0.040/0.054	0.076/0.092	0.046/0.052	0.091/0.121
南部湖区	棠荫	0.000/0.000	0.027/0.036	0.059/0.069	0.066/0.081

5) 优化调度对鄱阳湖水情影响的整体评估

在开展有利于改善鄱阳湖生态环境的水库群调度程序中, 用基于支持向量机技术 (SVM) 仅给出了鄱阳湖 2 个代表性水文站点的数据, 为全面反映鄱阳湖不同区域的水情状况, 基于建立的长江中游江湖一体化耦合水动力模型, 得出不同工况下水库群优化调度对于提高水位的作用, 见图 20.49, 由图可以看出水库群优化调度的作用呈现北强南弱的趋势, 调控效果主要体现吴城站以北的北部湖区, 其中仅三峡水库调度水位增幅在 0.16~0.36m 之间, 而三峡水库与洞庭湖流域支流水库联合调度水位增幅在 0.20~0.50m 之间, 吴城站以南的南部湖区水位最大增加 0.10m 左右, 因此通过提高长江干流水位进而提高鄱阳湖南部湖区的水位的作用有限。而仅鄱阳湖流域支流水库调度, 整个湖区的水位均有不同程度的提高, 但增幅在 0.016~0.032m 之间, 说明支流控制性水库的调控能力有限。所有水库群联合调度通过抬升长江干流水位和增加入湖流量的双重手段, 使北部湖区水位提高 0.25~0.5m, 南部湖区水位提高 0.15~0.25m, 最大限度地抑制了湖泊提前出现过低水位, 保证湖泊最小生态需水满足率。

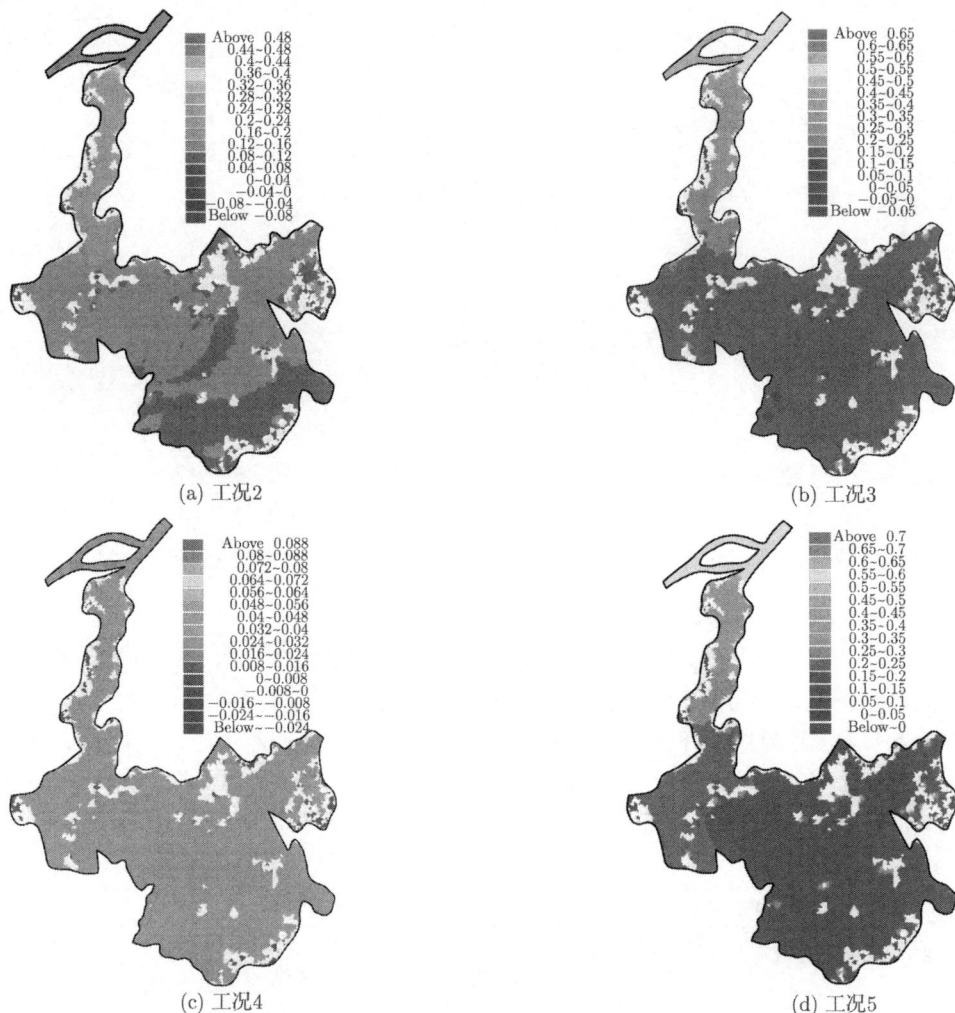

(a) 工况2

(b) 工况3

(c) 工况4

(d) 工况5

图 20.49　平水年优化调度下鄱阳湖水位变化情况 (10 月中旬)

6) 鄱阳湖湖区最小生态需水满足率分析

平水年不同工况下鄱阳湖最小生态需水满足率见表 20.11。

表 20.11　平水年不同工况下鄱阳湖最小生态需水满足率

湖区	工况 0	工况 1	工况 2	工况 3	工况 4	工况 5
北部湖区	102.64%	91.80%	93.64%	93.93%	94.64%	96.24%
南部湖区	102.72%	94.51%	94.55%	94.65%	96.91%	97.16%
整体	102.70%	93.70%	94.28%	94.43%	96.23%	96.89%

由表 20.11 知,在最小生态需水满足率方面,平水年水库群在蓄水前北部湖区、南部湖区均可满足最小生态需水要求。水库群的蓄水导致湖区不同区域最小生态需水满足率均有不同程度的下降,对北部湖区影响较为明显,最小生态需水满足率由蓄水前的 102.64% 降至 91.80%;通过三峡水库实施优化调度,可使北部湖区最小生态需水满足率由常规调度的 91.80% 提高至 93.64%,提高了 1.84%,而对于南部湖区最小生态需水满足率由常规调度的 94.51% 提高至 94.55%,仅提高了 0.04%;对鄱阳湖整体而言,仅三峡水库的调度可使湖区最小生态需水满足率从 93.70% 提高到 94.28%,提高了 0.58%;而仅鄱阳湖流域支流水库群的优化调度,可使鄱阳湖湖区最小生态需水满足率从 93.70% 提高到 94.43%,提高了 0.73%,说明仅鄱阳湖支流水库单独调度对于提高鄱阳湖湖区最小生态需水满足率起到一定的改善作用;三峡水库、洞庭湖流域支流水库、鄱阳湖流域支流水库的联合调度后,湖区最小生态需水满足率从 93.70% 提高到 96.89%,说明在平水年下,通过水库群联合调度可基本消除长江干支流水库群蓄水对鄱阳湖的不利影响,确保鄱阳湖的生态供水安全。

2. 枯水年调度结果分析

1) 仅长江干流三峡水库优化调度对鄱阳湖代表性站点水情的影响

图 20.50、图 20.51 分别显示了枯水年仅三峡水库优化调度下的水库入库流量、下泄流量及水位变化过程。由图 20.50 可知,通过三峡水库优化调度,蓄水期下泄流量平均增加 $2376.53\mathrm{m^3/s}$,湖口水文站水位较常规调度平均提高 0.446m,最大提高 0.496m,对维持通江湖泊的正常水位起着顶托作用,北部湖区代表性站点星子站水位平均提高仅 0.017m,而南部湖区棠荫站水位基本不受三峡水库调控的影响,因此,枯水年三峡水库加大泄量对抬高鄱阳湖内的水位作用不大,对应的三峡水库水位变化过程见图 20.51。

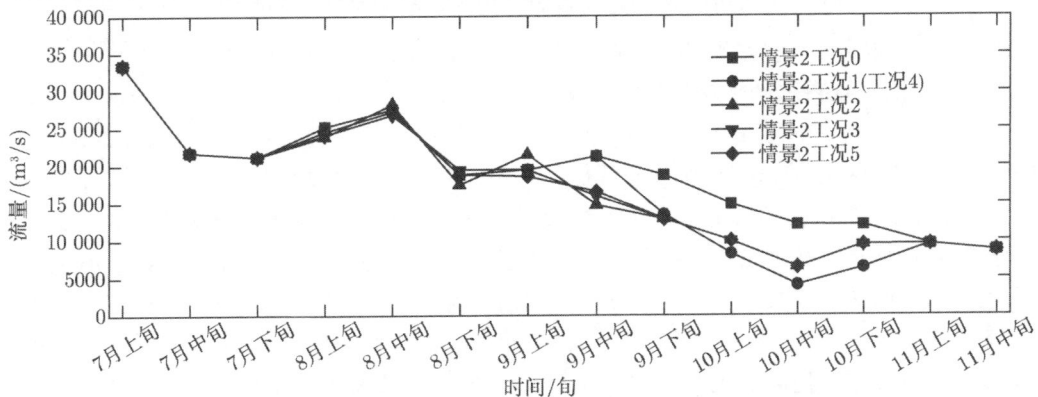

图 20.50　枯水年不同工况下三峡水库出库流量过程 (鄱阳湖)

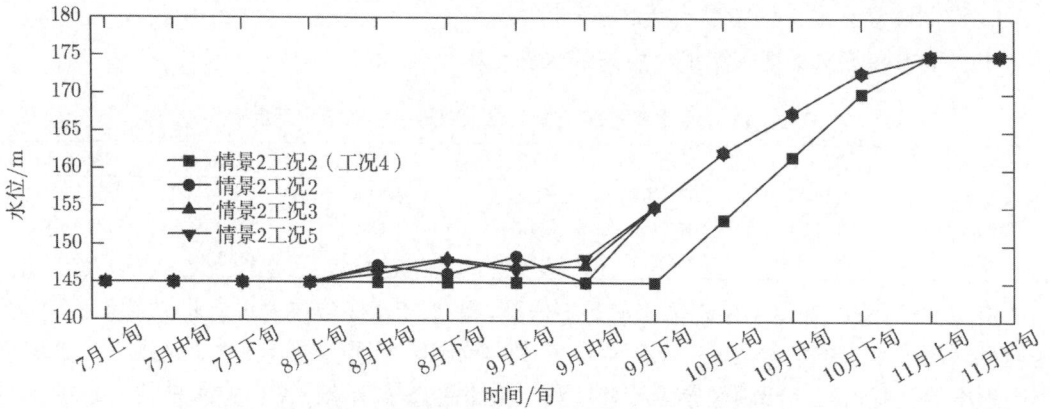

图 20.51 枯水年不同工况下三峡水库水位变化过程 (鄱阳湖)

2) 三峡水库、洞庭湖流域支流水库联合调度对鄱阳湖代表性站点水位的影响分析

通过实施优化调度，累计出库流量平均增加 $2782.39\text{m}^3/\text{s}$，其中三峡水库出库流量过程平均增加 $2376.53\text{m}^3/\text{s}$，见图 20.50；四水出库流量见图 20.52，平均增加 $405.85\text{m}^3/\text{s}$。湖口水位较常规调度水位平均提高 0.452m，最大提高 0.543m，北部湖区代表性站点星子站水位平均提高 0.024m，最大提高 0.043m，而南部湖区棠荫站水位受水库调控的影响较小，平均提高仅 0.014m，对应的三峡水库水位变化过程见图 20.51(工况 2)。

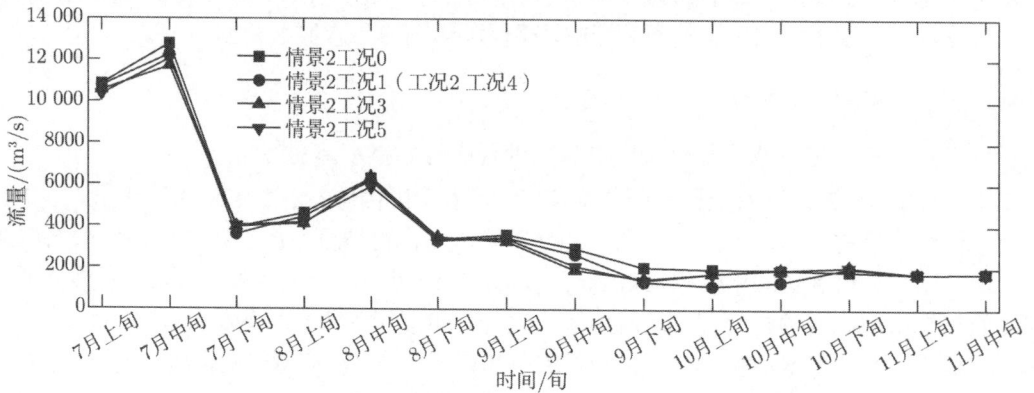

图 20.52 枯水年不同工况下四水虚拟水库流量过程 (鄱阳湖)

3) 仅鄱阳湖流域支流水库调度对鄱阳湖代表性站点水位的影响分析

枯水年，五河在蓄水期平均流量为 $1699.40\text{m}^3/\text{s}$，为平水年的 69.63%，其中修水平均流量 $212.20\text{m}^3/\text{s}$，赣江平均流量 $648.80\text{m}^3/\text{s}$，抚河平均流量 $485.8\text{m}^3/\text{s}$，信江平均流量 $234.00\text{m}^3/\text{s}$，饶河平均流量 $118.60\text{m}^3/\text{s}$。实施优化调度后，柘林水库出库流量见图 20.53，赣江虚拟水库出库流量见图 20.55，抚河虚拟水库出库流量见图 20.59，信江大坳水库出库流量见图 20.62。累计出库流量增加 $211.69\text{m}^3/\text{s}$，其中柘林水库出库流量平均增加 $53.55\text{m}^3/\text{s}$，赣江虚拟水库出库流量平均增加 $113.37\text{ m}^3/\text{s}$，抚河虚拟水库出库流量平均增加 $27.37\text{ m}^3/\text{s}$，信江大坳水库出库流量平均增加 $17.4\text{ m}^3/\text{s}$，由于流量增幅较小，对下游河段水位抬高值也较小，湖口水位较常规调度水位平均提高 0.060m，最大抬升 0.089m，北部湖区代表性站点星子站水位平均提高 0.031m，最大提高 0.042m，南部湖区棠荫站水位平均提高 0.021m，平均提高仅 0.033m。

采用 19.2.2 节聚合水库分解原则，对赣江虚拟水库、抚河虚拟水库进行分解，得出各水库不同时段的兴利库容，根据水库的水位–库容曲线得出各成员水库的水位，不同工况下柘林水库水位变化过程见图 20.54，万安水库水位变化过程见图 20.56，上犹江水库水位变化过程见图 20.57，峡江水库水位变化过程见图 20.58，廖坊水库水位变化过程见图 20.60，洪门水库水位变化过程见图 20.61，大坳水库水位变化过程见图 20.63。

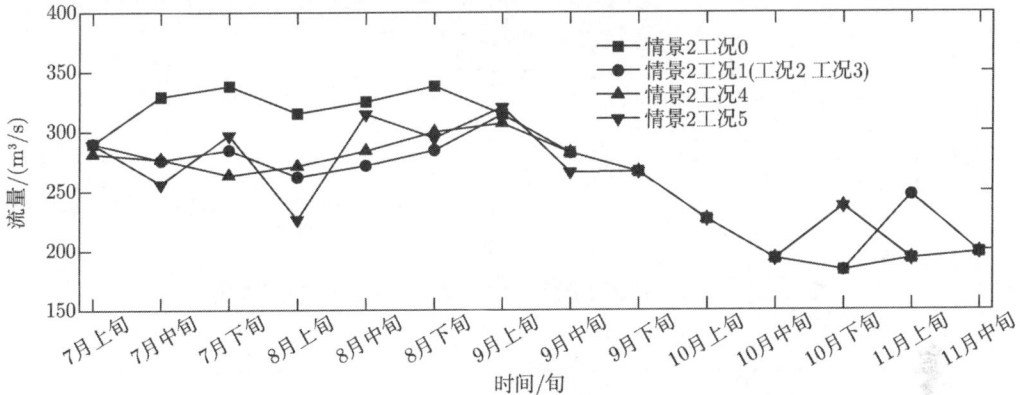

图 20.53 枯水年不同工况下柘林水库流量过程 (鄱阳湖)

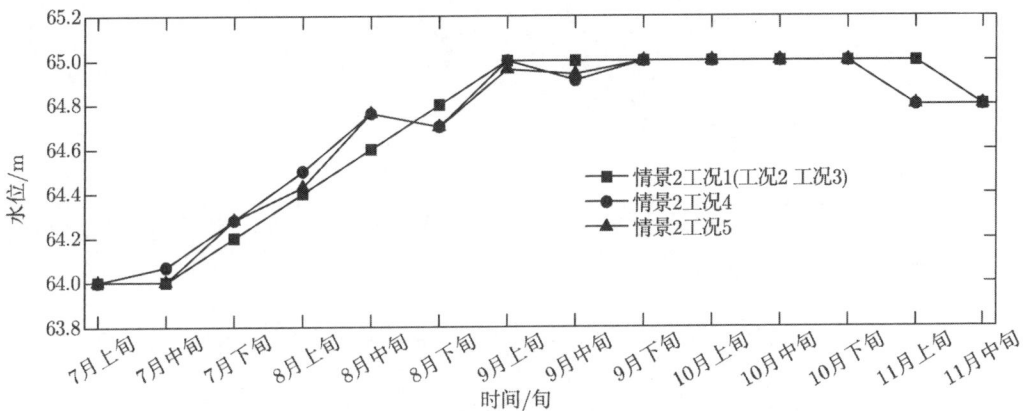

图 20.54 枯水年不同工况下柘林水库水位变化过程 (鄱阳湖)

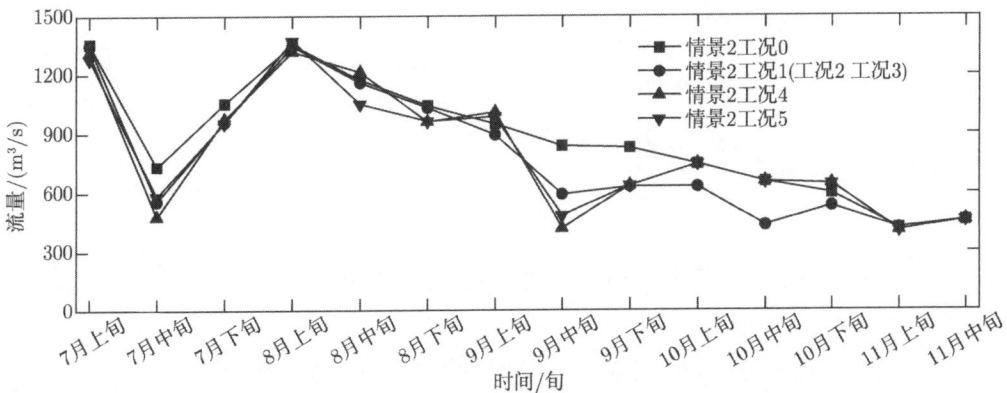

图 20.55 枯水年不同工况下赣江虚拟水库流量过程 (鄱阳湖)

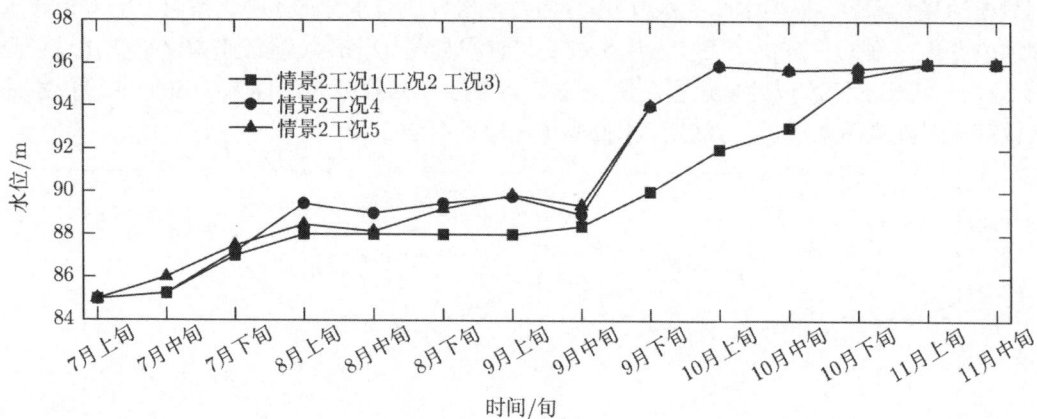

图 20.56　枯水年不同工况下万安水库水位变化过程 (鄱阳湖)

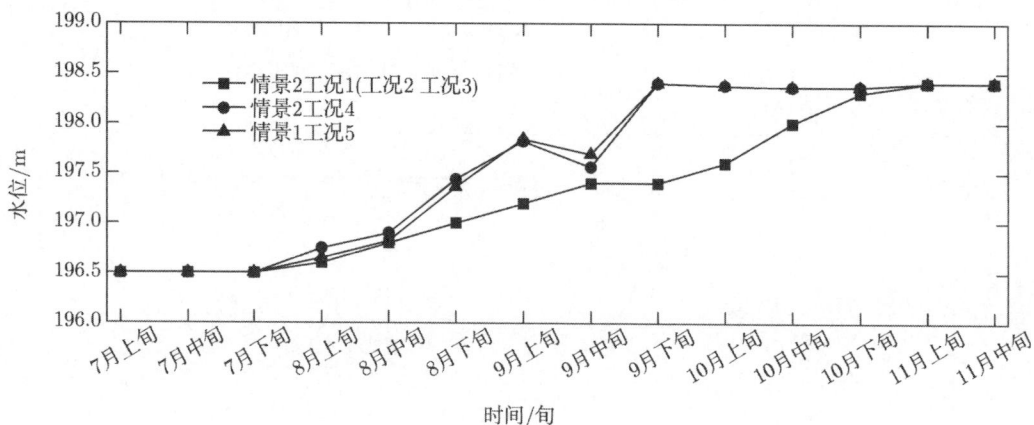

图 20.57　枯水年不同工况下上犹江水库水位变化过程 (鄱阳湖)

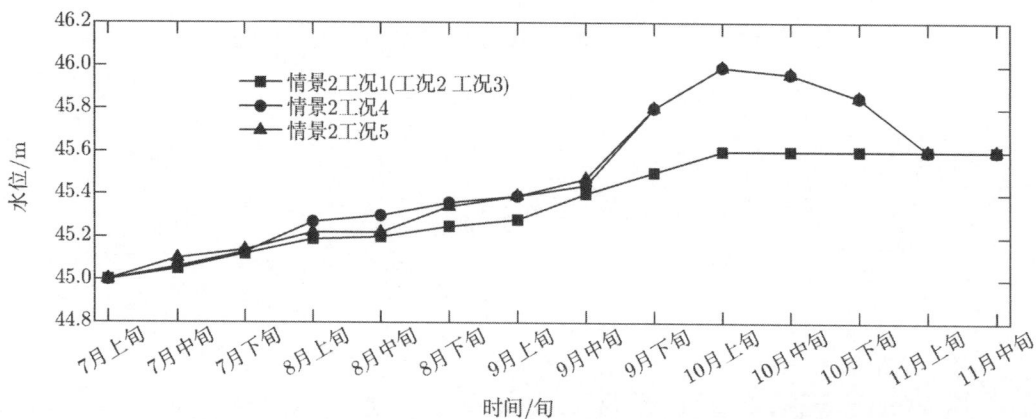

图 20.58　枯水年不同工况下峡江水库水位变化过程 (鄱阳湖)

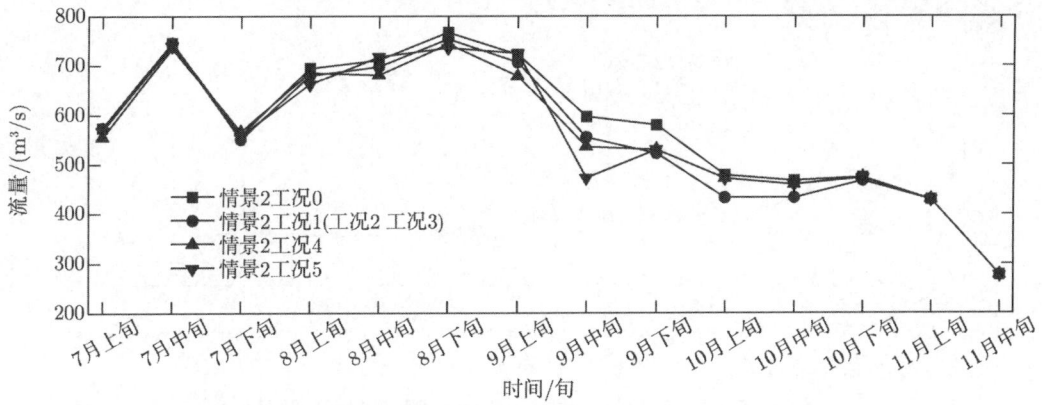

图 20.59 枯水年不同工况下抚河虚拟水库流量过程 (鄱阳湖)

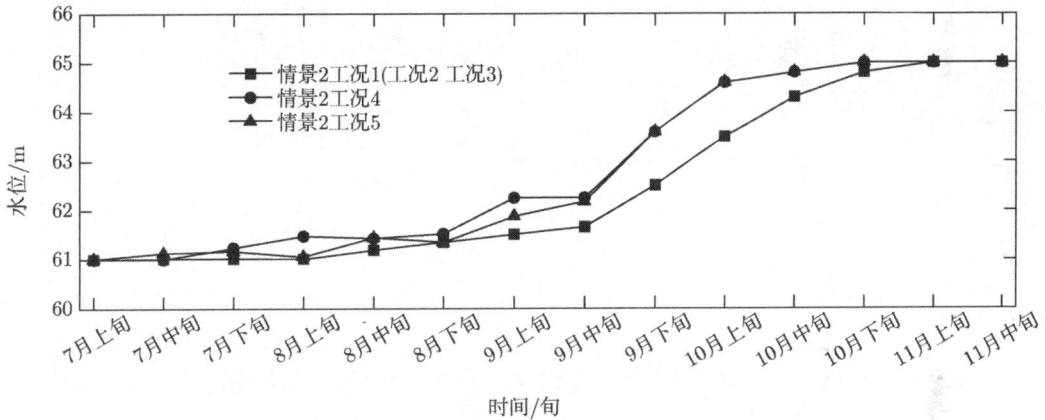

图 20.60 枯水年不同工况下廖坊水库水位变化过程 (鄱阳湖)

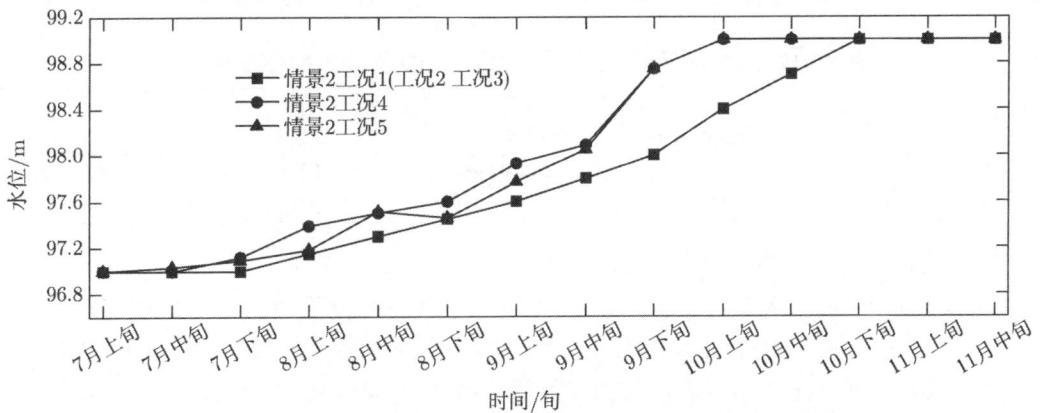

图 20.61 枯水年不同工况下洪门水库水位变化过程 (鄱阳湖)

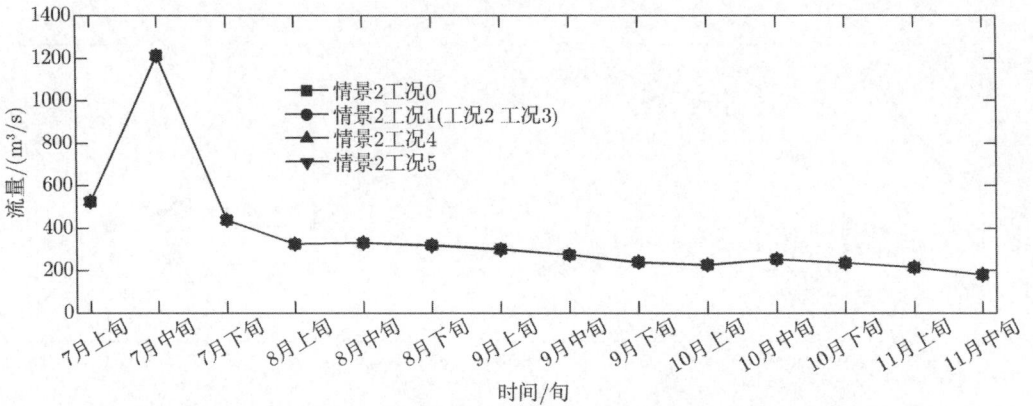

图 20.62　枯水年不同工况下大坳水库流量过程 (鄱阳湖)

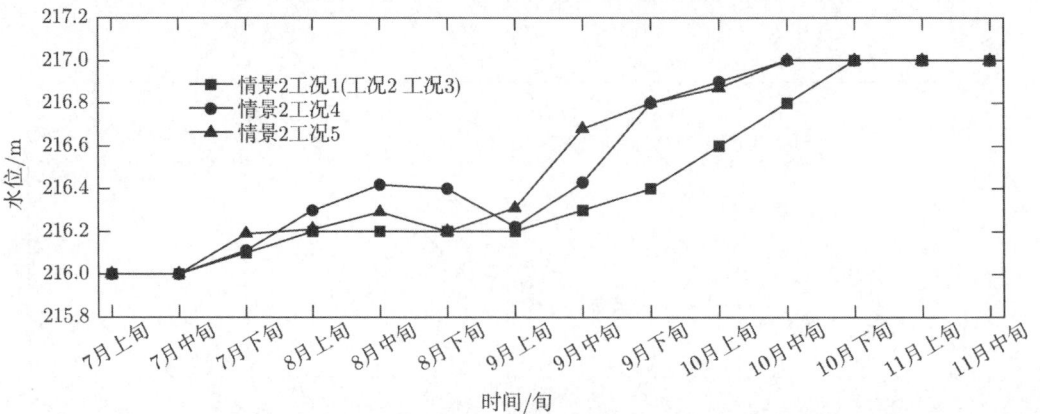

图 20.63　枯水年不同工况下大坳水库水位变化过程 (鄱阳湖)

4) 三峡水库、两湖流域支流水库群联合调度对鄱阳湖代表性站点水情的影响

枯水年不同工况下鄱阳湖代表性站点水位增幅见表 20.12，可以看出，通过实施联合调度，北部湖区星子站水位最大提高 0.095m，南部湖区棠荫站水位最大提高 0.063m。

表 20.12　枯水年不同工况下优化调度对于提高鄱阳湖水位的效果

湖区	站点	工况 2 平均/最大/m	工况 3 平均/最大/m	工况 4 库 平均/最大/m	工况 5 平均/最大/m
北部湖区	星子	0.017/0.031	0.024/0.043	0.031/0.042	0.052/0.095
南部湖区	棠荫	0.000/0.000	0.014/0.022	0.021/0.033	0.045/0.063

5) 优化调度对鄱阳湖水情影响的整体评估

枯水年不同工况下水库群优化调度对于提高水位的作用见图 20.64，其分布规律与平水年相似，联合调度的作用总体呈现北强南弱的趋势，调控效果主要体现在北部湖区。其中仅三峡水库调度水位增幅在 0.10~0.30m 之间，而三峡水库与洞庭湖流域支流水库联合调度水位增幅在 0.25~0.55m 之间，吴城站以南的南部湖区水位最大增加 0.10~0.15m 左右，而仅鄱阳湖流域支流水库调度，整个湖区的水位均有不同程度的提高，但增幅在 0.02~0.036m 之间，说明支流控制性水库的调控能力有限。所有水库群联合调度使北部湖区水位提高 0.25~0.54m，南部湖区水位提高 0.18~0.36m, 最大限度地抑制了湖泊出现过低水位, 提高了湖泊最小生态需水满足率。

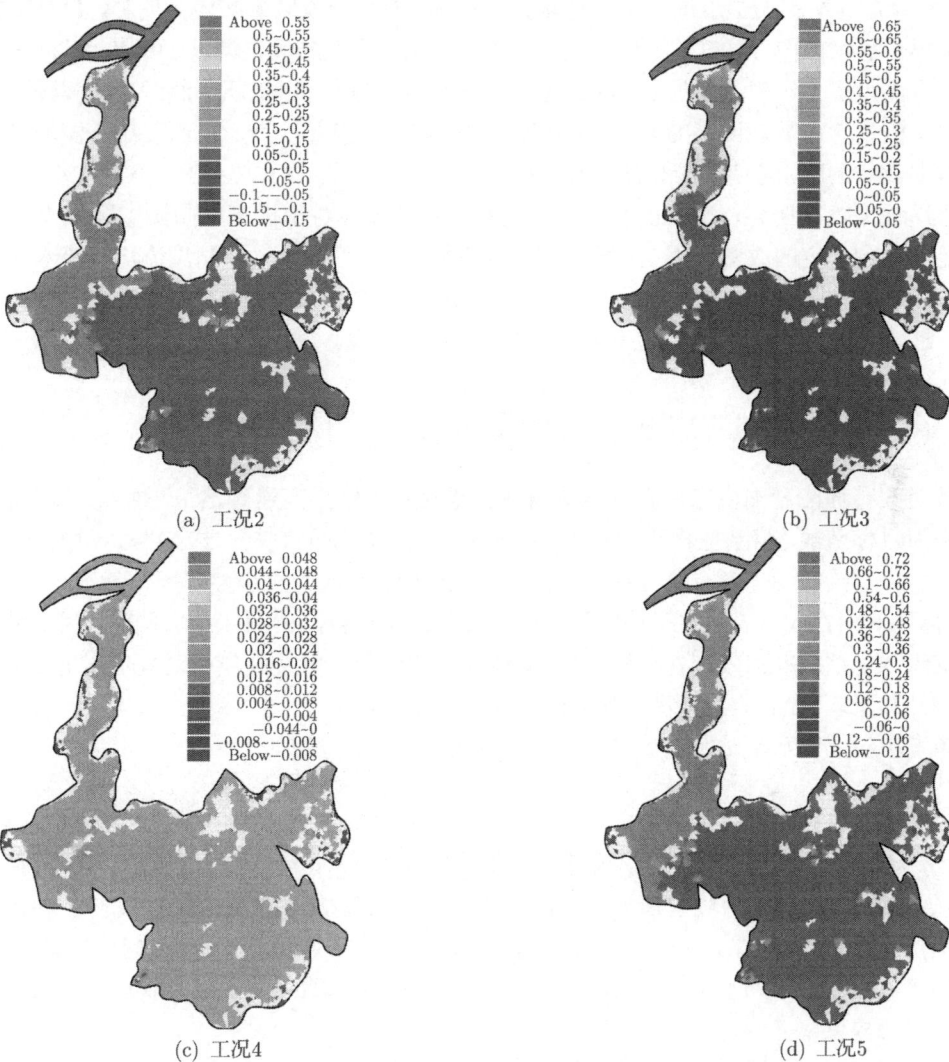

(a) 工况2

(b) 工况3

(c) 工况4

(d) 工况5

图 20.64 枯水年优化调度下鄱阳湖水位变化情况 (10 月中旬)

6) 湖区最小生态需水满足率分析

枯水年不同工况下鄱阳湖最小生态需水满足率见表 20.13。

表 20.13 枯水年不同工况下鄱阳湖最小生态需水满足率

湖区	工况 0	工况 1	工况 2	工况 3	工况 4	工况 5
北部湖区	88.80%	81.60%	83.26%	84.54%	83.03%	85.28%
南部湖区	85.73%	82.41%	82.49%	82.67%	82.79%	83.42%
整体	86.65%	82.17%	82.72%	83.23%	82.86%	83.98%

由表 20.13 知, 枯水年湖泊蓄水量达不到最低生态蓄水量的要求, 北部湖区最小生态需水满足率为 88.80%, 南部湖区为 85.73%, 整体值为 86.65%, 已对湖区生态环境产生不利影响。水库群的蓄水加剧了湖区水资源紧张的状况, 对北部湖区影响较为明显, 最小生态需水满足率由蓄水前的 88.80% 降至 81.60%; 通过三峡水库实施优化调度, 可使北部湖区最小生态需水满足率由常规调度的 81.60% 提高至 93.64%, 提高了 1.66%, 而对于南部湖区最小生态需水满足率由常规调度的 82.41% 提高至 82.49%, 仅提高 0.08%; 而仅鄱阳湖流域支流水库群的优化调度, 可使鄱阳湖湖区最小生态需水满足率从 82.17% 提高到 82.86%, 效果较三峡水库调度略微明显, 说明仅鄱阳湖支流水库单独调度对于提高鄱阳湖湖区最小生态需水满足率起到一定的改善作用; 三峡水库、洞庭湖流域支流水库、鄱阳湖流域支流水库的联合调度后, 湖区最小生态需水满足率从 82.17% 提高到 83.98%, 提高了 1.81%, 说明在枯水年下, 通过水库群联合调度对改善鄱阳湖的作用微乎其微。

20.6 水库生态调度对发电量的影响评估

针对改善通江湖泊生态环境的水库群优化调度中, 以提高通湖泊最小生态需水满足率最大作为目标函数, 将水位作为约束条件, 并未直接考虑发电效益, 本节将对不同情景不同工况下优化结果的发电效益进行评估。在调度模型中, 选取的控制性水库共计 16 座, 累计装机容量 26 647.8MW, 其中三峡电站装机容量 22 500MW, 占 84.43%, 同时, 由于受通江湖泊支流水电站资料的限制, 本书仅以三峡水电站为例, 计算优化结果对发电量的影响。三峡水电站共安装 34 台机组, 装机容量为 22 500MW[22]。

本书中对三峡水电站发电量进行计算, 发电出力计算方法如下:

$$N = 9.81\eta Q \Delta H \tag{20.3}$$

式中, η 为额定效率, 取 0.933; Q 为通过发电机组的流量, m^3/s, 由于三峡机组单机最大引用流量 966.0m^3/s, 32 台机组最大下泄流量为 30 912m^3/s, 当出库总流量大于 30 912m^3/s时, 多余部分为弃水; $\Delta H = Z_上 - Z_下 - h_损$, $Z_上$ 为时段内水库上游的平均水位, m, $Z_下$ 为时段内水库下游的平均水位, m, $h_损$ 为损失水头, 三峡水电站取 0.0m(三峡水利枢纽梯级调度通信中心提供)。

针对洞庭湖生态环境的水库群优化调度中, 调度期内三峡水库不同情景不同工况下的发电量见表 20.14, 由表可知优化调度后均增加了电站的发电量, 在平水年, 按常规调度方式三峡水库在调度期内发电量为 562.75 亿 kW·h, 仅三峡水库调度下, 发电量为 585.2 亿 kW·h, 增加 22.45 亿 kW·h, 联合调度增加发电量 20.34 亿 kW·h。而在枯水年, 三峡电站调度期内发电量为 429.42 亿 kW·h, 仅三峡水库调度和联合调度分别增加发电量 9.32 亿 kW·h、7.78 亿 kW·h。

表 20.14   不同情景不同工况下调度期内三峡电站发电量 (洞庭湖)

典型年	工况 1 /亿 kW·h	工况 2 /亿 kW·h	工况 3 /亿 kW·h	工况 4 /亿 kW·h
平水年	562.75	585.20	562.75	583.09
枯水年	429.42	438.74	429.42	437.20

　　针对改善鄱阳湖生态环境的水库群优化调度中调度期内三峡水库不同情景不同工况下的发电量见表 20.15。在平水年，仅三峡水库调度下、三峡水库与洞庭湖流域支流水库联合调度、所有水库联合调度分别增加发电量 19.81 亿 kW·h、24.9 亿 kW·h、23.71 亿 kW·h；在枯水年，分别增加发电量 8.61 亿 kW·h、9.49 亿 kW·h、9.06 亿 kW·h。

表 20.15　不同情景不同工况下调度期内三峡电站发电量 (鄱阳湖)

典型年	工况 1 /亿 kW·h	工况 2 /亿 kW·h	工况 3 /亿 kW·h	工况 4 /亿 kW·h	工况 5 /亿 kW·h
平水年	562.75	582.56	587.65	562.75	586.46
枯水年	429.42	438.03	438.91	429.42	438.48

　　由此可见，在开展针对改善通江湖泊生态环境的水库群优化调度中，通过汛末预蓄、汛期结束正式蓄水的方式，在保证防洪、蓄水需求下，提高了通江湖泊最小生态需水满足率，同时，由于汛末预蓄抬高了水库的坝前水位，因此不同情景不同工况下均能增加发电量，实现了水资源的充分有效利用。

参 考 文 献

[1] 陆佑楣, 曹广晶. 长江三峡工程 (技术篇)[M]. 北京: 中国水利水电出版社, 2010.

[2] 曹广晶, 蔡治国. 三峡水利枢纽综合调度管理研究与实践 [J]. 人民长江, 2008, 39(2): 1-4.

[3] 刘斯嘉. 东江水库枯水期补水优化调度 [D]. 郑州: 华北水利水电大学, 2013.

[4] 陈杨. 柘溪水库旬最优水位控制研究 [J]. 湖南电力, 2013, 33(S2): 65-68.

[5] 彭才德. 五强溪水库汛期水位动态控制运用研究 [J]. 水力发电, 2004, 30(6): 71-74.

[6] 刘景平, 叶泽纲. 江垭水库防洪作用分析 [J]. 人民长江, 2001, 32(12): 35-36.

[7] 贾函, 周建中, 杨俊杰, 等. 凤滩水库分期分级洪水的防洪调度研究 [J]. 水力发电, 2006, 32(1): 19-22.

[8] 程向阳. 洮水水库防洪规划设计 [J]. 湖南水利水电, 2007, (1): 31-33.

[9] 郭立平, 官卫用, 庄大平. 黄石水库科学调度运用的思考 [J]. 湖南水利水电, 2010, (5): 43-44.

[10] 江西省水利厅. 江西河湖大典 [M]. 武汉: 长江出版社, 2010.

[11] Ye X, Zhang Q, Bai L, et al. A modeling study of catchment discharge to Poyang Lake under future climate in China[J]. Quaternary International, 2011, 244(2): 221-229.

[12] Coops H, Beklioglu M, Crisman T L. The role of water-level fluctuations in shallow lake ecosystems–workshop conclusions[J]. Hydrobiologia, 2003, 506(1-3): 23-27.

[13] 姚鑫, 杨桂山, 万荣荣, 等. 水位变化对河流、湖泊湿地植被的影响 [J]. 湖泊科学, 2014, 26(6): 813-821.

[14] Wantzen K M, Rothhaupt K O, Mörtl M, et al. Ecological effects of water-level fluctuations in lakes: an urgent issue[J]. Hydrobiologia, 2008, 613(1): 1-4.

[15] 张硕辅. 丰水地区水资源风险管理研究 [J]. 中国水利, 2006, (21): 33-35.

[16] 湖南省电力公司. 湖南省大型水库防洪调度研究 [M]. 北京: 中国电力出版社, 2002.

[17] 张巧燕. 大坳水库暴雨洪水分析及预泄调度对策 [J]. 南昌工程学院学报, 2010, 26(4): 57-60.

[18] 彭忠福, 刘小东, 刘金生. 江西省水资源综合规划报告 [R]. 南昌: 江西省水利规划设计院, 2010.

[19] Ding H J, Yang Y S, You W S. Study on the minimum ecological water demand for Poyang Lake[J]. Jiangxi Hydraulic Science & Technology, 2011, 37(4): 232-240.

[20]　严子奇, 周祖昊, 邵薇薇, 等. 水量分配方案下鄱阳湖五河入湖流量过程分析 [J]. 健康湖泊与美丽中国 —— 第三届中国湖泊论坛暨第七届湖北科技论坛论文集, 2013.

[21]　Guo H, Hu Q, Jiang T. Annual and seasonal streamflow responses to climate and land-cover changes in the Poyang Lake basin, China[J]. Journal of Hydrology, 2008, 355(1): 106-122.

[22]　曹广晶. 三峡水库综合优化调度研究 [D]. 天津: 天津大学, 2004.

第21章 结 论

本篇针对水利水电工程影响下江湖关系及通江湖泊生态环境问题，通过统计分析、机理分析、数值模拟、优化模型等手段，系统研究了长江干流与通江湖泊流域水库群联合运行对通江湖泊水情的影响，重点阐述了三峡水库蓄水的水文效应；在此基础上，构建了面向通江湖泊生态需水的水库群联合调度模型，开展了三峡水库及两湖流域水库群联合优化调控的模型研究，提出满足通江湖泊最小生态需水满足率的水库群蓄水期优化调度方案。本书的主要研究内容与结论如下：

(1) 分析了通江湖泊水情变化特征、驱动因素、生态效应。采用 Mann-Kendall 方法对长江中游江湖水情变化的驱动因素进行检验，包括长江干流宜昌站、四水、五河年径流量及 9~10 月径流量，结果表明：宜昌水文站年径流量、9~10 月径流量均呈较为显著的下降趋势，特别是三峡水库蓄水后，长江干流蓄水期流量发生突变，而四水、五河 9~10 月径流量均呈不显著的减小趋势。对应洞庭湖和鄱阳湖蓄水期水位有所下降，消落速度加快，说明三峡水库蓄水是引起通江湖泊水位降低的重要因素之一。基于湖泊生态健康理论，根据长序列的历史观测资料，采用天然水位资料统计法量化了洞庭湖、鄱阳湖 9~10 月不同湖区逐旬最低、适宜及最高生态水位及最小生态需水量。

(2) 建立了江湖一体化水情动态模拟的系列方法。采用多元线性回归技术，阐明通江湖泊代表站点水位与三峡水库下泄水量和两湖入湖水量不同组合的响应关系；构建基于支持向量回归技术的指示性站点水情预报模型，并嵌入到后续的优化调度模型的计算中；建立了长江中游江湖一体化耦合水动力数值模型，数值探讨了三峡水库运行对长江中下游水情影响的空间差异性。研究表明，三峡水库蓄水后，蓄水期平均流量减小了 $6514.14\text{m}^3/\text{s}$，对应长江中下游河道水位出现不同程度的下降，对通江湖泊水位起到拉空作用。三峡水库蓄水对洞庭湖产生影响的范围可扩展至整个湖区，但具有明显的空间异质性，由东北向西南逐渐减小，东洞庭湖、南洞庭湖东部和西洞庭湖北部受三峡水库调节影响大，而西洞庭湖南部影响较小，城陵矶站水位最大下降 1.570m，杨柳潭站水位最大下降 0.761m，南咀站水位最大下降 0.880m；在空间分布上，东洞庭湖和南洞庭湖东部水位增幅由北向南逐级递减。对于鄱阳湖，在 10 月份洲滩湿地已开始显露，由于北部湖区与长江水力连通性较好，水位变幅受长江影响较大，南部湖区因水力连通性差，水位变化所受长江影响较小。

(3) 合理界定了改善通江湖泊生态系统健康的优化调控系统的范围，以最小生态需水满足率最大为目标构建了三峡水库与两湖流域水库群联合优化调度模型。为保证优化算法收敛和提高计算效率，分别从水库的数量及算法上进行优化。在水库数量优化方面，提出了聚合水库的构建与分解技术，可大大减少参与调度的"水库"的数量；在优化算法上，针对传统遗传算法的不足，提出一种收敛性全面改善的混沌遗传算法：在初始种群生成方面，采用混沌优化的初始种群解空间生成法；在选择运算方面，选用三角函数选择算子，能保证适应值较优的个体具有较高的被选择概率，且这种概率是依据个体适应能力设置的，能处理适应值为负值的情况；在交叉与变异方面，采用随个体优劣和种群分散程度自适应调整的交叉概率和变异概率，提高算法收敛性。

(4) 开展了面向长江中游通江湖泊生态需水的水库群联合优化调度研究。选取三峡水库、东江水库、柘溪水电站等 16 座具有调节能力的控制性水库作为调控对象，采用聚合水库构建与分解技术对调控对象进行概化。在水库群蓄水期开展不同情景不同工况下以提高通江湖泊最小生态需水满足率、改善通江湖泊生态环境为目标的水库群联合优化调度，结果显示：在平水年通过水库群联合调度，洞庭湖湖区最小生态需水满足率从 85.40% 提高到 95.73%，鄱阳湖湖区最小生态需水满足率从 93.70% 提高到 96.89%，通过水库群联合调度可基本消除长江干支流水库群蓄水对通江湖泊的不利影响，确保通江湖泊的生态供水安全。但在枯水年，洞庭湖湖区最小生态需水满足率从 65.58% 提高到 67.74%，提高 2.16%，可以一定程度上改善洞庭湖的水情，但作用有限，而鄱阳湖湖区最小生态需水满足率从 82.17% 提高到 83.98%，联合调度对改善鄱阳湖的作用较小。在提高通江湖泊最小生态需水满足率的同时，通过汛末预蓄、汛期结束正式蓄水的方式不同典型年不同工况下均能增加发电量，实现了水资源的充分有效利用。

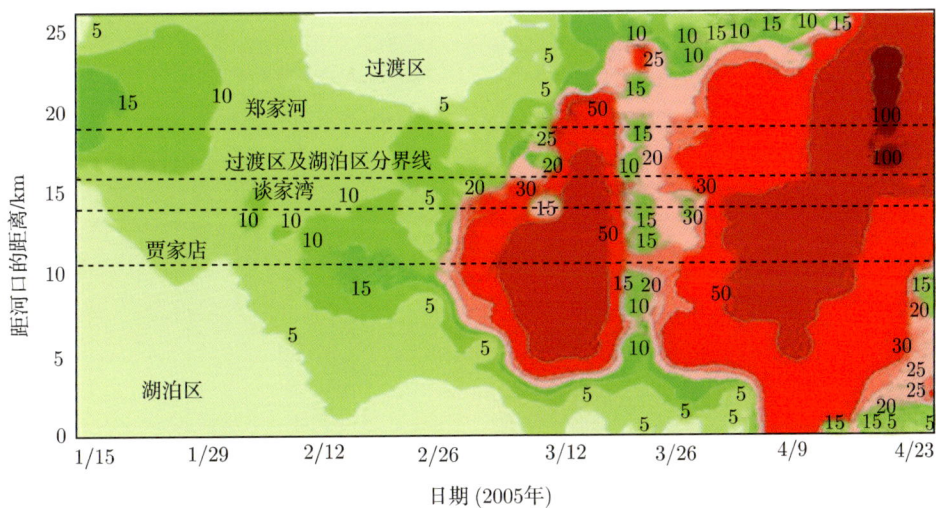

图 3.24　2005 年春季水华暴发期间香溪河叶绿素时空分布图

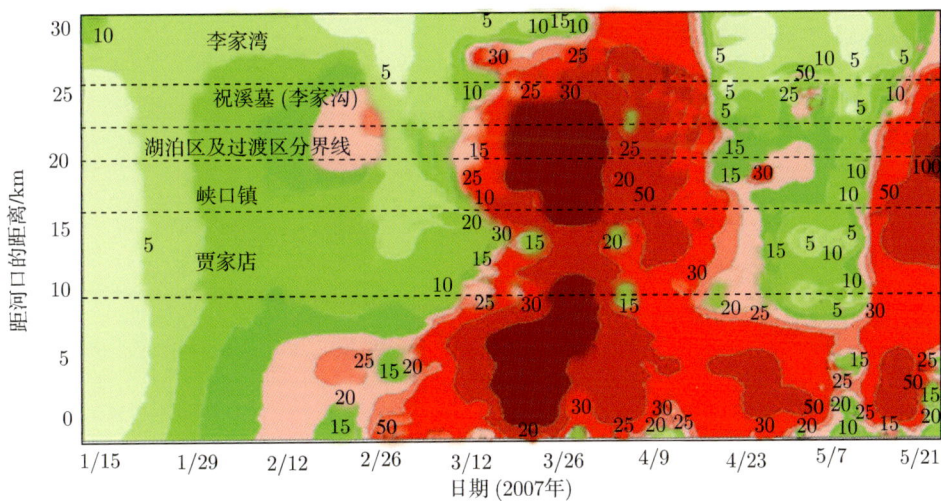

图 3.31　2007 年春季香溪河叶绿素时空分布图

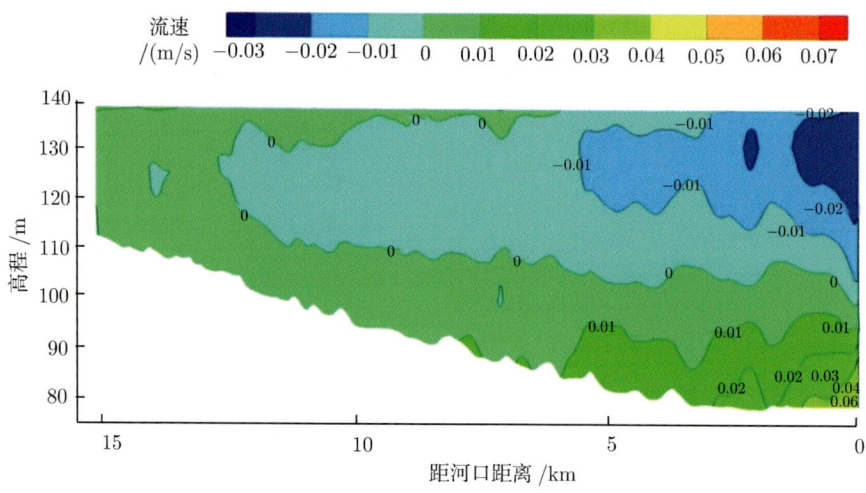

图 3.70　2005 年 3 月 11 日香溪河河道中心剖面纵向流速等值线图

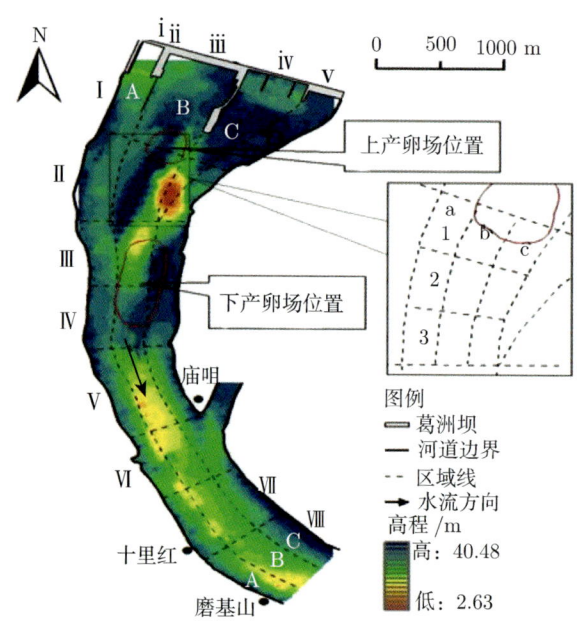

图 11.2　中华鲟现存的产卵场

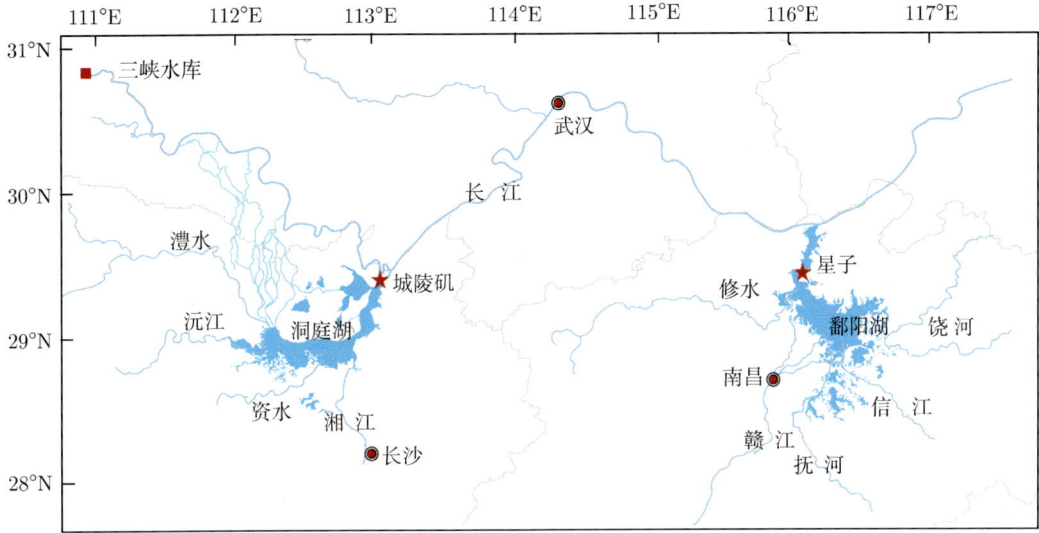

图 16.1　三峡水库与通江湖泊位置示意图

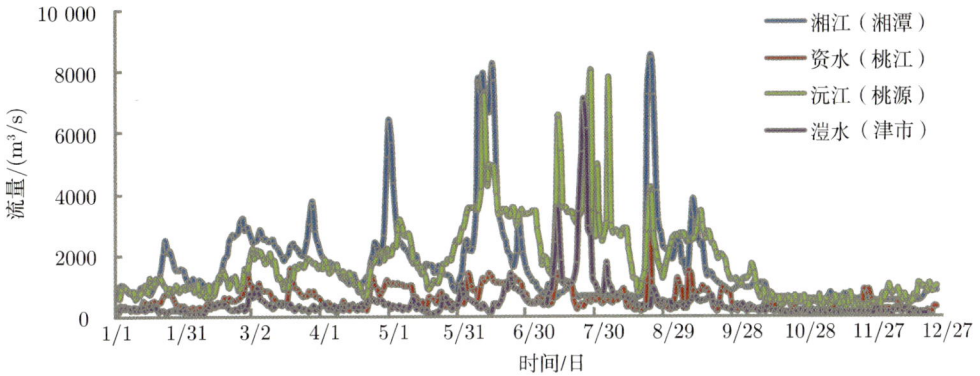

图 18.16　洞庭湖四水 2007 年入湖流量

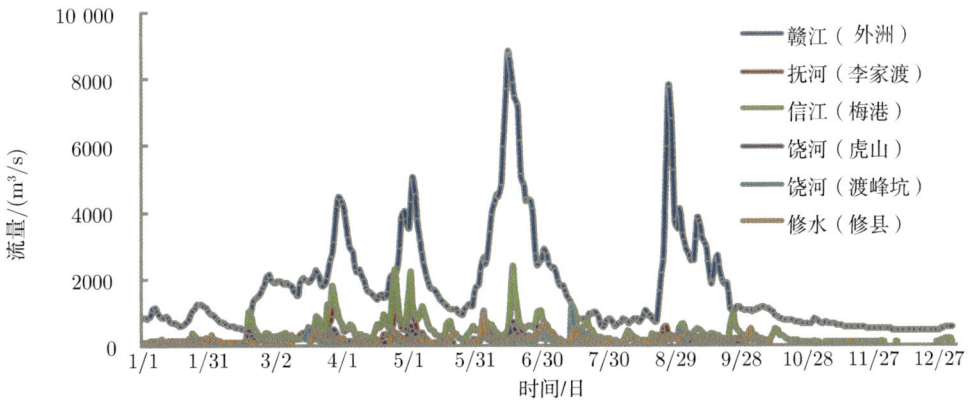

图 18.17　鄱阳湖五河 2007 年入湖流量

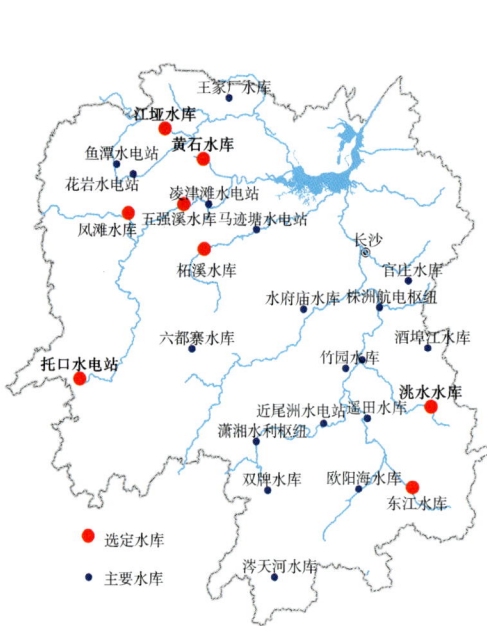

图 20.1　洞庭湖流域主要水库及选定水库

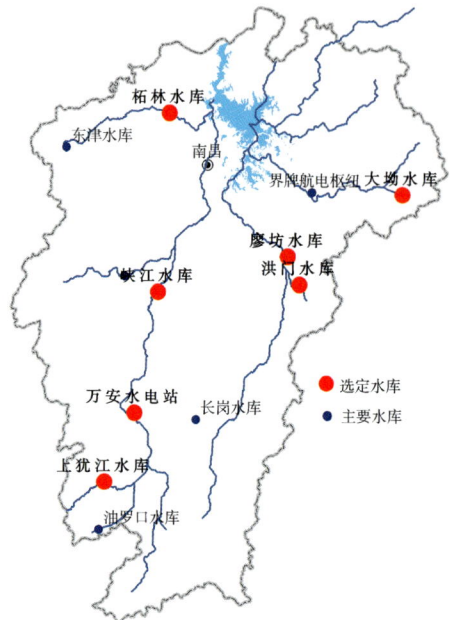

图 20.2　鄱阳湖流域主要水库及选定水库

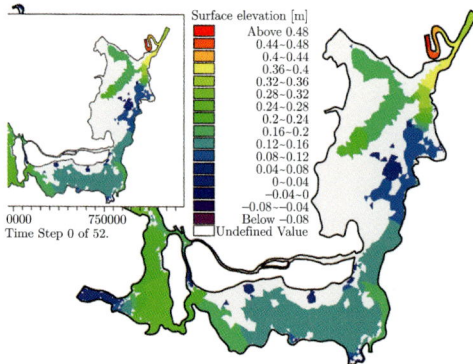

(a) 工况2

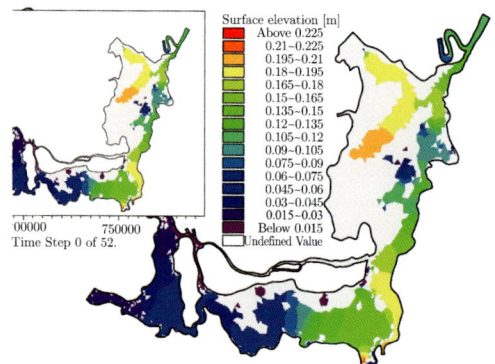

(b) 工况3

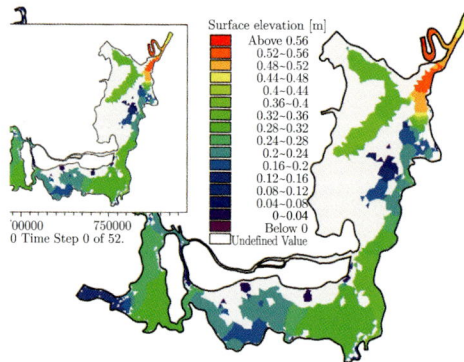

(c) 工况4

图 20.19　平水年优化调度下洞庭湖水位变化情况 (10 月中旬)